教育集团联动机制下 3—6 岁儿童发展行为 评价的实践研究

龚卫玲 / 主编

上海社会科学院出版社

序 PREFACE

2019年,在浦东新区教育局的领导下,南门幼儿园作为集团牵头校,携手16所成员校,成立了"1+16"南门教育集团,开启了集团化办学的新征程。至2023年,南门教育集团队伍规模不断扩大,形成了"1+22"的南门教育集团格局。目前,集团内市级示范园2所、区级示范园2所、一级园15所、二级园4所,涉及11个街镇,其中13所幼儿园是浦东新区农村学校。秉持"在共建中全面提升办园品质,在创生中促进师生和谐发展"的理念,2021年,南门教育集团申报了浦东新区区级重点课题"教育集团联动机制下3—6岁儿童发展行为评价的实践研究"。本课题研究主要基于以下几点:

一、落实国家政策文件的需要

2020年10月,中共中央、国务院《深化新时代教育评价改革总体方案》提出:"坚持立德树人,牢记为党育人、为国育才使命,充分发挥教育评价的指挥棒作用,引导确立科学的育人目标,确保教育正确发展方向。"2020年9月,上海市教育委员会下发《上海市幼儿园办园质量评价指南(试行稿)》(简称"《评价指南》")。从这些文件中可以看到,以评价提升幼儿园保育教育质量,促进师幼发展的重要价值。

二、助力集团教师共同发展的需要

南门教育集团各成员校地理位置分散,且各园骨干教师数量相对较少,尤其是农村园,骨干力量更为薄弱。如何更好地促进教师发展与儿童成长,推动优质教育资源共享,成了我们关注的重点。在对集团各园所的长期调研中,我们发现集团教师普遍存在以下问题:一是在幼儿园一日活动中,应如何对幼儿行为进行观察解读、评价支持?二是尽管有了"3—6岁儿童发展行为观察指引"(简称"指引"),但教师应如何有效使用?结合这些客观情况和现实困境,我们借助集团力量,以《评价指南》中的"指引"为依据,聚焦幼儿一日活动中的行为观察与解读、行为评价与支持,更好地促进教师的专业成长,助力集团教师的共同发展。

三、推广领头校研究成果的需要

南门幼儿园的幼儿科学启蒙教育实践历经26年,多次荣获国家、市、区级教学科研奖项。在"指向幼儿科学素养的表现性评价研究"的市级课题研究中,形成了指向幼儿科学素养表现性评价的行动路径:根据幼儿科学素养目标,制定表现性评价指标体系,设计优化评价任务,研制观察量表。这不仅为教师对幼儿科学探究进行有效支持提供了流程指南,也为集团、区域相关幼儿园开展表现性评价提供了可参考、可操作的行动模式。基于领头校已有的研究成果,结合紧密型教育集团建设的背景,依托集团科研联动机制,集团开展儿童发展行为评价,在提高教师的评价素养的同时,推广南门幼儿园课题研究成果,发挥领头校的示范、辐射、引领作用。

在三年的课题研究中,集团根据各园所的特长精准分组,由单独研究变为团队共同研究,依据指引中的6大领域"健康与体能""习惯与自理""自我与社会性""语言与交流""探究与认知""美感与表现",设立6个子课题组;面向集团教师开展调查访谈,了解教师的现状、困惑与需求,给予专业支持;集聚各方资源,邀请专家,有计划、有目的、多维度地开展各级各类培训;选送科研骨干,开展集中性幼儿行为观察、评价等专题培训;以"1+2"的实践模式,即1所领衔校带2所成员校进行研究,6大子课题组小组分享、分类推进,对标"指引",不断精细化实践研究;指导教师在观察幼儿活动、记录幼儿行为表现的基础上,采用案例分析、现场观摩、微格分析等方式开展教研;聚焦"幼儿水平精准化判断""一日活动中的观察方法运用""教师支持策略优化"等主题,结合具体的儿童发展行为评价活动案例,不断调整改进,优化儿童发展行为评价活动;围绕幼儿行为观察、评价案例,组织开展多场集团科研展示活动等。集团联动下的一系列课题研究实践,使园与园、组与组、教师与教师之间多方联动、多元组合,共询问题、共享资源、共同碰撞,在构建集团联动机制的同时,提升教师的专业水平和科研能力,从而更好地支持幼儿成长。

经过三年的课题研究实践,我们在专家的指导下,设计了儿童发展行为评价流程,包含"行为捕捉——行为分析与评价——评价结果的反馈与利用"三大流程;集团教师们能够依据"指引"开展儿童发展行为的观察、分析与评价;在指导、整理教师案例的基础上,建立儿童发展行为观察案例资源库;过程中不断优化集团联动机制,形成了集团联动机制下儿童发展行为评价活动组织与实施的基本流程、主要形式和制度保障。集团化办学的模式有效提升了集团教师的专业能力,提高了集团园所的课程建设质量。

本书共分为三个部分:第一部分为研究报告,第二部分为专题论文,第三部分为案例分享。在第三部分的案例分享中,教师们依据"指引",借助"指引"中的幼儿表现行为水平,通过对儿童不同领域的发展行为进行观察与记录、解读与评价,提出相应的、有针对性的支持策略。我们希望,这类案例的呈现,能够为广大一线幼儿园教师提供使用"指引"开展儿童观察评价活动的实践参考。

尽管课题已经进入结题阶段,但我们的研究仍在继续!我们仍不停思考:如何在集团化办学的探索实践中依托课题、课程等,多领域开展融合研究,从而不断优化集团联动机制,提供更多的推广、交流、展示平台,增强集团的示范辐射作用,助力教师借助优质教育资源不断提升自身的综合素养和专业能力,助推集团内每一所幼儿园,在共建共享中实现优质、均衡发展,成就每一个幼儿在幼儿园的健康发展、和谐发展。

编者

2024 年 3 月

目录 CONTENTS

序 …………………………………………………………………………… 1

第一部分 研 究 报 告

教育集团联动机制下3—6岁儿童发展行为评价的实践研究报告 ………… 3

第二部分 专 题 论 文

教育集团背景下教师使用"3—6岁儿童发展行为观察指引"的现状调查 …… 43
儿童发展行为评价流程的设计 …………………………………………… 51
儿童发展行为的捕捉与描述 ……………………………………………… 64
基于活动的儿童发展行为观察与分析 …………………………………… 72
基于儿童日常生活的行为发展观察分析 ………………………………… 78
儿童发展行为的观察方法 ………………………………………………… 85
儿童发展行为观察分析的基本方法 ……………………………………… 92
儿童发展行为观察量表的研制 …………………………………………… 99
教育集团联动机制下儿童发展行为评价活动的组织与实施 …………… 112

第三部分 案 例 分 享

玩转大白桶 运动无极限 ………………………………………………… 123
小菜园 大乐趣 …………………………………………………………… 130
趣运动 high 未来 ………………………………………………………… 136

善观察　激兴趣　促发展 …………………………………………… 142
理想改造家 ……………………………………………………………… 148
从兴趣出发,促幼儿好习惯发展 ……………………………………… 155
文明相伴　礼润童心 …………………………………………………… 161
从"看见"到"看懂" ……………………………………………………… 167
遨游户外　悦享成长 …………………………………………………… 173
你争我抢 ………………………………………………………………… 180
着眼自我　初探社会 …………………………………………………… 186
用心渗透,让幼儿有话说、说得长 …………………………………… 192
想说　敢说　喜欢说 …………………………………………………… 199
自主表达从"故事板"开始 …………………………………………… 206
自主探究　提升认知经验 ……………………………………………… 213
探幼儿表现行为　筑梦想建构之路 …………………………………… 220
玩转多米诺骨牌 ………………………………………………………… 227
基于区域观察,支持幼儿探究行为 …………………………………… 233
促发现　重探究　真学习 ……………………………………………… 240
"猜想—验证—记录"在科学探究活动中的实践 …………………… 247
感受环境　注重发展　培养审美 ……………………………………… 253
秋天多色彩　美育润童心 ……………………………………………… 260
学会观察　关注情感　促进成长 ……………………………………… 266
积微成著　强健体能 …………………………………………………… 273
巧用指南　精准分析　读懂幼儿 ……………………………………… 280
与"衣"同行　"衣"往无前 …………………………………………… 287
从"我不要"到"我要" ………………………………………………… 294
"慧"整理　"悦"成长 ………………………………………………… 301
静观察　巧识别　助发展 ……………………………………………… 308
解析"社牛"行为问题　发现幼儿成长密码 ………………………… 316
如果她觉得这样可以 …………………………………………………… 323
采用鼓励教育,激发幼儿自信心 ……………………………………… 330

社"牛"达人淇淇 ………………………………………………… 337
从"自我怀疑"到"自我肯定" ……………………………… 344
童言巧语传真情 …………………………………………… 350
聚焦观察促成长　童语童画敢表达 ……………………… 357
"慧"阅读　"慧"表达 ……………………………………… 364
像科学家一样研究,以"探秘水管"活动为例 …………… 371
立足观察　有效支持　提升幼儿自主探究能力 ………… 378
女孩聪明难沟通　家园合力共观探 ……………………… 385
聚焦兴趣　关注成长　促进表现 ………………………… 392
立德树人　美育启智 ……………………………………… 400

第一部分
研究报告

教育集团联动机制下3—6岁儿童发展行为评价的实践研究报告

一、研究意义

(一) 落实相关政策与文件,着力推进教育教学改革

集团化办学在推动教育公平,实现基础教育优质均衡发展,以及促进区域园所高质量发展方面,具有重要价值和意义。它促进了学校组织创新和运行机制改革,促使传统类型的学校不再单一,走向开放。近年来,国家、市教委特别重视儿童发展行为评价,频繁发布政策。传统的评价方式注重结果评价,本研究以《评价指南》为依据,更加关注幼儿一日活动中的过程性评价,这需要教师转变评价方式,突出评价的诊断功能和发展功能,从而在落实相关政策与文件的同时,完善幼儿园教育评价,促进幼儿园课程高质量发展,推进教育教学改革,落实立德树人的根本任务。

(二) 聚焦幼儿一日活动,有效提升教师的观察分析与评价能力

观察与分析能力作为幼儿园教师专业素养的核心之一,强调教师在幼儿游戏及一日生活中,观察、了解、发现并支持幼儿的学习与发展。这是对所有教师提出的新挑战,也是教师专业发展的新契机、新突破。《评价指南》的下发,促使教师树立"关注幼儿日常表现,在一日生活中走近幼儿"的意识,同时为改进教师原有的评价方式、提高教师保教工作的科学性,提供了具有操作价值的"拐杖"。但教师在实践操作中也遇到了两个问题:第一,如何根据"指引"捕捉幼儿相应的行为;第二,如何运用"指引"分析幼儿的行为。如何将"指引"与教师的观察分析联结起来,帮助教师更好地了解儿童、走进儿童、解读儿童,特别是基于观察与分析,为儿童的发展提供有效支持,是本课题研究过程中亟待解决的关键问题。

(三) 践行指南"指引",以评价全面支持儿童发展

幼儿的发展是连续的,既有共性特点,又有个性特征。"指引"为幼儿园、教师了解和把握幼儿发展现状,组织实施适合幼儿的课程活动,促进每一个幼儿在原有水平上获得切实的发展提供了观察依据。"指引"包括健康与体能、习惯与自理、自我与社会性、语言与交流、探究与认知、美感与表现6大领域、14个子领域,并各自列出观察内容及幼儿不同阶段的行为表现。当幼儿稳定在某一阶段时,教师可以运用后一阶段的指标来观察和了解幼儿,并提供适宜的活动机会,引导幼儿向后一阶段发展。践行指南,坚持持续、自然地了解、分析幼儿,支持幼儿发展,成为幼儿园、教师课程实施的重要组成部分。

(四) 秉承集团理念,深入探寻教育集团的多元联动机制

南门教育集团在"地域广、集中难、骨干稀缺"的大背景下,从实际出发,秉持"在共建中全面提升办园品质,在创生中促进师生和谐发展"的集团理念,发挥牵头校南门幼儿园的示范辐射作用,聚焦3—6岁儿童发展行为评价,在实践中积聚优势,整合力量,探寻多元联动机制,搭建多样平台,运用分工合作、学习培训、交流研讨等方法,在提升教师观察分析与评价能力的同时,让集团内的每一所幼儿园,都能在共建共享中实现高质量发展。这一过程借助教育集团的多元联动机制,提高了集团优质教育资源的辐射面和利用率,推动区域教育从基本均衡向优质均衡发展。

二、核心概念界定

(一) 儿童发展行为评价

教师参照"指引",结合美感与表现、语言与交流、习惯与自理、自我与社会性、探究与认知、健康与体能6大领域及14个子领域的评价指标,对幼儿在园一日活动中的行为表现进行观察、记录、分析、评价,以此为依据评判儿童的发展情况。

(二) 教育集团

在同一区域内或跨区域,由优质品牌学校牵头,集合两所及以上学校组建办

学联合体,围绕共同的发展目标,共享先进的办学理念、成功的管理经验和优质的教育资源等,促进各校内涵发展、质量提升,以期实现教育资源优质均衡发展的办学形式。本书中,本概念特指南门教育集团。2019年11月,以南门幼儿园为牵头校,联合16所成员校组成南门教育集团。该集团各园所分布在临港、曹路、高桥、张江、川沙等9个街镇,包含农村园、新开园、示范园等不同类型,具有层次多、地域广、特色多等特点。截至2023年,南门教育集团规模不断扩展,形成了"1+22"的集团格局。

核心校:南门幼儿园。

成员校:繁锦幼儿园、海星幼儿园、高科幼儿园、海港幼儿园、高南幼儿园、牡丹幼儿园、园西幼儿园、黄楼幼儿园、晨阳幼儿园、盐仓幼儿园、川沙幼儿园、汇贤幼儿园、绣川幼儿园、百熙幼儿园、六团幼儿园、东港幼儿园、泥城幼儿园、坦直幼儿园、六灶幼儿园、新苗幼儿园、中市街幼儿园、好日子幼儿园。

(三) 教育集团联动机制

教育集团联动机制以实现优质资源共享,提升整体办学水平为目标,包括在实施过程中具有协调和控制功能的各要素,如交流机制、研讨机制、培训机制、评价机制、激励机制等,可以帮助各园所建立密切的联系,保证教育集团的发展。南门教育集团秉持着"在共建中全面提升办园质量,在创生中促进师生和谐发展"的集团理念,积极探索和完善联动机制,在成员之间建立亲密友好的合作关系。

三、研究目标与内容

(一) 研究目标

了解当前儿童发展行为评价现状,进一步解读"指引",充分发挥教育集团优势,有效组织儿童发展行为的评价活动,设计可操作的儿童发展行为评价的流程,探讨儿童发展行为评价方法,指导教师掌握儿童发展行为观察与分析的方法,提高观察与分析的能力,总结利用教育集团联动机制开展儿童发展行为评价的组织形式及实施策略。

(二) 研究内容

1. 3—6岁儿童发展行为评价的现状调查

了解当前教师使用"指引"进行儿童发展行为评价的状况,包括教师在评价实践中存在的问题、困惑及需求等。

2. 对"指引"的解读与分析

解读儿童发展6大领域、14个子领域的"表现行为",理解不同"表现行为"之间的差异,能够根据自己的教学经验,将"指引"与幼儿实际行为建立联系。

3. 儿童发展行为评价流程的设计

设计儿童发展行为评价流程,包含"行为捕捉—行为分析与评价—评价结果的反馈与利用",并在实践研究过程中,结合相关的儿童发展行为观察评价案例,不断细化该评价流程。

4. 儿童发展行为观察分析的方法研究

(1) 根据"指引"捕捉儿童相应的行为。

(2) 对儿童的行为表现进行客观准确的描述。

(3) 联系"指引"对儿童的行为表现进行准确的分析。

5. 教育集团联动机制下儿童发展行为评价活动的组织与实施

(1) 建立和完善分工合作、学习培训、交流研讨等机制。

(2) 研制儿童发展行为观察分析工具,如观察表、记录表等。

(3) 建立评价案例资源库。

四、研究方法与过程

(一) 研究方法

主要采用行动研究法、案例研究法、经验总结法、调查法等。

1. 行动研究法

先制定课题研究的第一步行动计划,在实践中加以考察和反思,并根据反馈及时调整行动,修改计划,直至形成较完善的行动方案。首先建立培训模块,组织教师学习与解读"指引":理解6大领域、14个子领域的"表现行为",理解不同"表现行为"之间的差异;根据自己的教学经验,将"指引"与幼儿实际行为建立联系。其次是设计儿童发展行为评价流程:活动观察—行为记录—行为分析—行动对策。同时研究儿童发展行为观察分析方法,建立和完善分工合作、学习培训、交流研讨等机制。研制儿童发展行为观察分析工具,如观察表、记录表等。建立案例资源库。

2. 调查法

通过访谈调查,开展儿童发展行为评价访谈调查,了解当前教师对使用"指引"进行儿童发展行为评价的认知、实践、需求等;向集团内23所成员校共35个园区教师发放自编的"集团内教师开展儿童发展行为评价的调查问卷",同时对成员校行政核心组进行访谈。

3. 案例研究法

追踪教师对儿童发展行为观察分析与评价的个案,积累典型的评价案例,建立案例资源库,形成教育集团联动机制下3—6岁儿童发展行为评价的实践研究的个案集。

4. 经验总结法

总结课题研究中行之有效的经验,包括多元联动机制,儿童发展行为观察、分析、评价等方面的经验。

(二) 研究过程

1. 第一阶段:组织团队现状调查(2021年9月—2022年6月)

(1) 成立课题组,确定分工;查阅国内外有关教育集团联动机制下3—6岁儿童发展行为评价的实践研究的相关情况,完成情报综述。

(2) 完成集团内教师对儿童发展行为评价的现状调查报告。

(3) 撰写开题报告,进行开题论证。

2. 第二阶段:实践探索和反思调整(2022年6月—2023年12月)

(1) 继续搜集文献,对教育集团联动机制下3—6岁儿童发展行为评价的实践研究进行综述与学习。

(2) 建立和完善分工合作、学习培训、交流研讨等机制。

(3) 以成员校为单位开展专题研究,观察和反思实践行动,总结经验、提出问题,制订下一阶段实践行动的计划。

(4) 研制儿童发展行为观察分析的工具,如观察表、记录表等。

（5）阶段性成果展示：成员校教师汇报，案例交流展示，阶段小结。

（6）实践过程中实时反馈、不断调整，使课题在动态中日趋完善。

（7）梳理阶段性成果，完成中期汇报。

3. 第三阶段：成果总结（2024年1月—2024年12月）

（1）建立案例资源库，形成教育集团联动机制下3—6岁儿童发展行为评价的实践研究个案集。

（2）研究资料的整理和分析，撰写课题研究报告和相关论文。

（3）整理过程性资料，梳理课题研究的成果，进行课题结题和成果鉴定并汇编。

五、研究实践

（一）3—6岁儿童发展行为评价的现状调查

1. 调查目的

为了解集团内教师对"指引"的理解及使用"指引"过程中的现状、困惑与需求，分析其影响因素，进而给予专业支持，特开展3—6岁儿童发展行为评价的现状调查。

2. 调查内容与方法

2021年10月22日—2021年10月28日，我们面向集团所属23所幼儿园786名教师进行问卷调查，了解不同教龄、学历、职务的教师对"指引"的理解及使用"指引"过程中的现状、困惑与需求。本次调研以网络问卷为主，辅之以实地走访，共收取网络问卷786份，其中保教主任反馈问卷28份，教研组组长反馈问卷112份，教师反馈问卷646份。

3. 调查结果与分析

结合调研数据，本次调研从教师的基本情况、"指引"学习的途径、对"指引"的理解、运用、困惑及需求等六个维度进行了现状分析。

（1）教师对"指引"有很高的知晓度，有较好的学习态度和使用意愿

集团重视在日常活动中落实"指引"。从教师是否了解《评价指南》中的"3—6岁儿童发展行为观察指引"的数据可以看出，"了解"占99.74%，说明教师具有较好的学习态度和使用意愿，同时也说明学习"指引"的根基就在幼儿园，各园所

对于"指引"学习的重视程度,能让教师充分感受到"指引"的重要性。(见图1)

教师普遍支持在工作中学习与使用"指引",能充分认识到"指引"的意义,能普遍认识到"指引"在自我专业发展中的地位,这些都为教师运用"指引"奠定了很好的基础。(见图2)

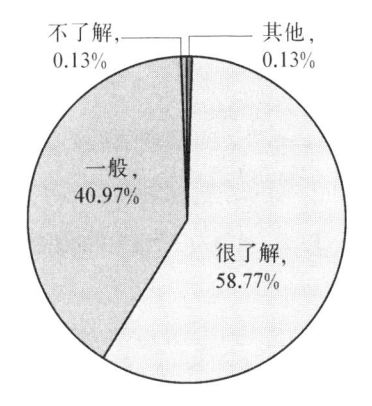

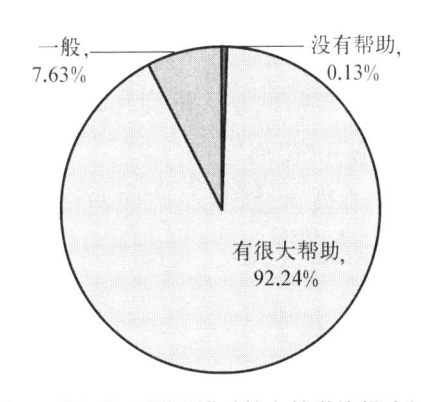

图1 教师对于"指引"的了解程度　　图2 教师认为"指引"对教育教学的帮助程度

(2) 教师在实践中存在认知误区和理解偏差,急需有效的经验指导

调研发现,教师日常学习、使用"指引"的积极性高,但从图3的数据中,可以发现有47.65%的教师认为表现行为描述与三个年龄段和水平发展层次相匹配,说明具体在实践操作时理念认可与理解有偏差。(见图3)

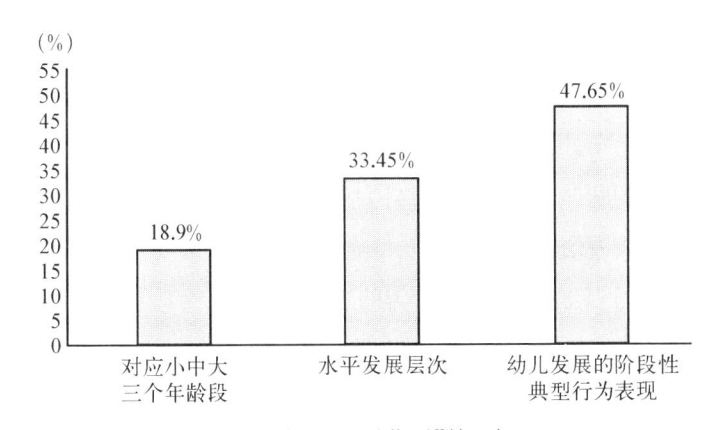

图3 教师对于"指引"的理解

另外,24.28%的教师偶尔或者目前没有依据"指引"中的信息来源多途径收集信息,还有教师想尝试但目前没有使用"指引",说明他们急需有效的"指引"使

用经验分享。

（3）教师使用"指引"的过程中，缺少有效的观察与分析方法

尽管教师会在幼儿一日活动中使用"指引"，但81.06%的教师明确表示不知道如何梳理分析观察信息。这一数据也可以说明：尽管大量的教师已经认识到在教育教学活动过程中使用"指引"的重要意义，但是他们普遍缺少有效方法，这是一线教师在运用"指引"中的实际问题。（见图4）

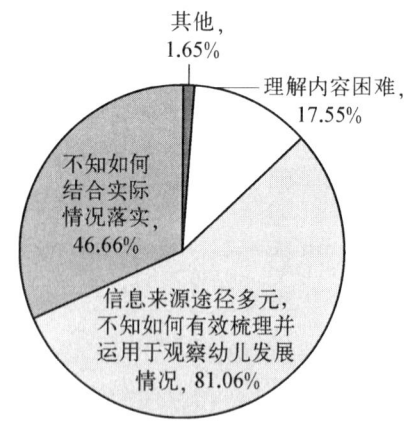

图4 教师对于"指引"的困惑

4. 建议

根据调研现状，集团需组织教师学习"指引"，使教师能根据自己的教学经验，将指引与幼儿实际行为建立联系；设计儿童发展行为评价流程，包括活动观察—行为记录—行为分析—行动对策；同时研制儿童发展行为观察分析的工具，开展儿童发展行为观察分析的方法研究；追踪教师对儿童发展行为观察分析与评价的个案，积累典型的评价案例，建立案例资源库；在研究过程中建立和完善分工合作、学习培训、交流研讨等集团联动机制。

（二）"3—6岁儿童发展行为观察指引"的解读与分析

1. "3—6岁儿童发展行为观察指引"的指导意义

"指引"是上海市幼儿园办园质量评价体系的一部分，为教师观察分析不同发展阶段和特点的幼儿，从而进行有针对性的教育提供了依据，有助于更好地支持每一个幼儿健康发展、和谐发展。

（1）明晰了3—6岁儿童发展行为的具体内容

"指引"包含健康与体能、习惯与自理、自我与社会性、语言与交流、探究与认知、美感与表现6大领域，每个领域下细分了相应的子领域，如健康与体能领域分为身心状况和动作发展2个子领域，习惯与自理领域分为生活习惯和能力、学习习惯、文明习惯3个子领域等。6大领域下细化的14个子领域聚焦幼儿健康发展、全面发展、和谐发展的关键要素，教师可以直接借助子领域内容来观察幼儿相应领

域下的发展行为,并以此制定观察计划,这为教师选取观察内容提供了便利。

(2)确立了3—6岁儿童发展行为观察的方向

"指引"内容涵盖了幼儿一日活动中的方方面面,指导教师对幼儿进行全面观察、专业分析与全面评价。各子领域下具体表现行为的描述为教师提供了3—6岁儿童发展行为的观察方向,如在"健康与体能"领域下"身心状况"的子领域中,包含了"具有健康的体态""情绪安定愉快""具有一定的适应能力"三种表现行为,子领域"动作发展"中包含了"对运动感兴趣""具有一定的平衡能力,动作协调、灵敏""具有一定的力量和耐力""手的动作灵活、协调"四种表现行为,教师可在一日活动中有目的、有针对性地观察幼儿的发展行为,并进行科学的分析和专业的评价,给予幼儿有效支持以促进幼儿发展。

此外,每个领域下的观察指引中幼儿的表现行为描述分为表现行为1、表现行为3和表现行为5,这三种水平呈现了幼儿不同阶段的发展状态。通过描述幼儿发展的阶段性典型表现行为,教师能更好地了解3—6岁儿童的行为特点和发展规律,关注幼儿的个体差异,尊重和了解不同阶段幼儿的发展特点和行为表现,也能最大限度地满足和支持幼儿通过直接感知、实际操作和亲身体验获取各种经验,这些都为教师科学评价幼儿的发展行为确立了方向。

(3)为教师的活动设计与实践改进提供依据

"指引"还明确指出了信息的来源,可以通过观察幼儿在一日活动中的种种表现,也可以通过家长问卷调查及访谈、收集幼儿作品等多种途径全面地获取信息,为教师开展实践教学提供了依据,具有实践性与可操作性。随着"指引"的运用,教师会以"指引"为依据设计教学活动,如在大班"我自己"主题下,结合"自我与社会性"领域中的"自我意识"子领域下的"知道自己和他人不同,接纳自我"表现行为"1.1.3知道引起自己某种情绪的原因,能在提醒下克制自己的冲动",教师设计了一节"苏菲生气了"集体教学活动,通过活动引导大班幼儿尝试正确缓解自己的生气情绪。教师还会以指引为依据进行环境创设。如"习惯与自理"领域中"文明习惯"子领域下的"遵守基本的行为规范"表现行为"3.2.5能收拾整理好自己使用的物品",教师可据此引导幼儿制作整理类标识,创设生活环境,形成良好的整理习惯。

"指引"不仅能作为教师设计活动的依据,也能帮助教师通过观察幼儿的行为表现反思自己的教育教学行为,优化调整活动,进一步激活教师专业发展内驱力,促进教师专业成长。如在集体教学活动中,教师常常会以任务单的形式开展运算活动,但发现幼儿还是机械性地死记硬背,参照"指引"中"探究与认知"领域的"数学认知"子领域的"感知数、量及数量关系"表现行为"2.2.3 能运用实物操作等方法进行 10 以内的加减运算",教师会通过游戏、实物、任务单等多种方式开展运算活动,让幼儿通过直接感知理解运算经验。

2.《3—6 岁儿童发展行为观察指引》的内容要点

(1) 聚焦幼儿发展的核心经验和关键能力

"指引"指向 6 大领域:健康与体能、习惯与自理、自我与社会性、语言与交流、探究与认知、美感与表现。领域 1"健康与体能"围绕幼儿的生理和心理健康,指向幼儿的健康体态、情绪水平、适应能力,以及大、小动作的平衡性、灵活性、协调性、灵敏性等。领域 2"习惯与自理"参考 2008 年《上海市幼儿园保教质量评价指南(征求意见稿)》(以下简称《评价指南》)中的基本要求,对幼儿的生活习惯、学习习惯、文明习惯等提出发展和行为观察内容。其中,学习习惯涉及倾听习惯、好奇好问以及做事专注、坚持等。《评价指南》突出"习惯与自理"这一领域,希望教师重视并努力实践,让好习惯和能力的培养对幼儿一生的学习与发展产生积极的影响。领域 3"自我与社会性"集中体现在自我意识(接纳自我、自尊、自信、自主)、人际交往(友好相处、关心他人)、社会适应(适应群体、有归属感、体验多元文化)等方面,希望幼儿在社会化过程中获得良好的发展。领域 4"语言与交流"主要体现在两个方面,一是理解与表达,强调要认真听并听得懂,愿意说并说得清;二是前阅读与前书写,强调喜欢听故事和看图书,并有初步的阅读能力和书面表达愿望。领域 5"探究与认知"主要从科学探究与数学认知两方面,强调了重兴趣、重方法与能力、重探究与发现过程的价值取向。领域 6"美感与表现"围绕感受与欣赏(包括自然与生活中的美、艺术作品中的美)以及表现与创造(表现兴趣、创造能力),强调了艺术领域的发展重点和评价要点。"指引"中各领域的表现行为,能够体现社会、语言、健康、科学和艺术五大要素,聚焦了幼儿发展中的核心经验和关键能力。

(2) 突出幼儿行为的典型性与可测性

注重"过程性评价"与"发展性评价",是教育部在《幼儿园保育教育质量评估

《指南》中对幼儿园教师的观察评价工作提出的最新要求。幼儿的发展是连续的，既有共性特点，又有个性特征。"指引"通过"表现行为1""表现行为3""表现行为5"这三种典型表现来反映幼儿的发展阶段，列出了幼儿发展的阶段性典型表现行为。幼儿园和教师要认识并尊重幼儿各方面发展存在的不均衡和个体差异，关注幼儿的典型行为表现，以此为参照，分析评价幼儿当下的行为表现。当幼儿稳定在某一阶段时，教师可以参照后一阶段的表现行为观察和了解幼儿，并提供适宜的活动机会，引导幼儿向后一阶段发展。但是需要关注的是，"表现行为1""表现行为3""表现行为5"这三种典型表现行为并不完全对应幼儿的3—4岁、4—5岁、5—6岁年龄段，它只是更好地反映每个幼儿的发展特点与发展差异性，体现了行为发展的连贯性，因此，切忌生搬硬套。

（3）为教师观察分析与评价提供了"信息来源"

"指引"中的各领域、各水平的幼儿表现行为为教师观察分析与评价提供了"信息来源"。教师借助"指引"，捕捉幼儿的典型表现行为，进而对幼儿进行观察分析与评价。在这个过程中，教师通过观察幼儿在游戏、生活等自然场景中的种种表现，通过对话、互动、家园合作与沟通等多种途径，全面地去获取信息。平时观察所获得具有典型意义的幼儿行为表现和所有积累的各种作品等，是评价的重要依据。适合幼儿园评价幼儿的方法不是统一的一次性测试，而是伴随教育过程进行的观察与分析；不是唯测量是瞻、唯分数是瞻的量化评价，而是综合的、以观察为主的评价。在日常观察中积累，在真实的教育过程中开展评价，让教育与评价如影随形，才是幼儿园最易行、最有效的一种评价方式，也是把教师专业发展方向与幼儿发展相结合的一种合理有效的评价方式。

3. 对教师的操作要求

"指引"中的6大领域和14个子领域，通过"表现行为"来呈现幼儿不同阶段的发展状态，是教师进行幼儿发展的阶段性典型行为描述的评价依据。在一日活动中，教师应有效地借助"指引"，关注幼儿在日常生活和真实活动情境中的典型行为表现，进行更加准确、全面的分析和判断。

（1）根据"指引"，在不同的实践活动中捕捉幼儿相应的表现行为

"健康与体能"领域，我们可以在户外运动及日常活动中捕捉幼儿在这一领域中的相应表现行为。"习惯与自理"领域，我们可以在生活活动、户外活动、集

体教学活动中捕捉相关行为表现。"自我与社会性"领域,我们可以捕捉幼儿在一日活动中的社会性行为表现。"语言与交流""探究与认知"和"美感与表现"领域,我们可以在个别化学习、集体教学活动、户外游戏等活动中捕捉这三个领域中幼儿相应的表现行为。

(2) 联系"指引",分析幼儿的具体行为表现

借助"表现行为1""表现行为3""表现行为5"这三种典型表现来反映幼儿的发展阶段,不是为了给幼儿"贴标签",而是用体现幼儿发展阶段的典型行为,来取代简单的小班、中班、大班的年龄分类,更好地反映每个幼儿的发展特点与发展差异性。因此,教师要联系"指引"中幼儿不同的表现行为,观察与倾听幼儿在活动中表现出来的情绪、语言、动作等多方面行为信息。另外,"指引"的每个指标都是有关键词的。比如,在子领域"自我意识"的"能主动发起活动,活动中积极表达自己的想法并能坚持"这条指标中,"主动发起"和"坚持"就是关键词,分别是幼儿自主行为和意志力的体现,老师可以在自主游戏中,通过观察幼儿的自主性行为表现来分析和判断幼儿在自尊、自主、自信这一级指标下的行为发展。又如在子领域"人际交往"的"能想办法结伴共同游戏,活动中能与同伴分工、合作、协商,一起克服困难、解决矛盾"这一指标中,关键词是"分工""合作"和"协商",找到关键词后,我们的观察就有了方向和目标,可以通过不同活动中幼儿的行为表现来分析他们在人际交往中的社会性发展。

(3) 运用多种方法,观察、分析幼儿的行为发展

客观、真实地观察、了解幼儿是促进幼儿学习与发展的前提,在"指引"的引领下,我们除了要获得幼儿学习与发展的真实信息的场景和情境以外,还要熟练地掌握和应用不同的观察方法来记录幼儿的不同行为表现。例如定点观察法,教师可以固定在某个游戏区域进行观察,只要在此区域游戏的幼儿都可以成为观察的对象,这样可以了解该区域幼儿的游戏情况,了解幼儿的现有经验以及他们的兴趣点、幼儿之间交往、游戏情节的发展以及幼儿在游戏中的种种表现,使教师的指导能有的放矢。又如追踪观察法,教师在游戏开始时确定1—2名幼儿作为观察对象,观察他们在游戏中的各种情况,固定人而不固定点,观察了解个别幼儿在游戏全过程中的情况,了解其游戏发展的水平以及与同伴的交往情况。在实践中,教师可以根据自己的观察目标和具体情况选择一种或多种方法相结

合使用。例如,教师可以在一天的不同时间使用扫描观察法获得全面概览,同时选择特定时段或活动使用叙事观察法或定点观察法进行更深入的观察,这些观察方法都有助于教师在真实的幼儿活动情境中去发现幼儿,了解他们的发展情况。

"指引"给予教师以专业的"拐杖",为教师观察分析不同发展阶段、不同特点幼儿的行为以及掌握其发展的方向提供了依据,帮助教师更好地对每一位幼儿做出专业的分析,从而有针对性地设计课程,开展有效的师幼互动,支持每个幼儿健康、全面、和谐地发展。在运用"指引"的同时,教师需要辩证地看待"工具",不能完全依赖指标去模式化地描述儿童,应灵活地利用"工具",让"工具"支持教师,更鲜活地评价儿童。

(三)儿童发展行为的评价流程与方法

1. 儿童发展行为评价的基本流程

儿童发展行为评价的基本流程可以分为"活动观察""行为记录(捕捉与描述)""行为分析""行为对策"四个步骤(见图5)。这四个步骤相互联系,相互影响,每一步都起着不可或缺的作用,从而构成了完整的评价过程。通过科学的评价流程和方法可以对儿童的行为进行全面、客观、准确的评估,可以为幼儿的全面发展提供科学依据和有效支持。

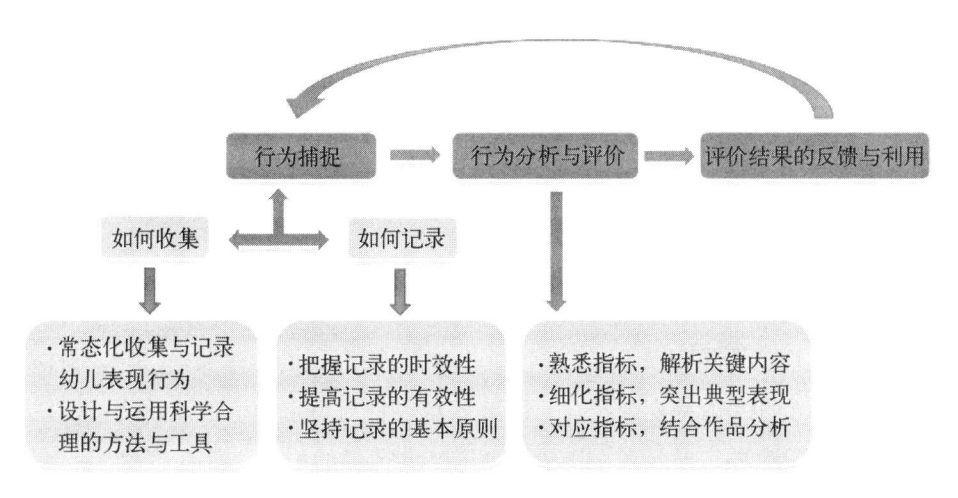

图 5　儿童发展行为评价流程

2. 儿童发展行为的观察

儿童发展行为观察,是通过感官或仪器,有目的、有计划地对自然状态下发生的学龄前儿童行为及现象进行观察、记录、分析,从而获取事实资料的方法,在了解儿童行为的基础上,根据他们的个性、需要、兴趣等,调整教育行为和策略。儿童发展行为的观察是教师评价幼儿发展行为的基础。观察是了解幼儿发展水平最直接的方法,教师通过细致、系统地观察幼儿身体动作、语言表达、情感表现、社交行为等,能够获得幼儿发展的真实状况,以及他们的需求与挑战,了解幼儿行为背后的动机、愿望、情绪等。教师基于观察结果可以对幼儿当前的行为做出科学的分析和专业的评价,从而为幼儿提供更有针对性的教育和支持。

儿童发展行为的观察需要系统性,即需要有一定的观察计划和方法。根据不同的分类标准,儿童发展行为的观察方法可以分为很多种,每一种观察方法都有其特性。在平时的教育教学活动中,我们经常使用的观察方法有过程式观察、细节式观察、比较式观察和追踪式观察。

(1) 过程式观察

过程式观察指教师对幼儿从活动开始到结束的整个过程中,在自然状态下发生的幼儿行为、语言、情绪、学习表现和社交技能等进行的完整、详细的观察和记录。过程式观察是一种低结构的观察记录法,是在自然情景中针对观察主题或感兴趣的事件,按照事情发生的顺序将幼儿的行为以描述的方式详细记录下来的观察方法。如在案例"自主探究,提升认知经验"中,教师采用过程式观察的方法,观察幼儿拼搭立体图形:从刚开始的杯子套住无法叠高到叠到三层的失败,最后杯子叠高成立体图形。在观察的过程中,教师记录幼儿行为,分析幼儿对于叠高方法的认知、对于空间建构的能力,以及空间探究与数学认知。

(2) 细节式观察

细节式观察是指教师重点观察幼儿活动中某一个片段或独特的事件,并用符号或叙述性的语言记录下来,是对幼儿动作、神态和语言的捕捉,是过程性观察中对某一个环节的补充与特写。细节式观察针对特定的事件或行为,能够提供行为事件发生的完整情境,为评价幼儿提供客观的根据。如在案例"聚焦兴趣,关注成长,促进表现"中,教师对幼儿使用小喷壶开展美术活动进行细节式观察,通过对幼儿一系列的动作与语言的描述表现出了幼儿使用小喷壶创作的兴趣。

(3) 比较式观察

比较式观察是教师在不同的情境下对同一名幼儿进行观察,或在相同情境下对不同幼儿进行观察的方法。在活动中,幼儿各方面能力与素养都会通过行为表现出来,教师在对幼儿进行细致观察时,可对幼儿的真实发展水平进行横向与纵向的对比。如在案例"玩转多米诺"中,教师通过比较观察幼儿使用不同的材料进行"多米诺"搭建,分析评价幼儿在每次多米诺搭建过程中的操作变化,从而引导幼儿整合自己的搭建经验,调整搭建方式,获得新的体验。

(4) 追踪式观察

追踪式观察是教师对特定幼儿进行特定跟踪观察的方法,指在一段时间内对幼儿进行连续观察和记录,以收集有关他们的发展行为和学习的信息。这种方法较多运用于个案,适用于分析特定幼儿所具有的特点,可以帮助教师了解幼儿的个体差异、特点和需求,从而更好地制定教育计划,提供个性化支持。如在案例"巧用指南,精准分析,读懂幼儿"中,教师对轩轩首次接触平衡板、自主挑战平衡板、玩转平衡板三个阶段进行追踪观察,对轩轩三个阶段的行为进行过程及结果评价,让轩轩体验运动带来的快乐与成就感,提高运动的自信心。

教师在幼儿的一日活动中可以观察到大量的幼儿在各个方面的行为表现,这些行为表现都可以让教师了解幼儿的信息。通过科学的观察,教师可以更好地了解儿童的身心发展状况,也为专业评价儿童提供依据。在开展儿童发展行为观察时,首先,教师需要以平等、友善的态度对待儿童,尊重儿童的个性、兴趣和意愿。其次,教师需要客观性地、全面地观察幼儿的行为表现,不带有主观评价。教师需要尽可能减少自己的干扰,捕捉幼儿自然状态下的行为。教师应该详细记录儿童的行为,包括行为发生的时间、地点、情境、表现形式,这些信息对于后续的分析和评价非常重要。另外,教师还可以将访谈作为观察的一种辅助方法。通过对幼儿或家长的访谈,教师可深入了解幼儿的行为及行为背后的原因,从而也能更准确地分析解读幼儿,为幼儿提供适宜的支持。

3. 儿童发展行为的捕捉与描述

对幼儿发展行为的捕捉指在对幼儿行为观察的基础上,根据观察目的、领域选择相关信息。对幼儿发展行为的描述指将捕捉到的儿童行为表现用恰当的文字清晰地表达出来。对幼儿行为进行捕捉能够帮助教师提取有用的信息。而对幼儿发展行为的描述能让捕捉到的信息更形象、具体、生动。捕捉与描述为分析与评价幼儿发展行为提供了重要的依据,只有这样才能科学有效地评价幼儿。

有效观察的关键是要学会捕捉,教师在观察幼儿行为时往往缺乏针对性,想观察什么就观察什么,想记录什么就记录什么,只能关注活动本身,忽视了对幼儿典型性行为的捕捉,导致最后的评价产生偏差。对幼儿发展行为进行捕捉与描述是获取有效行为表现的重要环节,是对幼儿发展行为进行分析评价的有效依据,可以避免教师产生主观、武断、简单的评价,也使教师的评价更加客观和科学。以下几点方法可以帮助更好地捕捉与描述幼儿发展行为。

(1) 体现捕捉的典型性

"指引"包括 6 大领域、14 个子领域、38 项行为指标,我们在运用"指引"对幼儿进行行为评价时,为了提高评价的质量,教师要根据观察目标、领域,对照"指引"捕捉与指标有密切关系的行为,抓住"典型"的人或事,使之成为进一步分析评价的基础。比如,幼儿在建构区中的建构活动可以表现幼儿的小肌肉动作,也可以表现幼儿的艺术创作、空间感知能力,还可以表现幼儿解决问题的能力。如果重点是要突出幼儿的小肌肉动作,就应多描述幼儿两只手的配合情况;若想突出幼儿的艺术创作,则突出作品的结构特征。对于需要突出的信息,教师必须有非常细致准确的细节描写,而不是简单地陈述,仅提供一般性的信息。

(2) 体现描述的客观性

教师对幼儿行为的捕捉与描述应该是对幼儿活动情况真实客观的反映。首先,教师在对幼儿行为进行捕捉时要避免带有个人感情色彩,消除固有的偏见,记录描述时不用具有解释性、判断性的词语,要避免主观态度的词汇,使用事实性的语言,即感官获得的信息,体现客观性和真实性。如:眼睛看到的,"她咧着小嘴笑";耳朵听到的,"她说我画的是红色的树,叶子是红色的,树枝也是红色的";手触摸到的,"他的后背都湿透了"。记录时,要避免使用"她画了一棵与众不同的树""他觉得热"等带有主观感受的表述,力求客观真实,绝不能夹杂主观方面的臆造和猜想。

(3) 描述时要掌握用词技巧

用什么样的语言来恰当描述幼儿的发展行为也非易事,中文博大精深,掌握用词技巧,也能让我们的描述更为准确。首先能用数据表达的尽量不用文字描述,如"今天心心花了很长时间才吃完午餐",我们可以将"很长时间"改为具体的数字:"今天心心花了半个小时才吃完午餐",让这一事件更为量化地呈现。其次多用动词和名词,少用副词和形容词,虽然缺少这些词语会令记录很单调,缺乏儿童的个性,但是副词和形容词常常会带有主观色彩。我们在使用动词时,为了让描述更形象,也要选用适合的词语。如"走"有许多近义词,如漫步、缓行、散步、溜达、踱步、齐步走等。然而,儿童行为或者大动作之间的区别有可能依赖于"走"的近义词。没有哪两个儿童会以完全相同的方式穿过一间游戏室或者走向同一个儿童或者教师。作为教师,在观察儿童时,要对儿童的行为特征做出回应。我们对走路跌跌撞撞的儿童会有响应,因为我们意识到了问题;对满心愉悦的儿童,则会看到他快乐地跳动。

(4) 巧用描述方法

概括性描述是对幼儿行为的大致情况进行描述,如行为类型、行为频率、行为背景等。在对幼儿行为进行描述时,可以采用概括性描述和细节性描述相结合的方法,以便更全面、准确地了解幼儿的行为特点和发展状况。细节性描述是对幼儿行为的具体情况进行详细描述,如行为表现、行为变化。通过将概括性描述和细节性描述结合,可以更全面地了解幼儿的行为特点和发展状况,为后续的分析和评价提供有效依据。如科学案例"玩转多米诺"。

> 项目刚推进不久,由于媛媛家中没有木牌这种材料,于是她试了各种材料,突然她发现纸牌折一折可以站起来。于是她开始使用纸牌搭建。刚开始,媛媛把纸牌沿宽边对折了一下,一张张紧紧地靠在一起,在排第五张牌时,她的袖子碰到了第四张纸牌,纸牌晃动了一下就往起点方向倾倒了,媛媛又试了三次,还是没有成功。于是,她转动了纸牌,尝试沿窄边对折,依次摆放到第十张牌时,衣袖又碰到了纸牌,但是纸牌前后晃动了一下,并没有倒,媛媛把接下来的纸牌间距放宽了一些,就这样使用了十六张纸牌,她搭

建了一个简单的数字"3",推动纸牌后,造型成功倒塌了!成功之后,媛媛开始增加纸牌的数量,搭建螺纹形态,搭建的时候,媛媛碰倒了好几次,纸牌倒塌了她就重新搭建,这样反复了十几次,好不容易把螺纹搭出来了。接下来,媛媛开始挑战高难度,使用了直线、分叉、螺纹组成的花形,并用小车推动第一张纸牌,纸牌一张接着一张,轻轻倒塌了。

以上案例中,教师对幼儿起初的操作行为使用了细节性描述,清晰完整地呈现了幼儿的行为表现,之后几次描述采用了概括性描述。细节性描述和概括性描述结合的方法将幼儿从会到不会,从不成功到成功的过程清晰地呈现了出来,也为之后的分析评价提供了有效依据。

科学有效地评价幼儿,了解幼儿身心发展的需要,是提高幼儿园教育适宜性和有效性的前提。在对幼儿发展行为进行评价的过程中,环节间环环相扣、相互渗透。捕捉与描述为分析与评价幼儿发展行为提供了重要的依据,只有做好对幼儿发展行为的捕捉与描述才能科学有效地评价幼儿。

4. 儿童发展行为分析与评价

儿童发展行为分析与评价是借助"指引",在观察幼儿表现行为的基础上,以观察结果作为分析框架,对持续观察了解到的幼儿学习与发展行为做客观分析与评价,判断幼儿在6大领域的发展水平和个体差异。对教师来说,记录幼儿的表现,描述幼儿的行为过程不难,难就难在如何依托"指引",分析幼儿行为背后的发展水平和特点。教师在分析儿童发展行为时,一是不明确分析的基本思路,二是缺少分析的具体方法,从而影响了教师对幼儿的客观评价。

(1) 儿童发展行为分析的基本思路

分析幼儿的行为表现时,首先要结合行为描述,全面综合地了解幼儿在某一活动中的行为发展状况,这些行为指向幼儿哪些方面的发展,符合指标领域下的哪些表现水平,通过分析得出相应的结论。如娃娃家案例。

辰辰和童童来到了娃娃家,童童拿着收银机站到了娃娃家的柜子边上一边摆弄着嘴里还一边嘀咕着什么。辰辰走到童童旁边说:"钱来啦。"说完,他就要把钱塞到收银机的小盒子里,童童手里则一直拽着收银机的扫码枪,不肯松手,还大声说道:"我要给妈妈打电话,我给妈妈打电话的时间到了。"于是,她就在一旁假装打起了电话。辰辰见状,也没有说什么,就坐在一旁摆弄着手里的银行卡,其他小朋友来问童童要收银机玩的时候,她就把收银机护在怀里,还一直跟小朋友说:"我要给妈妈打电话了……"

收银机刚拆开时,童童说要打电话,辰辰并没有去抢夺,而是让给了童童去打电话,之后辰辰又询问了好几次,童童都没有同意,在同伴没有同意的情况下,辰辰仍旧继续等待。通过这些行为表现可以看出,游戏中辰辰是愿意倾听同伴的意见和建议的,辰辰的这一行为体现了"自我与社会性"领域下"自我意识"中"知道自己与他人不同,接纳自我"的"表现行为3:活动中愿意倾听和接纳同伴的意见和建议"。分析幼儿的行为是为了读懂幼儿、尊重幼儿、支持幼儿,在对幼儿行为展开分析时,我们要依据6大领域中的指标内容,按照分析的基本思路,通过不同活动中幼儿的行为表现分析他们在各领域的发展情况。

(2)儿童发展行为分析的重点

① 联系"指引"进行分析

指标的不同领域涵盖了幼儿发展的方方面面,这为教师立体化呈现幼儿发展评价提供了可能。当教师熟悉了各项评价指标,评价幼儿的某一次事件时,便可以使用不同领域的指标。

例如,大班个别化学习活动时间,小凯选择了"剪窗花"。5分钟后,小凯拿着手工纸走到老师身边说:"老师,这个我剪不好。你能不能教教我怎么剪?"老师看了看小凯剪的半成品,只见纸上有好几条剪刀剪过的痕迹,但都是单线条的,没有围合起来,而且线条不顺畅,便对小凯说:"不是剪出一条条线,而是要挖洞。比如,剪成一个三角形的洞。"小凯回到座位,继续尝试起来。过了两分钟,他又来寻求帮助:"老师,那怎么剪成三角形的洞呢?"老师示范剪了一个洞,边剪边说:"也不一定要剪成三角形,就这样把纸挖掉一块就是一个洞了。剪的时候纸的方向要转动。再去试试吧!"小凯说:"好的。"他继续回到座位上尝试起来,之后的10分钟里,小凯始终坐在座位上专注地剪纸。作品完成的时候,他激动地举起窗花,兴奋地说道:"老师,快看我剪的窗花!"

从小凯剪出的线条可以看出,他对剪纸不擅长,剪的线条不平滑,也不知道剪纸的时候需要根据形状转动纸张的方向。由此可以发现,在动手能力方面,小凯在子领域2"动作发展"中只达到了"表现水平2:能剪出由直线构成的简单图形,边线吻合"。但在剪纸遇到困难时,小凯并没有沮丧、气馁或急躁,而是一直询问教师剪纸的方法,并不断尝试,最终获得成功。由此可以发现,小凯的行为表现达到了子领域2"学习习惯"中的"表现行为5:遇到困难时能多次尝试,不轻易放弃,直到完成任务"。同时,他也能达到子领域2"人际交往"中的"表现行为5:有问题能询问别人,遇到困难能向他人寻求帮助"。在上述案例中,教师最易察觉到的是小凯的手部精细动作发展和大班儿童的年龄特点并不相称,其他方面的行为表现则比较容易忽略;有了评价指标作为分析幼儿的依据后,教师可以用更全面的眼光去解读幼儿,从多个方面描述幼儿的特点,如学习品质、良好的习惯等。

② 根据不同行为表现分析

当我们关注幼儿在日常生活和真实活动情境中的典型行为表现时,借助"指引",就能更加准确、全面地分析和判断幼儿行为,最终呈现出更为客观、综合的评价。

小浙来到点心店,看到小汪在拿鸡腿、蔬菜。她跟小汪说:"我也想来点心店。"小汪说:"我要做厨师。""我做服务员吧!"达成一致后,小浙就开始铺桌布、摆餐垫和餐具,还准备好了水杯、水壶等,等待小客人的到来。2分钟后,莹莹和小伊来"吃饭"了。小浙为她们点餐、送餐、不停地倒水,"滢滢你想要吃什么呀?""这个水还有点烫,你吹一吹再喝。"小客人想要勺子,她就去取;小客人想吃什么东西,她就去找"厨师"做。突然,滢滢也很想当服务员。她抢了小浙手里的水壶。"滢滢来倒水。"小浙对滢滢说:"你今天是小客人。你坐下,我来给你倒水。"说着要去拿滢滢手里的水壶。滢滢马上把水壶抱到胸前说:"滢滢来倒水,滢滢做服务员。"小伊说:"滢滢,你还小,你就做客人吧。"小浙想起了什么,马上说:"你早上来还要哭,还没长大。""滢滢不哭了。"小浙直直地站在那里,滢滢就是不同意,已经开始往杯子里"倒水"了。小浙耷拉着脸,转头看了眼周围,发现老师正看着她们,她又看了看滢滢,嘟着嘴说:"那你来做服务员吧!你小心点,水壶很烫的。"小浙看了看周围的同伴,又来到了"建筑工地",她戴上了帽子问道,"你们在造什么呀?"很快她又融入"小工人"的队伍开始建造房子了。

从小浙的行为表现中,我们可以看出,小浙很喜欢和小朋友们一起游戏,她能用语言表达自己的请求,说出自己想要扮演的角色,这点能达到"自我与社会性"领域下子领域"人际交往"中"愿意与人交往,能与同伴友好相处"的表现行为1"2.1.1 愿意与同伴共同游戏,参与同伴游戏时能提出请求"。滢滢早上来幼儿园的时候还会哭泣,所以小浙在游戏中格外照顾她,当滢滢抢小浙手里代表着服务员的水壶时,小浙没有生气,据理力争不成功后,她妥协了,像大姐姐一样谦让妹妹,还提醒滢滢要注意安全。这点达到了表现行为3"2.1.4 知道轮流、分享,会适当妥协,能在成人的帮助下和平解决与同伴之间的矛盾",以及表现行为3"2.1.6 能谦让比自己幼小和体弱的同伴"。

儿童的行为发展是动态的,各具特色。分析评价是为了让教师看到儿童行为背后的能力发展,支持幼儿的全面发展。教师在观察时,要心中有儿童,让分析为教师后续对幼儿的支持提供依据,让科学、真实的观察数据成为儿童评价的参考,从而更好地助推幼儿发展。

5. 儿童发展行为评价结果的反馈与利用

儿童的发展与行为评价是一个复杂又精细的过程,每一个步骤都需慎重对待,以实现对儿童全面、公正的评价。儿童发展行为评价的最后一步"行动对策"是至关重要的一环,不仅仅是简单的总结或建议,而是对儿童发展具有深远影响的实际操作。

儿童发展行为评价中的"评价结果的反馈与利用"指教师对评价过程中发现的问题提出相应的教育建议,并调整材料、教育方式等,提供具体的解决方案和措施,促进幼儿的持续发展。这一环节强调从评价结果出发,结合儿童的实际需求,为他们制定具有针对性的教学建议、行为调整方案和教学方式等。它有即时性、针对性、个性化和持续性的特征。把握这些特性能够让行动对策的落实更加合理和有效。

(1) 即时性——把握时间窗口，及时干预

教师的观察都基于真实的情境，而幼儿的表现行为具有"动态性"，因此教师的介入和干预也应该随幼儿的表现行为及时调整。例如，教师在游戏活动中观察到幼儿的交往遇到困难，幼儿之间起了冲突并产生了过激行为，这时就需要及时介入和干预。此外，幼儿的发展具有阶段性的特征，因此教师要把握住幼儿发展的时间窗口，及时调整教育计划和教学内容，通过不断丰富教育环境和材料来激发幼儿的学习兴趣和发展潜力，更好地满足幼儿的发展需求。

(2) 针对性——深入了解，精准施策

教师应根据幼儿的发展水平、个性特点和认知风格，采用不同的教学方法和支持策略，以促进幼儿持续发展。改进教学方式是行动对策的关键手段，通过对评价结果的分析，教师可以发现日常保教工作中存在的问题，进而改进教学方式，优化学习环境。例如，当教师在观察和评价时发现幼儿对于活动的兴趣较低、专注力较弱时，可以通过引入更多的互动环节，提高幼儿的学习兴趣；通过丰富教学手段，如使用多媒体教学资源，提高教学效果。

(3) 个性化——以儿童为中心，满足其发展需求

每个幼儿都是一个不同的个体，因此教师要尊重幼儿的个体差异，加强对个体幼儿的个别指导，给予更多的关注和支持。同时，教师还应关注儿童的个体差异，采用分层教学、个性化指导等策略，以满足不同儿童的个性化需求。加强与家长的沟通和合作，共同促进幼儿的全面发展。教师可以向家长提供针对性的育儿建议和支持，以便家长更好地配合幼儿园的教育工作，多方努力共同促进幼儿的发展。

(4) 持续性——动态评价，逐步深化

行动对策的实施并非一蹴而就的过程，而是需要持续的跟进与反馈。教师应形成动态评价的思想，通过各类活动中对幼儿的观察了解，分析幼儿当前的发展状况，再将他们的进步与这一年龄段群体预期达到的水平范围作比较，从而设计能引导幼儿持续向前发展的活动，并在新的活动中持续观察与分析，形成良性循环。教师和家长应密切合作，积极听取幼儿和家长的意见和建议，定期评估儿

童的情况,及时调整教学和行为调整计划。同时,教师还应定期对行动对策的实施效果进行评估,总结经验教训,不断完善和优化教学方案。

在实施"评价结果的反馈与利用"的过程中,我们还应关注以下几个方面:一是加强教师的专业培训和教育理念更新,提高教师的评价能力和教学水平;二是加强家长与学校的沟通与合作,共同营造良好的家庭教育环境;三是重视儿童个体差异和个性化需求,制定个性化的支持方案;四是探索新型教育模式和教育技术手段,提高教学效果和学习体验。我们通过针对性的对策与措施、持续的跟进与反馈,运用儿童发展评价为幼儿提供持续性的支持。

(四)儿童发展行为观察分析的基本路径

儿童发展行为观察分析的基本路径分为两种:一是基于日常生活的观察分析,二是基于教学活动的观察分析。

1. 基于日常生活的儿童发展行为观察分析

基于日常生活的儿童发展行为观察分析有别于有计划开展的集体教学活动,或者是目的较为明确的个别化学习活动,指在儿童日常的行为中,教师运用一定的方法,有意识地捕捉、识别儿童的行为,开展观察,并进一步分析与解读。开展基于儿童日常生活的行为发展观察分析,能够让教师了解儿童,全面、及时、准确地获得幼儿学习与发展的相关信息,发现儿童的个体差异,同时能够弥补教学活动中无法观察到的相关内容,从而全面、细致地反映儿童的行为发展情况,为教师了解儿童、理解儿童、评价儿童、支持儿童发展提供依据。

(1)基于日常生活的儿童发展行为观察分析的特征

① 随机性。观察行为发生的时间、地点随机性较强,无法提前预设,比如不经意间看到的幼儿日常生活中的行为,这些行为可能发生在幼儿在园期间的不同时段和任意场合。

② 灵活性。包括观察方法、观察内容、观察对象灵活,即在开展儿童发展行为观察时,可以灵活运用适宜的观察方法,不受限制。教学活动以外的幼儿在园行为都可作为观察内容。同时,教师既可以观察全班幼儿,也可以观察一名或几名幼儿,视观察内容的需要灵活确定。

③ 全面性。日常生活的行为观察能够覆盖6大领域、14个子领域是对教学

活动中无法观察到的内容的呈现和补充。

④ 自然性。在日常生活中,教师可以了解儿童的真实兴趣、想法、特点和能力;儿童能够在完全自然的状态中展现最常态的、最自我的状态,没有集体教学活动中的情境设定,儿童的表现行为也更为真实。

(2) 基于日常生活的儿童发展行为观察分析的实施过程

教师在开展基于儿童日常生活的行为观察分析时,应当遵循一定的实施过程及操作步骤,主要有以下几点:

① 开展有效观察。教师需要具有一定的敏锐性,随时随地发现有价值的观察内容,运用相应的观察方法,并将观察内容进行及时、客观、全面的记录。

② 捕捉典型行为。在观察后,教师需要结合"指引"对应的表现水平,判断观察到的幼儿行为属于哪一个发展领域,及其对应的指标,有目的地捕捉幼儿在该领域的典型行为。

③ 开展分析评价。识别幼儿行为中的关键信息,结合《评价指南》进行客观的、综合性的分析,判断被观察的儿童在该领域的表现行为达到的发展水平。

④ 提出行动对策。儿童在不同领域的发展水平有差异,同一年龄段,甚至同一班级内的不同儿童在同一领域下的表现水平也有差异,教师需要结合每位儿童的具体表现行为和发展水平,提出相应的支持策略。

(3) 基于日常生活的儿童发展行为的观察分析实例

① 观察记录

入园初期小班幼儿哭闹声不断,老师连续观察并记录下了孩子们一个月来的实际情况。幼儿哭闹时的表现不同:小贝需要寻找安抚物,拿到她的小黄鸭就会停止哭闹;兮兮需要一个人坐着,看一看妈妈的照片可以稍微平静一些;林林需要成人的安抚,让保育员阿姨抱抱或者贴着老师坐可以减少哭闹。

② 典型行为捕捉

教师对这几名儿童在该表现行为指向的日常生活进行观察时,发现兮兮兮不喜欢群体性活动,在不哭的时候喜欢远离人群,当她在娃娃家里看妈妈照片的时候,如果有多名幼儿也在娃娃家摆弄玩具,她会拿着妈妈的照片换一个没有人的区域坐着,独自搭积木的时候也能主动停止哭泣。小贝经常缺乏安全感,每天都是带着小黄鸭一起上学,如果小黄鸭在身边,情绪就能慢慢平缓,如果玩了一会儿小黄鸭不见了,会很着急,她需要一个自己觉得亲近的家人或安抚物的陪伴。林林虽然哭得较多,但愿意和他人在一起,老师、保育员阿姨、班级里其他和他一起摆弄玩具的小伙伴都可以缓解他的哭闹。

③ 分析评价

教师在观察两周入园适应期时发现,小贝、林林、兮兮表现出明显的入园不适应。在小班入园初期,幼儿处于分离焦虑期,对应的表现行为是"自我与社会性"领域下子领域"社会适应"中的表现行为1"喜欢并适应群体生活"。兮兮、小贝等勉强达到表现行为1中的"3.1.1 在帮助下,能适应集体生活环境",未能达到表现行为1中的"3.1.2 喜欢参加群体活动,爱上幼儿园"。就表现行为而言,他们在喜欢并适应群体生活这一指标中呈现出的水平较低。经过两周的观察也发现3名幼儿各有差异,如兮兮在两周后基本能够达到表现行为1中的"3.1.1 在帮助下,能适应集体生活环境",在"参加群体活动,爱上幼儿园"方面低于表现行为1。小贝的哭闹行为也开始减少,情绪逐渐稳定,能和同伴一起摆弄玩具,愿意和成人进行交流,她在"3.1.1 在帮助下,能适应集体生活环境"及"3.1.2 喜欢参加群体活动,爱上幼儿园"都能达成表现行为1。林林在这个指标中能达到表现行为1的水平。

在观察中教师发现,幼儿的群体生活适应与他们是否爱上幼儿园是紧密关联的。这三名幼儿在入园前都没有集体生活的经验,他们的生活环境主要是家庭,人际交往的对象主要为父母、祖辈等亲属,社会性发展得到了一定的限制,相对班级里其他儿童滞后。从他们焦虑、喜欢哭闹、乐意独处、对物品依恋、语言输出较少等方面也能够看到他们在适应群体生活方面处于较低水平。

④ 支持策略

结合3名幼儿的发展水平及相应的评价分析,他们需要在入园后尽快与老师、保育员、同伴建立紧密联系,消除陌生感;教师可以借助游戏材料互动、故事情境融合等途径创设园内社会交往的小环境,帮助幼儿尽快完成入园适应;通过家园沟通、育儿指导等方式帮助家长获得为儿童提供社会性发展的理念及方式,从而消除幼儿的焦虑情绪。

(4) 基于日常生活的儿童发展行为观察分析的操作要点

① 关注不同生活中的幼儿行为。日常生活中的行为发展涵盖了幼儿在园期间的大部分时间及内容,因此教师需要关注幼儿一日生活的全过程。幼儿的发展不只在课堂上,一日生活中的每一个时刻对幼儿来说都是具有发展价值的,切实关注幼儿的晨检来园、户外活动、进餐关系、社会交往、阅读表演等环节,从而拓展观察分析评价的视角,更加真实全面地反映幼儿的发展。

② 教师要具有主动观察的意识。在开展基于儿童日常生活的行为发展观察分析时,应当有目的地进行观察,尤其是在捕捉典型行为时要有针对性。针对某一条评价指标的表现行为,教师可以在日常生活中的不同时间段、不同环节去捕捉。幼儿在某一领域的表现行为水平,可以从幼儿日常生活中的各个环节中体现出来,这就要求教师有主动观察的意识,及时进行行为捕捉,及时观察记录,并通过教师的分析评价,更好地解读幼儿,提供个性化的支持策略。

2. 基于学习活动的儿童发展行为观察分析

基于学习活动的儿童发展行为观察与分析,指教师在有目的、有计划地设计的学习活动中对儿童的表现行为进行观察,并依据《评价指南》进行分析,从而促进儿童在原有水平上获得切实的发展。

(1) 基于学习活动的儿童发展行为观察分析的意义

与日常生活中的观察相比,基于学习活动的观察更具有目的性和计划性,可以更加系统全面地了解幼儿的发展状况。

① 关注儿童个性化的发展。每个儿童都有自己的独特性,通过观察他们的学习活动表现,教师可以更准确地评估每个儿童的特点和发展需求。在此基础

上,教师可以制订出更贴合幼儿需要的个性化教学计划,满足他们在不同领域的兴趣和需求。这有助于激发儿童的学习兴趣和积极性,促使他们在感兴趣的领域取得更好的成果。

② 提高教师教学优化的能力。通过观察和分析幼儿在学习活动中的表现,教师可以深入了解每个儿童的学习特点和需求,从而调整教学方法和策略,提高教学效果。这个过程有助于教师提升自己的专业素养和教学能力,促进自身的专业成长。同时,教师可以将观察到的儿童表现与家长进行沟通,加强与家长的合作,共同促进儿童的健康成长。基于学习活动的观察还为教师提供评估教学效果的有效工具,引导儿童自我认知,培养自主学习能力。因此,基于学习活动的儿童发展行为观察与分析是教师专业成长与教学优化的关键,为幼儿的全面发展提供有力支持。

(2) 基于学习活动的儿童发展行为观察分析的观察实例

① 集体教学活动中的观察

在集体教学活动"我们的生活离不开水"中,我们开展了幼儿自由辩论的活动。我们天天把节约用水挂在嘴边,那大班的幼儿能不能把理由清楚地说出来,并说服对方呢?当在活动中抛出辩论题"你们认为水用得完吗"时,大部分幼儿都站到了正方的区域,只有两名幼儿站到了反方的区域,一场实力悬殊的辩论开始了。正方的妍妍说:"水并不是取之不尽,用之不竭的。你现在看到的水,不少是海水,而海水是无法作为饮用水的。"反方的昊昊说:"我不同意,我在家里查了资料,我们可以将海水蒸馏成淡水,这样就用不完了。"正方的孩子围在一起讨论了一会儿,轩轩说:"江河也缺水,黄河连年出现断流。沙漠里的古城因为缺水,都被沙子埋起来了。"子轩说:"对的,现在还有水污染的问题,我们能用的水只会越来越少。"最终幼儿们达成共识,地球上的水资源非常丰富,但是可以利用的淡水资源越来越少了。

辩论的乐趣就在于说服对方,没有谁对谁错的标准答案。大部分幼儿都参与了讨论,也在努力说服反方的两名幼儿。在本次辩论活动中,幼儿前期和家长一起积极地收集资料。在这个自由辩论的活动中可以看到妍妍首先说出了自己的观点,昊昊安静倾听了妍妍的观点后,还能有针对性地反驳妍妍的观点。轩轩和子轩在和同伴讨论后做出总结性发言"我们能用的水资源只会越来越少"。这些幼儿都符合"语言与交流"子领域下"愿意用语言进行交流并能清楚地表达"的表现行为 5 中的"1.2.1 乐于参与讨论问题，能在众人面前表达自己的想法"。

② 个别化学习活动中的观察

曦曦来到科探区选择了多米诺骨牌。他先将多米诺骨牌沿着桌子边摆出了一条直线。当一条桌边摆满后，他将其沿着 90 度垂直方向摆满了桌子的另外一条边，从而形成了一条拐弯的线。接着，曦曦推动了第一条直线的起始骨牌，骨牌沿着直线一个接一个地倒下，可当到达拐弯处时，骨牌却突然停止了。曦曦蹲下来看了看，推了推拐弯处第二条直线的骨牌，这些骨牌顺利地倒下了。这次他只是看了看我，并没有来寻求我的帮助。

接着，曦曦又摆出了两条相同的直线骨牌，他再次推倒第一条直线，发现第二条直线上的牌还是没有倒。他又蹲下来看了看，将最后倒下的那块多米诺骨牌前后左右移动，突然这块多米诺骨牌倒下了，并带倒了第二条直线的骨牌。"哦，我知道了。"他笑着说。曦曦第三次摆出两条相同的直线骨牌，不过这次他将第一条直线的最后一块骨牌和第二条直线的第一块骨牌稍稍旋转了一点。在曦曦推动第一条直线的起始骨牌时，所有的骨牌依次倒了，没有一块骨牌停滞不倒。

曦曦成功之后跑来告诉我："刘老师，我尝试了好多次，知道怎么摆放转弯处的多米诺骨牌才能让它们都倒下来了。"感受到他成功的喜悦，我也鼓励他："哇，看来你是一个不怕困难的小勇士，那你愿意把你刚才成功的秘诀记录下来，一会儿跟小朋友们分享吗？""好的，我现在就去画下来。"说完，他就用纸和笔记录了自己成功的秘诀，并在活动分享环节和小朋友分享自己成功的经验。

在探究"骨牌游戏"的过程中，曦曦尝试不同的方法，能根据观察结果提出疑问，并运用已有经验大胆猜测。不断调整连接处的骨牌角度，直到找到一个能够让骨牌顺利倒下的角度，体现了"探究与认知"领域下子领域"科学探究"表现行为3中1.2.2；在这个过程中，他掌握了角度与是否会被连续撞倒之间的关系，体现了"探究与认知"领域下子领域"科学探究"表现行为5中1.3.3：能发现简单物理现象产生的条件和影响因素；最后他用图画的方式记录自己成功的秘诀并和同伴分享，体现了"探究与认知"领域下子领域"科学探究"表现行为3中"1.2.4能用图画或其他符合记录探究过程和结果"。

（3）基于学习活动的儿童发展行为观察分析的注意点

首先，在进行儿童发展行为观察时，要确保观察的客观性。教师应避免对儿童的行为进行主观解读，而应如实记录观察到的行为。只有客观的观察才能确保分析的准确性，从而为教师提供真实、有价值的信息。

其次，在进行儿童发展行为观察时，要尊重儿童的个体差异。每个儿童都是独特的个体，他们在发展速度、学习方式、兴趣和特长等方面都存在差异。因此，在观察儿童的行为时，应尊重他们的个性差异。要考虑到儿童的背景、家庭环境、性格等因素，以便更全面地了解他们的行为和发展的原因。

最后，在进行儿童发展行为观察时，要注意观察的持续性。对儿童的发展行为观察应是一个持续的过程，而不能仅限于一次或几次的观察。持续的观察能够帮助教师了解儿童的发展趋势和变化，从而更好地指导他们的学习。同时，观察应全面覆盖幼儿发展的各个方面，包括语言、社交、情感、认知等，以确保对儿童的整体发展状况有全面的了解。

（五）教育集团联动机制下儿童发展行为评价活动的组织与实施

1. 教育集团联动机制的概念及其优势分析

教育集团联动机制指在集团各园所的相互联系、相互作用过程中，具有协调和控制功能的各要素的总称，包含交流机制、研讨机制、培训机制、评价机制、激励机制等，有助于各园所建立密切的联系，保证教育集团的发展。

（1）能充分挖掘利用集团资源，支持活动实施

运用教育集团联动机制，开展儿童发展行为评价活动，能充分挖掘和利用集团各类资源，更好地促进活动的组织实施。这些集团资源包括优秀教师资源、专家资源、各园所特色资源等，能够为评价活动的良好开展提供支持。如，集团积

聚各方资源，邀请专家，开展各级各类评价专题培训，为教师评价活动的开展提供了理论基础。

（2）能产生良好的示范辐射作用，助力教师成长

在开展儿童发展行为评价活动的过程中，集团组织各园所聚焦自身特色，分6组进行联动研究。每组充分发挥优势园所的辐射作用，以"1+2"的实践模式，即1所领衔校带2所成员校进行研究，引领活动开展，各园所教师都能参加到活动中，在不断精细化实践研究的过程中实现了教师的专业成长。

（3）能借助多样化的实施形式，实现"指引"研究

在教育集团联动机制下开展儿童发展行为评价活动，多个园所组成一个领域小组，各小组聚焦不同领域开展精细化研究，按照指引解读、儿童观察、案例分析、水平评价、改进总结的操作流程，借助多样化的集团联动形式，如分工合作、共研共议、交流展示等，解决"指引"体量大、内容多的问题。

2. 教育集团联动机制下儿童发展行为评价活动的组织与实施

在教育集团联动机制下儿童发展行为评价活动的组织与实施过程中，我们梳理总结了实施的基本流程和主要形式，同时建设了相关制度以保障活动的顺利进行。

（1）基本流程

① 计划和解读。开展教育集团联动机制下儿童发展行为评价活动，首先需要明确以下两点：一是集团应明确相应的计划，保证活动实施；二是教师应对"指引"有细致的理解与分析，以便后续观察分析、评价支持。因此，在流程①中，需要确定活动的计划与流程，重点解读"指引"。

② 实施和操作。一是成立实施小组，开展分组实践。结合"指引"中的6大领域，集团根据各园所长，进行精准分组，成立了6个实施小组。每组由各领域中的优势园所引领，形成研究团队。在实施过程中，集团成立课题组，形成"集团理事会—集团课题组—领衔园领域小组负责人—各园所集团课题负责人—集团全体教师"的良性运行机制。集团示范引领，各小组分组实践、分类推进，使儿童发展行为评价活动有序开展。二是精细实践推进，形成操作流程。在实践推进过程中，结合研讨问题，借助专家引领，课题组不断细化实践。

③ 反思和研讨。一是聚焦问题，反思研讨。在儿童发展行为评价活动实施

过程中,借助集团联动机制,各层面聚焦问题、层层反思,以集团课题推进会、领域小组组会、园所教研会等多种方式,不断推进研究实践,使教师不断细致观察、深刻反思、共享心得、解决困惑、有所突破。二是围绕案例,合作研讨。在实践研究过程中,教师撰写了大量的领域观察案例,课题核心组各成员通过"导师制"的模式,即每个领域小组都有一名核心组的成员参与到领域小组的案例研讨和修改中,从而给予领域小组教师专业化的修改建议。在此基础上,集团聚焦"儿童发展行为评价",组织课题研讨交流会,推进教师在儿童发展行为评价方面的专业能力。

④ 改进和总结。在不断反思、研讨的基础上,集团围绕各类问题和专题邀请专家,进行集中培训,各领域小组、各园所组织学习,结合具体的儿童发展行为评价活动案例,不断调整、改进、优化。积累了6大领域中的优质案例和专题论文,并汇总成《教育集团联动机制下3—6岁儿童发展行为评价的实践研究》成果集。

(2) 基本形式

① 聚焦特色,分组联动。在成立研究团队时,集团各园所聚焦特色,自主分组,分组联动。如,在"健康与体能"领域小组中,东港幼儿园、泥城幼儿园、坦直幼儿园、六灶幼儿园都是运动类特色幼儿园,再如,在"语言与交流"领域小组中,高科幼儿园、海港幼儿园、牡丹幼儿园皆为语言类特色幼儿园。

② 优势引领,示范辐射。这里的优势引领主要包含两个方面,一是集团核心校即南门幼儿园对于各集团成员校的示范引领作用;二是在各领域小组内,领衔园所均为在该特色领域中特色凸显、实力较强的园所,能够更好地发挥示范性、引领性作用,引领领域小组成员开展实践研究,形成示范辐射。

③ 交流分享,共商共议。在整个实践研究过程中,集团课题组、小组、园所聚焦问题,围绕教师的领域案例,组织交流研讨会,包括集团课题推进会、领域小组组会、园所教研会等;提供了各个层面的展示分享平台,包括区级展示、集团展示、各领域小组展示等,形成了合作分享、共商共议的研究氛围。

④ 专家指导,全面覆盖。集团邀请多位专家进行全面指导。指导范围包括课题组成员、各园所课题负责人、提供各领域优质案例的教师群体以及集团各校全体教师,指导内容包含"'3—6岁儿童发展行为观察指引'解读""教师一日活动中的观察""教师支持策略的优化"等多个主题。实现了课题研究过程中的专

家指导全覆盖。

（3）制度保障

① 交流机制。为了形成良好的示范辐射，共享研究成果，集团定期汇总、整理各领域小组的教师优秀案例和论文，不断提炼研究成果，举办了多场集团层面的案例、论文交流展示活动，在对研究成果进行推广、共享的过程中，有效提升了课题团队、园所教师的专业发展，推动了教育集团联动机制下儿童发展行为评价活动的持续探索。

② 研训机制。集团聚焦问题、案例等，采用专题讲座、课题研讨、网络研修和集团培训等方式开展研训活动，依托专家资源、集团资源、特色资源等，在多角度、全方位地帮助集团内教师解决实践研究问题的过程中，汲取各园所的特色研究成果，共同助推各园所优质、均衡、协同发展。

③ 评价机制。为持续推动集团课题研究的深入发展，支持教师的观察、分析、评价、改进，持续优化儿童发展行为评价活动，集团组织开展了儿童发展行为评价活动案例评选、研究论文评选等，有效激发了教师的专业发展热情，推动了实践研究步伐。在评价主体上，教师、各园所课题负责人、课题组成员等都可以作为评价主体。在评价形式上，既有课题组、教师的成果展示，也有专家团队综合评估。

④ 激励机制。为支持活动实施，激发集团课题组及教师的发展活力，集团设立了"集团优秀教研团队""集团科研领衔人"等表彰项目，以此激励在实践研究过程中一直引领课题研究，积极开展课题实践，敢于探索、善于反思的教师及课题组成员等。通过此类的激励措施，教师们的课题研究热情更高了，课题组团队的合作与探索更深入了，研究也更加有效。

3. 研制儿童发展行为观察分析的工具

结合《评价指南》重点研制3—6岁儿童发展行为的观察评价量表，把指南中的幼儿发展行为评价指标科学落实到教学观察中，为教师开展教育工作，观察与解读幼儿发展行为提供科学的观察评价工具。

（1）儿童发展行为观察量表研制种类

梳理现有的观察量表，根据不同的观察记录方法初步制定儿童发展行为观察量表。主要包括已有的观察量表"表现性评价单"，以及针对不同观察方法的"描述记录量表""等级评定量表"和"检核记录量表"等。

① 针对定点观察法设计描述记录量表。教师固定在某一区域定点进行观察，系统了解幼儿游戏发生的前因后果，使用针对定点观察的描述记录量表，记录幼儿在园一日活动中的各领域和环节。量表左侧为"描述幼儿正在做的事情"，如幼儿说了什么、做了什么、如何做的，右侧为"对相关行为进行分析和评价"，下面有相应的"反思与调整"。

② 针对追踪观察法设计等级评定量表。教师持续观察一个对象，固定人而不固定地点，可以对一个时段或一个情节进行观察等级评定，帮助教师记录幼儿具备某种特征或做出某种行为的程度。教师需要提前明确要观察的行为，并将该行为按照表现行为分级，然后判断幼儿的行为表现程度在哪个水平范围。

③ 针对比较观察法设计检核记录量表。检核记录量表可以单独使用，也可以作为评定过程的一个组成部分与其他表格共同使用，既可以帮助多个观察者同时收集同一信息，又能节省大量的记录时间和精力。

（2）儿童发展行为观察量表使用注意点

观察量表的研制兼顾了《评价指南》的各个方面，根据专家意见编制了初版量表后进行了初步试用。随后，根据试用结果，修改了部分指标和表达方式，形成正式版量表，在使用过程中需关注以下几个方面：

① 观察量表要与活动内容有机结合，提高全面性。首先，应根据幼儿年龄、兴趣和能力等因素，结合《评价指南》，设计有针对性的观察活动。通过观察幼儿在特定活动中的表现，了解幼儿的优点和不足，从而为后续的教育提供更有针对性的指导。其次，要观察并记录幼儿的表现。在幼儿活动中，应仔细观察幼儿的表现，记录幼儿的行为、语言、情绪等，以便后续进行分析，发现幼儿的潜力和不足，从而为教育活动提供更有针对性的指导。最后，活动结束后应及时分析并反馈评价结果，反馈的内容可以包括幼儿的优点、不足、潜力和建议等，应以鼓励和引导为主，激发幼儿的创造力和想象力。

教师在日常教育中应注重将观察评价和活动有机结合，通过观察和记录幼儿的表现，发现幼儿的潜力和不足，为后续的教育活动提供更有针对性的指导。同时，教师还应不断调整教育策略，为幼儿提供更加全面、个性化的教育。

② 观察量表要定期评估和不断调整，提高准确性。首先，要定期观察评价，以便全面了解幼儿的发展动态，观察评价频率应根据幼儿的发展速度和教育活

动安排来确定,一般每学期可以进行多次全面具体的观察评价。其次,要持续记录改进。详细记录幼儿的观察和评价结果,定期进行分析,发现幼儿发展的规律和趋势,根据评价结果及时调整教学策略,以满足幼儿的个性化需求,对于发展较慢的领域,应制定针对性的教学计划,帮助幼儿弥补不足。最后,要定期对观察量表进行修订和完善,以确保观察量表的指标和内容符合当前的教育理念和实际需求。此外,教师还应积极探索新的观察评价方法和技术,以提高观察评价的准确性和有效性。

总之,幼儿行为观察量表只有不断调整,才能更好地适应幼儿的发展需求,也更有助于教师了解幼儿的发展状况,为幼儿提供更好的教育指导。

③ 观察量表要进行信度和效度检验,提高有效性。我们在多个幼儿园组织实施了量表试用,检验观察量表的实操性,并通过统计分析,考察量表的信度和效度。结果发现,这些观察量表仍存在不足之处,如样本的选择范围有限,未能涵盖不同地区、不同类型的幼儿园教师,观察量表评分标准还需要进一步完善和细化。

4. 建立儿童发展行为评价案例资源库(见表1)

表1 儿童发展行为评价案例资源库

领　域	个　　案	案　　例
健康与体能	1. 积微成著　强健体能 2. 巧用指南　精准分析　读懂幼儿	1. 玩转大白桶　运动无极限 2. 小菜园　大乐趣 3. 趣运动　high 未来 4. 善观察　激兴趣　促发展
习惯与自理	1. 与"衣"同行　"衣"往无前 2. 从"我不要"到"我要" 3. "慧"整理　"悦"成长	1. 理想改造家 2. 从兴趣出发,促幼儿好习惯发展 3. 文明相伴　礼润童心
自我与社会性	1. 静观察　巧识别　助发展 2. 解析"社牛"行为问题　发现幼儿成长密码 3. 如果她觉得这样可以 4. 采用鼓励教育,激发幼儿自信心 5. 社"牛"达人淇淇 6. 从"自我怀疑"到"自我肯定"	1. 从"看见"到"看懂" 2. 遨游户外　悦享成长 3. 你争我抢 4. 着眼自我　初探社会

续 表

领 域	个 案	案 例
语言与交流	1. 童言巧语传真情 2. 聚焦观察促成长 童语童画敢表达 3. "慧"阅读 "慧"表达	1. 用心渗透，让幼儿有话说、说得长 2. 想说 敢说 喜欢说 3. 自主表达从"故事板"开始
探究与认知	1. 像科学家一样研究，以"探秘水管"活动为例 2. 立足观察 有效支持 提升幼儿自主探究能力 3. 女孩聪明难沟通 家园合力共观探	1. 自主探究 提升认知经验 2. 探幼儿表现行为 筑梦想建构之路 3. 玩转多米诺骨牌 4. 基于区域观察，支持幼儿探究行为 5. 促发现 重探究 真学习 6. "猜想—验证—记录"在科学探究活动中的实践
美感与表现	1. 聚焦兴趣 关注成长 促进表现 2. 立德树人 美育启智	1. 感受环境 注重发展 培养审美 2. 秋天多色彩 美育润童心 3. 学会观察 关注情感 促进成长

六、研究成效

（一）提升了教师对幼儿发展行为的观察、分析与评价能力

1. 提升了教师根据"指引"观察幼儿表现行为的能力

通过本课题的研究，教师们从原有的随性开展观察，转变为有意识有依据地观察，在观察幼儿具体表现时，能够对照"指引"中对于表现行为的表述，尤其是指向幼儿发展水平的典型行为。

教师在观察时不仅仅停留于一些基本的观察内容，同时也非常注重细节。观察某一事件时也会结合该事件的前因后果进行连续的观察，捕捉有助于解读幼儿行为的其他细节。在观察方法的运用上，教师的观察方法相较之前更加丰富多样，原先教师比较习惯于使用观察记录表，方法较为单一。现在能够运用观察记录表、观察量表、观察日志、视频记录等多种形式，并且有计划、有目的地开展观察，对幼儿的观察更为客观、科学。从观察角度而言，教师不再停留在语言、科学、运动、艺术这些常见的领域，能够结合指南中的6大领域，关注幼儿在社会适应、艺术欣赏、习惯自理、健康状况等各个维度的表现。教师观察的内容从局

限于幼儿集体教学活动及游戏活动,拓展到一日活动中生活、运动、游戏、学习等各个板块,幼儿在园的任何时刻发生的行为都可以作为教师观察的内容,观察内容也更加全面、丰富。

2. 帮助教师在观察记录中准确地描述幼儿的表现行为

在既有的幼儿表现行为观察记录过程中,教师对于幼儿行为的描述不够精准,有的描写比较宽泛,与幼儿的主要发展行为的关联性不强。结合"指引"后,教师能够精准对焦幼儿在某一领域下细微的表现,所进行的描述都指向该评价指标的各种典型行为表现,能够从不同的侧面和行为中解读幼儿的行为发展水平。教师在进行描述时,借助观察记录表,采用文字、数字、图片、图表等不同的形式记录观察中产生的动作、语言等,简洁、清晰的文字可以更加客观而真实地反映幼儿的表现行为。

3. 提高了教师对幼儿发展行为的分析评价能力

在观察分析的过程中,教师形成了"学会观察—及时记录—开展分析—进行评价—教育支持—再次观察"这样的观察分析模式。在这样的循环中,教师可以通过不断地观察、分析和反思来提高自己的观察力和分析能力。每次观察都及时记录和总结自己的发现,并加以深入分析和反思,使观察分析真正能够推动幼儿的发展。教师以某一个表现行为为观察点,持续观察在该表现行为中的幼儿行为,并在一定周期内在多个方面、多个领域持续观察,最终形成较为完整的评价,从而实现"点—线—面—整体"的观察周期。

(二)改进与优化了教师的指导方法

在开展儿童发展行为评价的实践研究中,教师的指导方法得到了改进和优化,主要表现为将教师评价融入活动中,并根据观察分析对儿童实施针对性的指导。

首先,将教师将评价融入活动中,使评价成为教学的重要组成部分,而非独立于教学之外的任务。在传统的评价方式中,评价往往是在教学活动之外进行的,这可能导致评价与教学活动的脱节。而将评价融入活动中,教师可以实时观察儿童的表现,更准确地了解他们的学习进展和困难。这种直接的观察和评估有助于提高评价的准确性和针对性。教师在设计活动时,需要同时考虑活动目标和评价目标,从而确保评价与教学活动的一致性和整合性。这种做法有助于提高评价的实用性和针对性,使评价更好地服务于教学目标的实现。

其次,通过观察儿童在活动中的表现,教师深入了解每个儿童的发展状况和个性特点,从而对儿童实施针对性的指导。教师观察和分析儿童在活动中的表现,了解每个儿童的发展状况和个性特点。这种观察分析不仅包括对儿童行为的观察,还包括对儿童情感、认知和社会交往等方面的全面评估。通过观察儿童在游戏、学习和生活中的表现,教师能够深入了解他们的兴趣、特长和需求,为制定个性化的指导方案提供依据。例如,对于动手能力较强的儿童,教师可以提供更多手工制作和实验探索的机会;对于语言表达能力较强的儿童,教师可以鼓励他们进行更多的故事讲述和角色扮演活动。通过个性化的指导,教师可以更好地激发儿童的兴趣和潜力,促进他们的个性化发展。

(三) 为落实"3—6岁儿童发展行为观察指引"提供了可借鉴的经验

1. 为教师提供了一套切实可行的观察分析方法

通过认真落实这一"指引"研究,我们能够更好地理解幼儿的行为和发展,并推动幼儿教育的持续发展。在观察前,教师需要做好充分的观察准备,了解幼儿的发展阶段和特点,熟悉"指引"中提到的观察分析方法;制订详细的观察计划,包括观察的时间、地点、观察对象、观察重点等;准备必要的观察工具,如记录表、相机、录音设备等。在观察过程中,教师需要科学严谨地记录,保持客观、中立的立场,避免主观臆断和偏见;全面、细致地记录幼儿的行为,包括语言、动作、表情等;注意观察幼儿与同伴、教师和环境的互动情况;及时整理和分析观察到的数据,以便更好地理解幼儿的行为和发展。在观察结束后,教师需要对收集到的数据进行深入分析,并制订相应的教育策略;分析幼儿的发展水平、特点和优势领域;根据分析结果,制订符合幼儿个性特征的教育计划;将观察结果与家庭教育相结合,与家长共同促进幼儿的发展;总结提炼实践经验,不断完善和优化"指引"。

2. 为教师提供了一套对幼儿进行评价框架和标准

深入学习和理解"指引",可以从中借鉴许多宝贵的经验,进一步提升教育评价的专业性和有效性。"指引"强调评价的全面性,要求从多个领域、层面对幼儿进行评价,在建立评价体系时,关注幼儿的知识技能、思维能力、情感态度等方面。借鉴这一经验,制订更为全面的评价指标,反映幼儿的综合素质。利用"指引",采用多样化的评价方式,以适应不同幼儿的特点和需求,注重过程评价与结果评价的有机结合,及时发现幼儿在学习过程中的问题,并及时给予指导和帮助,同时,结果评价也能反映幼儿的学习成效,为教学提供依据。

3. 为教师提供了一套发挥专业素养的方法和工具

教师应不断学习和研究"指引"评价理论,提高自己的专业素养。教师应明确各领域内容及不同阶段幼儿的行为表现,在实际观察评价中,教师根据幼儿的实际情况和教学要求,灵活运用各种观察评价方法,确保观察评价的有效性和准确性。同时,教师还应积极与幼儿沟通交流,共同完善观察评价体系。

(四)推动了集团园所的优质联动与可持续发展

在实践研究中,发挥牵头校南门幼儿园的示范辐射作用,借助"聚焦特色,分组联动""优势引领,示范辐射""交流分享,共商共议""专家指导,全面覆盖"四大组织形式,集团不断探索"品牌共融,兼具特色,聚焦质量,协同发展"的发展路径,有效保障了集团各园所的"优质带动、优势互补、逐步覆盖、共同发展"。依托集团课题研究,不断积聚优势、整合力量,建立健全各类机制,从而使集团课题、课程研究由封闭式研究转向主动开放式研究,实现从一向多的融合;从园内研讨走向跨园所、跨区域的协同研究;课题研究方向从单一、浅层次的问题拓展到教育教学的多角度、多领域、深层次,建立了整体、动态、多元、开放的研究模式,在提升教师的观察分析与评价能力的同时,借助教育集团多元联动机制,提高了集团优质教育资源的辐射面和利用率,使集团内各成员校呈现出鲜活、多样、崭新且可持续发展的形态,持续推动区域教育从基本均衡向优质均衡发展。

第二部分
专题论文

教育集团背景下教师使用"3—6岁儿童发展行为观察指引"的现状调查

上海市浦东新区川沙幼儿园　胡　兰

2021年10月22日—28日,笔者对南门教育集团所属20所幼儿园786名教师进行问卷调查,了解不同教龄、学历、职务的教师对"指引"的理解及使用"指引"过程中的现状、困惑与需求,分析相应的影响因素,进而给予专业支持。

本次调研以网络问卷调研为主,辅之以实地走访,截至2021年10月28日,共收取网络问卷786份,其中保教主任反馈问卷28份,教研组组长反馈问卷112份,教师反馈问卷646份。

一、基本现状

本次调研收集了教师的基本情况、"指引"学习的途径、对"指引"的理解、运用、困惑及需求等6个维度的数据并进行了现状分析。

从表1中可以看出,职务和学历与教师学习、使用"指引"的相关性较弱,说明对大部分教师而言,学习、使用"指引"都是一个崭新的开始,但运用"指引"与教师的教龄有一定的相关性。

表1　职务、学历、教龄与教师学习、使用"指引"的相关性分析

项		您的年龄	您现在的学历(在读不算在内)	您在幼儿园中的职务
您是否了解《上海市幼儿园办园质量评价指南(试行稿)》中的"3—6岁儿童发展行为观察指引"	相关系数	−0.268	−0.013	−0.025
	p值	0.007	0.896	0.806

续 表

项		您的年龄	您现在的学历(在读不算在内)	您在幼儿园中的职务
"3—6岁儿童发展行为观察指引"对您在一日活动中对于儿童发展行为评价帮助如何?	相关系数	−0.037	0.050	0.112
	p 值	0.718	0.622	0.266
您在一日活动过程中是否会使用"3—6岁儿童发展行为观察指引"观察幼儿?	相关系数	−0.144	−0.100	0.102
	p 值	0.154	0.324	0.314

调研结果表明,教师对于"指引"的了解度高,有较好的学习态度和使用意愿;普遍认同并理解使用"指引"的意义,"指引"学习与使用的外部环境良好,集团对于"指引"的推进思路清晰。这些均有利于"指引"学习与使用的深入推进和有效实施。

1. 教师了解度高,有较好的学习态度和使用意愿

集团重视在日常活动中落实"指引"。从数据中可以看出,教师具有较好的学习态度和使用意愿,同时也说明学习"指引"的根基就在幼儿园,各园所对于"指引"学习的重视程度,能让教师充分感受到"指引"的重要性。(见图1)

2. "指引"的认识基础良好

教师普遍支持"指引"的学习与使用,能充分认识到"指引"的意义,也普遍能认识到"指引"在自我专业发展中的地位,这些都为教师运用"指引"奠定了很好的基础。(见图2)

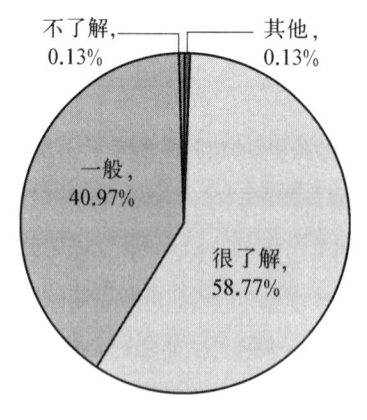

图1 教师对于"指引"的了解程度

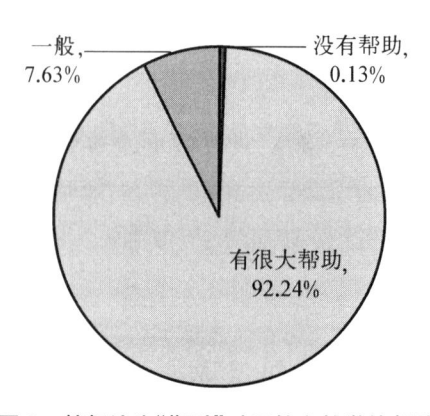

图2 教师认为"指引"对于教育教学的帮助

教育集团背景下教师使用"3—6岁儿童发展行为观察指引"的现状调查 45

3."指引"学习与使用的外部环境良好,集团对于"指引"的推进思路清晰

从对开展"指引"学习的支持程度、教师"指引"的使用情况来看,"指引"的外部环境良好,对教师学习与了解"指引"起到了很大的支持作用。集团全方位落实的意识与教委要求的"指引"落实途径基本一致。

二、主要问题

本次调研发现,尽管"指引"学习与使用基础良好,但也存在一些问题。

1. 对运用"指引"关注家园沟通和环境创设有所忽略

从图3的数据中我们可以看出,教师在日常带班过程中使用"指引"的频率较高,特别是撰写案头资料、设计教育教学活动、日常观察幼儿行为表现、教研活动时,但在家园沟通、环境创设时使用频率明显下降,说明教师已经普遍认识到了"指引"的价值和意义,这种意义既体现在幼儿的成长与发展之中,也体现在教师自身的专业发展之中,但是对运用"指引"关注家园沟通和环境创设有所忽略。

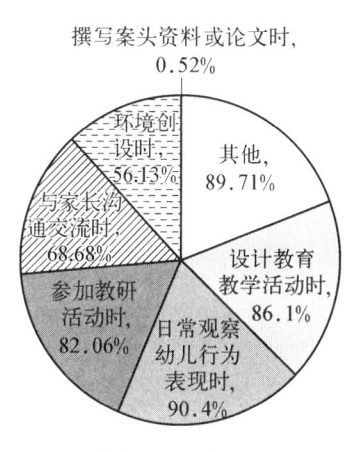

图3 教师运用"指引"的调查

（撰写案头资料或论文时,0.52%；环境创设时,56.13%；其他,89.71%；与家长沟通交流时,68.68%；参加教研活动时,82.06%；设计教育教学活动时,86.1%；日常观察幼儿行为表现时,90.4%）

2. 教师在实践操作时,理念认可与理解有偏差

调研发现,教师日常学习与使用"指引"积极性高,但从图4的数据可以知道,有47.65%的教师认为表现行为描述与三个年龄段和水平发展层次相匹配,

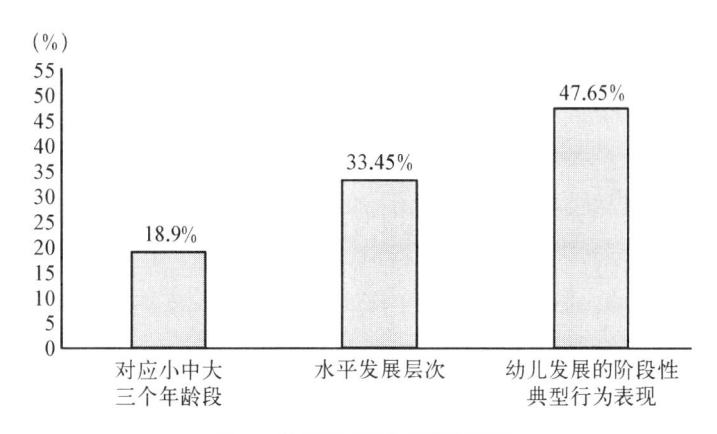

对应小中大三个年龄段：18.9%
水平发展层次：33.45%
幼儿发展的阶段性典型行为表现：47.65%

图4 教师对于"指引"的理解

说明具体在实践操作时理念认可与理解有偏差。

3. 急需有效的"指引"使用经验分享

从图5的数据，我们可以看到教师们都已经充分认识到"指引"是自己专业成长中可以借鉴学习的一个很好的工具。"指引"的出台帮助教师形成了一种良好的观察意识——不只是观察孩子，而且渗透在教师行为的各方面；通过学习"指引"，教师养成良好的观察习惯，知道要全面观察孩子，同时对幼儿的评价方式也更加多元，这些是值得肯定的。

但是25.58%的教师偶尔或者目前没有依据"指引"中的信息来源，多途径收集信息，6.49%的教师想尝试但目前没有使用"指引"，说明他们急需有效的"指引"使用经验分享。

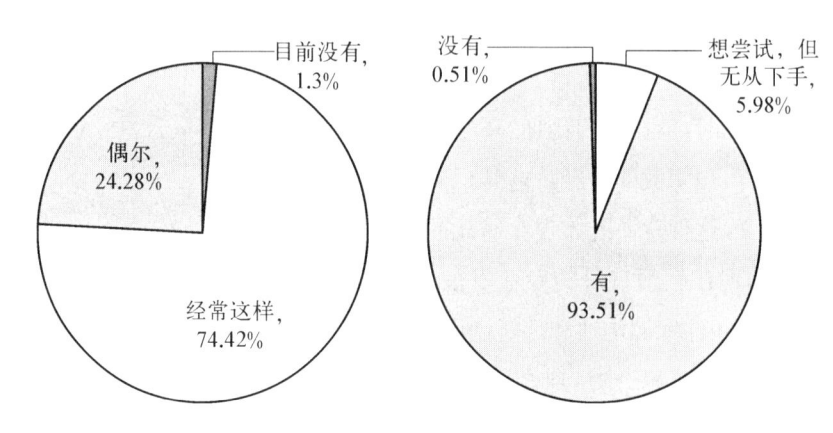

图5 教师使用"指引"的频率

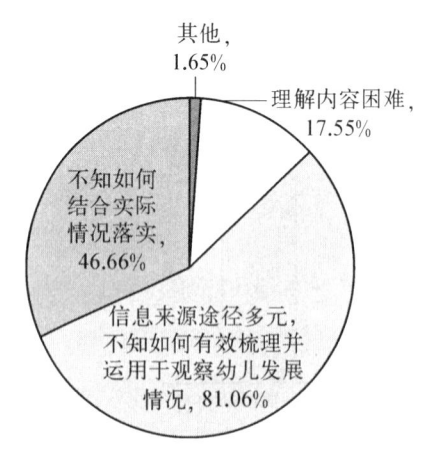

图6 教师使用"指引"时的难点

4. 使用"指引"的过程中，教师缺少有效方法

从图6的数据可以看出93.51%的一线教师表示自己已在带班过程中使用"指引"，但这里81.06%的教师明确表示不知道如何梳理分析观察到的信息。说明尽管大量的教师已经认识到了教育教学活动过程中使用"指引"的重要意义，但是他们普遍缺少有效方法，这真实地体现了一线教师在运用"指引"时的实际问题。

三、建议

综合本次的调研数据、相关总结报告和实地走访信息,对教育集团背景下教师使用"指引"提出以下意见建议。

(一) 教师层面:养成习惯、独立思考

教师是课程实施的主体,在学习文件精神、参与教研等园本研修活动之后,教师一定要努力寻找适合自己的学习方式,将"指引"不同领域的表现行为熟记于心,并尝试在实践中运用。

1. 静心学习、烂熟于心

参与问卷调查的有 97.13% 的是一线教师,可以说绝大部分教师已经参与学习,也认可"指引"对自己的工作有所帮助。但对于天天带班的教师来说,看见"指引"中对幼儿表现的多条描述时,会觉得阅读费时、难以识记、无法落实。

但只要教师调整心态,静下心来学习与领会,就会发现"指引"描述的不同层次的典型表现,都是孩子在一日活动中会有的,如果教师静心观察并结合"指引"内容加以识别与分析,久而久之就会将其内容领会于心,"指引"也会成为教师的专业"拐杖",不再被不知如何描述教学目标的内容语言、无从寻找周计划中的观察要点等困扰。"指引"中的典型表现可以帮助教师识别、分析不同个性特点的幼儿。

推荐两个帮助记忆的方法:

(1) 画重点,小词条帮助记忆

"指引"中有很多关键词,如知道、敢于、喜欢等,都是专家精心思考后选用的。画线或标注关键词,赋予其引领作用,可以帮助教师理解,助力记忆。

(2) 小便签,边学边用成习惯

教师可以将"指引"制作成便条,粘贴或夹放于笔记本中,随时翻取,帮助阅读和记忆。

2. 独立思考、养成习惯

在学习和运用"指引"过程中,教师应该养成独立思考的习惯。分析幼儿当

前的发展状况,将其与这一年龄段预期达到的水平进行比较,设计引导幼儿持续发展的活动,并在新的活动中继续观察与分析,从而再产生支持幼儿发展的行为,形成良性循环,将"日常观察评估"的教育理念贯彻落实于实践中。教师还应该经常从幼儿行为表现中反思自己的教育行为,改进教育策略。教师一旦参与或独立开展观察分析与自我评价,必定会收集大量的实证信息与数据。对教师来说,无论是参与专业交流还是开展有针对性的家园互动,"有凭有据"都有助于自己摆脱"不深入、凭感觉"的状态,成为拥有一定专业话语权的教师。

"指引"告诉我们,实践中应以幼儿群体或个体作为观察对象,开展持续、定点观察,逐步养成"研究幼儿"的习惯。教师关注幼儿在日常生活和真实活动情境中的典型行为表现(情绪状态、语言、动作等),是获得幼儿全面发展信息的关键,也是进行更加准确、全面的分析和判断的基础。教师可以在活动现场收集大量关于幼儿学习与发展的信息,也可以在"资料回看"中重温幼儿发展的轨迹,更可以在整理信息时确立如何进一步实现"关注幼儿"的理念。这里向大家推荐三个帮助养成习惯的方法:

(1) 案头资料做依据

令大家感到头疼的往往是如何撰写周计划中的观察要点、观察记录中的分析反思,如何精准制定教学活动的目标,怎样的描述才能看出目标既符合孩子的当前发展又能体现一定的挑战性等,如果大家可以在此时拿出"指引"对应子领域中描述的幼儿典型表现行为,并以此作为理论依据加以阐述,假以时日教师的教育观、儿童观会有全新的改变,"指引"的运用也会得心应手。

(2) 随时记录定期管理

教师还可以通过一些小技巧使记录更高效,如随身携带便利贴和笔,当观察到幼儿的行为或语言时马上进行记录,对照"指引"将记录的内容收集、分类、梳理,以此了解幼儿现有发展水平,为后续的支持计划提供依据。这种方式方便操作,效果明显,教师们也易于接受。

(3) 家园沟通多引用

双方可以通过"晓黑板""微信"、访谈等各种途径,分享幼儿在家、园中的表现,结合"指引",共同做分析。以家长访谈为例,教师将近期幼儿发展中的亮点,结合一日活动中对幼儿的行为观察与家长分享。然后和家长一起寻找孩子一两个可以培养的习惯和能力。在客观分析后,教师可以将"指引"中的相关表现行为描述,作为指导家长跟进对幼儿的观察与培养的方向,家园携手共同促进幼儿成长。

(二) 园所层面:营造氛围、多途径指导

1. 营造氛围

教师是教研的主体,"研什么"不是唯一的目标,过程中还要营造"研"的氛围,建立良好的教研文化。教研活动中交流分享自己在实践中的"金点子",利用"问题预约""说出你的故事"等新颖活泼的形式,调动教师的积极性与主动性,例如,开展"指引"共读、"指引"大家谈等活动,让教师们充分感受"指引"学习的重要意义。引导教师积极参与教研,真诚交流,通过不断反思发现实际中的问题,在互相碰撞和研讨中体验成功尝试的快乐。只有教师处于主观、能动、积极的状态,才能实现有效教研。

2. 科学指导

问卷数据反映出在贯彻实施"指引"的过程中,教师们知道将新观念转化为自己的教育行为,但已有经验和固化的模式等常常让他们产生困惑,面临矛盾冲突。有时需要"冲锋陷阵",有时需要"示范引领",教研组组长可适时适宜地给组员以支持与指导。现身说法——以自己的实际行动,给组员示范;推波助澜——敏锐地捕捉有价值的信息,在共同学习中,及时传递给教师;关注差异——适时等待,给予教师信心,从而形成实践智慧。

3. 多途径助推

(1) 组建学习共同体

教研组组长是引领者,要定期组织教研活动、开展班组学习等常规工作。因此,教研组组长可以发挥团队优势,组建"指引"学习共同体,利用教研活动,组织教师共读和交流,逐一学习"指引"的每一板块。可以分享自主学习经验,如如何抓住重点关键词帮助记忆,也可以分享共读时产生的问题。教研组组长做好问题记录,大家一起从"指引"30问或其他途径寻找答案,在学习中共同成长。

(2) 一课三研

实践研讨是每个教研组必研的课题,组长可利用实践研讨机会结合"指引"

实操性的内容开展学习研讨。如,一课三研时,让组员以"指引"中三个层次的描述语去观察幼儿活动中的行为表现,在后面的互动研讨中可以随时翻阅,确保自己的观点有据可循,同时也能在反复阅读中加深对"指引"的了解。

(3) 案例分析(微格分析)

"指引"中的子领域和幼儿典型行为表现中所有的描述都可以成为我们观察记录的内容。教研组组长在指导组员撰写观察记录或者案例分析时,应提醒组员将"指引"作为工具书,引导教师用书中描述的幼儿行为表现分析幼儿当前的发展状况,再将他们的进步与这一年龄段预期达到的水平作比较,从而设计能引导幼儿持续向前发展的活动,并在新的活动中继续观察与分析,从而再产生一些支持幼儿发展的行为,形成良性循环。相信这种以"指引"为依据展开的研讨活动会更有效。

(三) 集团层面:培育典型、资源共享

1. 加强学习使用"指引"的典型培育,传播并辐射优秀"指引"经验

许多园所坚持推进"指引"的学习与使用,在实践中积累了许多经验,也有做得颇具特色的。下一阶段,需要加大经验推广力度,进一步培育并挖掘学习使用"指引"的典型,提供更多样的经验借鉴。

2. 搭建平台,资源共享,提供支持

根据问卷中教师的困惑与需求,定期组织开展案例分析、学习故事分享、使用"指引"故事大家谈等活动,鼓励更多的教师针对"指引"与实践结合中的一些困惑向大家分享自己的经验和体会,使大家在学习和使用"指引"的过程中共同成长。

"指引"对所有园所、教师都是新的挑战,同时也是教师专业发展新的契机。应根据教师们的需求,在解读"指引"的基础上,开展基于问题的探索,收集身边优秀的观察案例,以实践研讨的方式从中提炼评价实施的经验与策略,为更多一线教师提供实践蓝本,帮助更多教师养成日常观察的习惯,体会日常观察的价值,真正掌握分析幼儿发展状况的方法,提升专业能力。

儿童发展行为评价流程的设计
——基于《上海市幼儿园办园质量评价指南(试行稿)》

上海市浦东新区南门幼儿园　张盈艺

幼儿的发展是连续的,既有共性,又有个性。《评价指南》中"3—6岁儿童发展行为观察指引"为园所、教师了解和把握幼儿发展现状,组织实施适合幼儿的课程活动,促进每一个幼儿在原有水平上获得切实发展提供了观察依据。因此,我们基于《评价指南》,对其中涵盖的各领域进行实践和探索,设计并制定了儿童发展行为评价的流程,并积累了一定的实施经验。

《评价指南》给教师以专业的拐杖,为教师观察分析不同发展阶段、不同特点的幼儿的行为及其发展方向提供了依据。因此,教师应增强日常评估的意识,要有目的、有计划地收集能反映幼儿身心各方面发展水平的证据,并以《评价指南》为依据,公正客观地分析评价幼儿的发展水平,继而产生一些支持幼儿发展的行为,提升保教的质量,并形成良性循环。基于以上几点,我们设计的儿童发展行为评价流程,主要分为"行为捕捉""行为分析与评价""评价结果的反馈与利用"三个步骤。(见图1)

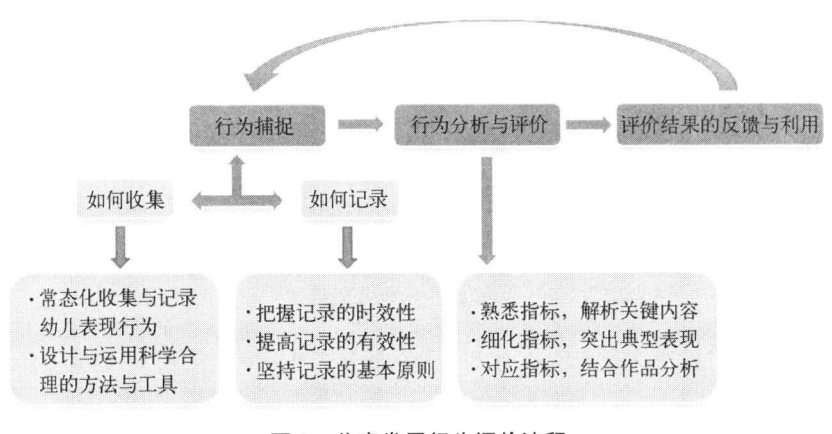

图1　儿童发展行为评价流程

一、儿童发展行为的"捕捉"

行为"捕捉",即收集与记录幼儿表现行为。在评价时,教师要基于课程收集与记录幼儿表现行为。在真实的情境中,通过各种渠道、各种维度,有目的地收集幼儿的表现行为。教师可参考《评价指南》中"行为指引"的"信息来源"一栏,其中根据不同领域和表现行为,为教师提供了丰富的信息来源参考。

(一)如何收集幼儿表现行为

1. 常态化收集与记录幼儿表现行为

幼儿发展评价并不是一次性的,因此教师的观察与评价应渗透于一日生活,稳定、连续地积累幼儿发展评价信息,常态化收集、记录和分析幼儿的表现。

(1)聚焦指标中的"典型表现"

在评价实施的过程中,教师作为评价主体需要提前熟悉与当天真实情境相对应的幼儿典型的表现行为。幼儿的表现可能转瞬即逝,因此教师需要提高信息收集的敏感性,这样才能把握住"机会窗口",及时进行行为"捕捉"。

我们可以通过解析评价指标,找出最关键的词句加以分析,从而规划常态化收集路径。比如,在"自我与社会性"下的子领域"自我意识"的二级指标"具有自尊、自信、自主的表现",以及"人际交往"子领域中"愿意与人交往,能与同伴友好相处"两条指标中,"自尊、自信、自主""与人交往""友好相处"都是关键词,老师可以在角色游戏、自主游戏中,通过观察幼儿的行为来收集该指标下相对应的幼儿典型表现。(见表1)

表1 爆米花店创业记

表现行为	行为描述	行为分析
"自我意识":"具有自尊、自信、自主的表现" "人际交往":"愿意与人交往,能与同伴友好相处"	角色游戏时,泽泽找萱萱和他一起玩游戏,大家商量后一起开了一个"爆米花店"。只见一张桌子上堆满了雪花片和纸杯,售卖、制作都在此进行。小客人越来越多,有的催促店长泽泽快点,有的说给错了爆米花,有的则等不	泽泽积极组织筹备"爆米花店"游戏,体现了"自我意识"子领域中"具有自尊、自信、自主的表现"表现行为5中的"1.2.1:能主动发起活动,活动中积极表达自己的想

续 表

表现行为	行 为 描 述	行 为 分 析
"自我意识":"具有自尊、自信、自主的表现" "人际交往":"愿意与人交往,能与同伴友好相处"	及直接拿走了。萱萱发现了,马上出去找。泽泽见状暂停了游戏,说要休店调整。只见他让萱萱拿来"外卖箱",嘱咐她去招聘一个外卖员和一个营业员,以免再出现人手不够的情况。 　　泽泽自己则去"奶茶铺"交涉,想问她们借一个桌子。但"奶茶铺"店长蕾蕾不同意,说桌子都在用,没有多余的借给他。泽泽看了看四周,和蕾蕾说:"你们这边还有很大空间。要不我们'并店'吧? 就是将奶茶铺和爆米花店开在一起,变成一个超级大店,联合推出奶茶爆米花套餐,相信生意一定火爆。"蕾蕾听取了泽泽的建议,并帮泽泽一起将他店里的东西搬了过来,与此同时萱萱也完成了人员招募工作	法并能坚持"。 　　他发现游戏出现问题后及时想办法解决,主动找奶茶铺沟通的行为,体现了"自我意识"子领域中"具有自尊、自信、自主的表现"表现行为5中的"1.2.4:敢于尝试有一定挑战性的任务,能设法努力完成自己接受的任务"。同时体现了"人际交往"子领域中的"愿意与人交往,能与同伴友好相处"表现行为5中的"2.1.2:有问题能询问别人,遇到困难能向他人寻求帮助",和"2.1.4:能想办法结伴共同游戏,活动中能与同伴分工、合作、协商,一起克服困难,解决矛盾"

(2)把握真实情景中的"偶发行为"

教师的观察都基于真实的情境,而幼儿的表现行为具有"动态性",可能实际出现的幼儿行为恰巧不在教师计划观察的活动里。此时,教师不可忽视这些偶发行为,也需加以收集和记录。

例如,教师计划在与幼儿讨论游戏规则时,收集有关"语言与交流"领域的信息,但过程中发现幼儿的行为符合"习惯与自理"领域中的典型行为。这时,教师就需要及时调整收集信息的方向与重点,把握这些"偶发行为"。(见表2)

表2　游戏规则大讨论

表现行为	行 为 描 述	行 为 分 析
"学习习惯":"倾听习惯良好"	宁宁指着小朋友说:"我们可以从这里传到那里,然后把小狗给第一个人。"凡凡看着宁宁的动作点点头表示理解,这时她听到旁边的两个小朋友(妮妮和萱萱)在	在这个片段中,我看到了孩子在倾听习惯方面的三种不同的表现行为: 　　游戏中坐在一起的妮妮和萱萱,在讨论游戏规则时出现了交头

续 表

表现行为	行为描述	行为分析
"学习习惯":"倾听习惯良好"	说其他的事情,于是转过头轻声说:"人家在讲话的时候,不要不听呀,等下要不会玩了。"在她的提醒下两个孩子停止了交谈。但停了一会儿别人又开始小声说话了。这一次凡凡又转过头,用比刚才更响的声音说:"你们怎么还要说话呀,我都听不清楚游戏规则了。" 孩子们继续讨论"击鼓传花"的游戏规则,妮妮说:"这样不好,跑来跑去乱七八糟的。"阳阳说:"要不从第一个传到最后一个,再从最后一个传过来。"大家你一言我一语地交流着自己的想法。当大家暂时停下讨论时,玥玥转过头对旁边的阳阳轻声说道:"现在我们是要……"但是她刚一说话就被阳阳打断了,反复几次后,玥玥说:"你先听我说,等我说完了你再说,你这样没有礼貌的。"说完后玥玥就继续说着自己的想法:"是从我们这里传过去,传到最后,最后一个人再传给我们对吗?"这一次阳阳没有打断,而是看着玥玥,玥玥最后还问了阳阳一句:"是不是就这样玩的?"阳阳这一次等到玥玥全部说完了,注视着他后才说:"是的,最后一个小朋友不用跑出来,只要再传回来就可以了,就像传送带一样"	接耳的情况,他们两个人在说话时,能面对面看着彼此,这一行为能体现"学习习惯"子领域"2.1.1"的表现行为1,即别人对自己说话时能注视对方,注意倾听。但是他们在整个小组交流互动时的"交头接耳",又说明了这两个孩子在集体中未能有意识倾听,也未能在集体中安静倾听他人讲话,也就是未达到"学习习惯"子领域"2.1.1"的表现行为3和表现行为5。 另外,阳阳在讨论中倾听同伴的想法并且给予适当的回应,说明这个孩子在集体中能有意识倾听与自己有关的信息,达到了"学习习惯"子领域的"2.1.1"表现行为3,即在集体中能有意识倾听与自己有关的信息。 但是玥玥在跟阳阳讲话时,阳阳却一次又一次地打断她,也就是不能安静地听他人讲话,说明他的表现未能达到"学习习惯"子领域"2.1.1"的表现行为5。但是经过玥玥提醒后,他能调整自己的行为,安静地听玥玥说完,说明阳阳处于"2.1.1"的表现行为3到表现行为5之间。 游戏中的凡凡和玥玥,不仅在同伴讲述的过程中保持安静倾听的状态,还能点头回应,他们不需要他人提醒就已经达到了"学习习惯"子领域"2.1.1"的表现行为5,即能在集体中安静倾听他人讲话

2. 设计与运用科学合理的方法与工具

(1) 观察法与观察工具

观察法是最主要的收集评价信息的方法,适用于《评价指南》中绝大部分的评价内容,也是本课题中最主要运用的方法。在本研究中,我们基于儿童发展评价的操作步骤设计了下面的观察表,包含领域、表现行为、行为描述、行为分析、教学建议几项,适用于大部分幼儿行为的观察与分析。(见表3)

表3 "撒""野""田"间——强身健体

领域一	表现行为	行 为 描 述	行为分析	教学建议
子领域2:动作发展	2. 具有一定的平衡能力,动作协调、灵活	实录一: 　　孩子们组队来到空旷的田野上,看到了一个个大小、高低不一的箩筐,老师带着孩子们来到起点处说道:"你们自己去尝试一下怎么玩吧!"孩子们看了看,排着队,一个跟着一个朝着箩筐跑过去。只见大部分幼儿都是双手摆臂,助跑一段之后跨过箩筐,平稳落地后继续前进,直至跨跳完所有箩筐,到达终点。也有小部分孩子是跑到箩筐前,双脚并拢向前跳过箩筐,但由于落地不稳、箩筐高低不同,孩子们尝试了几次,成功的概率不高。 实录二: 　　六六个子小,尝试了几次跳箩筐后发现完成不了,就在一边看别的孩子跳。她低头看到了田地之间的垄沟,尝试跳了几次,对着旁边的小伙伴说:"我可以从这边跳过去!你看好了!"她往后退了几步,深吸了一口气,跑了几步之后从垄沟的一边跳到了另外一边,平稳落地。	每个幼儿都能够根据自己的能力尝试用助跑的方式跨跳过障碍物或者跨过一定的距离,箩筐的高度为30厘米左右,垄沟的距离为40厘米左右。跨越时能做到前腿向前上跨,后腿快速向前横摆。大部分的幼儿都能够完成助跑跨跳。对应的发展水平为表现行为3的"2.2.3 能以助跑的方式跨跳一定距离或一定高度的物体"	可以根据幼儿的个体差异,为幼儿提供不同的障碍难度,路线可以从易到难,在幼儿的"最近发展区"内,提供具有一定挑战性的高度或者距离,培养幼儿不怕困难、敢于挑战的精神
		实录三: 　　在田埂上放置几块平衡板,孩子们第一次走上去时发现板子会摇晃,一端还会翘起来。观察了一会儿后,乐乐快速跑过平衡板,轩轩则是双手放在身后,双脚并	幼儿在已有的经验和动作技能上,借助天然的地理环境,在不稳定的平衡木上平稳地通过,可以肯定幼儿的平衡能	可以为幼儿创设更有挑战性的活动区域,在活动中有效指导幼儿,发展幼儿的平衡能力,通过科学的观察,充分、全

续 表

领域	表现行为	行为描述	行为分析	教学建议
子领域2：动作发展	2. 具有一定的平衡能力，动作协调、灵活	拢向前跳着通过木板，大部分幼儿都是一个跟着一个平稳地走过平衡板	力较强，动作协调，身体控制能力较好，走平衡木的过程中幼儿也表现得很自信，没有胆怯的情绪。对应的发展水平为表现行为5"2.2.1能在斜坡、荡桥和有一定间隔的物体上比较平稳地行走一定的距离"	面地了解幼儿平衡能力的发展现状与特点
	3. 具有一定的力量和耐力	实录四： 孩子们发现了老师提供的草盘，他们双手将草盘高高举过头顶，像开小火车一样，一个接着一个向前方快速来回奔跑。 接着来到稻草人支架前，开始障碍跑，有的孩子跟着老师跑，有的则是以S形路线绕过障碍物向前跑，一个接着一个	幼儿高举草盘，在控制身体平衡的同时还要向前快速奔跑。此外，在高低不平的田野上，控制自己的身体，以S形路线绕过障碍物向前跑，并要与前面的幼儿保持距离，以免碰撞。这是幼儿具有一定耐力的表现。对应的发展水平为表现行为3"2.2.4跑动中能控制速度、方向，追逐或躲闪他人"	老师可提供条件，通过反复不断的个人练习、小组练习、竞赛等形式激发孩子跑步的兴趣、增强孩子练习的信念。 耐力是"单一运动持续最大时间"，耐力训练最大的好处就是能够培养坚毅的品格。可以尝试负重跑，提供不同重量的负重物，让幼儿根据自己的能力自主选择

此外，为了使每次观察的内容、板块更清晰明了，提高可操作性，我们借鉴原有的科学素养表现型评价单，设计了适用于幼儿发展评价的幼儿表现性评价单。（见表4）

表4 探究与认知评价单

幼儿姓名：_____   幼儿年龄：_____
观 察 者：_____   观察日期：_____
评价内容

勾出相应的表现行为：

子领域1：科学探究
☐ 1. 喜欢探究　　　　　　☐ 2. 用一定的方法探究周围感兴趣的事物与现象
☐ 3. 在探究中认识事物与现象

子领域2：数学认知
☐ 1. 初步感知生活中数学的有用和有趣　　☐ 2. 感知数量及数量关系
☐ 3. 感知形状与空间关系

行为描述与分析

表现行为	行为描述	行为分析
填写上面打钩的内容	观察记录	根据旁边的行为描述进行分析

教育建议

（2）调查与访谈

有时教师无法仅从幼儿园获取幼儿的完整信息，这时就可以从家长处间接获得相关信息。教师可以根据需要设计问卷，了解幼儿在园内园外的生活经验和学习经验，广泛收集幼儿发展的信息。问卷或访谈的对象可以是家长、其他保教人员，也可以是幼儿自身。

（3）测试法

测试法主要运用在领域一"健康与体能"中，通过对幼儿进行定期的体质测定，了解幼儿的身心状况和动作发展，并可结合生活中的各项记录，分析影响幼儿该领域各项水平的因素。

(二) 如何记录幼儿表现行为

1. 把握记录的时效性：抓住最佳时机

（1）提前规划记录时间

在幼儿的一日活动中，教师既是活动的组织者和实施者，还承担了评价主体的角色。因此，在繁忙的工作中，教师应该提前规划好当天不同活动中想要收集的幼儿典型表现。

（2）准备好记录工具

在教师规划好预设收集的信息后，教师可以根据自己的需要准备好记录工具，并摆放在便于拿取的位置，以便第一时间进行记录。运用信息技术手段，例如借助"孩子通"等应用软件中的评价功能，选择适宜的观察表，制定评价内容。

（3）借助信息化手段：照片、录音、录像

教师可通过拍照、录音、录像等现代化信息技术手段记录下最真实的第一现场，还原幼儿的具体表现，方便教师回看、回听。

2. 提高记录的有效性：记录重点内容

为提高记录的有效性，教师需要把握幼儿表现的重点内容，如动作、语言、表情与情绪、操作的物品、表现及结果、交往的表现、关键事件、频率和时间、语音与歌唱声音，以及幼儿运用的数字、图符记录等。

3. 坚持记录的基本原则："准确""真实""细致""聚焦"

教师除了要尽量保证信息来源的客观性，还要在记录时选用科学适宜的工具。因此，教师在记录时要注意以下几方面：

准确：围绕评价目的和内容客观如实地记录幼儿的表现，排除记录的主观性与随意性。

真实：直接、如实地记录幼儿原始的行为表现，不作任何主观上的解释和判断。

细致：记录的内容尽量具体、详细、完整，包括幼儿的动作、语言、表情、兴趣、频率和时间、关键实践等全方位的细节表现。

聚焦：记录的内容不宜过多，点到为止，要围绕幼儿的典型表现，突出重点、直击要点。

二、儿童发展行为分析与评价

教师在分析评价幼儿的表现时要公平公正、避免主观性,这样才能体现幼儿发展评价的真实性。在我们进行分析评价时,要善于区分记录描述和分析评价的差异,基于《评价指南》概括分析记录中的幼儿典型表现,然后上升到幼儿发展评价的层面,而不是重复原始的记录。《评价指南》中的指标是教师读懂幼儿发展的支架,熟悉指标是我们进行分析评价的前提,因此我们需要做到以下几方面。

(一) 熟悉指标,解析关键内容

在分析评价时,教师要围绕评价内容所指向的幼儿典型行为进行价值判断,因此要深入理解评价指标。首先,可以以思维导图的方式进行解析,了解评价内容所在领域的各子领域和其发展目标。其次,教师需要解读领域中的表现行为,梳理表现行为所指向的要点和需要关注的重点。

例如:"健康与体能"领域的两个子领域"身心状况"和"动作发展",我们对其涵盖的发展目标有以下梳理和解读。(见表5)

表5 "健康与体能"领域的梳理和解读

子领域	表现行为	表现行为解读	需要关注
子领域1 "身心状况"	1. 具有健康的体态	"健康的体态":发育特征、形态指标和营养状况	肥胖儿童(摄入过多、运动不足)
	2. 情绪安定愉快	"情绪表现":情绪稳定、愉快、适度表达和调节	新生入园(亲子分离、心理冲突)
	3. 具有一定的适应能力	"适应能力":天气冷热变化、新环境、集体生活	体质强弱(身体机能状况)
子领域2 "动作发展"	1. 对运动感兴趣	"运动兴趣":器械、材料	幼儿的需求
	2. 具有一定的平衡能力,动作协调、灵敏	"动作发展":平衡能力、协调灵敏	合理期望并非评价标准
	3. 具有一定的力量和耐力	"动作发展":力量、耐力	量化描述
	4. 手的动作灵活、协调	"手的动作":协调、控制	使用工具

(二) 细化指标,突出典型表现

分析评价的客观性,要求教师细化并把握好评价标准,根据评价内容所指向的幼儿表现内涵,参考指标中所对应的典型表现行为,进一步细化评价标准来进行价值判断,以此更为准确客观地把握幼儿表现,进行客观评价。(见表6)

表6 "玩转多米诺骨牌"中观察指标与幼儿行为表现的判断标准

表现行为	判断标准		
	表现行为1	表现行为3	表现行为5
喜欢探究	喜欢摆弄各种物品,好奇、好问	经常乐于动手、动脑探索未知的事物	乐于在动手、动脑中寻找问题的答案,对探索中的发现感到高兴和满足
	指标细化: 幼儿愿意操作多米诺开展各类建构、数学游戏	指标细化: 多米诺骨牌游戏中,幼儿直接提出各种问题,并及时调整搭建方式	指标细化: 对于多米诺骨牌成功的因素,由幼儿共同尝试,发现不同的解决问题的方法
用一定的方法探究周围感兴趣的事物与现象	能仔细观察自己感兴趣的事物,发现其明显特征	1. 能根据观察结果提出疑问,并运用已有经验大胆猜测 2. 能用图画或其他符号记录自己的探究过程或结果	1. 能在观察、比较与分析的基础上,发现并描述事物的特征或变化,以及事物之间的关系 2. 能用一些简单的方法来验证自己的猜测,并根据结果进行调整
	指标细化: 幼儿在操作中发现: 1. 木牌、塑料牌形状方正,摆放起来方便,同时能够很好地根据材料宽度作为搭建路线的合适间距 2. 纸牌较轻,搭建过程要注意细节、轻重 3. 硬币是圆形的,但是重心不稳,搭建起来比较困难	指标细化: 1. 幼儿借助自己的建构经验,猜测多米诺木牌、塑料牌可以搭建不同的造型 2. 幼儿借助图符的形式记录自己实验中的发现,如有哪些替代材料,效果如何	指标细化: 1. 幼儿通过实验操作,明确倒塌所需要的因素和关注点 2. 幼儿根据纸牌倒塌情况,调整纸牌的站立角度

续 表

表现行为	判 断 标 准		
	表现行为1	表现行为3	表现行为5
在探究中认识事物与现象	能感知和发现材料在软硬、光滑和粗糙等方面的特性	能感知和发现光、影、磁、摩擦等简单物理现象	1. 能了解常见物体的结构和功能,发现两者之间的关系 2. 能探索和发现光、影、沉浮、水的形态等简单物理现象产生的条件或影响因素等
	指标细化: 幼儿在操作中发现: 1. 纸牌轻、易碰倒 2. 硬币是圆柱形,重心不稳,摆放困难 3. 磁力片的磁性能固定位置 4. 木牌和塑料牌是立方体,易站立,易操作	指标细化: 幼儿在操作中发现: 1. 多米诺牌的倾倒与路线、排列、间距之间的关系 2. 多米诺牌推倒使用的惯性 3. 磁力片的磁力 4. 纸牌的纸张特性	指标细化: 幼儿在操作中发现: 多米诺牌材料的材质和形状导致多米诺牌搭建过程中的稳定性不同和推动后重心的位移现象

(三) 对照指标,结合作品分析

作品分析法多运用于艺术活动中,如幼儿的美术作品,歌唱、表演舞蹈的视频,幼儿的建构作品等。作品分析法可以展现语言、艺术、科学等领域幼儿丰富的表现行为,为评价幼儿该领域的表现提供依据。教师可以在观察的基础上结合作品分析法对幼儿进行分析和评价。

例如:在案例"多彩的相框"中教师分别从幼儿的行为和幼儿的作品进行分析,通过分析幼儿作品,该教师发现:在小满的相框作品中,她选择了两串相似的树叶摆放在相框的左上角和右上角,又选择了两片较大的树叶摆放在了相框的两侧,形成了相对称的画面效果。由此可见,幼儿对于树叶的不同形态也在前期活动(捡落叶、谈话活动)中有所观察和思考。符合《评价指南》中领域六"美感与表现"的子领域"感受与欣赏"中表现行为

3"1.1.1 在观赏大自然和生活环境中美的事物时,能关注其色彩、形态等特征"。

三、评价结果的反馈与利用

幼儿发展评价最后且最重要的环节就是评价结果的反馈和利用。始终坚持评价结果的反馈可以给教师以参考,帮助教师了解幼儿的发展情况,运用专业知识反思幼儿现有表现状况和发展水平的形成因素。

评价结果的利用指教师在对幼儿评价后会提出相应的教育建议并调整材料、教育方式等,促进幼儿在原有的基础上持续发展,同时提升班级的保教质量。

值得注意的是,教师应形成动态评价的思想,采用"教学—评价—再教学—再评价"的思维路径。可以通过各类活动中对幼儿的观察了解,分析幼儿当前的发展状况,再将他们的进步与这一年龄段预期达到的水平作比较,从而设计能引导幼儿持续向前发展的活动,并在新的活动中实施后续观察与分析,继而再产生一些支持幼儿发展的行为,并形成良性循环。

例如:在案例"理想改造家"中,教师通过观察图书角中幼儿的整理情况,记录并分析了图书角的三次变化。在第一次观察中,教师发现中班的孩子开始关注自己周边的生活环境,从幼儿搬动柜子的行动中,可以观察到他解决问题时,对周围环境和事物的观察能力都比较强,大家也能在他的带领下共同行动。教师由此提出了"捕捉生活细节,推进问题发现"的支持策略。在第二次观察中,教师发现幼儿有物归原处的意识,但是图书太多了,对他记忆图书的摆放位置造成了困难。教师结合《评价指南》中"2.2 对自己感兴趣的问题会主动追问和探索",继续对幼儿进行问题推进,引发幼儿的追问和探索,让孩子们之间的交流互动、主动追问助力共同解决问题。教师在观察后,还组织幼儿制定了"整理计划"。在第三次观察中,教师记录了幼儿对于"书柜里的图书总是东倒西歪,怎么办?"和"如何更快找到自己想看的图书?"这两个问题的行动和解决方式。在后续的支持中,教师借助家园互动、调查问卷的形式帮助幼儿拓展了生活中的整理经验,借助标识制作的方式支持幼儿完善了整理的方法。通过多途径、多渠道收集不同的整理方法,引导幼儿尝试将日常生活中的整理经验迁移到图书的收纳整理中,从而收获多样的整理图书的方法。

在上述案例中,教师结合《评价指南》中的"习惯与自理"领域进行分析,发现了幼儿在整理图书时遇到的问题。通过一次次的改进、实施、支持,以及进一步地观察调整,图书角发生了多次变化,幼儿整理图书的习惯也在一次次调整中进步,充分体现了动态评价的思想。教师需要将"日常观察评估"的教育理念真正贯彻落实,并始终坚持以评价促发展的理念,发挥幼儿发展评价的作用。

最后,在对幼儿进行评价时,教师应该秉持整合的理念,有联系地、全面地、辩证地思考,不应以偏概全,更不要割裂地评价和下结论。一方面,借助课程,通过现场观察、调查访谈、幼儿作品分析等,综合多方意见全面了解、评价幼儿的发展情况,做出专业的判断;另一方面,根据幼儿发展情况,分析幼儿园课程管理和实施的成效,不断进行反思和调整,以提供最适宜的课程支持。

儿童发展行为的捕捉与描述

上海市浦东新区中市街幼儿园 张 悦

一、对幼儿发展行为进行捕捉与描述的意义

对幼儿发展行为的捕捉指在观察幼儿行为的基础上，根据观察目的、领域选择相关信息。对幼儿发展行为的描述指将捕捉到的儿童行为表现用恰当的文字清晰地表达出来。

科学有效地评价幼儿，了解幼儿身心发展的需要，是提高幼儿园教育适宜性和有效性的前提。如何做好幼儿发展评价是当前学前教育的热点，也是难点。在对幼儿发展行为进行评价的过程中，每一个环节都是环环相扣、相互渗透的。捕捉与描述为幼儿发展行为的分析与评价提供了重要的依据，只有做好对幼儿发展行为的捕捉与描述才能科学有效地评价幼儿。经常有一线教师为此苦恼："幼儿活动时，我一直注意观察孩子，但是在对幼儿行为进行分析评价的时候却很少发现有用的信息。"有效观察幼儿行为是了解和促进幼儿发展的基本前提，做到有效观察的关键是要学会捕捉。教师在观察幼儿行为时往往缺乏针对性，想观察什么就观察什么，想记录什么就记录什么，忽视了对幼儿行为的主动捕捉。主动捕捉幼儿行为能够帮助教师提取有用的信息，而描述幼儿发展行为能让捕捉到的信息更具体、生动地表现出来。因此，对幼儿发展行为的捕捉与描述能为教师对幼儿行为的分析提供依据，从而避免主观、武断、简单的评价。

二、对幼儿发展行为进行捕捉与描述的主要问题

（一）行为捕捉内容不明确

通过观察捕捉到有用的信息是观察评价工作的重要环节。但现阶段部分老

师为了观察而观察,观察工作浮于表面,流于形式。在对幼儿行为进行捕捉时不知道怎么具体执行,只能关注到活动本身,不关注儿童发展,从而无法捕捉到儿童的发展信息。例如,几个孩子一起在娃娃家玩"医生看病"的游戏,不会捕捉的老师可能从这个游戏中只观察到了"打针""输液"这些表面行为;会捕捉的老师却能从这些行为表现中看到孩子"角色扮演""解决问题""口语表达""与其他儿童建立社交关系"等多项能力的发展。

如案例"找春天"的一个片段:"找春天"活动中,教师让每个孩子自由地在小花园找春天,然后提出开放式的问题"你找到的春天在哪里"。孩子们抑制不住激动的心情,丰富的答案俯拾即是,北北说:"我看到花开了,五颜六色的。""我看到柳树上长出了小芽芽。"相对弱一些的孩子也会说:"我也看到五颜六色的花,真漂亮。""我也看到小蝴蝶在飞。""我也看到柳树发芽了。"在这个环节中,每个孩子都畅所欲言,欲罢不能。在"找春天"活动中,教师在第一个环节带领孩子们感受春天的小草有什么变化,鼓励孩子们在草地上玩。通过与草地的亲密接触,孩子们自然而然地看到草地变绿了,摸到软软的草地,碰到身上痒痒的。教师还带着孩子们在草地上走走、跑跑、跳跳,感受到春天来了,小草变绿了,长高了,师幼在草地上玩得很高兴。这一系列活动是孩子们自主进行的。这时的学习,是为了享乐而学习。这一案例中教师一开始捕捉到的是幼儿活动中的语言,但是后半段的重点却落在了对活动情况的阐述上,忽视了对幼儿行为发展的捕捉。

(二) 行为描述不客观

一些教师容易在已有观察的基础上,结合自身已有经验、情感态度,对捕捉到的行为进行加工和整合,做出带有主观色彩的判断、猜测和解读,掺杂了偏见,片面地理解幼儿,经常使用"看起来像、认真、勇敢、艰难、恶狠狠、霸道、不合群、胆小、自私"等解释性语言描述幼儿游戏行为,使观察记录的内容不能客观、真实地呈现幼儿的活动过程。以中班角色游戏观察记录为例:"萱萱坐在超市的收银台前看着收银机,她坐了很久,她就是这样,经常一个人,不喜欢和其他的小朋友一起玩。浩浩是超市的售货员,看到有人来就热情高兴地介绍,真是太可爱了!"描述中"她就是这样""不喜欢""太可爱了"这些词明显带有教师个人情感倾向,并未如实描述萱萱是否在思考,浩浩是怎么介绍等相关内容,教师未能客观地捕捉和描述游戏现场的状况。教师带有情感色彩的主观判断多于对儿童真实行为的描述。再例如"××是一个乖巧、听话的孩子,他应该不会故意把积木推倒","××把另一个小朋友的凳子抢了,看得出他是一个霸道的孩子。这都是因为家里人经常娇惯而养成的坏习惯"等描述则都是老师对孩子先入为主的判断和随意贴上的"标签",缺乏相应的证据,无法呈现儿童的真实发展水平。

（三）行为描述缺乏撰写技巧

部分老师在描述幼儿行为时,语句过于笼统概括,简洁却不明了,甚至老师自己都无法从行为描述中清晰地看到儿童的行为表现和成长信息。记录泛泛而谈,成了"假大空",无法给后续的分析和评价提供具体有力的支撑。例如该条行为描述：今天,豆豆在区角游戏时间玩了串珠子的游戏。从该条行为描述中我们只能大概知道孩子玩了什么游戏,但孩子具体说了什么,做了什么却无从得知。此外,对无关的背景信息描述过多,对典型行为的描述较少也是常见的问题。除了对幼儿的发展规律理解不到位,还有一个原因是教师自身的语言表达、提炼概括的能力不足。比如,要观察幼儿精细动作的发展,教师就记录为"××拿了一盒珠子玩串珠游戏,他一手拿着绳子,一手拿着珠子,先穿一个绿色珠子,又穿了一个红色珠子"。显然,这样的记录做到了客观,但也只强调了幼儿在做什么,对于在串珠过程中幼儿的手部小肌肉动作是如何运动的,幼儿手指的力量控制和协调性如何体现的,没有具体描述出来。这样就无法了解幼儿的精细运动发展到了什么程度。

三、对幼儿发展行为进行捕捉与描述的有效策略

（一）体现行为捕捉与描述的有效性和典型性

新教师由于工作经验有限,不能快速、深入地了解班级幼儿特点,在选择捕捉对象、捕捉行为时,常常感到迷茫,容易选择易受老师关注的幼儿,或是选择有明显问题行为的幼儿,或是随意决定一名幼儿;挑选好对象以后,又常质疑、犹豫和担心：记录的事件怎么这么琐碎？记录是不是没有意义,没有分析的价值？"指引"包括6大领域、14个子领域、38项行为指标,在运用"指引"对幼儿进行行

为评价的过程中，为了提高评价的质量，教师在捕捉与描述幼儿行为时要体现有效性和典型性。我们要根据观察目标、领域，对应"指引"来捕捉和描述与指标有密切关系的行为，抓住"典型"的人或事。观察者并不是被动的，应该及时地捕捉有意义的行为，使之成为进一步分析评价的基础。若教师要对"指引"中领域六"美感与表现"的子领域"感受与欣赏"进行分析评价，那么我们捕捉的行为来源可以是语言、艺术欣赏活动中幼儿的行为表现，或是散步、交友等融入大自然的活动中幼儿的行为表现。

有的时候，我们观察到的一段行为会涉及多个领域、多项关键经验。但是，有目的地观察的教师，在捕捉与描述幼儿行为时会对信息加以取舍，更加清楚地突出所要评价的领域。比如，幼儿在建构区中的建构活动可以表现幼儿的小肌肉动作，也可以表现幼儿的艺术创作、空间感知能力，还可以表现幼儿解决问题的能力。如果重点是要突出幼儿的小肌肉动作，就应多描述幼儿两只手的配合情况；若想突出幼儿的艺术创作，则突出作品的结构特征。对于需要突出的信息，教师必须有非常细致准确的细节描写，而不仅是提供一般信息。

如教师要对"指引"领域六"美感与表现"中的子领域"表现与创造"进行行为分析与评价，其对捕捉的行为是这样描述的：区域活动时间，在美工区，多多在用橡皮泥做饺子。他拿起一个饺子对老师说："老师你看这是我包的饺子，很像月亮的饺子，我还做了四个饺子，我一共做了五个饺子。"说罢就拿起两个饺子对一旁的爱爱说："爱爱，这两个饺子分给你，还有三个饺子我要拿回去给爸爸妈妈。"这段行为描述中更多的是对幼儿语言的描写，更侧重于领域四"语言与交流"，缺乏能够体现领域六中的指标的典型性行为描述。教师需要围绕观察领域并对幼儿制作时的行为表现，如使用的工具和材料、表现手法及完成的作品等进行详细描述，让之后的分析与评价有据可依，体现行为捕捉与描述的有效性和典型性。

（二）体现行为捕捉与描述的客观性和真实性

教师对幼儿行为的捕捉与描述应该是对幼儿活动情况真实而客观的反映。首先，教师在对幼儿行为进行捕捉时要避免带有个人感情色彩，消除固有的偏见，记录描述时不用具有解释性、判断性的词语，要避免主观态度的词汇，使用事实性的语言，即感官获得的信息，体现客观性和真实性。如眼睛看到的，"她咧着小嘴笑"；耳朵听到的，"她说我画的是红色的树，叶子是红色的，树枝也是红色的"；手触摸到的，"他的后背都湿透了"。记录时，要避免使用带有主观感受的陈述，如"她画了一棵与众不同的树""他觉得热"等，这些表述带有主观感受，不宜使用，应力求客观真实，绝不能夹杂主观方面的臆造和猜想。

（三）掌握描述用词技巧

恰当描述幼儿的发展行为也非易事，汉字博大精深，掌握了用词技巧，也能让我们的描述更准确。首先，能用数字表达的尽量不用文字描述，如"今天心心花了很长时间才吃完午餐"，可以将"很长时间"替换为具体的数字，如"今天心心花了半个小时才把午餐吃完"，让事件更量化。其次，多用动词和名词，少用副词和形容词，尽管缺少这些词语会令记录很单调，缺乏儿童的个性，但是副词和形容词常常会带有主观色彩。在使用动词时，为了让描述更为形象，也要选用适合的词语。如"走"这个词有许多个近义词，如漫步、缓行、散步、溜达、踱步、齐步走等。然而，儿童行为或者大动作之间的区别有可能依赖于"走"这个词的正确的近义词。没有两个儿童会以完全相同的方式穿过一间游戏室或者走向同一个儿童或者教师。作为教师，在观察儿童时，要对儿童的行为特征做出回应。对走路跌跌撞撞的儿童会有响应，因为我们感觉到了问题；对一名满心愉悦的儿童，我们则会感受他的快乐。

这里有一些记录中常用的动词的近义词：

跑：猛冲、飞奔、疾驰、快速前行、一蹦一跳等。

说：耳语、咆哮、大喊、尖叫、哭嚷、命令、告诉、小声说等。

哭：哭泣、抽泣、号啕大哭、啜泣、恸哭等。

（四）概括性描述与细节性描述相结合

概括性描述是对幼儿行为的大致情况进行描述，如行为类型、行为频率、行为背景等。在描述幼儿行为时，可以采用概括性描述和细节性描述相结合的方法,以便更全面、准确地了解幼儿的行为特点和发展状况。细节性描述是对幼儿行为的具体情况进行详细描述,如行为表现、行为变化。将概括性描述和细节性描述相结合,可以更全面地了解幼儿的行为特点和发展状况,为后续的分析和评价提供有效依据。

如案例"玩转多米诺"骨牌:项目刚推进不久,由于媛媛家中没有木牌,于是她试了各种材料,突然她发现纸牌折一折可以站起来,于是开始使用纸牌搭建。

刚开始,媛媛把纸牌沿宽边对折了一下,一张张紧紧地靠在一起,在摆第5张牌时,袖子碰到了第4张纸牌,纸牌晃动了一下就往起点方向倾倒了,媛媛又试了3次,还是没有成功。于是,她转动了纸牌,尝试沿窄边对折,依次摆放到第10张牌时,衣袖又碰到了纸牌,但是纸牌前后晃动了一下,并没有倒,媛媛把接下来的纸牌间距放宽了一些,就这样使用了16张纸牌,她搭建了一个简单的数字"3",推到纸牌后,造型成功倒塌了!

成功之后,媛媛开始增加纸牌的数量搭建螺纹形态,纸牌在搭建的时候,媛媛碰倒了好几次,纸牌倒塌了媛媛就重新搭建,这样反复了十几次,好不容易把螺纹搭出来了。接下来,媛媛开始挑战高难度,使用了直线、分叉、螺纹组成的花形,并用小车推动第一张纸牌,纸牌一张接着一张倒塌了。

教师对幼儿起初的操作使用了细节性描述,清晰完整地呈现了幼儿的行为表现,之后几次的描述采用了概括性描述。细节性描述和概括性描述结合的方法将幼儿从会到不会,从不成功到成功的过程清晰地呈现了出来,也为之后的分析评价提供了有效依据。

观察领域:领域六"美感与表现"
观察指标2.1:**具有艺术表现的兴趣**
行为描述:

前几天,我们看了发芽的柳树,请小朋友们说说柳树是什么样子的?北北:"是五颜六色的!"其他幼儿:"柳树是绿色的!"北北是一个比较特别的孩子,他总有许多奇思妙想。春光无限好,万物复苏,大地一片生机!春风吹绿了柳树,柳树姑娘翩翩起舞,在向人们传递春的讯息!小朋友们也走进了春天,用蜡笔描绘春天的柳树！我们今天用蜡笔来画出最好看的柳树吧！北北用咖啡色的蜡笔画出细细长长的枝条，但是用了不同颜色的蜡笔画叶子，画出了五彩的柳叶。他的作品是那么与众不同，我问北北："柳树的叶子是什么颜色的？""绿色的。""那你怎么画成了彩色的？""我喜欢彩色的叶子，春天就是彩色的。""嗯，你画的彩色的柳树也很漂亮，跟其他小朋友的都不一样呢！而且看了你的柳树让我感受到了五彩缤纷的春天。"

这是教师对幼儿绘画活动时的行为捕捉与描述，通过这段行为描述教师要对幼儿领域六"美感与表现"中的"2.1：具有艺术表现的兴趣"进行分析与评价。首先，"他的作品是那么与众不同"，"北北是一个比较特别的孩子，他总有许多奇思妙想"这些描述都带有教师个人感情色彩，是教师通过经验对幼儿作出的判断，无法体现行为捕捉与描述的有效性和典型性。其次，"春光无限好，万物复苏，大地一片生机！春风吹绿了柳树，柳树姑娘翩翩起舞，在向人们传递春的讯息！小朋友们也走进了春天，用蜡笔描绘春天的柳树！"虽然这一段描写非常唯美，但是是无关的背景描述，无法对幼儿的评价提供佐证。最后，这段行为描述的后半部分大都是幼儿和教师之间的对话，对此可以采用概括性描述，以北北的语言为主，将对话精简，让描述更为清晰。

根据以上修改意见教师对该段行为描述进行了修改：

观察领域：领域六"美感与表现"
观察指标2.1：具有艺术表现的兴趣
行为描述：

前几天我们看了发芽的柳树，我请小朋友们说说自己观察到的柳树是什么样子的。北北说柳树是五颜六色的，其他小朋友都说柳树是绿色的。今天我们的活动是用蜡笔描绘春天的柳树！北北先用咖啡色的蜡笔画出细细长长的枝条，但在画叶子时，北北用了不同颜色的蜡笔，画出了五彩的柳叶。北北说他喜欢彩色的叶子，春天就是彩色的。

《幼儿园教育指导纲要（试行）》明确指出：观察必须是在日常生活与教育教

学过程中采用自然的方法进行,平时观察所获得的具有典型意义的幼儿行为表现,是评价的重要依据。对幼儿发展行为进行捕捉与描述缺乏是在观察中获取有效行为表现的重要环节,是对幼儿发展行为进行分析评价的有效依据。教师应掌握对幼儿发展行为进行捕捉与描述的有效策略,不断完善评价的过程,争做高质量的评价,用专业支持每一个幼儿的个性化成长。

基于活动的儿童发展行为观察与分析

上海市浦东新区绣川幼儿园　刘慧娟

《评价指南》明确指出,儿童发展评价对于教师和儿童都起着重要的作用。儿童发展行为的观察记录与分析是儿童教师必须具备的专业能力。通过观察记录与分析儿童在活动中的行为,能有效捕捉儿童的兴趣所在,发现儿童特有的学习方式,体验儿童的创新与表达,促进儿童的进一步发展。基于活动的儿童发展行为观察与分析,指教师在有目的、有计划设计的活动中对儿童的表现行为进行观察,并依据《评价指南》进行分析,从而促进儿童在原有水平上获得切实的发展。

一、基于活动的儿童行为发展行为观察与分析的意义

（一）基于活动的观察与分析,关注儿童个性化的探索和表达

有目的、有计划的活动能引导儿童进行学习探索,在不同活动中儿童会根据自己的兴趣点,展现出不同的学习方式与认知风格,从而进行有个性的学习与探索、表达与表现。教师通过观察与分析,有效地了解儿童在不同活动中的各种行为,而后依据《评价指南》解读这些行为,评价行为产生的原因,寻找适宜的策略和方针。

（二）基于活动的观察与分析,提高教师观察分析的有效性

观察是教师走进儿童心灵的一种手段,同时它也是教师专业素养的表现,能帮助教师有效且迅速地解读儿童行为背后的原因。对于儿童来说,他们各方面的能力不会通过某一种活动全面地体现,而是会通过集体活动、小组活动、个别化学习、区域活动等多种活动方式呈现,这就更加考验教师的专业能

力。基于活动的儿童行为观察与分析的目的,就是指导教师运用专业的知识解读儿童行为背后的原因,这里的"活动"指的不是某一个活动,而是儿童在不同的活动中表现出来的多种行为。教师应该辩证地看待这些行为,用理性的眼光发现儿童行为背后的闪光点,提高观察分析的有效性,促进儿童健康快乐地成长。

二、基于活动的儿童发展行为观察与分析的策略

(一) 巧妙运用《评价指南》设计活动

《评价指南》中的"指引"包括了健康与体能、习惯与自理、自我和社会性、语言与交流、探究与认知、表达与表现6大领域、14个子领域的观察内容和不同阶段的行为表现。

教师在设计活动时,根据儿童的年龄、发展水平、兴趣爱好,结合《评价指南》中不同儿童的发展行为表现,可以设计不同层次的活动,满足不同儿童的需求。同时,为了激发儿童的学习兴趣,教师还可以设计多种形式的活动,让儿童感受到学习的乐趣和新鲜感,激发他们的学习兴趣和积极性。如小班平衡游戏活动中,教师依据《评价指南》将活动目标定为:能在地面的直线或在较低较窄的物体上行走一定的距离,愿意与同伴共同游戏。在活动过程中,教师需要对照《评价指南》中的观察要点和发展提示进行分析,从而更加科学准确地评价与分析儿童的行为。同时,教师需要依据《评价指南》中的指标提出符合幼儿年龄特点的活动设计,以此促进儿童更加全面的发展。

> 户外运动时,孩子们用几块塑料板搭建了一座小桥。大家排着队在小桥上小心翼翼地往前走,有的孩子伸出手臂保持平衡,有的孩子摇摇晃晃地走过桥。彤彤看见了也来尝试走小桥。她试图和小伙伴一样在小桥上行走,可是没走两步就开始左右晃动起来。好不容易保持住平衡,她继续走了一段距离后,身体又晃动起来,脚一下子就踩到了地上。最后彤彤就沿着小桥的线路在地面上走了起来。

案例中,彤彤面对有一定高度且较窄的小桥,多次行走失败,最后采用地面

直线行进的方式完成,其运动行为比较符合"动作发展"子领域中的"具有一定的平衡能力、动作协调灵敏"表现行为 1 中的"2.2.1 能在地面的直线上或在较低较窄的物体上行走一定的距离"。针对彤彤的发展行为,教师适当调整活动,支持彤彤的发展:创设有趣且难度逐层递进的运动情境,激发彤彤运动的兴趣,让她也能感受到运动带来的成功感,增强自信心,同时在丰富的运动情境中练习平衡能力。

(二) 灵活运用观察记录儿童的活动

1. 厘清观察的内容

对照《评价指南》中的观察要点能够帮助教师有效解读儿童行为背后的意义,观察记录也能真实、清楚地再现儿童的行为。首先,教师可以关注儿童在游戏中与材料的互动,即材料的投放是否恰当;其次,教师需要有效关注儿童的兴趣点是否在游戏中;然后,教师可以根据儿童的兴趣、与材料的互动情况,观察儿童的生活经验是否丰富,即游戏情节是否贴近生活;最后,教师需要着重关注的是儿童在游戏中遇到的困难和矛盾是什么,即儿童是否自己尝试解决矛盾或用什么样的方式解决矛盾。当教师厘清在儿童游戏中应该观察的内容后,不管运用怎样的观察手法,都能够将儿童在活动中的行为很好地记录下来,也更加有利于后期的分析与评价。

2. 注重观察的方式

观察的方式有很多种,教师平时运用最多的是扫描观察,即在相同的时间里对每个儿童进行扫描观察,一般在游戏开始前和游戏结束时;其次是定点观察,即教师是固定在活动中的某一个区域进行观察,看到什么就记录什么,只要在此区域中活动的儿童都可以作为观察的对象,这样的观察方式比较适用于儿童在区域内活动的情况,能够非常清楚地了解儿童在区域中与材料的互动、与同伴的交往等情况;还有一种运用比较多的观察方式是追踪观察,即在学期初先确定几名儿童作为观察的对象,观察他们在游戏中活动的情况,也可以称为定人观察。以上三种方式,是教师在实际观察中运用比较广泛的观察方式,操作性也比较强。

（三）有效分析儿童行为产生的原因

沉浸式地观察儿童在游戏中的行为，能够使教师在重复观察中较全面地分析行为背后的原因，更加清晰地了解儿童运用怎样的手段有效解决所面临的困难和冲突。当教师掌握儿童活动中的观察要点，有效记录和分析儿童的游戏行为，就能够真正读懂儿童。

个别化学习时间，曦曦来到建构区，要用纸盒堆高。他找来了班级里大大小小的各种纸盒。只见曦曦先拿了一个大纸盒放在最下面，然后用牙膏盒向上叠加，在牙膏盒上又放了一个更大的饼干盒。当他叠到第4个时，所有的纸盒倒塌了。他再一次用更快的速度叠高纸盒，在叠到第5个的时候，纸盒又一次倒塌了。看着倒塌的纸盒，曦曦跑来找老师："老师你快帮帮我呀，这些纸盒总是倒。"我并没有马上给予帮助，而是问他："你有没有想过，为什么纸盒会倒？为什么埃菲尔铁塔那么高却不会倒？"曦曦看着墙上埃菲尔铁塔的照片，思考了一会儿："哦，我知道啦！"

他先按照大小把纸盒大致地分类，再慢慢地按照从大到小的顺序叠放纸盒，每叠高一只纸盒，他就轻轻地把手松开，看看会不会倒下。如果纸盒晃动了，就用双手捧着下面的纸盒，把它拍整齐。

过一会儿纸盒很高了，有些放不上去了，他请我帮忙："老师，可以帮我放一下吗？"我说："如果让你自己放，你有什么好办法吗？""可是我不够高呀！"曦曦说道。我继续问："那有什么办法让你变高一点呢？"曦曦抓抓头，想到了办法："我有办法了。"他搬来了一个小椅子，站在椅子上轻轻地将盒子放了上去。慢慢地，纸盒叠得越来越高了，超过了曦曦的头，曦曦笑着对我说："老师快看，我成功啦，我搭的纸盒这么高。"我及时表扬他："哇，通过你的努力，不用老师的帮助，也能搭出比你还高的纸盒楼房呢！"

曦曦能通过观察发现问题、解决问题。当纸盒总是倒塌时，他第一时间寻求老师的帮助，在老师的鼓励下，他尝试思考大小不同的物体为什么有时候可以叠得很高，有时候却很容易倒。在老师的引导下，他想到把大的纸盒放在最下面，按照由大到小的顺序去搭建这些纸盒，将数学知识运用到游戏中去。对于老师的提问,他也愿意积极动脑筋思考,体现了"探究与认知"领域的子领域"科学探究"表现行为3中的"1.2.1能观察比较事物,发现其异同","1.2.2能根据观察提出疑问,并运用已有经验大胆猜测"。

三、基于活动的儿童发展行为观察与分析的建议

(一)确保观察的客观性

在观察儿童行为时,教师需要遵循客观性原则,避免主观臆断和偏见。为了确保观察的准确性,教师需要详细记录儿童的具体行为,包括动作、语言、表情等,并避免对行为进行解释或评价。同时,教师可以使用标准化的观察工具,如观察量表、行为编码等,来更准确、客观地记录和评估儿童的行为,从而获得真实、有价值的信息,更好地指导他们的学习和发展。

(二)适当调整活动材料

儿童通过在活动中与环境互动和自主操作材料,积累并构建自己的知识和理解。因此,为儿童提供符合他们操作兴趣的活动材料可以激发他们的好奇心和主动探索的意愿。在操作过程中,教师定期观察儿童在活动中的学习和发展情况,通过观察幼儿的参与度、兴趣表现、解决问题的能力和学习成果,可以了解他们对材料的适应程度和学习效果,及时调整材料,以提供更符合幼儿学习需求的学习环境。教师观察幼儿对某些材料的兴趣和参与程度,可以根据需要增加或减少相应材料的数量;可以根据幼儿的兴趣和学习需求,引入新的材料来拓展他们的学习体验;还可以根据幼儿的发展水平和能力,调整材料的难度。对于一些较为简单的材料,可以逐渐引入更具挑战性的版本,以促进幼儿的进一步学习和发展。

(三)注意师幼互动发起的时机

教师在进行观察时,不单需要牢记观察的内容和方式方法,更重要的是关注儿童在活动中的行为,有些时候,教师可以通过及时的互动了解行为背后的原因,这样在评价时就能够前后联系,也能够及时帮助儿童成长,可谓是一举两得。但是,教师也需要注意与儿童互动的时机,避免无效互动。

例如,中班儿童在户外游戏中尝试"踩高跷"的体育游戏。由于是第一次尝试"踩高跷",很多儿童并未掌握"踩高跷"的要领,在旁边练习。杨杨引起了教师的关注,只见他拿着高跷垂头丧气地坐在一旁,嘴里嘟囔着:"为什么我总是摔跤。"这时,教师需要与杨杨沟通,了解具体情况,还可以通过协同帮助的方式与杨杨互动,鼓励杨杨积极参与到踩高跷的游戏中,让杨杨能够有足够的自信心。因此,当儿童遇到困难时,师幼互动就显得尤为重要。

总之,基于活动的儿童发展行为观察与分析,有助于教师深入了解幼儿发展,进一步调整教学方法和策略,更好地满足幼儿需求,促进儿童的发展。

基于儿童日常生活的行为发展观察分析

上海市浦东新区高科幼儿园　金晓燕

对于儿童行为的观察通常可以分为两个层面：一是基于教学活动的观察，二是基于日常生活的观察。

基于日常生活的行为观察指在儿童日常的行为中，而不是在有计划开展的集体教学活动或目的较为明确的个别化学习活动中进行观察。教师应运用一定的方法，有意识地捕捉、识别儿童的行为，开展观察，并进一步进行分析与解读。

一、基于日常生活的行为发展观察的特征及意义

(一) 特征

不同类型的观察都有自己的典型性及特征，基于日常生活的行为发展观察主要有以下特征：

1. 随机性

观察行为的发生及观察开展具有随机性，即所要观察的行为发生的时间、地点随机性较强，不是教师提前预设的。比如，不经意间看到的幼儿日常生活中的行为，这些行为可能发生在幼儿在园期间的不同时间段和场合。

2. 灵活性

灵活性包括观察方法的灵活、观察内容的灵活、观察对象的灵活，即在开展儿童发展行为观察时，可以灵活运用适宜的观察方法，不受限制。除了教学活动以外的幼儿在园发生的行为都可以作为观察的内容。同时，教师既可以观察全班幼儿，也可以观察一名或几名幼儿，视观察内容而定。

3. 全面性

对日常生活的行为观察能够全面地观察到幼儿在健康与体能、习惯与自理、

自我与社会性、语言与交流、探究与认知、美感与表现等 6 大领域、14 个子领域的全部内容,是对教学活动中无法观察到的内容的呈现和补充。

4. 自然性

儿童日常生活的行为观察发生的状态具有一定的自然性。因为在完全自然的状态中,儿童能展现最常态的、最自我的状态,没有集体教学活动中情境的设定,儿童的表现行为更为真实,所以我们可以真实地了解儿童的兴趣、想法、特点和实际能力。

(二) 意义

开展基于儿童日常生活的行为发展观察分析,能够让教师了解儿童,全面、及时、准确地获得与幼儿学习与发展的相关信息,发现儿童的个体差异,同时能够弥补教学活动中无法观察到的相关内容,从而全面、细致地反映儿童的行为发展情况,为教师了解儿童、理解儿童、评价儿童、支持儿童发展提供有利的依据。

二、基于日常生活的行为观察分析实施过程

教师在开展基于儿童日常生活的行为观察分析时,应当遵循一定的实施过程及操作步骤,主要有以下几点:

(一) 开展有效观察

观察是分析和评价的前提条件,蒙台梭利曾说,每位教师都要将自己的眼睛训练得如同鹰眼般敏锐,能观察到儿童最细微的动作,能探知到儿童最殷切的需要。观察的重要性可见一斑。教师需要具有一定的敏锐性,随时随地发现有价值的信息,运用相应的观察方法,如自然观察叙事法、时间及事件取样法、检查清单法、追踪观察法、综合观察法等,及时、客观、全面地记录观察内容。

(二) 捕捉典型行为

观察后,教师需要确定幼儿行为是属于哪个发展领域及其对应的指标,进而有目地捕捉幼儿在该领域的典型行为。在已经发生、正在发生以及即将要发

生的日常行为中进行筛选,重点捕捉与该评价指标相关联的幼儿表现行为。如幼儿在游戏活动中出现了自我与社会性领域的某一个表现行为,教师需要在生活活动、运动活动等一日生活的各个环节中进行捕捉,且这些捕捉到的表现行为都需要指向幼儿自我与社会性领域的表现。

（三）开展分析评价

教师在观察了儿童的日常行为之后,需要结合《评价指南》中的"指引"进行分析和评价。《评价指南》是教师在开展评价时的重要工具,教师在运用《评价指南》的基础上结合评价指标进行一定的价值判断,具体了解儿童的典型表现,并明确该典型表现指向的"指引"中的具体领域、评价指标、表现行为、表现水平等。识别幼儿行为中的一些关键信息,结合《评价指南》中不同表现水平的描述,进行客观、综合性的分析,判断识别被观察的儿童在该领域的表现行为所达到的发展水平。教师的分析评论不能仅仅以主观认知为主,需要结合《评价指南》,将表现行为与表现水平进行对照说明,辅以相关的行为描述,从而得出儿童在兴趣、认知、习惯等方面的表现水平。

（四）提出行动对策

通过分析,教师会发现每一个儿童在不同领域的发展水平会有高低差异,同一年龄段、同一班级内,不同儿童在同一领域下的表现水平也有高低差异。因此,教师需要结合每位儿童的具体表现行为和发展水平,提出相应的支持策略。因人而异的支持策略才能满足儿童的个性化发展。

三、基于日常生活的行为观察实例

（一）实例一：爱上幼儿园

1. 观察记录

开学第一天,小班幼儿哭闹声不断,不管是在来园时段的幼儿园门口、早晨的教室,还是中午的午睡房里,总有此起彼伏的幼儿哭闹声。小(1)班有24名幼儿,开学第一天只有3名幼儿没有哭闹,其他的幼儿在各个环节都有哭闹情况,刚开学的一周都是如此。老师连续记录下孩子们一个月的实际情况。幼儿哭闹时表现不同：小贝需要寻找安抚物,拿着她的小黄鸭就会停止哭闹；分分需要一个人坐着,看一看妈妈的照片可以稍微平静一些；林林需要成人的安抚,让保育员阿姨抱抱或者贴着老师坐可以减少哭闹。

2. 典型行为捕捉

教师又对这几名儿童在该表现行为指向的日常生活中进行观察,发现分分不喜欢群体性的活动,不哭的时候她喜欢远离人群,当她在娃娃家里看妈妈照片的时候,如果有多名儿童在娃娃家摆弄玩具,她会拿着妈妈的照片换一个没有人的区域坐着,独自搭积木的时候她也能停止哭泣。小贝经常会缺乏安全感,每天都带着小黄鸭一起来上学,如果小黄鸭在身边,情绪就能慢慢平复,如果小黄鸭不见了,就又开始着急,她需要家人、安抚物的陪伴。林林虽然哭得较多,没有爱上幼儿园,但是他愿意和他人一起,包括老师、保育员阿姨和其他小伙伴,与大家一起摆弄玩具可以缓解他的哭闹。这3名儿童在如厕、进餐、午睡等方面也表现得较为困难。

3. 分析评价

通过两周入园适应期的观察,我们发现在整个过程中,小贝、林林、分分3名幼儿表现出明显的入园不适应状态。在小班入园初这段时期内幼儿处于分离焦虑期,对应的表现行为是"自我与社会性"领域下的子领域："社会适应"的表现行为1"喜欢并适应群体生活"。分分、小贝等勉强达到表现行为1中的"3.1.1在帮助下,能适应集体生活环境"。未能达到表现行为1中的"3.1.2喜欢参加群体活动,爱上幼儿园"。就表现行为而言,他们在"喜欢并适应群体生活"这一指标中呈现出的水平较低。经过两周的观察发现3名儿童各有差异,如分分在两周后基本能够达到表现行为1中3.1.1,在参加群体活动及爱上幼儿园方面低于表现行为1。小贝的哭闹行为也开始减少,情绪逐渐稳定,能和同伴一起摆弄玩具,愿意和成人进行交流,她在表现行为1中3.1.1及3.1.2都能达成。林林在这个指标中都能达到表现行为1的水平。

从对上述3名幼儿的观察中发现,儿童的群体生活适应与他们是否爱上幼儿园是紧密关联的。这3名幼儿在入园前都没有早教或者托班的经验,因此对群体生活较为陌生,社会性发展受到一定的限制,发展相对班级里其他儿童滞后。从他们焦虑、喜欢哭闹、乐意独处、对物品依恋、语言输出较少等方面,也能够看到他们在适应群体生活方面处于较低水平。

4. 支持策略

结合上述3名幼儿的发展水平及相应的分析,他们需要在入园后尽快与班级老师、保育员、同伴建立紧密联系,消除陌生感;教师可以借助游戏材料互动、故事情境融合等途径创设园内社会交往小环境,帮助幼儿尽快完成入园适应;通过家园沟通、育儿指导等方式帮助家长获得为儿童提供社会性发展的理念及方式,从而消除幼儿的焦虑情绪。

(二)实例二:从静静的女孩到话痨妹妹

1. 观察记录

小班入园初期的悦悦:早上来园时,悦悦对马老师笑笑后,就自己去摆弄娃娃家的玩具了,持续时间有七八分钟,其间没有和旁边的子天和蔚明说话;马老师继续在门口迎接来园的幼儿,并安抚哭闹的幼儿,黄老师正坐在大毯子上给几名幼儿讲述绘本,悦悦也坐下听了一会儿。

中班时期的悦悦:每天都主动和老师同学问好;运动的时候,省宇说"我们一起骑玩吧",悦悦会说"那我们玩双人自行车";雨辰请她一起去浇水,她会说"好的好的";上课的时候,她从不举手,只是跟着老师一起看、一起听。

进入大班的悦悦:教室里总能听到她悦耳的声音,"阿姨,今天的糖醋小排真好吃,我会把午餐吃得干干净净""老师,北京天安门我和爸爸妈妈都去看过,还看到了升国旗""宥黎,你知道吗,我爸爸去出差的地方就是你的家乡——高雄"。

2. 典型行为捕捉

教师在悦悦语言与交流发展的不同时期,结合《评价指南》进行了追踪式的观察,并捕捉和记录悦悦在该子领域下的典型行为。中班时老师发现,在游戏结束整理玩具时,悦悦经常会用到的词语是"做饭的""表演的",她会一边整理、一边用词语告诉同伴每一样玩具的玩法,并示意同伴按照类别收纳。到了大班,老师又观察到在午睡前脱衣服时,琼琼的毛衣有点紧怎么都脱不下来,悦悦会主动走过去问:"琼琼,是不是因为衣服太紧了,所以脱不下来呀?我来帮你拉袖子吧。"她会使用表示因果关系的词语来进行讲述。

3. 分析评价

对应"语言与交流"领域的子领域1"理解与表达"中的表现行为1"愿意用语言进行交流并能清楚地表达",小班时候的悦悦在马老师与她打招呼时,只是微笑回应,不能大方地打招呼;不愿意用语言表达需求和想法,乐意参与各类活动,但不说话,如摆弄娃娃家玩具,听老师讲故事等。综合她的日常表现,她没有达到表现行为1。中班时期的悦悦,能够在日常生活中有一定的语言交流,从输出的主动性来看大多为被动输出,而非主动输出;从表达与交流的内容上看多为单词、词组和短句,课堂教学时用完整连贯的语言进行表达对她来说是有困难的。她的行为介于表现行为1和表现行为3之间。大班时候的悦悦,表达水平有了很大的提升,午餐时和保育员阿姨的对话是由悦悦主动发起的;在讲到天安门时,她能结合暑假出游的经历进行描述;在和同伴聊天时,她能主动发起对话并结合自己的经验。这时她达到了表现行为5中的"1.2.1乐于参与讨论问题,能在众人面前表达自己的想法"以及表现行为5中的"1.2.3能使用连贯、清楚的语言讲述自己的经历和见闻"。

4. 支持策略

语言表达贯穿幼儿日常生活的每一个环节中,任何时间及任何场景都可以对幼儿的"语言与交流"进行观察。在这个过程中,教师以同伴的身份参与到幼儿的各类活动中,并用小纸片记录、视频记录等方式,实时记录幼儿的表现行为。同时,教师也以同伴的身份参与幼儿游戏和谈话,如在户外游戏故事乐园中,悦悦、省宇、妙涵等坐在一起讨论要表演的节目。此次讨论由几名幼儿同时发起,是对即将进行的游戏内容的设计,包括表演内容、先后顺序、表演材料、表演分工等。在共同讨论中,教师也提出了讨论话题:选择这几个节目的理由是什么?这样分工表演的好处是什么?教师通过提出疑问、制造话题、聚焦矛盾、参与讨论等方式推动谈话活动的深入,并在幼儿讨论的过程中对观察对象悦悦的语言表达与交流进行细致观察和记录。

四、基于日常生活的行为观察分析的操作要点

(一) 关注不同生活中的幼儿行为

日常生活中的行为发展涵盖了幼儿在园期间的大部分的时间及大部分内

容,因此教师需要关注幼儿一日生活的全过程。幼儿的发展不只是在课堂上,一日生活中的每一个机会、每一个时刻对幼儿来说都是具有发展价值的,教师应切实关注幼儿的晨检来园、户外活动、进餐关系、社会交往、阅读、表演等各个环节,从而拓展观察分析评价的视角,更加真实全面地反映幼儿的发展。

(二)教师要具有主动观察的意识

基于儿童日常生活的行为发展观察分析应当有目的地进行,尤其是在捕捉典型行为时更要有针对性;针对某一条评价指标的表现行为,教师可以在日常生活中的不同时间段、不同环节去捕捉。幼儿在某一领域的表现行为水平,可以从幼儿日常生活的各个环节中体现出来,这就要求教师要有主动观察的意识,能够及时观察记录、进行行为捕捉,并通过分析评价,更好地解读幼儿、了解幼儿个体差异,为提供个性化的支持策略等提供判断依据。

儿童发展行为的观察方法

上海市浦东新区园西幼儿园　祝志英

儿童发展行为观察是专门针对学龄前幼儿进行的科学观察。它通过感官或仪器,有目的、有计划地对自然状态下发生的学龄前儿童行为及现象进行观察、记录、分析,获取事实资料,根据他们的个性、需要、兴趣等,调整教育行为和策略。

《幼儿园教育指导纲要》指出:善于发现幼儿感兴趣的事物、游戏和偶发事件中隐含的教育价值,把握时机,积极引导;敏感地察觉他们的需要,及时以适当的方式应答。通过观察了解幼儿的兴趣和水平,认识儿童之间的差异,尊重儿童个性发展,创造适宜幼儿发展的环境来帮助他们健康成长,吸引幼儿积极参与活动,满足不同儿童的需要,促进幼儿身心发展。

学前儿童行为观察是一个幼儿教师参与研究的过程,也是专业发展的最重要且最有效的途径之一。儿童行为观察是教师教育教学反思的基础,是理论与实际相联系的桥梁,在观察的基础上研究和分析教育心得在教师的专业发展中有重要的意义。

一、存在的问题

在进行幼儿行为观察与记录的过程中,选择合适的方法是观察顺利进行的关键,也是对观察者观察记录能力的核心挑战。掌握科学的观察方法是教师进行幼儿行为观察、分析的基础。观察方法不科学,很可能会错误解读幼儿行为动作的意义,甚至对教学活动产生不良影响。

然而,一些幼儿教师虽然对观察方法有基本的认知,也能有意识地选择和运用,但缺乏正确运用观察方法的能力,极大影响了观察的时效性。例如,教师对幼儿的活动只是单纯的观看，没有根据幼儿的数量和具体观察事件的实际选择合适的观察方法，也没有记录，导致观察内容是零散的、不系统的。有些教师甚至不对观察内容进行及时整理，导致之后描述事件的时候易撇开观察记录，加入主观想法，不能正确认识幼儿的行为。

还有一些研究发现，有的教师对儿童发展行为观察方法的运用较随意，观察方法与观察目标不匹配，教师在观察中会十分详细地记录幼儿的发展性行为，但是与观察目标不符，从而不能有效评价幼儿的目标行为。还有的教师了解多种观察方法，并有根据观察目的选择观察方法的意识和观念，但在具体活动场景中，根据观察需要运用科学、适宜的观察方法的适切性不足。

二、观察方法的类型

观察方法多种多样，但只有选择合适的方法才能使观察有效、科学。在平时的教育教学活动中，我们经常使用的观察方法有过程式观察、细节式观察、比较式观察和追踪式观察。

（一）过程式观察

过程式观察是指教师完整、详细记录观察幼儿从活动开始到活动结束整个过程中自然状态下发生的幼儿行为、语言、情绪、学习表现和社交技能等。过程式观察是一种低结构的观察记录法，是在自然情景中针对观察主题或感兴趣的事件，按照事情发生的顺序将幼儿的行为以描述的方式详细记录下来的观察方法。

过程式观察的观察对象范围较广，既可以从感兴趣的偶发事件或者有重要意义的事件中选取个别幼儿，也可以在活动中对幼儿互动团体进行观察。过程式观察可不受环境或条件的影响，比较灵活。

在进行过程式观察时教师要注意观察的客观性，避免主观偏见对观察结果的影响。要注意观察的全面性，即观察过程中需要全面记录幼儿的行为，包括语言、动作、表情等。教师可以通过摄像机辅助记录，把幼儿的动作、语言、行为，以及幼儿所处的环境等拍摄下来，反复观看。最后还要注意观察需要持续一段时间，以便全面了解幼儿的行为特点和发展趋势。

曦曦来到科探区选择了多米诺骨牌。他先将多米诺骨牌沿着桌子边摆出了一条直线。当一条桌边摆满后,他继续沿着与第一条边呈90°方向的另外一条边摆,从而形成了一条拐弯的线。接着,曦曦推动了第一条直线的起始骨牌,骨牌一个接一个地倒下,可当到达拐弯处时,骨牌却突然停止了。曦曦蹲下来看了看,推了推拐弯处第二条直线的骨牌,这些骨牌也顺利地倒下了。这次他只是看了看我,并没有来寻求帮助。

接着,曦曦又摆出了两条相同的直线骨牌,他推倒第一条直线,发现第二条直线还是没有倒。他又蹲下来看了看,立起最后倒下的那块多米诺骨牌前后左右移动,突然这块多米诺骨牌倒下了,并带倒了第二条直线的骨牌。"哦,我知道了。"他笑着说。曦曦第三次摆出两条相同的直线骨牌,不过这次他将第一条最后的骨牌和第二条的第一块骨牌稍稍旋转了一点。终于,在曦曦推动第一条直线的起始骨牌时,所有的骨牌一个接一个都倒下了。

曦曦成功之后跑来告诉我:"老师,我尝试了好多次终于知道怎么摆放转弯的多米诺骨牌了。"感受到他成功的喜悦,我也鼓励他:"哇,看来你是一个不怕困难的小勇士,那你愿意把成功的秘诀记录下来,跟小朋友们分享吗?""好的,我现在就去画下来。"说完,他就用纸和笔记录了自己成功的秘诀,并在活动分享环节和其他小朋友分享自己成功的经验。

在这个案例中,第一次曦曦搭了两条呈现直角关系的直线骨牌,第一块骨牌倒下,剩下的骨牌也依次倒下,但是到第一条直线骨牌的最后一块就结束了,并未影响到第二条直线骨牌上的起始骨牌。后来曦曦推了一下第二条直线骨牌才成功倒下。第二次曦曦还是按照第一次的方法摆了两条直线骨牌,但是又一次失败后,曦曦前后调整了第一条直线骨牌最后的那块骨牌,在调整的过程中曦曦发现最后一块骨牌可以影响第二条直线骨牌的位置。第三次,曦曦根据第二次的发现调整骨牌的位置,在推倒第一块骨牌后,骨牌成功全部倒下。

在整个过程中,教师结合观察指标"用一定的方法探究周围感兴趣的事物和现象"与"在探究中认识事物与现象",以非参与观察的方式对幼儿整个探究过程进行观察,观察中教师发现了幼儿的兴趣点和行为发展特点,曦曦反复尝试不同的方法,并在操作中不断探索,最终将连接处的骨牌角度从原先的90度进行微调,直到找到一个能够让后续骨牌顺利倒下的角度。在这个过程中,教师了解了幼儿在活动中的已有水平,它帮助教师在后续活动中进一步促进幼儿的自主意识和探究能力的发展,增强幼儿探究活动的学习动机和兴趣。

(二)细节式观察

细节式观察指教师重点观察幼儿活动中的某个片段或独特的事件,可以用符号或叙述性的语言记录下来,这是对幼儿动作、神态和语言的捕捉,也是对过程性观察中具体环节的补充与特写。细节式观察针对特定的事件或行为进行观察,能够提供行为事件发生的完整情境,为评价幼儿提供客观的根据。

有明确要求与目标的细节式观察,有利于教师更科学、更合理地对幼儿行为进行观察记录,然后做出真实的分析总结。教师要明确细节观察的内容,保证观察的真实性与客观性。为了确保记录的内容有价值,教师需要在观察前做好准备,做到目标明确,保证每一个幼儿、每一个有价值的内容都能够被记录。

> 悠悠向朋友喊道:"花店马上要开张了,我们要做多一点的菊花。"说完,她转身就去寻找需要的材料,她找来了一个黄色的纸杯和一把剪刀。她先用剪刀将纸杯一条一条地剪开,接着用小手按了几下,发现"花瓣"没有什么变化。于是,她又找来一支记号笔将剪开的纸条卷起来,但她尝试了几次都失败了。最后,她向旁边的圆圆寻求帮助。只见圆圆用小手帮她按住纸杯,悠悠用记号笔一条条地卷,一朵漂亮的菊花完成了!悠悠拿起菊花向大家展示:"快看,我们的菊花!"坐在另一边的天天听见了,也拿起他的"菊花":"老师,我的花瓣是直直的,是不是也很漂亮,我觉得它像烟花。"

案例中的教师运用细节式观察法来观察幼儿在活动中的行为表现,悠悠先是寻找纸杯和剪刀,用剪刀将纸杯一条一条地剪开,剪完用小手按了一下,发现没变化,用记号笔卷,却发现记号笔总是掉下来。悠悠让圆圆按住纸杯,自己用记号笔一条一条地卷,最终漂亮的菊花完成了。悠悠向老师展示自己的菊花,而天天在展示菊花的时候觉得它像烟花一样漂亮。细节式观察通过幼儿一系列的动作和语言表现证明他们具备基本的动手操作能力。悠悠在制作过程中会寻求同伴的帮助,并利用工具将花瓣卷起来,初步体现了"表现与创造"子领域中"具有艺术表现的兴趣"表现行为 5 中的"乐于运用多种工具、材料或不同的表现手法来表达观察到的事物和自己的感受与想象"和"艺术活动中能独立表现,也能与同伴合作表现"。

(三) 比较式观察

比较式观察是教师在不同的情境下观察同一名幼儿或在相同情境下观察不同幼儿的方法。在活动中,幼儿各方面能力与素养都会通过行为表现出来,教师在对幼儿进行细致观察时,可对幼儿的真实发展水平进行横向与纵向的对比。

横向对比,指对同一生长阶段内不同幼儿之间的差异进行对比,教师可以选取固定的场景对不同的幼儿进行观察,以此来比较分析不同幼儿的行为能力。纵向对比指对同一幼儿不同时期的表现进行对比,通过对幼儿不同时期行为表现的观察对幼儿进行评价。

教师在运用比较观察法时可以以《评价指南》为观察评价的依据,制定符合幼儿年龄特点的观察目标,根据"指引"进行客观观察、合理评价,优化和调整教师的教育策略。教师高效的观察能够敏锐地捕捉到幼儿在各个方面的变化与发展,有利于了解幼儿的行为发展水平以及幼儿在行为发展上的不足之处。

又到了户外运动时间,孩子们来到 3 号场地,自主选择材料后,开始了今天的运动。

孩子们把几块塑料板拼在一起搭建了一座平衡桥。不一会儿小桥上便出现了好几个小朋友,大家排着队小心翼翼往前走,时而有孩子伸出手臂保持平衡,偶尔也会有孩子站不住摇晃一下后继续前进,大家就这样较平稳地走过了小桥。

就当这些孩子越走越稳当的时候,欣欣也朝小桥走了过来。她试图和小伙伴一样在小桥上行走,可是没走两步,身体就失衡了,开始左右晃动起来。好不容易恢复了平衡,继续往前走一段距离后,身体又出现了失重,脚一下就踩到了地上。最后欣欣干脆沿着小桥的线路在地面上走了起来。

此案例中教师能通过比较式观察发现孩子们能达到"具有一定的平衡能力，动作协调灵敏的表现"，但不同孩子之间的行为表现仍存在差异性。几个孩子能够通过多次练习、伸手保持身体平衡等方式顺利且平稳地走过小桥，符合"能在较低、较窄的物体上比较平稳地行走一定的距离"。而欣欣面对有一定高度且较窄的平衡桥，多次上桥行走失败后，采用地面直线行进的方式完成，其运动行为符合"能在地面的直线上或在较低较窄的物体上行走一定的距离"。横向比较观察使教师能发现个体差异，有序开展指导，促进幼儿向下一阶段发展。

（四）追踪式观察

追踪式观察法是教师对特定幼儿进行跟踪观察的方法，指对幼儿在一段时间内进行连续观察和记录，收集他们的行为、发展和学习信息。这种方法可以帮助教师了解幼儿的个体差异、特点和需求，从而更好地制订教育计划和提供个性化支持。这种方法适合分析特定幼儿的特点，多运用于个案。教师在运用追踪式观察法时可以根据幼儿的年龄、发展阶段和个体需求确定观察的方向，制订观察计划，确定观察时间、地点、方式和持续时间。

在进行追踪式观察时需要注重幼儿隐私，保持观察环境自然，客观记录观察、多角度观察以提供全面信息、长期追踪等事项。正确使用追踪式观察，教师可以更好地制订教育计划，提供个性化支持，促进幼儿的全面发展。

在《与"衣"同行 "衣"往无前——幼儿"习惯与自理"发展行为的个案研究》中，教师重点观察幼儿的生活习惯和能力，观察幼儿能否在成人的帮助下，穿脱衣服、鞋袜，并将衣服折叠，摆放整齐。教师使用追踪式观察法，以小班幼儿浩浩为研究对象，根据《评价指南》中的幼儿表现行为指标，在一日生活的午睡时间、角色游戏、个别化学习活动中，通过拍照、录像的方法实时记录观察浩浩穿衣情况。

第一次，浩浩还没自己动手尝试就表示自己不会穿，反映出浩浩过度依赖成人的情况。虽然在鼓励下，浩浩能够尝试自己动手穿衣服、穿裤子，但浩浩需要依赖成人较多的帮助才能完成。第二次在户外运动前，浩浩在成人的提醒下自己尝试解衣扣、脱外套，对于浩浩来说，由于手部肌肉发育较为迟缓，锻炼的机会不够，因此解扣子和脱外套是有一定难度的。第三次对于折衣裤、整理衣裤，浩浩已经有了一定的生活经验和意识,但是碰上里外颠倒等较复杂的情况,浩浩没有发现衣裤上的不同,尚未完全掌握整理的技巧和方法。第四次,面对衣服扣子没有扣好的娃娃,浩浩主动选择给娃娃扣扣子,说明浩浩有了一定的穿衣经验和意识,也对扣扣子的活动比较感兴趣。虽然浩浩还不会扣扣子,但遇到困难后在鼓励下能再次尝试。

在整个追踪式观察中,教师四次观察浩浩的行为表现,得知了浩浩在"习惯与自理"领域上的优势和劣势,并据此提出相关建议提升幼儿的穿衣技能,"衣"往无前,成为真正的穿衣小达人。

三、观察方法的运用

(一) 将访谈与观察相结合

教师在一日活动中可以观察到幼儿各个方面的行为表现,这些行为表现都可以成为教师了解幼儿的材料。但教师在判断与分析幼儿行为表现的时候难免会存在主观意识,所以教师可以将访谈作为观察的一种辅助方法。对幼儿或家长的访谈可以帮助教师深入了解幼儿的行为及行为背后的原因,从而可以更准确地分析解读幼儿,为幼儿提供适宜的支持。

(二) 灵活运用观察方法

教师首先要制订好观察计划,并根据观察目标、观察内容与观察对象选择适宜的观察方法。合适的观察方法有利于教师顺利地进行观察,收集丰富的目标幼儿的行为信息,也有利于教师对幼儿的行为进行更全面、客观的分析与解读。

每一种观察方法都有自己的优点与缺点,教师在观察儿童发展行为的时候也可以灵活运用多种方法,以获取幼儿最客观的行为表现。如教师在使用追踪式观察时可以结合细节式观察和比较式观察,追踪幼儿不同时期的某一特定行为,这帮助教师深入地、系统地分析儿童行为的发展,从而形成持续性的个案。

儿童发展行为观察既是了解儿童学习与发展的重要途径,也是评估儿童发展状况和教育效果的重要手段。在使用这些观察方法的时候,教师需要注意记录客观的观察事实,尽量避免主观评价,同时保证观察的连续性和全面性,深入了解儿童的个性特点和发展需求,更好地促进儿童的发展。

儿童发展行为观察分析的基本方法

上海市浦东新区川沙幼儿园 李 吉

一、儿童行为观察分析的目的和意义

儿童行为观察分析实际上是根据"指引",对观察信息的解读和分析,并把幼儿的行为表现同"指引"中的指标建立准确的联系,做出准确的判断,并从这些信息中得出相应的结论。观察和分析是密切相关的,观察是分析的前提。通过观察,教师能看到孩子在干什么、需要什么,遇到了什么问题。同时,我们要将捕捉到的幼儿信息带到理论框架中对标分析,找出幼儿行为背后的意义,从而客观评价幼儿的发展水平,并采取有针对性的支持策略,引导儿童向更好、更高的水平发展。儿童行为观察与分析是教师必备的能力,是读懂幼儿的重要法宝,也是教师专业成长的重要途径。唯有通过观察和分析,才能真正了解孩子在活动中的内在需要和个体差异,更有效地指导幼儿开展各项活动。

二、儿童行为观察分析中存在的问题

记录一段幼儿的表现、描述一下幼儿的行为过程并不难,难就难在如何分析幼儿行为表现出的发展水平、动机,以及行为的意义和规律。在课题实施和研究的过程中,我们发现老师在对幼儿行为分析时存在以下几个共同的问题:

(一)重主观经验、轻理论指导

下午的个别化学习活动,是围绕"我们的城市"主题,画一画家乡的建筑。要求提出后,孩子们就开始认真作画。只见瑶瑶握着笔迟迟没有动,她左右张望,显得有些焦虑,过了片刻,她才拿起蜡笔随意在纸上画了几笔,就停下了。当大家把作品陆续交上来的时候,瑶瑶却把她的那张画纸悄悄地扔到了垃圾桶里。

结合这一段描述,老师对瑶瑶的行为表现是这样分析的:瑶瑶这个孩子文静,有着许多她这个年龄不该有的特点,她的性格比较内向、胆怯,心理承受能力差,这可能与家长的过度娇惯有关。这个分析带有浓厚的主观色彩,没有结合专业的理论去分析孩子。实际上,这个孩子可能在气质上属于比较文静内向的类型,而气质本身是没有对错之分的。另外,她的表现可能与家长的教育方式有关,但是,这个结论需要在和家长进一步的沟通当中得出,在此基础之上,我们可以结合理论知识,更好地进行家园合作,来帮助幼儿培养勇敢、不怕困难的积极品质。

(二) 重表面分析、轻内在关联

有些老师在分析中仅以幼儿的某个行为或根据头脑中固有的概念对孩子下定论。小宇是这学期刚转来的新生,他无论是在建构区搭建积木的时候,还是在美工区绘画的时候,一遇到问题总会来问老师。老师对孩子的行为是这样分析的:这个孩子可能是刚到这个班级,班级中的各项活动和玩具对于他来说都很新鲜,他对这些玩具不熟悉,所以老师提出的支持策略,应该是在投放这个材料的时候提供相应的玩法。实际上,这个孩子刚来到新的班级,遇到问题就询问老师可能跟他期待老师的额外关注是有关系的,也有可能是因为他自主解决问题的能力还不够。所以在分析的时候,老师可以先了解幼儿询问老师的具体原因,是真的不熟悉材料,还是想跟老师有更多的互动,或是其他原因。不能单凭表面情况就做出分析。

(三) 重行为结果,轻发展过程

在对幼儿的观察分析中,大部分老师更关注幼儿的行为结果,往往忽略幼儿动态的发展表现。

小朋友淘淘在踢球的过程中,不跟其他小朋友合作,所以老师就让他去做守门员。淘淘做守门员,做得不错。于是,老师就根据"指引"中的表现行为,认为他符合了"自我与社会性"子领域2中的"表现行为5能想办法结伴共同游戏,活动中能与同伴分工、合作、协商,一起克服困难,解决矛盾"。但是我们可以看到,淘淘只是换了一个不太需要合作的任务,教师就据此直接分析出他能与同伴合作、协商等行为表现,认为他的合作行为达到了要求。但是他在活动当中出现的

"我不愿意合作"的问题,其实并没有通过分析、尝试得到解决。老师只是重视了幼儿行为结果,没有注意到幼儿发展过程中的问题。

（四）重共性特点、轻个性发展

虽然《评价指南》中的"指引"为我们分析幼儿提供了参考依据,但是因为遗传、环境、家庭教养方式等的不同,幼儿之间存在着发展差异。以大班为例,这是一次表演游戏中的观察,4名幼儿热火朝天地表演着《月亮船》的故事,孩子们为故事表演各自忙碌着,有的准备道具,有的商量故事情节,有的分配角色……在幼儿的行为描述中,老师主要分析了这4名幼儿在表演游戏中的"自我与社会性"子领域1中的"自我意识"发展领域上的共性表现:能主动发起活动,活动中能表达自己的想法。再细读便能发现,其实在这个案例中,每个孩子都有较突出的行为表现。斯斯第一个冲向小舞台,开始商量着角色分配。涵涵第一个发表了自己的想法。当同伴对角色分配有异议时,悦悦快速想到了解决的办法:"第一遍我来当蒲公英,第二遍表演的时候你来当蒲公英好吗?"3名幼儿除了在自我意识子领域中的共性表现外,在子领域2"人际交往"中也有相关表现行为的体现。教师不仅要关注幼儿发展的共性特点,还要关注每个幼儿发展的个性特点。

三、基于观察分析的实践

基于观察,教师在对幼儿行为进行分析时,需要剥离情景,识别与各方面相关的发展线索,同时,要将观察到的信息带到理论框架中去对标分析,将"指引"与幼儿发展建立关联。

（一）围绕观察目标,对标分析

一般的观察记录都有明确的观察目的,要围绕观察目标有侧重地进行行为描述,行为分析也应该与行为描述、观察目的相呼应。教师在仔细观察后,要围绕目标对孩子的行为表现给出恰当的分析,得出的结论必须围绕目标写得客观具体,而且结论不宜过大,避免夸大观察记录的作用。在得出结论之前,应通读记录,仔细阅读记录中的每一句话,分析确认每一句话的客观含义,区分所属领域的,再用通俗易懂的话表述出来。

> 中班的小波拿起球拍了起来,1分钟后,他对老师说:"老师你帮我数一下。"老师答应后,他双脚前后移动,甩动手腕开始拍球。"1、2、3、4……12、13,一共13个。"老师说道。小波说:"我在家能拍100个。"于是,他又继续练习拍球,这次小波的步伐很大,每跨一步都可以拍到一次球,球反弹起来的方向来回变,这次只拍了4个,皮球就滚落了。快步拿回球后小波并不气馁,继续练习,不同的是他开始小步移动,这一次拍了53个。

小波连续拍球数量最多能达到53个,他的手肌力、手臂的灵活度,以及手部动作的敏捷性和节奏感都发展得比较好。当球反弹起来的方向一直变动时,小波能根据具体情况调整移动步伐,在连续拍球时能做到眼到、手到、步伐到,可见,他的手眼协调能力较为突出。即使拍球失败,他也不放弃,表现出对拍球的信心。小波的动作发展对应了"健康与体能"子领域2中的"具有一定的平衡能力,动作协调、灵敏",指向了指标中的表现行为5"能在行进中连续拍球",小波的拍球技能已经超越了中班幼儿的动作发展水平。

在这个案例中,围绕观察目标的分析,帮助教师做到"心中有数",明确幼儿的发展现状,识别幼儿的发展需要。

(二) 捕捉关键信息,对应分析

在分析时,我们可以将观察记录中有价值、有意义、独特的事件作为分析的切入点。当捕捉到幼儿某一领域中的行为表现尤为凸显,分析时就可以侧重解读幼儿在这领域中的发展水平,当判断幼儿对某一事物有独特想法和见解,分析时便可以将幼儿是如何利用已有经验来加工认识和理解新鲜事物作为切入点。

> 娃娃家游戏一开始,小班的佳佳就自封为妈妈,并迅速安排丁丁和萱萱充当爸爸和宝宝。佳佳对其他幼儿说:"娃娃家还没有开放,谁都不能进来!"其他幼儿悻悻离开了,只有潘潘和小鱼继续留在娃娃家中。过了一会

儿,潘潘跑到老师面前说:"老师,我想做爸爸。"老师:"那你们自己商量一下吧。"潘潘听了,走回娃娃家,大声地和丁丁说:"我们来玩剪刀石头布吧。谁赢了,谁就做爸爸。"丁丁爽快地答应了。三局过后,潘潘赢了,丁丁却不肯放弃爸爸的角色,他试图获得佳佳的支持:"妈妈,潘潘要当爸爸。"佳佳走过来肯定地说:"丁丁是爸爸!"潘潘:"可是我们玩剪刀石头布,丁丁输了,应该是我做爸爸。"佳佳:"我没有看到你们玩剪刀石头布。"佳佳见两个男孩谁也不肯让步,说:"我们叫警察,把他抓走。"在众人的推搡和"警察"的帮助下,潘潘被"轰出了"娃娃家。与此同时,小鱼和佳佳为谁做宝宝争得不可开交。小鱼恳求佳佳让她做宝宝,但佳佳早已有了自己心目中的宝宝,任凭小鱼说什么都不为所动。小鱼没有办法,只得走出娃娃家。潘潘被赶出娃娃家后独自抹了一会儿眼泪,随后又回到了娃娃家。与之前不同的是,他不再执着于当爸爸,而是做起了小客人。

同伴冲突最多的是在游戏活动中,中班幼儿处于联合游戏或平行游戏阶段,他们的冲突行为往往发生在与同伴的互动过程中,双方因言语、看法或意见、目标、手势动作、行为表现、需求与利益不同而引发争执对立。幼儿间的"冲突"是他们社会性发展的一种表现,是幼儿游戏活动中常见的现象。游戏中,潘潘与丁丁因意见分歧产生了冲突,佳佳作为第三方采用求助的方式试图解决潘潘与丁丁之间的冲突。她的行为表现对应了"自我与社会性"领域子领域2.1中的表现行为5"有问题能询问别人,遇到困难能向他人寻求帮助"。潘潘一开始选择哭泣的消极方式应对冲突,之后转而以迂回变通的积极方式解决冲突,为自己争取游戏的权利。他的行为表现对应了"自我与社会性"领域子领域2.1中的表现行为3"知道轮流、分享,会适当妥协,能在成人的帮助下和平解决与同伴之间的矛盾"。

在这个案例中,教师围绕"同伴冲突"这一关键信息进行了解读,分析了中班幼儿产生冲突的原因,并从幼儿的冲突行为中,看到了他们在"自我与社会性"领域中的发展轨迹,而在这个领域中最为凸显的行为表现主要指向子领域2中的"人际交往"。从教师的分析中可以得出幼儿在情绪管理、同伴合作、问题解决等方面需要教师给予支持和引导。结合"关键信息"的分析,能帮助我们更有针对性地梳理出幼儿在某一领域中的表现行为,为幼儿后续的发展提供有效的指导建议。

(三) 依据幼儿发展特点,客观分析

教师观察到的通常是幼儿在某个区域中的具体行为,这些行为会呈现出幼儿某些方面的发展特点和水平。我们在分析时,要遵循幼儿的发展特点,进行客观分析。

> 大班个别化学课活动时间,昊昊和宸宸在玩"翻翻乐"(每人每次打开两个盖子,若盖子下的图片相同则可赢得盖子)。每次昊昊都同时打开两个盖子,发现下面的图片不同就迅速盖上。宸宸的情况也差不多,赢得盖子全靠运气。我有些着急,很想告诉他们一些游戏的诀窍,不过转念想还是决定再观察一下。第二天,昊昊又选择了"翻翻乐",玩伴换成了依依。依依玩的时候开盖子速度较慢,总是先开一个想一想后再开另一个。几局游戏下来都是依依赢了,我又忍不住想教教昊昊怎么玩才能赢,不过看到他似乎不气恼也不着急,就再一次忍住了。在这天活动接近尾声时,我突然发现昊昊开盖子时会先打开一个了。接下来的几天,昊昊经常去玩"翻翻乐"。有一天,我发现他和嘉嘉玩的时候把盖子下的图片拿出来了。我立即上前说:"这个图片是不能拿出来的哦,拿出来就不能玩了,把盖子拿掉就可以了。"昊昊说道:"原来的玩法太简单了,这是我想的新玩法,要记住哪些盖子下的图片已经没有了。"我恍然大悟。

昊昊在与依依游戏时几乎没有赢过,面对这样的结果,老师有些着急,想要介入。但昊昊不但没有气馁放弃,反而对这个游戏依然感兴趣。在熟悉了游戏玩法并悟到了游戏策略后,他还想出了新的玩法,参与活动的自主性很强。昊昊达到了"自我与社会性"子领域 2 中的表现行为 5"能主动发起活动,愿意出主意、想办法,并能坚持自己的想法"。昊昊玩"翻翻乐"的水平在不断提升,这有赖于他对这个游戏的坚持探索。在与同伴游戏的过程中,他还善于从同伴身上学习,逐渐发现游戏新玩法。昊昊能达到"探究与认知"领域下子领域 1 中的"乐于在动手、动脑中寻找问题的答案,对探索中的发现感到高兴和满足"。

对昊昊的观察分析让教师反思了自己的教育观,一开始急于介入与指导,和后来发现幼儿拿走图片时不问缘由地急于纠错,都体现了教师对幼儿不够信任。后续的观察分析,教师一方面知道"要体现幼儿的主体地位",另一方面在实际活动中仍会存有"这个他不知道,我来教教他吧"的想法。从昊昊的行为表现中,我们能看出他是一个有主见、有想法的孩子,在对幼儿的行为解读中,教师也清醒地认识到幼儿是发展中的个体,师幼互动的根本是要基于幼儿的发展,不能以成人的想法为中心,而要相信幼儿都是有能力的学习者,要学会等待,要允许幼儿按照自己的节奏学习。在分析中,教师如能准确把握住幼儿的发展特点,就能更直接、更集中地观察到幼儿相应能力的发展,再依托对幼儿发展特点的分析,帮助我们反思和个别幼儿互动的方式是否合适,从而推动每一个幼儿的发展。

观察和记录都是获取幼儿发展信息的手段,分析解读能帮助我们更好地理解这些信息,我们的最终目的是要落实幼儿的发展。从观察记录中分析幼儿发展的特点、规律,针对这些特点和规律更好地设计环境和课程。通过对幼儿表现行为的分析,教师不仅可以更加了解每个幼儿的发展水平与特点,还能形成由此反思课程安排与教学行为的专业自觉意识,可以更明确地为每一个幼儿确定下一步的具体发展目标及可行措施,促进幼儿更全面的发展。

儿童发展行为观察量表的研制

上海市浦东新区东港幼儿园　王红英

儿童发展行为观察量表是一种系统、标准化的测量工具,用于评估幼儿在不同发展领域的能力和行为表现,量表能够准确描述幼儿的发展水平,明确观察要点和内容,便于制订相应的教育和干预计划,对幼儿发展状况进行科学观察评价。

"表现性评价单""描述记录量表""等级评定量表"和"检核记录量表"等观察量表的使用可以提高幼儿园教师的观察专业水平,方便教师科学、客观地观察和评估幼儿。作为幼儿园教师儿童发展行为观察与评价能力的一种测评工具,观察量表具有重要的实践意义。

一、儿童发展行为观察量表研制目的

《上海市儿童园办园评价指南(试行稿)》中的"指引"为园所、教师了解和把握幼儿发展现状、组织实施适合幼儿的课程活动,促进每一个幼儿在原有水平上获得切实的发展提供了观察依据。结合《评价指南》重点研制3—6岁儿童发展行为的观察评价量表,可把《评价指南》中对幼儿的发展行为评价指标科学落实到教学观察中,为教师开展教育工作,观察与解读幼儿发展行为提供科学的观察评价工具。

儿童发展幼儿行为观察量表的研制为儿童发展行为的观察与评价提供了有益的参考,通过使用该观察量表,教师可以更好地了解儿童的学习特点与需求,为儿童的持续发展提供更合适的教育支持。

二、儿童发展行为观察量表研制原则

在研制儿童发展行为观察量表的过程中,为了确保研制的观察量表的科学性、有效性，我们需要遵守以下几个原则：

1. 观察量表的适用性。"指引"包括"健康与体能、习惯与自理、自我与社会性、语言与交流、探究与认知、美感与表现"6大领域、14个子领域，要确保研制的观察量表适用于各个领域内容以及不同阶段的行为表现，充分考虑儿童的身心发展特点和实际需求。

2. 观察量表的可靠性。充分利用南门集团资源，随机选取几所幼儿园开展持续追踪观察，明确每个观察对象的个人信息，如幼儿姓名、年龄段、性格特征等，确保每次对儿童发展行为的观察目标清晰明确，并有科学的观察量表记录信息和数据。此外，还要确保观察量表具有良好的内部一致性，每个观察量表的内容和观察指标要相互匹配、一致。

3. 观察量表的有效性。观察量表要准确真实地反映观察儿童在"指引"提出的各个领域的发展行为状况，为教师提供有价值的教育反馈和建议。观察量表需要不断调整构建内外观察指标，持续评估量表的效度，客观有效地反映儿童的真实发展行为。

三、儿童发展行为观察量表类型

深入解读"指引"，以"指引"中的表现行为作为参考，初步制定观察量表的观察指标，"指引"通过"表现行为描述"来呈现幼儿不同阶段的发展状态，分为"表现行为1、表现行为3、表现行为5"，清晰罗列了幼儿发展的阶段性典型表现行为，教师可以将其作为观察和了解幼儿的参照标准。

在此基础上，我们梳理现有的观察量表，结合《评价指南》，根据不同的观察记录方法初步制定儿童发展行为观察量表。

（一）运用已研制出的观察量表对幼儿进行观察记录和评价

在教师的实际工作中，已经运用了许多幼儿园自己编制的优质观察量表。这些量表非常实用，设计明确化、结构化，易于操作，可以帮助教师们及时把握观察的核心点，准确梳理出观察的具体内容，直接客观地了解幼儿的发展状况，助推教师提升观察能力。

比如，南门幼儿园结合《评价指南》已经编制运用的"探究与认知表现性评价单",就具有典型代表性,评价单主要包括被观察者的基本信息"姓名、年龄、观察者、日期"。

第一部分"评价内容"罗列了"探究与认知"下面涉及的两个子领域"科学探究""数学认知",下面用勾选的方式呈现相应的表现行为;

第二部分"评价任务"分为"任务描述、所需材料",后面列出符合本次观察背景的项目"幼儿发起""教师发起""新任务""熟悉的任务""独立完成""在成人引导下完成""与同伴一起完成""用时5—10分钟""用时10—15分钟""用时15分钟以上"等10个选项,明确观察的背景;

第三部分"行为描述与分析",分为"表现行为""行为描述""行为分析",详细记录整个观察过程;

第四部分"教学建议",从材料提供、指导策略等方面进行记录。

探究与认知表现性评价单

姓　名:_____　　　　年龄:_____
观察者:_____　　　　日期:_____
一、评价内容

勾出相应的表现行为:

子领域1:科学探究
☐ 1. 喜欢探究　　　　☐ 2. 用一定的方法探究周围感兴趣的事物与现象
☐ 3. 在探究中认识事物与现象

子领域2:数学认知
☐ 1. 初步感知生活中数学的有用和有趣　　☐ 2. 感知数量及数量关系
☐ 3. 感知形状与空间关系

二、评价任务
　任务描述:_____
　所需材料:_____

勾出符合本次观察背景的项目:
　　☐ 幼儿发起　　　　☐ 教师发起
　　☐ 新任务　　　　　☐ 熟悉的任务
　　☐ 独立完成　　　　☐ 在成人引导下完成　　☐ 与同伴一起完成
　　☐ 用时5—10分钟　☐ 用时10—15分钟　　　☐ 用时15分钟以上

三、行为描述与分析

表现行为	行为描述	行为分析

四、教学建议

1. 在环境创设方面
2. 在材料提供方面
3. 在幼儿学习方面
4. 在后续的支持方面

注意事项

1. "观察对象"据实填写幼儿姓名、年龄及观察日期。如果有多名观察幼儿,要具体写清楚幼儿的名字以及年龄,多名观察者也要全部写清楚,保证观察的真实性、有效性。

2. "评价内容"可以将6大领域、14个子领域中的观察表现行为作为观察指标。

3. "评价任务"可以分为"任务描述""所需材料",这里主要重点填写观察目的和游戏材料,后面根据实际情况勾选符合本次观察背景的项目,里面的选项也可自行调整。

4. "行为描述与分析",可以分为"表现行为""行为描述""行为分析",这是观察记录最重要的部分,需要教师仔细、详实地描述记录和分析,"表现行为"可参考《评价指南》中的行为描述点;"行为描述"要真实地记录实际观察到的情况;"行为分析"要结合表现行为进行有针对性的客观分析。

5. "教学建议",可以从材料提供、指导策略等方面给出建议,并且与上面的"表现行为""行为描述""行为分析"相匹配。

探究与认知表现性评价单(运用实例)

姓　名:妮妮、佳佳、屹屹　　　　年龄:6岁
观察者:张盈艺　　　　　　　　　日期:2021年10月25日

一、评价内容

勾出相应的表现行为:

子领域2:科学探究

☐ 1. 喜欢探究　　　　　　　　　☑ 2. 用一定的方法探究周围感兴趣的事物与现象
☑ 3. 在探究中认识事物与现象

子领域2:数学认知

☐ 1. 初步感知生活中数学的有用和有趣　　☐ 2. 感知数量及数量关系
☑ 3. 感知形状与空间关系

二、评价任务

任务描述：1. 两到三个幼儿合作，先搭建自己需要的造型。2. 搭建好后打开手电筒照射积木，让积木的影子呈现在投影板上。3. 可移动积木或手电筒改变影子的大小和清晰度。4. 对自己搭建的作品进行调整，创造新的影子。

所需材料：投影板、积木若干、手电筒、纸盘、卡片等辅助材料

勾出符合本次观察背景的项目：

- ☑ 幼儿发起 ☐ 教师发起
- ☐ 新任务 ☑ 熟悉的任务
- ☐ 独立完成 ☐ 在成人引导下完成 ☑ 与同伴一起完成
- ☐ 用时 5—10 分钟 ☑ 用时 10—15 分钟 ☐ 用时 15 分钟以上

三、行为描述与分析

表现行为	行 为 描 述	行 为 分 析
用一定的方法探究周围感兴趣的事物与现象；在探究中认识事物与现象	妮妮、佳佳、屹屹3个小伙伴在"科探角"玩光影游戏。妮妮说："我们造什么呢？"屹屹说："我们来造个亭子吧！""好！"妮妮先在离投影板很近的地方搭了一个小亭子，用到了1块三角形积木和5块长条形的积木。妮妮搭建时，佳佳负责给她找积木，屹屹拿着手电筒打光。造完后佳佳说："我也要造一个。"于是佳佳也造了一个一样的小亭子。 屹屹在离投影板很远的地方又搭了几块长条形的积木。"这是什么呀？""这是亭子里的小桌子和小椅子。"造完以后，他打开手电筒照了照，投影板上只出现了小亭子的影子。"桌子椅子的影子怎么没有呢？"屹屹问道。"肯定是影子太大了。""那就不要了吧！" 屹屹说完，拆掉了小桌子和小椅子。佳佳说："你要造得离亭子近一点。"于是，他们合作在小亭子的前后造了小桌子小椅子，造完后用手电筒边照边观察	1.2.5 能在探究中与同伴合作，并交流自己的发现、问题、观点和结果等。 这个任务由妮妮、佳佳、屹屹3名幼儿共同合作探究，他们会向同伴提出自己的想法和疑问，也敢于发表自己的意见和观点。过程中也出现了幼儿互相模仿的行为，同伴搭建时，他们也在观察思考，从而完善自己的操作。 1.3.3 能探索和发现光、影、沉浮、水的形态等简单物理现象产生的条件或影响因素。 3名幼儿一起造了小亭子和亭子里的桌椅，在操作的过程中，他们发现桌椅造得离投影板太远，离光源近，影子就无法呈现在投影板上。通过一次次的思考与尝试，他们将小桌椅造在了亭子的前面或者后面。在这过程中初步发现光对影的影响

四、教学建议

教师可以多提供一些建筑物的照片，供幼儿参考、模仿、想象，帮助他们开阔思路。此外，还可以提供一些影子的图片、更多种类的积木和其他废旧材料，以便创作出更多不同的影子作品。

引导幼儿与同伴合作探究与分享交流，在交流中尝试整理、概括自己探究的成果，体验合

作探究和发现的乐趣。如一起讨论和分享自己的问题与发现，一起想办法搜集各种影子的图片等。教师可以用照相的方式记录幼儿创作的影子，并鼓励幼儿自己用绘画、拍照等方式记录。

（二）根据不同的观察方法研制量表对幼儿进行观察记录和评价

1. 针对定点观察法设计描述记录量表

教师在某一区域定点观察，系统了解幼儿游戏发生的前因后果，可使用定点观察的量表。教师可以将观察到的所有事件用文字清晰、详细地描述，记录幼儿在园一日活动中的各个环节。观察量表左侧有"描述幼儿正在做的事情"，如幼儿说了什么、做了什么、如何做的等，右侧有"对相关行为进行分析和评价"，下面有"反思与调整"。

儿童发展行为观察记录量表（一）

时间		班级		记录者	
材料提供					
观察要点					

实录：　　　　　　　　　　　　　　　　行为分析：

反思与调整：

注意事项

1. "基本信息"据实填写观察日期、幼儿班级、姓名、记录者。

2."材料提供"尽可能全面地记录提供的所有材料,包括前期的材料使用情况等,还包括信息技术设备和材料等的支持和应用。

3."观察要点"根据"指引"中相应的观察表现行为进行填写。

4."实录"描述要具体、客观,不要加入教师的主观感受,尽量全面详细地记录幼儿行为,此外,还要完整描述观察某一个区域发生的整个过程。

5."行为分析"可以结合《评价指南》进行有针对性的分析,除了文字记录,还可放入定点观察到的相关照片。"反思与调整"要与上面的"实录""行为分析"相匹配。

儿童发展行为观察记录量表(运用实例)

时间	2023年5月	班级	大(1)班	记录者	王红英
材料	大白桶、滚筒、轮胎、竹梯、攀登架、平衡圆木、长短厚薄不同的木板、弹簧方包、迷彩垫子					
要点	幼儿在玩大白桶过程中需有一定的平衡能力,动作协调、灵敏。					

实录:

子墨和静泽把4个大白桶并排横放在一起,用力推动大白桶往前滚动,他们又搬来一组轮胎放在后面顶住大白桶。

思泽搬来了一块长木板,他把长木板横放在4个白桶上面,一个人爬上去坐在木板上,子墨和静泽推动大白桶,思泽坐在木板上保持平衡,随着圆桶向前滑动。当前面有另一个大白圆桶的时候,长木板的另外一端架在圆桶上突然停住了,他急忙调整好姿势,没有掉下去。

玩了一会儿,子墨和静泽直接钻进了大白桶里,思泽把木板拿走了,他直接身体俯卧在四个大白桶上面,桶内的幼儿用身体滚动起一组大白桶,思泽在上面身体一起一伏,保持平衡,往前行进。

行为分析:

幼儿在并排摆放的大白桶滚动的时候能平稳地站立、行走、坐在上面、保持平衡前进,当大白桶往前滚动产生间隔后,他们能及时调整姿势,还能俯卧在上面保持身体平衡,该行为体现了"动作发展"子领域下"具有一定的平衡能力、动作协调、灵敏"的表现行为5中的"2.2.1能在斜坡、荡桥和有一定间隔的物体上比较平稳地行走一定的距离"。

幼儿在上下并排大白桶的时候能够手脚并用,攀爬上去,该行为体现了"动作发展"子领域下"具有一定的平衡能力、动作协调、灵敏"的表现行为5中"2.2.2能手脚并用,协调平稳地攀爬"。

反思与调整:

从以上的案例中我们可以看到,幼儿"具有一定的平衡能力,动作协调、灵敏"。幼儿表现水平达到了2.2.1阶段。

大班幼儿能在并排间隔摆放的四五个大白桶上行走,还在上面横放了一块长长的木板,当大白桶往前滚动的时候,每个桶之间的间隔距离会逐渐变宽,这种间隔距离的变化会让坐在上面的幼儿感受到极度的不稳定性,这时需要幼儿不断灵活调整姿势保持身体平衡。当前面遇到碰撞的时候,幼儿还能及时缓冲碰撞的力量,保持平衡不让自己从大白桶上掉下去,身体的协调、灵敏已经达到了很高的发展水平。

建议:

关注幼儿运动个体差异,提供多方面支持,提高幼儿平衡能力。

1."鼓励+接纳"心理支持:每个孩子的平衡能力发展不同,案例中的幼儿在并排摆放

续　表

的大白桶滚动的时候能平稳地站立、行走、坐在上面、保持平衡前进,当大白桶往前滚动产生间隔后,他们能及时调整身体姿势。对于部分平衡能力有待提高的孩子,教师要多倾听、接纳、陪伴、鼓励,让幼儿体验到运动的快乐。在运动中要多给予幼儿支持鼓励,给予他们更多的安全感,这样他们才能在运动中更勇敢自信,提高其抗挫能力、坚持能力以及团队合作能力等。这些意志品质对孩子的心理培养和终身发展都很有利

2."重点+辅助"动作练习：在日常的运动游戏中要有针对性地开展平衡动作练习或保持身体重心平衡的游戏,如斗鸡、老鹰抓小鸡、炒黄豆、木头人等。教师根据幼儿自身差异性,选择适合幼儿的动作练习,如进行重点平衡动作练习,在户外运动中有意识地开展辅助练习,不断提高幼儿的平衡能力

2. 针对追踪观察法设计等级评定量表

教师持续观察一个对象,固定人而不固定地点,可以就一个时段或一个情节进行观察等级评定,帮助教师记录幼儿具备某种特征或做出某种行为的程度。教师需要提前阐明要观察的行为,并将该行为按照表现行为分为1—5个等级,然后再判断幼儿的行为表现程度在哪个水平范围。

儿童发展行为观察记录量表(二)

观察领域：　　　　　观察对象：　　　　　记录者：

观察日期	行为描述	表现行为评定

续　表

观察日期	行为描述	表现行为评定

反思与建议：

注意事项

1. 等级评定量表需要连续多天追踪记录儿童的发展行为，可以记录一个时段或一个情节，并进行观察等级评定。

2. 教师需要提前明确观察的目标和行为，将该行为按照《评价指南》标准分为几个等级，再判断幼儿的行为表现程度在哪个水平范围，最后对整个记录进行反思、提出建议。

儿童发展行为观察记录量表（运用实例）

观察领域：健康与体能　　观察对象：大班幼儿　　记录者：王红英

观察日期	行为描述	表现行为评定
10月9日	幼儿把大白桶横放在地上，双手推动大白桶往前滚动，还在里面钻爬，躺在里面用身体带动大桶滚动起来，双腿打开骑坐在大白桶上，玩出了各种玩法	"对运动感兴趣"的表现行为3"能用自己喜欢的运动器械和材料锻炼身体"
10月10日	幼儿搬来一部竹梯，把竹梯的一头斜放在大白桶上，因为竹梯会滑下来，所以他搬来一个大跳箱，前面用跳箱顶住，后面垫上软垫，把两种材料组合起来使用，他慢慢从竹梯上爬过去，然后从跳箱上跳下去	"对运动感兴趣"的表现行为5"乐于尝试不同的运动器械和材料，开展不同的身体动作，锻炼身体各部位"
10月13日	幼儿把五六个大白桶横放，上面加上木板，幼儿坐在木板上随着圆桶向前滑动。幼儿还把许多白色塑料大桶横放在地上，一个一个连接起来变成弯曲的"山洞"，从"山洞"里钻进钻出，两个桶连接的地方会移动，他们就用竹梯和木板对"山洞"进行加固，有的从下面钻，还有的骑在大白桶上	幼儿表现水平达到了2.1.5阶段。大班幼儿对低结构、挑战性的运动材料特别感兴趣，大白桶本身能发展滚动、钻爬、平衡、跳跃等动作，锻炼了身体各个部位

续　表

观察日期	行　为　描　述	表现行为评定
10月17日	幼儿把一个白色塑料大桶竖放，在里面放上几块迷彩弹簧方包，由于方包有弹性，他们可以在桶里尽情弹跳。但是进入一个高桶有点难度，他们搬来竹梯木板等材料架在桶上，方便进出"蹦跳桶"	幼儿表现水平达到了2.1.5水平阶段"乐于尝试不同的动作器械和材料，开展不同的身体动作，锻炼身体各部位"
10月19日	幼儿在两个竖放大桶中间架了一根圆形平衡木，这根平衡木架在桶上是很不稳定的，他们有的骑着过去，有的爬着过去，有的侧身过去，有的左右脚交替过去，在下去的地方垫了一个圆形软垫，跳下去的时候弹跳了一下	幼儿表现水平达到了2.1.5水平阶段。幼儿还会搬来木板、竹梯、跳箱和垫子等多种可自由组合的材料

反思与建议：

　　连续几天追踪观察幼儿玩大白桶的运动行为，发现幼儿对大白桶的运动兴趣不断提高，能玩出不同的运动游戏，如"白桶隧道""滚筒坦克车""蹦跳桶"和"白桶独木桥"等，运动兴趣一天比一天浓厚。这充分体现了"动作发展"子领域下"对运动感兴趣"的表现行为3中的"能用自己喜欢的运动器械和材料锻炼身体"。运动过程中，幼儿把大白桶架上竹梯，在斜梯上走、跑、跳；把多个大白桶连接成时光隧道，上下滚动、钻爬；2名幼儿互相对抗推动大白桶，比比谁力气大；还有的站在大白桶上保持平衡往前走。幼儿的运动行为体现了"动作发展"子领域下"对运动感兴趣"的表现行为5"乐于尝试不同的运动器械和材料，开展不同的身体动作，锻炼身体各部位"。

　　幼儿在与材料的反复互动中，会有大量的自我学习过程，当我们给予他们足够频次的时候，确保了幼儿有大量的重复机会，重复背后是自我练习，当他们不能驾驭这个材料的时候，给予他们充足练习的时间，这个练习过程能够帮助他们习得技能，满足儿童赋予材料想象的过程，对材料产生深度学习、深度驾驭的过程。需要调整运动区域创设，增加多种组合运动材料，提高运动兴趣。

　　1. "高结构+低结构"运动区域：健康路、碉堡、空中平台、足球场、戏水池、小山坡等大型固定运动区域，里面的运动材料结构相对较高，可以适当提高运动区域轮转频次，增加一些低结构的运动材料，改变投放形式，"高结构"运动区域变成"低结构"运动区域。

　　2. "自主选择+创造性"运动材料：主操场提供可移动运动材料，能任意变化摆放及组合，产生多样的运动环境，在每个活动区域尝试提供"1+N"运动材料，以一种主要材料为主，比如大白桶，同时辅助多种可自由组合的材料，如操场上放置大白桶、滚筒、轮胎、竹梯、攀登架、平衡圆木、长短厚薄不同的木板、弹簧方包、迷彩垫子等，不断引发幼儿创造性运动游戏的产生，让幼儿自由、自发、自主对器械进行组合、摆放，提高创造性运动游戏的能力。

　　3. 针对比较观察法设计检核记录量表

　　比较观察法是同时观察两名以上的幼儿，并进行对照和辨别的一种方法。检核记录量表可以单独使用，也可以作为评定过程的一个组成部分与其他表格共同使用,既可以帮助多个观察者同时收集同一信息,又能节省大量的记录时间和精力。

儿童发展行为观察记录量表(三)

观察班级:　　　　　　观察时间:　　　　　　观察者:

幼儿姓名	表现行为1	表现行为2	表现行为3	表现行为4	表现行为5	评价等级
幼儿1						
幼儿2						
幼儿3						
幼儿4						
幼儿5						
幼儿6						
幼儿7						

说明:当幼儿达到相应表现行为时,在对应的表现行为表格里打"√"。

注意事项

1. 检核记录量表比较观察2名以上的幼儿,并可以对照和辨别,我们可以用这个表格对班级所有幼儿的行为发展表现进行观察和评价。

2. 教师需要根据《评价指南》的表现行为客观记录和评价,然后再判断幼儿的行为表现程度在哪个水平范围,最后对整个记录进行备注。

儿童发展行为观察记录量表(运用实例)

观察班级:　　　　　　观察时间:　　　　　　观察者:

幼儿姓名	表现行为1	表现行为2	表现行为3	表现行为4	表现行为5	评价等级
幼儿1		√				2
幼儿2			√			3

续 表

幼儿姓名	表现行为1	表现行为2	表现行为3	表现行为4	表现行为5	评价等级
幼儿3		√				2
幼儿4					√	5
幼儿5			√			4
幼儿6					√	5
幼儿7					√	5

说明：当幼儿达到相应表现行为时，在对应的表现行为表格里打"√"。

四、儿童发展行为观察量表实施运用

儿童发展行为观察量表研制尽量考虑了《评价指南》的各个方面，根据专家意见的汇总，编制了初版量表，并进行了初步试用。随后，根据试用结果，修改了部分指标和表达方式，形成正式版量表，在使用过程中还需关注以下几个方面：

1. 观察量表要与活动内容有机结合，提高全面性

首先，要设计有针对性的观察活动。在设计活动时，应根据幼儿年龄、兴趣和能力等因素，结合《评价指南》设计有针对性的活动。通过观察幼儿在特定活动中的表现，了解幼儿的优点和不足，为后续的教育提供更有针对性的指导。

然后，要观察并记录幼儿的表现。在幼儿活动中，应仔细观察幼儿的表现，记录幼儿的行为、语言、情绪等方面，以便后续进行分析，发现幼儿的潜力和不足，为教育活动提供更有针对性的指导。

最后，要分析并反馈评价结果。在活动结束后，应及时分析并反馈评价结果，反馈的内容可以包括幼儿的优点、不足、潜力和建议等方面，应以鼓励和引导为主，激发幼儿的创造力和想象力。

教师在日常教育中应注重将观察评价和活动有机结合，通过观察和记录幼

儿的表现,发现幼儿的潜力和不足,为后续的教育活动提供更有针对性的指导。同时,教师还应不断调整教育策略,为幼儿提供更加全面、个性化的教育。

2. 观察量表要定期评估和不断调整,提高准确性

首先,要定期观察评价。定期对幼儿观察评价,以便全面了解幼儿的发展动态,观察评价频率应根据幼儿的发展速度和教育活动安排来确定,一般每学期可以进行多次全面具体的观察评价。

然后,要持续记录改进。详细记录幼儿的观察和评价结果,定期进行分析,发现幼儿发展的规律和趋势,根据评价结果及时调整教学策略,以满足幼儿的个性化需求,对于幼儿发展较慢的领域,应制订针对性的教学计划,帮助幼儿弥补不足。

最后,要调整完善观察量表。定期对观察量表进行修订和完善,以确保观察量表的指标和内容符合当前的教育理念和实际需求。此外,教师还应积极探索新的观察评价方法和技术,以提高观察评价的准确性和有效性。

总之,幼儿行为观察量表是不断动态调整的,只有通过不断评估和调整,才能更好地适应幼儿的发展需求,帮助教师更好地了解幼儿的发展状况,为幼儿提供更好的教育指导。

3. 观察量表要检测可信度和效度检验,提高有效性

我们在多个幼儿园组织实施了量表的实地试用,检验观察量表的可信度和效度,并通过统计分析,考察量表的信度和效度。

然而,这些量表仍存在不足之处,如样本选择的范围有限,未能涵盖不同地区、不同类型的幼儿园教师。观察量表评分标准还需要进一步完善和细化,以便更好地反映教师的实际水平。

教育集团联动机制下儿童发展行为评价活动的组织与实施

上海市浦东新区南门幼儿园　冯　霞

为推动区域教育的优质、均衡发展,南门教育集团在"地域广、集中难、骨干稀缺"的大背景下,秉持"在共建中全面提升办园品质,在创生中促进师幼和谐发展"的集团理念,发挥牵头校南门幼儿园的示范辐射作用,探寻教育集团多元联动机制,开展儿童发展行为评价活动,以此支持幼儿全面发展,引领教师专业成长。本文围绕教育集团联动机制下儿童发展行为评价活动的组织与实施,从相关概念界定、优势、实施过程及基本形式等方面,作了具体的阐述与思考,从而为相关研究提供借鉴。

一、核心概念界定

（一）教育集团

教育集团是指在同一区域内或跨区域,由优质品牌学校牵头,集合两所及以上的学校组建办学联合体,围绕共同的发展目标,共享先进的办学理念、成功的管理经验和优质的教育资源等,促进各校内涵发展、质量提升,以期实现教育资源优质均衡发展的办学形式。

（二）南门教育集团

2019年11月,南门幼儿园作为牵头校,与17所成员校组成南门教育集团。该集团各园所分布在临港、曹路、高桥、张江、川沙等9个街镇,包含农村园、新开园、示范园等不同类型,具有层次多、分布地域广、特色多等特点。截至2023年,南门教育集团成员扩展至23个。

表 1　南门教育集团

核心校	成　员　校
南门幼儿园	繁锦幼儿园、海星幼儿园、高科幼儿园、海港幼儿园、高南幼儿园、牡丹幼儿园、园西幼儿园、黄楼幼儿园、晨阳幼儿园、盐仓幼儿园、川沙幼儿园、汇贤幼儿园、绣川幼儿园、百熙幼儿园、六团幼儿园、东港幼儿园、泥城幼儿园、坦直幼儿园、六灶幼儿园、新苗幼儿园、中市街幼儿园、好日子幼儿园

(三) 联动机制

联动机制是指在集团各园所在相互联系、相互作用的过程中,具有协调和控制功能的各要素,包含交流机制、研讨机制、培训机制、评价机制、激励机制等,可以帮助各园所建立密切的联系,保证教育集团的发展。

(四) 儿童发展评价活动

儿童发展评价活动是指教师参照《评价指南》中的"指引",结合"美感与表现""语言与交流""习惯与自理""自我与社会性""探究与认知""健康与体能"6大领域及其 14 个子领域的评价指标,对幼儿在园一日活动中的行为表现进行观察、记录、分析、评价,并以此为依据评判儿童的发展情况。

二、教育集团联动机制下开展儿童发展行为评价活动的优势

(一) 能充分挖掘利用集团资源,支持活动实施

运用教育集团联动机制,开展儿童发展行为评价活动,能充分挖掘和利用各类集团资源,更好地促进活动的组织实施。这些集团资源包括优秀教师资源、专家资源、各园所特色资源等,它们能够为评价活动的良好开展提供支持。如集团积聚各方资源,邀请专家,开展各级各类评价专题培训,为教师评价活动的开展提供了理论基础。

(二) 能产生良好的示范辐射作用,助力教师成长

在开展儿童发展行为评价活动的过程中,集团组织各园所聚焦自身特色,分六组进行联动研究。每组充分发挥优势园所的辐射作用,以"1+2"的实践模式,

即1所领衔校带2所成员校引领活动开展,各园所教师都能参加到活动中,在不断精细化的实践研究中,教师实现了专业成长。

(三) 能借助多样化的实施形式,实现"指引"研究

在教育集团联动机制下开展儿童发展行为评价活动,多个园所组成一个领域小组,各小组聚焦不同领域开展精细化研究,按照指引解读、儿童观察、案例分析、水平评价、改进总结的流程,借助多样化的集团联动形式,如分工合作、共研共议、交流展示等,解决"指引"体量大、内容多的难点。

三、教育集团联动机制下儿童发展行为评价活动的组织与实施

在教育集团联动机制下儿童发展行为评价活动的组织与实施过程中,我们梳理总结了活动的基本流程和主要形式,同时建设了相关制度以保障活动的顺利进行。

(一) 基本流程

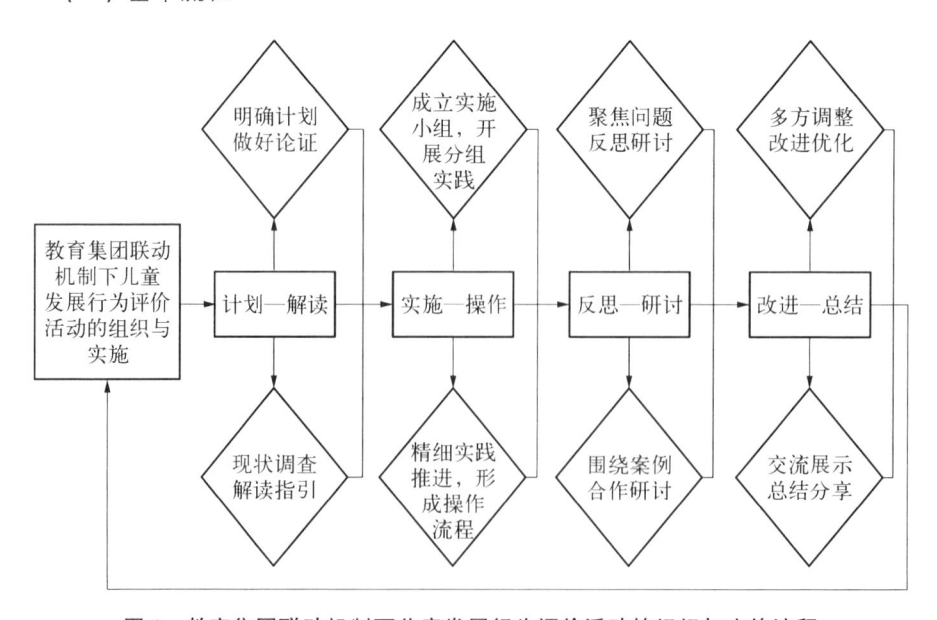

图1 教育集团联动机制下儿童发展行为评价活动的组织与实施流程

1. 计划和解读

开展教育集团联动机制下儿童发展行为评价活动,首先需要明确以下两点:

一是集团应明确相应的计划,保证活动实施;二是教师应对《评价指南》中的"指引"有细致的分析与理解,以便后续的观察分析、评价支持。

(1) 明确计划,做好论证

在活动之初,集团邀请浦东教育发展研究院多位科研员研讨、制订实施计划,并进行可行性论证指导。经专家指导、课题组研讨,确定了以下实施框架:了解当前儿童发展行为评价现状,解读"指引";设计儿童发展行为评价的流程;探讨儿童发展行为评价的方法,总结利用教育集团联动机制开展儿童发展行为评价的组织形式及实施策略。

(2) 现状调查,解读"指引"

我们面向集团所属23所幼儿园786名教师群体发放问卷,了解不同教龄、学历、职务的教师对"指引"的理解及在使用"指引"过程中的现状、困惑与需求。结合调查结果,根据教师对"指引"的理解和使用的现状和问题,通过实践解析、教研共读、集中培训、自主学习等多种方式开展"指引"研读活动,提升教师对"指引"的认知和理解。

2. 实施和操作

(1) 成立实施小组,开展分组实践

结合"指引"中的6大领域,集团根据各园所的特长,精准分组,成立了6大实施小组。每组由各领域中的优势园所引领,形成研究团队。(见表2)

表2　教育集团联动机制下儿童发展行为评价活动实施小组

领域组别	参　与　园　所
美感与表现	★中市街幼儿园、繁锦幼儿园、海星幼儿园
语言与交流	★高科幼儿园、海港幼儿园、牡丹幼儿园
习惯与自理	★园西幼儿园、黄楼幼儿园、晨阳幼儿园、盐仓幼儿园
自我与社会性	★川沙幼儿园、汇贤幼儿园、好日子幼儿园
探究与认知	★绣川幼儿园、百熙幼儿园、南门幼儿园
健康与体能	★东港幼儿园、泥城幼儿园、坦直幼儿园、六灶幼儿园

注:★标为各领域领衔园。

在实施过程中,集团成立课题组,形成"集团理事会—集团课题组—领衔园领域小组负责人—各园所集团课题负责人—集团全体教师"的良性运行机制。集团示范引领,各小组分组实践、分类推进,使儿童发展行为评价活动有序开展。在集团层面,针对活动实施中所涉及的儿童行为观察方法、儿童领域水平分析评价等进行统一培训;在各领域小组层面,根据集团培训内容,各组围绕领域"指引",收集相关案例;在各园所层面,在观察幼儿活动、记录幼儿的行为表现的基础上,采用案例分析、现场观摩、微格分析等方式开展教研分析;在教师个人层面,教师们关注幼儿在日常生活和真实活动情境中的典型行为表现(情绪状态、语言、动作等),并进行记录与收集、分析与评价。

(2) 精细实践推进,形成操作流程

在实践推进过程中,结合研讨问题,借助专家引领,课题组不断细化实践,设计了儿童发展行为评价的流程,包含"行为捕捉、行为分析与评价、评价结果的反馈与利用"(见图2)。即教师采用科学合理的方法与工具,在日常生活和真实活动情境中收集、记录幼儿的典型行为表现,参照"指引"中的发展目标及指标要求,对幼儿的典型行为表现进行分析与评价,并有针对性地提出相关改进建议,促进儿童的发展。

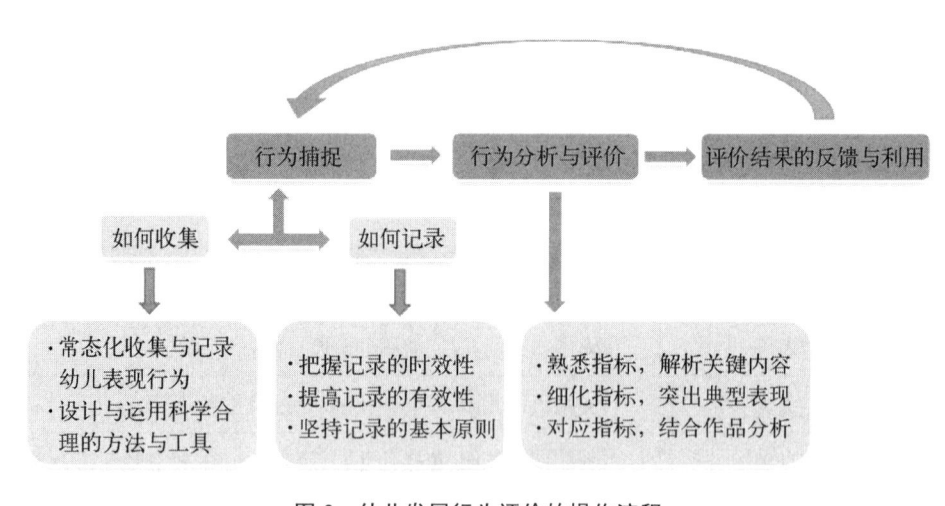

图 2 幼儿发展行为评价的操作流程

3. 反思和研讨

(1) 聚焦问题,反思研讨

在儿童发展行为评价活动实施过程中,借助集团联动机制,集团各层面不断聚焦问题层层反思,以集团课题推进会、领域小组组会、园所教研会等多种方式,不断推进研究实践。在集团层面,汇总梳理各组在实践过程中所遇到的问题,针对问题组织研讨,开展课题推进会,不断推进活动实施。在各领域小组层面,收集汇总领域研究问题,并定期参与集团问题讨论,开展领域小组组会,保证活动有效开展。在各园所层面,对教师实践问题进行讨论,借助园所教研会,使教师不断细致观察、深刻反思、共享心得、解决困惑、有所突破。

(2) 围绕案例,合作研讨

在实践研究过程中,教师撰写了大量的领域观察案例,各领域小组将这些案例进行收集和汇总。课题核心组各成员通过"导师制"(即每个领域小组都有一名核心组的成员参与到领域小组的案例研讨和修改中),给予领域小组教师们专业化的修改建议,不断完善领域案例,以课题组为中心,层层辐射。在此基础上,集团聚焦"儿童发展行为评价",组织课题研讨交流会,将优秀案例与集团内的教师们交流,并由专家、课题组成员、教师共同组成研讨小组,以提升案例质量,提升教师在儿童发展行为评价方面的专业能力。

如在集团组织的6场交流研讨会中,所属23所成员校22名教师参与交流分享,参会逾585人次,园与园、组与组以及教师与教师之间的多方联动、多元组合,让大家共询问题、共享资源、共同碰撞,形成了合作研讨的良好氛围。

4. 改进和总结

(1) 多方调整,改进优化

在不断地反思研讨的基础上,集团围绕"根据'指引'进行幼儿水平精准化判断""结合具体案例运用合适的观察方法""结合幼儿水平现状改进优化教师支持策略"等主题,邀请专家指导,进行集中培训,各领域小组、各园所组织学习,教师重点聚焦"幼儿水平精准化判断""一日活动中的观察方法运用""教师支持策略优化"等,结合具体的儿童发展行为评价活动案例,不断调整改进,优化儿童发展行为评价活动。

(2) 交流展示,总结分享

在此过程中,我们共积累了6大领域中的43篇优质案例和10篇优质专题论文,并汇总成《教育集团联动机制下3—6岁儿童发展行为评价的实践研究》出版,同时也在区级、集团范围展示交流,共享研究成果。

(二) 基本形式

1. 聚焦特色，分组联动

在对集团各个成员校分领域成立六大研究团队时，集团各园所聚焦特色，自主分组，分组联动。如，在健康与体能领域小组中，东港幼儿园、泥城幼儿园、坦直幼儿园、六灶幼儿园都是运动类特色幼儿园；再如，语言与交流领域小组中的高科幼儿园、海港幼儿园、牡丹幼儿园皆为语言类特色幼儿园。

2. 优势引领，示范辐射

这里的优势引领主要包含两个方面，一是集团核心校即南门幼儿园对于各集团成员校的示范引领作用；二是在各领域小组内，各领衔园所均为在该特色领域中特色凸显、实力较强的园所，能够更好地发挥示范性、引领性，引领领域小组内的各园所开展实践研究，形成示范辐射。

3. 交流分享，共商共议

在整个实践研究过程中，集团课题组、各领域小组、各园所聚焦问题，围绕教师的领域案例，组织各级各类的交流研讨会，包括集团课题推进会、领域小组组会、园所教研会等；提供了各个层面的展示分享平台，包括区级展示、集团展示、各领域小组展示等，形成了合作分享、共商共议的研究氛围。

4. 专家指导，全面覆盖

集团邀请多位专家进行全面指导，指导范围包括课题组成员、各园所课题负责人、提供各领域优质案例的教师群体以及集团各校全体教师；指导内容包含"'3—6岁儿童发展行为观察指引'解读""教师一日活动中的观察""教师支持策略的优化"等多个方面，实现了课题研究过程中的专家指导全覆盖。

(三) 制度保障

1. 交流机制

为了形成良好的示范辐射，共享研究成果，集团定期汇总、整理各领域小组的教师优秀案例、论文，不断提炼研究成果，举办了多场集团层面的案例、论文交流展示活动。在对研究成果进行推广、共享的过程中，有效提升了课题团队、园所教师的专业发展，推动了对教育集团联动机制下儿童发展行为评价活动的持续探索。

2. 研训机制

集团聚焦问题、案例等,采用专题讲座、课题研讨、网络研修和集团培训等方式开展研训活动,依托专家资源、集团资源、特色资源等,在多角度、全方位地帮助集团内教师解决实践研究问题的过程中,汲取各园所的特色研究成果,共同助推各园所优质、均衡、协同发展。

3. 评价机制

为持续推动集团课题研究的深入发展,支持教师的观察、分析、评价、改进,持续优化儿童发展行为评价活动,集团组织开展了儿童发展行为评价活动案例评选、研究论文评选等,有效激发了教师的专业发展热情,推动了实践研究步伐。在评价主体上,教师、各园所课题负责人、课题组成员等都可以作为评价主体。在评价形式上,既有课题组、教师的成果展示,也有专家团队综合评估。

4. 激励机制

为支持活动实施,激发集团课题组及教师的发展活力,集团设立了"集团优秀教研团队""集团科研领衔人"等表彰项目,以此激励在实践研究过程中一直引领课题研究,积极开展课题实践,敢于探索、善于反思的教师、课题组成员等。通过此类的激励措施,教师们的课题研究热情更高了,课题组团队的合作与探索更深入了,研究也更加有效。

四、教育集团联动机制下开展儿童发展行为评价活动的收获与思考

(一) 经验与收获

1. 依托基本流程,支持集团评价活动的有效实施

在教育集团联动机制下开展儿童发展行为评价活动的过程中,集团借助"计划、解读、实施、操作、反思、研讨、改进、总结"的基本流程,通过解读"指引",分组实践,反思梳理问题,不断调整改进,有效推进了集团评价活动的有效实施。

2. 借助多元形式,实现集团实践探索的多路径推进

在实践研究中,借助"聚焦特色,分组联动""优势引领,示范辐射""交流分享,共商共议""专家指导,全面覆盖"四大组织形式,集团不断探索"品牌共融,兼具特色,聚焦质量,协同发展"的发展路径,有效保障了集团各园所"优质带动、优

势互补、逐步覆盖、共同发展"。

3. 建立健全机制,保障集团合作研究的持续有效深入

依托集团课题研究,不断积聚优势、整合力量,建立健全各类机制,包括交流机制、研训机制、评价机制、激励机制,从而使集团课题、课程研究由封闭式研究变为主动开放式研究,实现从一向多的融合;从园内研讨走向跨园所、跨区域的协同研究;课题研究方向从单一、浅层次的问题拓展到教育教学的多角度、多领域、深层次,从而建立了整体、动态、多元、开放的研究模式,使集团内各成员校呈现出鲜活、多样、崭新且可持续发展的形态,保证集团化办学成效。

(二) 问题与思考

尽管教育集团联动机制下开展儿童发展行为评价活动取得了良好的成效,但是也存在一些问题。如,如何更好地完善集团联动机制,加强集团课题研究在更大区域内的示范辐射作用,是我们需要继续思考的问题。因此,集团需要在课题、课程等多领域开展融合研究,不断建立健全集团联动机制,提供更多的推广、交流、展示平台,不断增强示范辐射作用,从而助推集团内每一所幼儿园,在共建共享中实现高优质、均衡发展。

第三部分
案例分享

玩转大白桶　运动无极限
——幼儿"健康与体能"发展行为的观察分析
上海市浦东新区东港幼儿园　王红英

一、研究背景

《评价指南》"健康与体能"领域的核心要求认为,"促进幼儿身心健康发展是幼儿阶段的首要任务",其两个子领域包括"身心状况"和"动作发展"。我们发现,"发育良好的身体、愉快的情绪、强健的身体、协调的动作是幼儿身心健康的重要标志,也是其他领域学习与发展的基础"。所以,从小培养幼儿对运动的兴趣,促进动作的发展协调,不仅对幼儿的身心健康,甚至会对其一生产生深远的影响。

大班幼儿身体发展迅速,动作相对协调,特别喜欢有挑战性的运动材料,大白桶可以滚动、钻爬、平衡,自由搭配各种长短木板、竹梯和轮胎等辅助运动材料,在玩大白桶过程中,幼儿走、跑、跳、平衡、攀爬、力量等多种动作发展得到了锻炼和提升。我们以指南"健康与体能"领域之"子领域2:动作发展"中的表现行为为依据,以大班幼儿玩大白桶为研究实例,重点聚焦幼儿动作发展水平进行观察分析。

二、研究内容与方法

（一）研究内容

1. 研究对象:大班幼儿
2. 研究内容:
<u>• 子领域2:动作发展</u>

运用《评价指南》"健康与体能"领域之"子领域2:动作发展",重点观察研究

大班幼儿在玩大白桶过程中"对运动材料的感兴趣程度;动作发展方面是否具有一定的平衡能力、动作协调、灵敏,以及是否具有一定的力量和耐力"。

(二)研究方法

本案例主要运用观察法,即自然条件下,运用高清运动摄像机,有目的地持续追踪拍摄,观察记录户外运动中多名大班幼儿在"玩大白桶"运动游戏过程中与材料的互动关系以及动作发展水平情况,结合《评价指南》中"健康与体能"子领域表现行为描述,为后期还原、分析和评价其动作行为发展水平做好准备。

三、观察结果与分析

(一)实录片段一:玩桶 10 天不重样

• 观察指标 2.1:对运动感兴趣

第一、二天:幼儿把大白桶横放在地上,双手推动大白桶往前滚动,在里面钻爬,躺在里面用身体带动大桶滚动,双腿打开骑坐在大白桶上……玩出了各种玩法。

第三、四天:幼儿搬来一部竹梯,把竹梯斜放在大白桶上,前面用跳箱顶住,后面垫上软垫,从竹梯上攀爬过去。

第五、六天:幼儿把五六个大白桶横放,上面加上木板,幼儿坐在木板上跟随着圆桶向前滑动。幼儿还把许多白色塑料大桶横放在地上,一个一个连接起来变成弯曲的山洞,从山洞里钻进钻出,两个桶连接的地方会移动,他们就用竹梯和木板对山洞进行加固,有的从下面钻,还有的骑在大白桶上。

第七、八天:幼儿把一个白色塑料大桶竖放,在里面放上几块迷彩弹簧方包,由于方包有弹性,他们可以在桶里尽情弹跳,但是进入一个高桶有点难度,他们搬来竹梯木板等材料架在桶上,方便进出蹦跳桶。

第九、十天:幼儿在两个竖放的大桶中间架了一根圆柱形的平衡木,这根平衡木架在桶上是很不稳定的,他们有的骑着过去,有的爬着过去,有的侧身过去,有的左右脚交替过去,在下去的地方垫了一个圆形软垫,跳下去的时候弹跳了一下。

通过 10 天追踪观察幼儿玩大白桶的运动行为,发现幼儿每天对大白桶的运动兴趣不断提高,他们每天都玩出了不同的运动游戏"白桶隧道""滚筒坦克车""蹦跳桶"和"白桶独木桥",运动兴趣一天比一天浓厚。这充分体现了"动作发展"子领域下"对运动感兴趣"的表现行为3"能用自己喜欢的运动器械和材料锻炼身体"。

运动过程中,幼儿为大白桶架上竹梯,在斜梯上走、跑、跳;把多个大白桶连接成时光隧道,上下滚动、钻爬;两名幼儿互相对抗推动大白桶,比比谁力气大;还有的站在大白桶上保持平衡往前走。幼儿的运动行为体现了"动作发展"子领域下"对运动感兴趣"的表现行为5"乐于尝试不同的运动器械和材料,开展不同的身体动作,锻炼身体各部位"。

(二) 实录片段二:玩转大白桶坦克

• 观察指标2.2:具有一定的平衡能力、动作协调、灵敏

子墨和静泽把四个大白桶并排横放在一起,用力推动大白桶往前滚动,他们又搬来一组轮胎放在最后顶住大白桶。思泽搬来了一块长木板,横放在四个白桶上面,并爬上去坐在木板上。子墨和静泽推动大白桶,思泽坐在木板上保持平衡,跟随圆桶向前滑动。当前面有另外一个大白圆桶时,长长的木板另外一端架在圆桶上突然停住了,思泽急忙调整好身体姿势,没有掉下去。

玩了一会儿,子墨和静泽钻进了大白桶里。思泽把木板拿走了,并俯卧在四个大白桶上面。桶内的两个幼儿用身体滚动起一组大白桶,思泽在上面一起一伏,保持平衡,往前行进。

幼儿在并排摆放的大白桶滚动的时候能平稳地站立、行走,或坐在上面,保持平衡前进,当大白桶往前滚动产生间隔后,他们能及时调整身体姿势,还能俯卧在上面保持身体平衡往前,该行为体现了"动作发展"子领域下"具有一定的平衡能力、动作协调、灵敏"的表现行为5中"2.2.1能在斜坡、荡桥和有一定间隔的物体上比较平稳地行走一段距离"。

幼儿在大白桶上下并排时手脚并用,攀爬上去,该行为体现了"动作发展"子领域下"具有一定的平衡能力、动作协调、灵敏"的表现行为5中"2.2.2能手脚并用,协调平稳地攀爬"。

（三）实录片段三：玩转大白桶碰碰车

• 观察指标 2.3：具有一定的力量和耐力

关翀和麦宸把轮胎和圆桶横放，一个推轮胎，一个推白色圆桶，边推边往前滚动。当轮胎和圆桶碰撞在一起，他们用力想把大桶和轮胎都继续往前推，可是对方阻挡住了前进的去路，他们俩使劲互相推着，却发现根本推不动，2个人都用力往前顶住不松手。

2个人僵持了一会儿，依琳、可欣和书瑶看到他们在互推，也纷纷加入，2个人慢慢变成6个人。推轮胎的孩子变成4个，推大白桶的孩子变成两个，还有2个幼儿分别钻进大白桶和轮胎里滚动助力，外面的幼儿紧紧顶在大白桶上，双腿前后分开，后蹬发力，身体前倾，后背拱起，把力量不断往手臂传递，一直没有放开，2名推大白桶的幼儿和对面的4名幼儿坚持互推了五六分钟。

2名幼儿先用大白桶和轮胎组互推，在这个过程中双手紧紧推在桶上没有松开，还坚持了五六分钟，能够持续发力，最后还加入情境，玩起了"碰碰车"互相碰撞的游戏，手臂力量得到了充分的锻炼。该行为体现了"动作发展"子领域下"具有一定的力量和耐力"的表现行为5的"2.3.1能双手抓杠，身体悬空下垂20秒左右"，达到了同等的力量发展水平。

四、结论与建议

（一）结论

从以上3个实录片段可以发现，观察的几名大班幼儿在玩转大白桶过程中表现出来的动作发展水平都较高，都达到了"健康与体能"子领域动作发展表现行为要求，幼儿不仅能迅速投入活动，还会用大白桶组合不同的运动材料创造性运动，锻炼身体各部位，开展不同的身体动作。幼儿在并排的大白桶上动作协调、灵敏，不仅能保持一定的平衡还能及时调整姿势，幼儿用大白桶和轮胎碰撞、互推，过程中全身发力，坚持了很长时间。因此，被观察的这几名大班幼儿动作发展水平都达到甚至超越了行为观察指标水平。

首先，大班幼儿对大白桶这个运动材料非常感兴趣。大班幼儿对低结构、挑战性的运动材料特别感兴趣，大白桶本身能发展出滚动、钻爬、平衡、跳跃等动作，锻炼了身体各个部位。幼儿还会搬来木板、竹梯、跳箱和垫子等多种可自由组合的"1+N"材料运用,和大白桶一起玩,比如"大白桶架竹梯、木板进行攀爬""大白桶里放弹簧方包进行弹跳""大白桶上放平衡木行走"。在10天的持续观察过程中可以看到幼儿的运动兴趣一天比一天浓厚,身体动作也得到了充分的锻炼和发展。

其次,玩大白桶的过程充分体现了大班幼儿的平衡能力,动作协调、灵敏。大班幼儿能在并排间隔摆放的四五个大白桶上行走,他们还在上面横放了一块长长的木板,当大白桶往前滚动的时候,每个桶之间的间隔距离会不相同,逐渐变宽,这种间隔距离的变换会让坐在上面的幼儿感受到极度不稳定性,这时需要幼儿不断灵活调整身体姿势保持身体平衡,最后当前面遇到碰撞物体的时候,幼儿还能及时缓冲碰撞的力量,保持平衡不让自己从大白桶上掉下去,身体的协调、灵敏已经达到了很高的发展水平。

最后,玩大白桶的过程充分体现了大班幼儿的力量和耐力。大班幼儿有竞争意识,当他们把大白桶和轮胎组互相碰撞后,玩起了"碰碰车"的游戏,在这个过程中他们用力顶在大白桶上侧,身体前倾,双腿发力辅助,把全身的力量都传递到双手,最关键的是在这个互推对抗的过程中,孩子们持续发力,他们互推了五六分钟,小手、小脸发红都没有放弃,在身体素质发展的同时,运动品质和团队意识也得到了充分的锻炼和提升。

(二) 建议

本文针对大班幼儿玩转大白桶的持续观察和分析,结合"健康与体能"动作发展子领域发展行为表现观察指标,从"对运动感兴趣""具有一定的平衡能力,动作协调、灵敏"和"具有一定的力量和耐力"三方面给予建议,持续助推幼儿运动能力的发展。

1. 调整运动区域创设,增加多种组合运动材料,提高运动兴趣

(1)"高结构+低结构"运动区域:健康路、碉堡、空中平台、足球场、戏水池、小山坡等大型固定运动区域,里面的运动材料结构相对固定,结构较高,教师可以多投放一些结构较低的运动材料,比如小球、网、软棍、垫子等组合使用,不断变换玩法,提高幼儿运动兴趣。此外适当提高运动区域轮转频次,每个运动区域增加一些低结构的材料,改变投放形式,使"高结构"运动区域逐渐变成"低结构"

运动区域。

(2)"自主选择+创造性"运动材料：主操场提供可移动、能任意变化摆放及组合的运动材料，产生多样的运动环境，教师在每个运动区域尝试提供"1+N"运动材料，以一种主要材料为主，比如大白桶，同时辅助多种可自由组合的材料，如滚筒、轮胎、竹梯、攀登架、平衡圆木、长短厚薄不同的木板、弹簧方包、迷彩垫子等，不断引发幼儿创造运动游戏，让幼儿自由、自发、自主对器械进行组合、摆放，提高创造性运动游戏的能力，持续激发幼儿运动兴趣。

2. 关注运动个体差异，提供身心多方面支持，提高平衡能力

(1)"鼓励+接纳"心理支持：每个孩子的平衡能力发展不同，观察中幼儿在并排摆放的大白桶滚动的时候能平稳地站立、行走、坐在上面、保持平衡前进，当大白桶往前滚动产生间隔后，他们能及时调整身体姿势，"具有一定的平衡能力、动作协调、灵敏""能手脚并用，协调平稳地攀爬"。对于部分平衡能力有待提高的孩子，作为教师我们要多倾听、接纳、陪伴、鼓励，让幼儿体验运动的快乐。运动能力的提升需要一个锻炼的过程，在这个过程中我们要多给予幼儿支持鼓励和更多的安全感，这样他们才能在运动中更勇敢自信，比如抗挫能力、坚持能力以及团队合作能力等，这些意志品质本身对孩子的心理培养和终身发展都很有利。

(2)"重点+辅助"动作练习：为了持续提高大班幼儿的平衡能力，建议在日常的运动游戏中要有针对性地开展减少身体接触面，保持身体重心平衡的游戏，如斗鸡、单脚站立斗对方，减少身体接触面的同时还需对抗外界干扰，并保持身体的平衡；左右移动控制动作速度的游戏，如老鹰抓小鸡，快速左右移动跑去抓小鸡；翻转控制身体平衡的游戏，如炒黄豆，游戏中需控制身体，不让自己摔倒；身体姿势控制的游戏：如木头人，选择一个自己喜欢的姿势并保持不动。教师应该根据幼儿自身差异性，选择适合幼儿的练习动作，进行重点平衡动作练习，在户外运动中有意识地开展辅助练习，不断提高幼儿的平衡能力。

3. 保证运动时长频次，形成家园共育模式，提高力量和耐力

(1)"时长+频次"运动量保证：大班幼儿具有一定的力量，但是力量和耐力的提高需要一定时长和频次，我们要给予幼儿充足的户外运动时间，保证不少于1个小时。此外，力量方面的锻炼也非常重要，教师可以弹性调整每个运动区域

的运动频次,比如可以连续一周开展悬吊和攀岩运动游戏,让幼儿的手臂力量得到更好的提升。

(2)"家庭+幼儿园"共育模式:幼儿手臂力量的提升往往渗透在一日生活中,父母可以让幼儿做一些力所能及的家务,帮助拿一些有重量的物体,开展一下力量训练小游戏,潜移默化地增强幼儿的手臂肌肉。教师可以积极创设锻炼幼儿力量的运动环境,如悬吊和攀爬类运动游戏,提供力量锻炼的运动材料,给予大班幼儿更多的力量练习机会,家园共育持续促进幼儿力量和耐力的发展和提高。

总之,从"玩转大白桶"的运动过程中,我们发现大班幼儿动作发展表现行为水平较高,从玩一个运动材料过程中可以充分观察到幼儿动作发展的水平和所处阶段,在后续的指导过程中,我们要在环境、材料、指导策略和家园共育方面不断助推幼儿运动能力的发展,成就运动的无限可能。

小菜园　大乐趣
——幼儿"健康与体能"发展行为的观察分析
上海市浦东新区泥城幼儿园　潘佳莉

一、研究背景

《评价指南》中指出："幼儿阶段是儿童身体发育和机能发展极为迅速的时期，具有健康的体态，情绪安定愉快，具有一定的适应能力，具有一定的平衡能力，动作协调灵敏，具有一定的力量和耐力，手的动作灵活、协调，是幼儿身心健康的主要标志，也是其他领域学习与发展的基础。"

如今孩子们生活在钢筋混凝土的时代，身体素质减弱，体质明显变差，过敏体质的孩子比比皆是，要鼓励他们积极参与体育锻炼，寻找、触摸真实的田野、庄稼。我们幼儿园的户外场地蕴藏着丰富的教育资源，种植园就是其中之一。通过在种植园中创设多种具有野趣情境的系列活动，幼儿的走、跑、跳、平衡、攀爬等多种动作发展都得到了提升。教师应观察幼儿在种植园区域中的动作发展表现，分析幼儿的动作发展水平，进而提供有效的支持与帮助，能促进幼儿身心全面和谐发展，帮助他们在大自然中进行自我建构、自我发展、自我教育。

二、研究内容与方法

（一）研究内容

1. 研究对象：大班幼儿

2. 研究内容：

• 子领域1：身心状况

运用《评价指南》"健康与体能"领域之"子领域1：身心状况"，重点观察研究大班幼儿在户外游戏中能否经常保持愉快、稳定的情绪，能否自我缓解消极情绪。观察分析他们在游戏中的情绪与行为表现,提出形成兴趣-能力-品质的建议,促进幼儿身心全面和谐发展。

• 子领域2:动作发展

本案例中动作发展的内容主要包含"手部动作的灵活、协调",能利用泥巴等材料进行简单的塑形,具有观察力和反思能力,能大胆尝试。

(二)研究方法

首先,在游戏中对全班幼儿依次进行观察,大致了解全班幼儿的游戏情况,如开展了哪些游戏主题、扮演了什么角色等。其次,对种植区和甜品店进行重点观察,了解幼儿的游戏情况、现有经验、兴趣点、幼儿间的交往、游戏情节的发展,以及幼儿在游戏中的种种表现,使教师的指导有的放矢。

在整个活动中教师重点观察了欣欣、希希在游戏中的各种情况,了解其游戏发展的水平以及与同伴的交往情况。

三、观察结果与分析

(一)实录片段一:酸酸甜甜真好吃

• 观察指标1.2:情绪安定愉快

孩子们每天路过都会观察枇杷树的变化。今天在户外运动时,我们发现枇杷成熟可以吃了,并在枇杷树前的空场地上,让孩子们利用有利的田间条件——垄沟,进行跳田埂、走边边等活动。孩子们通过一系列障碍后去庄稼地采摘枇杷时要爬上梯子,他们都很乐意挑战爬梯子摘枇杷,还各自说着自己采用的爬梯子方式。

摘果子、跳田埂、走边边发展孩子们跨越、障碍跳、行进跳等运动技能。他们自由结伴、友好合作、相互交流……每一个孩子都在自由、自主的田园环境中享受这种愉快、放松的野趣活动。本次摘枇杷是极具有挑战性的活动,爬梯子的过程综合了多种能力的发展:提高了幼儿的平衡能力和对身体的控制能力,同时还使幼儿的空间知觉、时间知觉得到发展,自信心和自我意识得到提高,他们自由结伴、友好合作、相互交流……每个孩子都在自由、自主的田园环境中享受这种愉快、放松的活动。片段中孩子们的身心状况符合健康与体能子领域1"身心状况"的 1.2"情绪安定愉快"。

- 观察指标 1.2.1：经常保持愉快、稳定的情绪，能自我缓解消极情绪。

胆小的欣欣在小朋友一个个爬上去摘果子时，缩在队伍的最后面，嘴里还喊着："我害怕，我不要爬。"其他小朋友回头鼓励她："这有什么好怕的？往上爬就可以了。""欣欣，你试试看，很好玩的。""欣欣，害怕时眼睛别看下面。"小朋友想了好多办法帮助她爬梯子，我也笑着对她说："欣欣我在下面保护你，你能行的，我扶着你爬上去好吗？"在"老师加油！欣欣加油！"欣欣鼓起勇气往上爬，她兴奋地喊起来："我摘到枇杷了，老师，我厉害吗？"周围响起一片掌声。

能力强的孩子勇往直前冲在前面，能力弱的孩子畏畏缩缩对活动提不起兴趣，从而丧失了活动的积极性，结果影响了孩子的运动发展。因此，在运动活动中，我们从幼儿的个体、发展水平、能力出发，尊重孩子的意愿和需求，提高孩子的运动兴趣，对应了"身心状况"子领域下"情绪安定愉快"的表现行为 5"经常保持愉快、稳定的情绪，能自我缓解消极情绪"。

（二）实录片段二：我们的游戏开始啦！

- 观察指标 2.4：手部动作的灵活、协调。

第一次来到种植园时，几个孩子转了一圈后，开始拔杂草。希希从教室篮子里拿了剪刀开始剪，但尝试了几次后，还是选择用手拔，希希说："你看我力气多大！"昊昊接着说："我拔的这个草最大！"不一会儿孩子们将土里的杂草全都清除干净，还讨论哪种工具最好用、接下来可以干什么。

"小菜园"游戏中幼儿用各种简单的工具除草、松土、种植等。在班级开展了"我最喜欢的工具"问卷调查，以实践为契机，引导幼儿体验生活，与大自然亲密接触，学会利用身边的资源、材料，充分体现了孩子的智慧。符合健康与体能子领域 2.4.4 的表现行为 5"能使用镊子、订书机、锤子等简单的工具"。

- 观察指标 2.4.4：能用泥巴等材料进行简单的塑形。

没过多久就听见孩子们说："现在是春天，我们可以把种子种下，等它们长大""我们还可以观察种子的生长情况""刚才拔下来的草我们可以炒菜""油菜花好漂亮，我们可以做鲜花饼""这个鲜花饼怎么做？为什么我的捏不拢？""你可以再加点水，看看可不可以捏起来。"……玩了一阵子后，幼儿发现用泥巴做鲜花饼时会出现捏不拢的情况,可能是太稀,也可能是太厚了,加水搅拌、加泥巴搅拌等方法可以使鲜花饼成型。他们还发现需要一些材料如筷子、树枝、纸杯、吸管、棒子等,并将这些低结构材料慢慢投放到游戏中。游戏如火如荼地开展起来。

结合生活经验,幼儿的游戏逐渐丰富,切菜、炒菜、泥巴做的鲜花饼等,手部动作慢慢变得灵活协调。在幼儿游戏过程中,教师努力作为一个合作伙伴,与幼儿一同参与游戏,观察幼儿是否需要帮助。当幼儿不需要时,教师选择了靠后,并继续用欣赏者的身份去关注他们的游戏。比较符合 2.4.4 的表现行为 3 中"能用泥巴等材料进行简单的塑形"。

四、结论与建议

（一）结论

在种植园活动中,大班幼儿在"健康与体能"领域的水平发展,从爬梯子摘枇杷这一活动中可以看出,高难度的挑战不但没有让幼儿放弃游戏,反而激发了他们的运动热情、创造性和勇敢的品质,情绪安定愉快,水平都可以达到 5。

幼儿的年龄较小,他们往往很在意同伴、老师及成人的评价。教师可以用爱抚的眼神及手势、点头微笑、语言夸奖等方式肯定幼儿的行为;对那些胆子小、活动能力弱的幼儿,注重在语言和情感上给予更多的鼓励和支持。"酸酸甜甜真好吃"摘枇杷活动中,欣欣一开始害怕,在老师和同伴的鼓励下,最终挑战成功,主要典型的表现行为,水平阶段是 5。

在"我们的游戏开始啦!"活动中教师的作用不是告诉孩子可不可以,而是通过对幼儿的观察识别与顺应他们的探究需求,提供安全、可持续发展的探究环境,让幼儿在不断地设想与验证中发现问题、分析问题、解决问题,也提高了手部动作发展水平,班级中幼儿基本达到了子领域动作发展中的 3 水平段"能用泥巴等材料进行简单的塑形"。

在以上活动中我们的支持不仅体现在课程上,对于幼儿心理的支持也是必不可少的,我们为每一位幼儿提供表现自己长处和获得成功的机会,增强其自尊心和自信心。种植园活动是锻炼孩子们的最好时机,能满足他们的表现欲,提高他们的能力,从而获得更多的运动经验,促进身心全面发展,在已有能力的水平上向后一阶段发展迈进。在我们有效支持幼儿开展种植活动时,会发现还存在更深度的学习,它以问题为导向,提升孩子解决问题的能力,促进孩子高阶思维的发展,提升孩子自主学习的意识。老师应该从幼儿出发,支持其在种植活动中进行有趣、多元、深入的探究,持续促进他们各项动作的发展,鼓励他们尝试更多方法,助推幼儿发展。

(二) 建议

1. 教师观念更新,使幼儿身心得到较好发展

树立正确的儿童观、教师观是有效支持幼儿自主游戏的保障。教师要认识到儿童是主动的、有能力的学习者,要在观察、陪伴、参与、互动中发现幼儿学习与发展的生长点,不断支持、助力幼儿构建新游戏,促进其健康、快乐成长。

2. 在野趣活动中培养幼儿的主动性

开展多种有趣的体育活动,特别是户外的、大自然的活动,培养幼儿参加体育锻炼的积极性,提高其对环境的适应能力。幼儿园改变原有的体育活动模式,而是由师生共同寻找幼儿园内的资源——种植园,把它变为野趣活动点。种植园有太多活动可以让师生走向更宽阔的地方。如在春光明媚的春天,我们牵着孩子们的手,在田野里播种春天,在小河边找到春天,在大树上寻找春天,在泥土里挖到春天;初夏我们一起摘枇杷;秋天到了,我们陪着孩子,感受秋天收获的喜悦,到庄稼地里一起砍芦粟,一起挖红薯、土豆,在围墙上一起摘扁豆,等等。在幼儿参与活动的过程中,体现了师生互动,人与环境的互动,更使幼儿自己动手,开阔眼界,获取知识经验。

3. 在运动中培养幼儿的进取心

心理学研究表明,只有适度的要求才能有效促进幼儿的发展,要求过高或者过低都行不通。对孩子提出一样的要求时,往往会得到意想不到的效果。能力强的孩子勇往直前,能力弱的孩子畏畏缩缩对活动提不起兴趣,从而丧失了活动积极性,结果影响孩子的运动发展。因此,我们应从幼儿的个体、发展水平和能力出发,提出不同要求,尊重孩子的意愿和需求,提高孩子的运动兴趣。

4. 材料适宜充足,促进动作发展

平日的运动常常以教师为中心,由教师制作、提供活动材料,设置、安排活动场地等,孩子们在享受安全、崭新、丰富的成熟运动资源的同时,却与大自然逐渐脱节，这也使幼儿未能充分发挥活动主动性。大量利用自然元素，鼓励幼儿到大自然中，提供具有野味的材料、充足的场地空间，激发他们的运动兴趣，对促进幼儿自主性发展起着明显的促进作用。

陈鹤琴先生认为要以幼儿为主体，将游戏的主动权交给幼儿。游戏的主体是幼儿，游戏的权利也在幼儿，在野趣活动中幼儿有充分的自由度，能使幼儿展现出最童真的一面，促进幼儿身心健康成长。他们在野趣游戏中探索的新玩法，学会了与同伴交往、谦让、合作，自主性、创造性得到发展。野趣活动让教育回归自然，促进幼儿大胆地、自由地去感受、体悟和探寻。

趣运动　high 未来

——幼儿"健康与体能"发展行为的观察分析

上海市浦东新区泥城幼儿园　黄海霞

一、研究背景

我园多年来一直把"幼儿园绿色运动"作为课题研究的重点,多年的坚持和努力使我们通过"绿色运动"课程的实施,促进了幼儿健康水平及情感、态度、认知能力等各方面的发展,培养了幼儿对体育活动的兴趣,发展了幼儿的基本动作和体能,并在体育活动中培养了幼儿良好的个性品质和社会性。

我园地处城乡接合部,周边资源丰富。我们充分挖掘自然资源,创设大量利用自然元素锻炼的内容,融多种运动方式于一体,开放、交互地开展野趣活动。不仅注重创设宽松、自由的活动情境,更重视运动过程中蕴含的挑战。

大班幼儿身体发育和机能发展比较完善,他们在健康活动中能展现出愉悦的情绪、强健的体质和协调的动作。如今我们立足于多年的绿色运动研究,借助《评价指南》"健康与体能"领域中的表现行为,记录了幼儿在绿色运动发展中的过程性评价,促使教师提供更多基于观察的、体现幼儿成长经历的、满足幼儿需求的教育支持。

二、研究内容与方法

(一)研究内容

1. 研究对象:大班幼儿
2. 研究内容:

• 子领域 2:动作发展,野趣活动中平衡能力与耐力的培养

通过幼儿在空地上走、跑、跨、跳箩筐和 S 弯快速绕过障碍物等动作行为,观

察幼儿的平衡力、耐力、闪躲及自我保护的能力,根据表现行为分析幼儿的基本动作发展水平,助推其健康与体能发展。

(二)研究方法

1. 观察记录法

有目的、有计划地观察幼儿在绿色运动中的健康发展变化,并且用文字、照相、摄像等方式记录跟观察目的有关的事实,以便事后整理、分析,提出进一步研究的意义,为案例记录提供资料。

2. 访谈法

指通过与幼儿面对面地交谈搜集评价信息。教师需要记录谈话内容,对谈话记录进行分析,旨在促使教师更深入地了解幼儿。谈话法常用于搜集幼儿动机、态度、自我认识等方面的信息。

三、观察结果与分析

(一)实录片段一:"撒"野"田"间——强健身体

• 观察指标2.2:具有一定的平衡能力,动作协调、灵敏

森洋绿色基地空旷的田野上,孩子们看到了大小、高低不一的箩筐散落在不同的角落,老师带他们踏上田地,指着箩筐说道:"平时在平稳的操场上玩的箩筐,在高低不平的田地里,应该怎么玩呢?"孩子们看了看,朝箩筐跑过去了。

筱筱和她的小伙伴们先是绕着箩筐看了又看,然后尝试摆臂、助跑跨跳过箩筐,由于地面凹凸不平,筱筱助跑的速度不敢过快,但跑得慢了,筱筱又发现助跑不给力,跨跳有难度。于是她和小伙伴来到旁边的空地上,来回跑了几次,直到加快速度也能保持身体平衡,才回到箩筐前,开始摆臂、助跑跨过箩筐。

小泽和小元是站定在箩筐前双脚并拢向前跳,他们先是选了矮小的箩筐进行尝试,虽然成功跳过,但由于地面坑坑洼洼,不能平稳落地。尝试了几次后,小泽来到大箩筐前跃跃欲试,但没有成功。

孩子们来到森洋基地,看到空旷的田野和箩筐,表现出了很大的游戏兴趣,愿意积极主动地探索和尝试,每个孩子都能根据自己的能力尝试用助跑的方式

跨过障碍物或者一定的距离,箩筐高30厘米左右,垄沟宽40厘米左右。跨越时能做到前腿向前上跨,后腿快速向前横摆,大部分的幼儿都能够完成助跑跨跳。根据"指引",孩子们的表现相对应"健康与体能"领域中子领域2"动作发展"中的"2.2.3能以助跑的方式跨跳一定距离或一定高度的物体"。此外在高低不平的田野上,控制自己的身体,助跑跨跳障碍物向前跑,并要与前面的幼儿保持距离,以免碰撞,对应表现行为"2.2.4跑动中能控制速度、方向,追逐或躲闪他人"。

• 观察指标2.3:具有一定的力量和耐力

老师事先在空地各处摆放了若干个大小、重量不一的草盘,并在距离草盘1米的空地上,插着若干个方向不一的稻草人支架。孩子们需要快速绕过坑坑洼洼的稻草人支架,寻找草盘,走过"独木桥",将草盘送到终点。萱萱和童童分别带领着女生队和男生队对决。他们一马当先,绕着稻草人支架以S形路线快速地冲了过去,小伙伴们也紧紧地跟着小队长奋勇向前跑着。找到草盘后,有的将草盘双手高高举过头顶,有的用双腿夹住,有的驮着,稳稳地走过"独木桥",安全达到终点。

幼儿平时在平稳的操场上快速奔跑也会摔跤,在凹凸不平的田野上奔跑,对幼儿来说有一定的难度。他们需要控制身体的平衡,同时要有一定的爆发力和耐力才能通过二三十米长的田地和障碍物,在通过平衡木时,幼儿还需要用身体的不同部位举着草盘,在控制身体平衡的同时向前快速奔跑。他们举一反三地运用活动材料,让活动充满创意并且持续有效。他们表现出来的种种行为都是具有一定的力量与耐力的表现,对应的表现行为"2.3.4能向指定方向快跑25米左右"。他们在探索各种玩法的过程中,既提高了运动能力,激发了创造性思维,还体验到成功的乐趣。

(二)实录片段二:"稻"香"谷"语——探索新奇

• 观察指标2.3:具有一定的力量和耐力

谷场上堆放着农场里收割来的稻谷。果果和小伙伴在稻谷堆那抓了一小把,学着农场奶奶的样子,在脱谷机上来回甩动,将谷穗上的稻子甩在谷箱里,虽然动作不熟练,但果果和小伙伴一直很认真、很努力地甩着稻谷,直至稻谷全部甩落。

看着手里光秃秃的桔梗,农场奶奶现场编制了起来,孩子们发现一根根桔梗变成了长短不一的绳子!果果好奇地拿起绳子,和小伙伴一起玩起了跳长绳和抓尾巴的游戏。

谷场上堆放着工作人员从农场里收割的稻谷。孩子们耐心地从杂乱的谷堆里拿起谷穗,整理齐,将稻谷放入脱谷机内,左右用力甩动,直到稻谷全部甩落。在甩动的过程中,孩子的手需要一直举起并重复甩动的动作,这个过程需要孩子有足够的力量支撑,是促进幼儿上肢力量发展的一种方式。此外,将桔梗变成长绳和尾巴,玩跳长绳和抓尾巴的游戏,这个过程可以锻炼幼儿的下肢力量、手眼协调能力,加强幼儿的自我保护意识,在遇到危险时能下意识闪躲,不让自己受伤。以上这些幼儿的表现行为都指向"健康与体能"领域中 2.3"具有一定的力量和耐力"。

四、结论与建议

(一) 结论

野趣活动,不仅仅是让幼儿在环境中"撒野",也要在活动中发展幼儿的基本运动技能。在空旷的田野上运动,对幼儿来说是一个难得的体验。当他们来到森洋果蔬基地,看到高低大小不一的箩筐、木板、草盘放置在空地上时,表现出了浓厚的兴趣和探索欲望,他们的行为表现可以对应"健康与体能"领域中的 2.1 表现行为 1"来到运动场地或看到运动器械时能迅速投入活动"。

在探索箩筐的玩法过程中,幼儿在老师的引导和自主探索的过程中玩出了很多花样,助跑跨跳、双脚并拢跳的动作技能有了很大的提升,大部分幼儿的行为表现都能达到"2.2.3 能以助跑的方式跨跳一定距离或一定高度的物体"。当然,幼儿间的个体差异还是存在的,我们针对个体发展的不均衡性也做到了因材施教,如在跳跳箩筐的游戏中,幼儿可以自主选择难易程度不同的路径,能力稍差的幼儿可以选择双脚并拢跳过小箩筐,而能力较强的幼儿可以挑战一定距离或一定高度的大箩筐。让幼儿在快乐游戏中提升平衡能力和动作协调能力,既达成了运动目标,又充分满足了不同幼儿的需要。

(二) 建议

《上海市学前教育课程指南》指出,"实施以发展为导向的课程评价","建立促进幼儿和谐发展的评价体系",并强调应当注重评价内容的全面性、评价视角的广泛性、评价者的多元性及评价方法的多样化。教师应关注并尊重幼儿的个性、需求,以及行为变化,发现幼儿在绿色运动中的发展潜力,侧重自然状态下的观察评价和描述性分析,收集幼儿的信息,为支持幼儿健康发展提供依据。

1. 促进幼儿与环境的互动,激发幼儿运动的兴趣

随着城市化进程,规整的大型玩具、平坦的操场、质量考究的体育器械成为幼儿园体育运动环境的主体,孩子们在享受安全、崭新、丰富的运动资源的同时,却与大自然逐渐脱节。野趣活动能为幼儿提供原始的材料与空间,激发他们的运动兴趣,积累运动经验,拓展幼儿园的活动环境,完善体育活动的内容和形式。幼儿园野趣活动就是利用幼儿园周围环境中的一切自然因素,开展各种富有挑战性和趣味性的、符合幼儿意愿的、力所能及的身体运动,以促进幼儿形成良好的运动习惯,增强幼儿体能,提高心理素质和环境适应力,让幼儿在亲近自然、与自然的互动中体验快乐,获得终身受益的经验。

在野趣活动中,要让孩子自由发起运动游戏话题,让孩子们对运动环境感兴趣、对运动材料有探究的欲望,教师应在支持幼儿兴趣的前提下,从幼儿的兴趣点出发,以自发交流和积极主动的活动形式,让幼儿有计划、有目的地进行游戏主题,充分尊重并满足幼儿的内在需要,创设幼儿运动的良好氛围,激发幼儿的主体能动性。教师要在幼儿即将开展的运动游戏中提供必要的帮助指导,以推进游戏进程。当然教师在选择和创设自然、富有趣味挑战性的野趣活动环境时,首先要保证活动环境的安全性,其次要根据大班幼儿的年龄特点和动作发展水平,结合主题选择适宜的活动内容,内容要循序渐进,适时调整挑战性,整合活动材料。

2. 促进幼儿与材料的互动,充分体验运动的快乐

"玩"是孩子探索世界的方式,在游戏中孩子们可以充分地与大自然接触,利用身边熟悉的资源和材料进行户外运动游戏。森洋野趣活动中,幼儿对活动的地势和环境很陌生,为了能让孩子快速地融入活动中,我们所提供的材料都是幼儿日常在幼儿园里能接触到的、熟悉的。孩子也能在已有的运动经验中,创造新

的玩法、感受新体验。

此外在幼儿活动过程中,教师的支持和引导尤为重要,野趣活动不仅要让幼儿在自然的环境中"撒野",还要发展幼儿的多种运动技能,野趣强调的是一种挑战,可以设置不同难度的路线满足不同能力幼儿的需要。除了现有的活动材料,我们也可以适当提供一些辅助的材料,例如小推车、背篓等,从而使野趣活动更富趣味性和挑战性。

3. 多样化组织形式促进幼儿良好的学习品质

《评价指南》明确指出:幼儿在活动过程中表现出的积极态度和良好行为倾向是终身学习与发展所必需的宝贵品质。要充分尊重和保护幼儿的好奇心和学习兴趣,帮助幼儿逐步养成积极主动、认真专注、不怕困难、敢于探究和尝试、乐于想象和创造等良好品质。与集体式体育教学活动相比,野趣活动更多体现的是教师的支持性策略,即在尊重幼儿自主意愿的基础上,积极促进幼儿按自己的发展规律渐进成长。在野趣活动中我们可以发现幼儿的兴趣和坚持是支撑整个活动的关键,同时也是幼儿良好学习品质的信号。

具有挑战性的野趣活动极大地丰富了幼儿的运动环境,使原本单一的体育活动变得丰富。在富有创意、自由的活动环境中,幼儿的运动潜能、生活经验、心理素质得到充分发展,他们在克服困难、完成任务的过程中体验成功的喜悦,培养了坚强、勇敢的意志品质。在森洋的实践活动中,我们可以看到孩子们有初步的自我意识,能在引导下,认真专注地参与运动活动;能独立完成运动任务,并能在遇到问题时主动寻求帮助;能积极主动地完成运动任务,并愿意尝试在遇到问题时自行解决。

幼儿的天性是亲近自然、感受自然、探索自然。幼儿园野趣活动体现了自然即课程的理念,幼儿在自然中收获快乐和健康,学会保护和合作,懂得关爱和创新,逐渐形成坚强的意志品质和良好的适应力。野趣活动让教育回归自然,促进幼儿大胆地、自由地去感受、体悟和探寻。

善观察 激兴趣 促发展
——幼儿"健康与体能"发展行为的观察分析

上海市浦东新区坦直幼儿园 王 兰

一、研究背景

3—6岁是人类运动兴趣及能力发展的关键期,这个时期建立起来的运动兴趣、运动习惯和运动认知将持续一生。《评价指南》之"健康与体能"领域中,动作发展也是子领域观察内容,包含"对运动感兴趣""具有一定的平衡能力,动作协调灵敏""具有一定的力量和耐力"等。所以,把握住3—6岁这个幼儿运动关键期,激发幼儿的运动兴趣,促进幼儿的运动发展,对其一生都有着非常重要的意义。

小班幼儿体力较弱,身体各项基本运动技能较差,在平衡、力量和灵敏等方面的能力发展都比较慢,以感知类游戏为主;但他们模仿能力强,喜欢模仿同伴的运动行为,在模仿过程中可以形成对运动的兴趣,提升运动的能力。

本文以"健康与体能"领域之子领域2"动作发展"中的表现行为为依据,利用小班幼儿爱模仿的特性,对他们的运动行为进行观察与分析,以多种方式支持小班幼儿的运动,激发其运动兴趣,提升其运动能力,促进其动作发展。

二、研究内容与方法

(一)研究内容

1. 研究对象:小班幼儿

2. 研究内容:

• 子领域2:动作发展

本案例中动作发展的内容主要包含"对运动感兴趣""具有一定的平衡能力,

动作协调灵敏"两个方面,即孩子来到运动场地后对材料的使用情况,是否乐于参与或是自主选择、尝试不同的运动器械,以达到锻炼身体的目的;以及幼儿在行走、钻爬、跳跃、走跑等方面的不同运动能力与表现水平。

(二) 研究方法

观察法

教师现场观察小班幼儿在户外运动中的运动行为,以"健康与体能"领域的内容为评价依据,通过比较观察的方式了解同一年龄段幼儿的不同运动表现水平,给予针对性的支持引导,促进幼儿在原有水平上发展。

三、观察结果与分析

(一) 实录片段一:原来可以这样玩

• 观察指标2.1:对运动感兴趣

户外运动开始了,孩子们来到了7号场地。宽阔的场地上摆放着几条由长凳、攀爬架、竹梯等大型器械组合成的小路,旁边还有一些彩虹桥、呼啦圈、垫子、小鱼(模具)、小背篓和海洋球。

"老师,我们可以玩了吗?"孩子们迫不及待地问我。

"可以呀,不过玩的时候要小心哦。"刚说完,小家伙们就各自散开玩了起来。有的玩跳跳球、有的跳呼啦圈、有的爬垫子、有的走独木桥,每个孩子都迅速参与到了运动中。

"老师,我们想玩彩虹桥。"妍妍、熙熙跑过来指着角落里的彩虹桥说。

"当然可以。可是你们想怎么玩呢?"我问道。

"嗯,玩跷跷板。"妍妍说。

"跷跷板?"我表示疑惑。

"是呀,跷跷板!"说着两个人把彩虹桥往外拉,使劲翻了过来,彩虹桥立马变成了"U"字形,两人兴奋地拍手欢呼"跷跷板,跷跷板",我这才明白他们说的跷跷板原来是这样的。两个人就这样开始了跷跷板游戏。

而此时,垫子小路也发生着变化。小宇和彤彤看见了妍妍他们用彩虹桥做了跷跷板,心里也有了新的想法。他们立即将另一个彩虹桥拉了过来,垫在海绵垫下面,平坦的小路上冒出了一座小山坡。这可乐坏了他俩。彤彤赶紧爬上"小山坡",一不小心身体一歪滚了下来,但笑得很开心;小宇则用手抓住外露的彩虹桥,爬上坡顶,以侧身翻越的方式顺利越过了山坡。其他孩子见状也纷纷加入翻越的队伍,有的用膝盖爬,有的双脚蹬,有的用手撑……大家玩得不亦乐乎。

从所有孩子到达运动场地后表现出来的迅速投入运动过程的状态,可以看出我们班的孩子对运动的兴趣非常高,他们会第一时间表达想运动的想法,迫不及待地投入运动过程中。孩子们的运动行为符合"动作发展"子领域中"对运动感兴趣"表现行为1"来到运动场地或看到运动器械时能迅速投入活动"。

运动过程中,当其他孩子在使用原有器械、材料、玩法时,妍妍、熙熙、小宇及彤彤等能够选择自己感兴趣的闲置的彩虹桥作为运动器械,将彩虹桥转变为跷跷板,或与垫子结合变成小山坡,改变玩法,锻炼了身体的平衡性与协调性。这对应了"动作发展"子领域中"对运动感兴趣"表现行为3"能用自己喜欢的运动器械和材料锻炼身体"。

(二) 实录片段二:加油,欣欣

- 观察指标2.2:具有一定的平衡能力,动作协调、灵敏

又到户外运动时间,孩子们来到了3号场地,自主选择了材料开始了今天的运动。

孩子们把几块塑料板(长条形、方形、圆形)拼搭在一起,搭建了一座高低不平、宽窄不同的平衡桥。不一会儿小桥上便出现了好几个小朋友,大家排着队小心翼翼往前走,时而有孩子伸出手臂保持平衡,偶尔也会有孩子站不住摇晃一下,待身体平稳后继续前进。大家就这样较平稳地走过了这座小桥。

当这些孩子越走越稳的时候,欣欣也朝小桥走了过来。她试图和小伙伴一样在小桥上行走,可是没走两步,身体就失衡,开始左右晃动起来。好不容易保持住平衡,继续往前走了一段距离后,身体再次出现了失衡,脚一下就踩到了地上。此时,欣欣明显感受到了失望,但她还是想再次尝试。只见她再次跨上了小桥,行走了几步,可随着身体的摇晃小脚再次踩到了地面上。显然,这次的失败让欣欣放弃了尝试,最后她干脆就沿着小桥的线路在地面上走到了终点。

对照"健康与体能"领域中"动作发展"子领域中2.2"具有一定的平衡能力,

动作协调、灵敏"的表现行为描述,片段中孩子们的运动行为都符合动作发展子领域中 2.2.1,但在表现水平上略有不同。

1. 活动中几个能够通过多次练习,以伸手保持身体平衡、等待身体平稳等方式顺利、较平稳走过小桥的孩子已经达到了"动作发展"子领域中"具有一定的平衡能力,动作协调、灵敏"表现行为 3 中的"2.2.1 能在较低较窄的物体上比较平稳地行走一定的距离"。

2. 欣欣面对有一定高度且较窄的平衡桥,多次上桥行走失败,最后采用地面直线行进的方式,其运动行为比较符合"动作发展"子领域中"具有一定的平衡能力,动作协调、灵敏"表现行为 1 中的"2.2.1 能在地面的直线上或在较低较窄的物体上行走一定的距离"。

四、结论与建议

(一) 结论

1. 兴趣是孩子参与运动的动力,有了兴趣他们才会更加热爱运动,才能更好地达到锻炼身体的目的。我们班的孩子对运动的兴趣都很高,每次都能够快速投入活动中,其运动行为符合"动作发展"子领域中"对运动感兴趣"表现行为 1"来到运动场地或看到运动器械时能迅速投入活动"。小班的孩子对运动充满了好奇,虽然想象力、创造力可能不及中大班,但是他们也有自己的想法,在弹性化运动环境的创设下,我们鼓励他们大胆运用已有材料进行变化、创造,怎么玩、和谁玩都是孩子可以自主选择的。因此,班级中部分孩子在运动中运用材料开展不同运动的行为已经达到了"动作发展"子领域中"对运动感兴趣"表现行为 3"能用自己喜欢的运动器械和材料锻炼身体"。

2. 每个孩子都有自己的发展轨迹,运动能力也各有差异。同样是小班的孩子,有些孩子已经达到同一领域表现行为 3 的水平,有些孩子则只达到该领域表现行为 1 的水平。如同实录二中的欣欣,和同伴在平衡桥上的运动表现相比,她的运动行为比较符合"动作发展"子领域中"具有一定的平衡能力,动作协调、灵敏"表现行为 1 中的"2.2.1 能在地面的直线上或在较低较窄的物体上行走一定的距离",还未发展到表现行为 3 中的"2.2.1 能在较低较窄的物体上比较平稳地行走一定的距离"。这与其自身的身体状况有很大的关系,较胖的欣欣运动能力本来就比其他孩子弱,加之父母的宠爱让孩子更加不愿意参加运动,久而久之形成了肥胖、不爱运动的恶性循环。因此,我们不能用统一的评价标准去衡量孩子的发展,而应该依据指南准确分析孩子现阶段的情况,采取适宜的方法与策略,帮助孩子在已有能力的基础上向后一阶段发展迈进。

(二) 建议

1. 尊重孩子兴趣,激发运动欲望

(1) 凸显运动主体,玩出运动智慧。在运动中教师要明确自己的身份,以旁观者、参与者、辅助者参与其中,将运动的主体性归还幼儿。做"无语"的观众,站定10分钟,让孩子自己去思考、去运动;有时做贴心的配角,当孩子在运动中需要同伴时,我们就是他们的伙伴,鼓励支持他们去探索去运动;经常做尽责的随身助理,当孩子在运动中遇到困难时,我们就是他们的助手,帮忙分担、协助解决,同时关注他们的运动量,做好保育工作。当然,我们也要做带头人,在孩子们出现会引发自身或同伴危险的行为时,要及时制止,做理智的主角,维护健康、快乐的运动环境。只有凸显幼儿在运动中的主体地位,他们才能玩出自己的运动智慧。

(2) 分享同伴经验,积累运动认知。小班孩子模仿力强。我们抓住运动后的分享环节,让孩子介绍自己的方法,从"知道这样玩"到"可以怎样玩"再到"还能怎么玩",在模仿的基础上转变创新,帮助孩子积累运动经验。同时,我们也会借助辅助工具,如运动墙等,呈现孩子的运动情况,照片分享同伴间的经验,利用日常时间鼓励孩子多看、多说、多试,丰富小班幼儿的运动认知。

(3) 丰富运动环境,激发运动兴趣。运动环境可以包含材料、场地、空间、组织形式等方面,在我园课题研究过程中,我们就用规定性场地与自选性场地相结合、规定性项目与自选性项目相结合、集体性运动和个别性运动相结合等方式创设"弹性化"的运动环境。结合小班幼儿以感知运动类游戏为主的特点,教师创设有趣的运动情境,提供简单但操作性强的运动材料,让孩子自己取放、摆弄,激发幼儿的运动兴趣。我们每次的运动除一些大型器械外,都是由孩子自己动手摆放与整理的,他们可以自己决定玩什么、怎么玩、和谁玩,这种弹性的运动环境让孩子变得更自由、自主、自信。

2. 注重个体差异,有序开展指导

(1) 巩固已有能力,助力提升水平。既帮助已达到表现行为3的孩子继续巩固在低矮窄面物体上平稳行走的能力,同时鼓励他们尝试2.2.1表现行为5"能在斜坡、荡桥和有一定间隔的物体上比较平稳地行走一定的距离",提升其平衡协调能力。具体的做法是:① 通过不同的运动情境,如高跷小能手、平衡杂技人、小兔过桥等,让孩子在丰富的运动情境中练习平衡能力;不断调整平衡材料,采用高度、宽窄面不同的平截面、圆桶面、荡桥、斜面等逐步提升材料带来的难度。② 营造不同的运动氛围,教师可以以运动者的身份参与其中,以语言、动作、表情等方式鼓励孩子,激发参与兴趣。同时利用幼儿一日生活中的其他环节,如集体健康活动、自由活动、饭后散步、离园前的放松活动等将平衡游戏融入其中,营造运动氛围,提供锻炼机会。帮助孩子们在反复的练习中,巩固其已有能力,实现向表现行为5的进阶。

(2) 尊重个体差异,探寻助力方式。教师需要尊重孩子们的差异性,探寻其产生的原因,寻找助力的方式。如在对欣欣进行多次运动观察后,我们发现其差异性的表现行为主要是由体重造成的身体不协调。同时,欣欣很容易出汗,一出汗她就不愿意运动,更影响了运动能力的发展。于是,我们针对欣欣的问题采取了以下支持策略:首先创设有趣且难度逐层递进的运动情境,激发欣欣运动的兴趣,让她也能感受到运动带来的成就感,增强自信心。如逐步增高的平衡木,逐步改善其恐高的情况。其次,让能力较强的孩子带动欣欣,让她感受到和朋友一起运动的快乐。再次,做好持续性观察,记录欣欣运动行为的变化,及时鼓励表扬,不漏掉点滴赞扬的机会。同时,关注好欣欣的运动情绪,多了解孩子的想法,知道她对不同运动内容的喜好,及时调整变换策略,更好地有针对性地引导。最后,寻求家长配合,带动家长共同参与指导,注意调整饮食结构,合理膳食,减少垃圾食品的摄入,减轻体重,养成在家运动的习惯,实现家园共育,帮助欣欣健康成长。

理 想 改 造 家

——幼儿"习惯与自理"发展行为的观察分析

上海市浦东新区园西幼儿园　沈　蓉

一、研究背景

3—6岁是培养幼儿生活自理能力的最佳时期。《评价指南》之"习惯与自理"领域，也将学习习惯与文明习惯作为子领域观察内容，提到了"能收拾整理好自己使用的物品"，"能分类收拾整理好自己使用的物品"。在幼儿园中，中班幼儿从年龄、接受能力方面，已经从需要帮助向逐渐独立发展了，但在整理的过程中，也出现了一些问题，为此我结合《评价指南》中"习惯与自理"领域的观察指引，对我班幼儿的整理情况及幼儿行为表现进行了观察与思考，重点关注如何利用幼儿园的图书角中的整理问题，支持幼儿改造图书角，引导幼儿探索整理方法，提高自主整理的能力。

二、研究内容与方法

（一）研究内容

1. 研究对象：中班幼儿

2. 研究内容：

• 子领域2：学习习惯

观察班级中幼儿在整理图书时的行为表现。

• 子领域3：文明习惯

重点观察幼儿整理图书的情况，是否有整理的意识及方法，在教师与同伴的帮助和支持下能否分类收拾整理好自己使用的物品。

（二）研究方法

1. 定点观察法

一定时间内有计划地对处于自然状态下的客观事物进行感知、观察。本案例中，教师以《评价指南》中幼儿行为评价指引为依据，对幼儿在"习惯与自理"领域的学习习惯及文明习惯进行专项观察分析，了解幼儿在整理方面的习惯发展情况，促进幼儿在原有水平上得到发展。

2. 探究体验法

本案例中教师引导幼儿通过观察—讨论—实践—思考—再讨论—再实践的途径主动探究、自主发现并解决图书整理中的问题。

三、观察结果与分析

（一）实录片段一：图书角的第一次变化

• 观察指标2.2：喜欢接触新事物，对新事物充满好奇，喜欢提问

随着图书角里图书数量的增多，孩子们开始了讨论："这么多图书，一个柜子放不下。""再多几个图书架就好了。"这时宸宸指着柜子说："把这几个柜子搬过来吧。"于是宸宸找来六六，只见六六抬起柜子前端，宸宸抬着后面，将矮柜移到了图书角里。接着他们两人走到了高柜子面前，抬了一下没有抬起后，发出了求助："沈老师，这个我们搬不动。你帮我们一起搬吧。"就这样两个柜子终于搬进了图书角。

中班的孩子开始关注自己生活的周边环境，当大家发现图书太多，没有地方放时，宸宸有了自己的思考：可以多搬几个柜子，便于摆放图书。在他的建议下，六六参与了改造图书角的行动。他们一起选择合适的柜子，并做起了添置、搬运柜子的任务。这一行为符合"学习习惯"子领域中"爱提问题"表现行为3中的"喜欢接触新事物，对新事物充满好奇，喜欢提问"。

• 观察指标3.2.3：在提醒下，爱护玩具、图书和其他物品，能轻拿轻放，物归原处

在自主阅读的区域里，心彦对着图书架看了一会儿，来回拨动书架上的图书，书一本本地倒了下来，她就一次次地慢慢扶起、倒下、再扶起。过了很久才找到自己的书。

当整理图书时,心彦把书放回柜子,还不忘把书靠拢、排齐。但米豆在书柜前坐了下来,手里拿着图书说:"我忘记这本书放哪里了。"最后在老师的提醒和帮助下,才找到了图书原先的位置。

在图书阅读区中,心彦拿图书时,扶起图书,轻翻阅图书;在归还图书时会把书靠拢、排齐,文明拿取图书的意识开始萌芽。米豆在归还图书时,出现了犹豫的情况,他想把书送回原来的位子,但这么多书都要记住位置是困难的,最后他在老师的帮助下,放好了图书。他们的行为符合"文明习惯"子领域"遵守基本的行为规范"表现行为1中的"3.2.3 在提醒下,爱护玩具、图书和其他物品,能轻拿轻放,物归原处"。

• 观察指标2.2:对自己感兴趣的问题会主动追问和探索

话题再次集中到了阅读区。有孩子说:"今天看书的小朋友把书弄乱了。"六六说:"书就是太乱了。"接着我问:"那怎么才能让这些书不乱呢?"宸宸说:"可以把书整理一下。""有什么办法把这么多的书整理好?"宸宸说:"竖着放书会倒下,把书都躺着放。"六六摇头说:"躺着放只能看到最上面的书的内容,不知道下面是什么书了。"宸宸说:"这些书有的大,有的小,可以根据大小分一分。"旁边的孩子也参与进来:"可以把大小一样的放一起。""可以把颜色一样的放一起。"

讨论时,可以看出孩子们虽然开始有"理"的意识,但缺乏整理图书的经验和方法。而宸宸和六六对事物的探究兴趣高,当如何整理的问题一出现,他们便针对书本最明显的特点提出了自己的想法,在生生互动中迸发出了更多的想法。符合"学习习惯"子领域"爱提问题"表现行为3中的"对自己感兴趣的问题会主动追问和探索"。

(二)实录片段二:图书角的第二次变化

• 观察指标2.3.2:遇到困难时,在鼓励下能继续进行活动

在按颜色整理时,子玲看着桌上的图书说:"这样不行,封面的颜色太多,不能分。"莹莹看了看,点点头,说:"老师,封面颜色太多,怎么分呀?"听到她的呼唤,我鼓励她们:"试试找封面上最明显的颜色。"于是他们再次接受挑战,但最后因为颜色太多无法统一意见。

在小组尝试的过程中,有孩子提出"不能分"的疑问后,同组的孩子已经出现

了放弃的情况,但在老师的鼓励下,他们仍然能够再试一试。符合"学习习惯"子领域"做事专注、坚持"表现行为3中的"2.3.2遇到困难时,在鼓励下能继续进行活动"。

• 观察指标2.3.2:遇到困难时能多次尝试,不轻易放弃,直到任务完成

尝试把图书按照大小分类的森森说:"太难了吧。"这时六六拿着书一本本叠在一起比画着,又一本本摊平在桌上,自信满满地说:"我觉得能成功。"心彦和森森照着六六的方法开始整理,还时不时地说:"这两本书都是方形的,可以放一起。""这两本都不一样,没法放了。"六六接过心彦手里书说:"我要试试。"大家一本本比,慢慢地书本的整理开始初具模样。

按书本大小分类的小组,也有孩子出现了畏难的心理,而同组中的六六却始终相信能成功,他在整理过程中不断地自言自语,一边在嘴里说着"我要试试",一边鼓励同伴。这符合"学习习惯"子领域"做事专注、坚持"表现行为5中"2.3.2遇到困难时能多次尝试,不轻易放弃,直到任务完成"。

(三) 实录片段三:图书角的第三次变化

• 观察指标2.2:对自己感兴趣的问题会主动追问和探索

把书放进书架和书柜了,新问题又来了:书柜里的图书总是东倒西歪,怎么办?

孩子们回家收集了适合的收纳工具。莹莹试着把大的书放在大盒子里。小的放在小盒子里,结果余下了许多大的书,宸宸看到了说:"把小的放在大的盒子里,这样可以看到封面,大的书排整齐直接放在书柜里。"

可以看出宸宸的行动比较超前,当莹莹多出了许多书不知所措时,他主动表达想法,并付诸行动。这符合"学习习惯"子领域"爱提问题"行为表现5中的"对自己感兴趣的问题会主动追问和探索"。

• 观察指标3.2.5:能分类收拾整理好自己使用的物品

在看书的过程中,孩子又遇到问题:看完书后,忘了书原来的位置。教师提问:"怎么样能让每个小朋友都知道这里放的是什么书?"六六立马说:"可以给它们做标记,把玩的书放在一起。"接下来孩子们开始按图书内容分类,给它们取了不同的名字"可以玩的书""变聪明的书""好看的书"。之后

每次看完书,大家都会根据图书上的分类将书送回"家"。

拿取图书的问题再次出现时,在老师的引导下,六六立刻想到了做标记,从孩子给图书分类取名,可以了解到他们对图书的种类有自己的想法,也有更直白的名称,对图书的分类更加细化,孩子们也能按照分类来收拾整理看过的图书。体现了"文明习惯"子领域"遵守基本的行为规范"表现行为5中的"3.2.5能分类收拾整理好自己使用的物品"。

四、结论与建议

(一)结论

中班幼儿对整理有热情,愿意参与整理,但如何整理对他们来说仍是一门学问。从我们班整理图书角的三次变化中,在"学习习惯"子领域中多次出现"对自己感兴趣的问题会主动追问和探索"和"遇到困难时,在鼓励下能继续进行活动"的表现行为;以及在"文明习惯"子领域中也能感受到他们从"在提醒下,爱护玩具、图书和其他物品,能轻拿轻放,物归原处"向"能分类收拾整理好自己使用的物品"发展。

在改造图书角的过程中,大部分孩子的兴趣点和行动力都较高,每次都非常投入地整理图书角。教师会捕捉孩子们问题的焦点,等待问题提出,鼓励孩子主动思考,并提供尝试的机会。因此,有部分幼儿发现图书角的柜子不够时,便有了搬柜子的行为,这也推进了整理图书角的行动。这一部分幼儿的行为表现达到了"学习习惯"子领域中"爱提问题"表现行为5"对自己感兴趣的问题会主动追问和探索"。

每个幼儿的发展阶段不同,遇到问题后的表现各不相同,解决问题的能力也各有差异。在三次图书角变化的讨论与实践中,从观察幼儿行为可以看出,图书的整理对这些中班孩子来说难度较高。在尝试过程中也会出现问题,如按书本封面颜色分类的小组,在有孩子提出"不能分"后,同组的孩子也想放弃,此刻老师的鼓励就是他们继续的动力。大部分孩子在尝试分类的过程中都能达到"学习习惯"子领域"做事专注、坚持"表现行为5中的"2.3.2遇到困难时能多次尝试,不轻易放弃,直到任务完成",能在一次次的尝试挑战中坚持,积累整理方法。

习惯培养是一个循序渐进的过程,在运用评价指标对幼儿文明习惯进行分析时,我们发现孩子们的整理习惯和整理技巧各有不同。大部分幼儿能在阅读后将图书物归原处,达到了"文明习惯"子领域"遵守基本的行为规范"表现行为3中的"3.2.5能收拾整理好自己使用的物品";部分幼儿能够根据图书的内容、种类进行分类,也会主动按标识找书,逐渐把图书整理有序,还能主动去检查图书的摆放,定期整理,逐渐达到"文明习惯"子领域"遵守基本的行为规范"表现行为5中的"3.2.5能分类收拾整理好自己使用的物品"。因此,在培养幼儿良好整理习惯的过程中,需要依附《评价指南》分析幼儿的现阶段情况,采用适宜的方法、调整策略,助力幼儿向更高阶段的水平发展。

(二)建议

1. 借助《评价指南》,深入了解幼儿水平,推进幼儿发展

"指引"聚焦幼儿一日生活6大领域的14个子领域,明确了老师的观察内容及幼儿不同阶段的行为表现。同时也给予了老师观察与了解幼儿的参考。

• 观察指标2.3.2:遇到困难时能多次尝试,不轻易放弃,直到任务完成

在孩子探究的过程中,教师要做等待者,鼓励孩子主动思考,尝试探究,及时帮助他们梳理,进而推进他们的探究过程。正如在图书角的改造中,我们讨论问题缘由,当孩子发现最大难题是"整理方法"时,"有没有好办法?"再次激发了思考,引导他们谈论、寻找起了解决的方法。当然,在以后的图书管理过程中还会出现或大或小的问题,我们需继续引导幼儿一步步探索如何整理,鼓励更多孩子参与活动,向着"学习习惯"子领域"做事专注、坚持"表现行为5中的"2.3.2遇到困难时能多次尝试,不轻易放弃,直到任务完成"持续发展。

• 观察指标3.2.5:能分类收拾整理好自己使用的物品

在系列活动开展期间,我们看到了孩子参与的热情,即使有失败,也不退缩,他们逐渐关注到每一次收纳玩具、物品时的小细节,正如孩子们发现了图书区的书架太少了,便利用教室里的柜子进行书架改造,改变图书区原来的空间;在不知如何将图书进行分类时,孩子们结合自己的生活经验,尝试比大小、比颜色、比内容等方法,最终达成了整理方法的共识,也习得了新的图书整理技能,维护起来也更加认真,每一次的整理都变得更加有序。

2. 细致观察生活细节，支持梳理经验得失

教师在孩子探究问题的时候，需要根据孩子的情况完善支持策略。在"改造图书角"的过程中，教师意识到了孩子们在整理方法上的需求，首先引导孩子观察，敢于质疑。对出现的问题提出自己的想法和建议，敢于挑战。其次鼓励幼儿收集方法，敢于尝试。在尝试过程中，教师要允许失败，引导幼儿直面失败，乐于改变，再次尝试。此外帮助幼儿梳理方法，勇于调整。教师应鼓励幼儿积极商讨解决，并及时调整预设方案，以此提高幼儿解决问题的能力。

从兴趣出发,促幼儿好习惯发展
——幼儿"习惯与自理"发展行为的观察分析
上海市浦东新区晨阳幼儿园　唐　静

一、研究背景

《评估指南》将"品德启蒙"这一部分放在了"办园方向"中,并且明确提出"注重幼儿良好品德和行为习惯的养成"。由此可见,"好习惯"在幼儿阶段有着重要的意义。实际生活中幼儿往往容易出现做事不专注,活动时遇到点问题就容易放弃的情况;在一日活动中,幼儿也经常出现打断他人的情况。可见帮助幼儿养成良好的习惯在幼儿园阶段是不可或缺的。

教师在日常的观察中,发现幼儿对一些常见的传统游戏比较感兴趣,参与度也较高,如何通过幼儿感兴趣的传统文化资源来增强幼儿的文明意识与习惯是值得思考的。本文旨在观察与反思幼儿在传统游戏中的表现,为后续幼儿的学习习惯、养成教育等提供一定的参考与依据。

二、研究内容与方法

(一) 研究内容

1. 研究对象:大班幼儿

2. 研究内容:

• 子领域2:学习习惯

运用《评价指南》"习惯与自理"领域中子领域2"学习习惯",重点观察研究大班幼儿在开展传统游戏活动的过程中,其学习习惯的发展,如是否具有良好的倾听习惯,是否具有做事专注、坚持的习惯等。

（二）研究方法

本案例中，教师在不介入幼儿游戏的前提下，观察多名幼儿在传统游戏活动中的具体表现行为，以白描的方式记录幼儿的行为、语言等，并结合《评价指南》中"习惯与自理"子领域表现行为，分析幼儿行为表现。

三、观察结果与分析

（一）实录片段一：没材料，怎么办

"迎新年"节日活动中，我们引导幼儿自由结对开展传统游戏。在活动开展前，我们有意设置了一些障碍，比如悄悄地将部分常用的传统游戏材料藏起来，尝试观察幼儿遇到问题后的表现行为，是放弃，还是解决问题继续游戏？在观察中，我们看到了阳阳、玥玥、凡凡、琪琪等几个孩子围在一起，开始讨论玩什么游戏，准备什么材料。

- 观察指标 2.3：做事专注、坚持

阳阳问："我们玩什么游戏呀？木头人？"琪琪说："不要，这个玩了好多次了，我不要玩了。"阳阳说："那我们玩什么？击鼓传花好不好？"玥玥说："就玩击鼓传花吧，上次我没有拿到花，这次我想再玩一次。"琪琪拍手说："好的好的，就玩这个吧，这个很好玩的，还有点紧张的。"凡凡在一旁也点头说："那就击鼓传花吧，我想来敲鼓。"阳阳说："那我们就玩击鼓传花吗？同意的人举手。"结果四个人都举起了手。

阳阳接着说："好的，那我们去拿材料吧。"四个人一起到材料区找游戏的材料，东看看西找找，结果发现他们要的材料被量量一组的小朋友拿走了。阳阳说："我们去问量量借借看吧。"于是几个人走过去对量量说："你们的小鼓借给我们用好吗？"量量说："不行，我们等会儿也要用的。"借材料失败了，凡凡说："怎么办，都被别人拿走了，我们怎么玩呀？再不玩我们都要没时间了，要么换一个游戏玩吧？"琪琪："不要，我还是想玩击鼓传花，要不去问问老师吧，看看还有没有鼓。"玥玥说："老师刚刚说了，让我们自己准备游戏材料，肯定没有用的，我们自己再想想办法吧。"凡凡又说："好吧，那就再想想办法吧。可是没有鼓我们怎么玩击鼓传花呢？都不能敲了。"一直没说话的阳阳这时候说："我有办法了，我们可以拿个奶粉罐来当鼓。"玥玥点点头说："对对对，奶粉罐也能敲响，用记号笔敲

就可以了。"琪琪马上接着说："对,用手拍也可以的。""还有花呢？我们也没有花呀。"凡凡又提出了自己的问题。玥玥说："可以传毛绒玩具呀,我带来了小狗,我们传小狗不就行了嘛,我去把我的小狗拿来。"琪琪说："那我去找一个奶粉罐吧。"阳阳对凡凡说："那我们去找一个空一点的地方吧,等会儿他们来了就能玩了。"凡凡说："好的,我们快点走吧。"几个孩子就这样完成了分工,他们从材料库里找到了奶粉罐、记号笔；从玩具篮里找到了自己的玩具小狗,就这样,凑齐了传统游戏"击鼓传花"的游戏材料。

在观察中,玥玥说"上次我没有拿到花,这次我想再玩一次"；当凡凡提出要换游戏的时候,琪琪说"不要,我还是想玩击鼓传花"；还看到4个人一致举手表决要玩这个游戏,等等。从幼儿的这些语言、动作中能看出孩子们是期待玩这个游戏的,从上述幼儿的表现中,可以看到3个女孩的表现行为体现出了"学习习惯"中观察指标2.3.2的表现行为3,即"遇到困难时,在鼓励下能继续进行活动"。在缺少材料,并且其他小朋友不愿意分享的情况下,凡凡提出了要换一个游戏,但是在同伴的坚持下,他还是愿意参与解决问题。而阳阳从未想过要放弃,始终在积极思考尝试,没有鼓就想到去借,借鼓失败就想到用低结构材料替代,他的表现行为已经达到了"学习习惯"中观察指标2.3.2的表现行为5"遇到困难时能多次尝试,不轻易放弃,直到任务完成"。

(二) 实录片段二：游戏规则大讨论

解决了游戏材料的问题,大家准备开始做游戏了。但是孩子们发现人比较少,于是又去邀请了几个孩子共同参与游戏,并且讨论起游戏规则来。平时老师组织游戏的时候都会引导孩子围成一个圆圈玩击鼓传花,但是今天游戏中孩子没有围成圆圈,而是排成了一排,在这个过程中,我发现了这不一样的坐法,但是我没有给任何提示或建议,而是耐心观察：他们是调整坐法,还是调整游戏规则？在游戏中他们会出现问题吗？有没有人就此放弃了呢？那几个被邀请的幼儿又会怎么样呢？

• 观察指标2.1：倾听习惯良好

宁宁指着小朋友说："我们可以从这里传到那里,再把小狗给第一个人。"凡凡看着琪琪的动作点点头表示理解,这时她听到旁边的两个小朋友(琪琪和可可)在说其他的事情,于是转过头轻声说:"人家在讲话的时候,不要不听呀,等会儿要不会玩了。"在她的提醒下两个孩子停止了交谈,但停了一会儿又开始小声说话了。这一次凡凡又转过头,用比刚才更响一点的声音说:"你们怎么还要说话呀,我都听不清楚游戏规则了。"

孩子们继续讨论"击鼓传花"的游戏规则,阳阳说:"这样不好,跑来跑去乱七八糟的,要么再从你们这里传过来吧。"大家你一言我一语地继续说着自己的想法。当大家的交流暂时停下时,玥玥转过头对旁边的阳阳说:"那我们现在是……"但是她刚一说话,就被阳阳打断了,反复几次后,玥玥说:"你先听我说,等我说完了你再说,你这样没有礼貌的。"说完后玥玥就继续说着自己的想法:"现在的规则是从我们这里传过去,传到最后,最后一个人再传给我们对吗?"这一次阳阳没有再打断,而是看着玥玥,玥玥最后还问了阳阳一句:"是不是就这样玩的?"阳阳这次等玥玥全部说完了,注视着他后才说:"是的,最后一个小朋友就不要跑出来,再传回来就可以了,就像传送带一样。"

在这个片段中,我看到了幼儿在倾听时三种不同的表现行为:首先,游戏中坐在一起的琪琪和可可,他们两个人在说话时,能面对面看着彼此,这一行为能体现"学习习惯"观察指标2.1.1的表现行为1"别人对自己说话时能注视对方的目光,注意倾听"。但是在整个小组交流互动的过程中,这种"交头接耳"的行为又说明了这两个孩子在集体中未能有意识倾听,也未能在集体中安静倾听他人讲话,也就是未达到"学习习惯"观察指标2.1.1的表现行为3和表现行为5。

其次,阳阳用语言回应同伴的想法的行为,说明这个孩子在集体中能听到关于游戏规则的内容,达到了"学习习惯"观察指标中的2.1.1的表现行为3,即在集体中能有意识倾听与自己有关的信息。但是玥玥在和阳阳沟通的时候,却一次又一次地被阳阳打断,阳阳不能安静地听玥玥讲话,说明他的表现未能达到"学习习惯"观察指标2.1.1的表现行为5。经过玥玥提醒后,他调整了自己的行为,安静地听玥玥说完,又说明阳阳处于"学习习惯"观察指标2.1.1的表现行为3到表现行为5之间。

再次,游戏中的凡凡和玥玥,不仅在同伴讲述的过程中安静倾听,还能点头示意,他们不需要提醒就已经达到了"学习习惯"观察指标2.1.1的表现行为5"能在集体中安静倾听他人讲话",可见这两个孩子具有良好的倾听习惯。

四、结论与建议

（一）结论

根据上述两个片段中实录，我们可以看到：几个幼儿对于传统游戏"击鼓传花"都比较感兴趣，但是在材料不足时，案例中几名幼儿的"坚持性"还是略有差别的，这与幼儿的性格、能力、习惯等有关，但总体来说，还是值得肯定的，即便是中途想要更换游戏的幼儿，在同伴的劝说下还是能够坚持下来，最后与同伴一起分工合作，寻找适合的替代材料开展游戏。说明案例中的几个孩子都能达到子领域"学习习惯"观察指标 2.3.2 的表现行为 2，其中个别孩子已经能达到表现行为 5。

当完成材料的准备，开始讨论游戏规则的时候，幼儿的倾听习惯就有些参差不齐了。案例中，参与游戏材料准备、组织开展游戏的幼儿属于活动中的主动型参与者，在讨论游戏规则的时候，至少能达到在集体中有意识倾听与自己有关的信息，即达到了"学习习惯"观察指标中倾听习惯良好的表现行为 3。另外，有孩子是中途被邀请参加游戏的，属于被动型参与者，对于游戏规则、要求有些一知半解，因此，在交流中注意力不集中，当同伴在表达想法的时候，不能有意识地倾听，即达不到观察指标倾听习惯良好的表现行为 3。

主动参与游戏者在倾听习惯、专注力都明显优于被动参与游戏者，由此可见兴趣是促进幼儿专注力形成的首要条件。

（二）建议

1. 从幼儿兴趣出发，利用传统资源提高幼儿的专注力，培养幼儿的倾听习惯

无论是倾听，或专注，感兴趣了，他们就自然愿意认真地听、安静地听，更能坚持到最后。应从孩子的兴趣出发，找到适合的传统游戏提高幼儿的专注力，培养倾听习惯。

经典游戏中有不少能锻炼幼儿的专注力，比如手指游戏"金锁银锁"，需要幼儿全神贯注才能不被抓住，获得成功。又如桌面游戏"挑游戏棒"，需要幼儿认真地看、仔细地找才能发现可以挑走的小棒。此类传统游戏玩法简单又可变，幼儿

可自己制订游戏规则,此时幼儿在游戏中的主体地位也将进一步凸显,这将提升幼儿在游戏中的积极性。

当然,除了传统游戏,我们还能结合传统故事,比如开展亲子阅读也是一种培养幼儿倾听习惯的有效途径,家长每天花几分钟时间和孩子一起听故事,在听故事前先向孩子提出问题,让孩子带着问题去听,听完后与孩子交流互动,根据孩子的能力不同,从一小段逐步过渡到整个故事,帮助幼儿养成良好的倾听习惯。

2. 从幼儿的日常活动出发,开展评选活动,激发与巩固文明倾听的意识

习惯的养成,往往需要一段时间的坚持,比如我们开展了"21天学习好习惯"打卡活动,在"好习惯"方面得到进步的幼儿都能获得老师自制的积点卡。每天放学前,孩子们通过自评、他评等不同形式来获得好习惯积点卡,满21天就能根据分数的高低来换取小奖品,幼儿在愉快的氛围中主动地培养了良好的学习习惯。

除此以外,结合大班幼儿竞争意识比较强烈的特性,开展好习惯"小达人"评选活动,有"文明倾听"小达人、"做事坚持"小达人等称号。我班获得"小达人"称号的孩子还能光荣地登上班级"明星榜",以此激发更多的孩子积极性。

3. 从幼儿的生活经验出发,开展听听讲讲活动,在生生互动中提高专注力

在幼儿园,我们经常开展听听讲讲活动,到了大班我们可以结合幼儿的能力与生活经验,组织开展"趣事发布会""新闻播报"等分享活动。幼儿可以说说看新闻或身边的、媒体上的趣事。准备分享也是锻炼专注力的过程,因为在准备的过程中需要幼儿关注、记录这些趣事或者新闻。这对于进行分享的孩子来说这是一次专注力的锻炼,而对于坐着听分享的孩子来说,这又是培养倾听习惯的一种途径,安静地听才能更好地理解同伴的意思,才有机会与同伴进行有效的互动。

总之,兴趣是习惯培养的基础。在后续的指导过程中,我们要关注幼儿的兴趣点,通过材料的提供、环境的创设、家园的合作引导幼儿开展有趣味、有意义、有挑战的活动,这将是促进幼儿养成良好行为习惯的有效途径。

文明相伴　礼润童心
——幼儿"习惯与自理"发展行为的观察分析

上海市浦东新区黄楼幼儿园　周　琼

一、研究背景

幼儿时期是形成文明习惯的重要时期,培养幼儿养成文明的言行举止和行为规范,对幼儿今后的生活会产生深远的影响。

我园注重培养幼儿良好的礼仪举止和文明习惯,把幼儿的文明礼仪习惯养成贯穿于一日活动中,在幼儿的生活、学习、运动、游戏中,通过多种形式、有组织有计划地培养幼儿良好的礼仪举止和文明习惯,培养具有良好文明习惯的美好儿童。

基于以上两点,我们对照《评价指南》中的"指引"部分,观察与分析幼儿"具有文明的言行举止"和"遵守基本的行为规范"两个方面。

二、研究内容与方法

(一) 研究内容

1. 研究对象:大班幼儿
2. 研究内容:
- 子领域:文明习惯

本案例中文明习惯的内容主要包含"遵守基本的行为规范""具有文明的言行举止"两个方面,即孩子在一日生活中文明习惯的使用情况,如在盥洗、用餐、饮水等活动中乐于排队等待,有节水、节粮的意识,主动使用礼貌用语,能根据场合调节自己的音量等,促进幼儿习惯与自理能力的发展。

(二) 研究方法

本案例主要运用了观察法。它是研究者根据一定的研究目的、研究提纲或观察表，用自己的感官和辅助工具直接观察被研究对象，从而获得资料的一种方法。本次活动中我利用观察法根据《评价指南》中幼儿的表现行为，观察幼儿的文明习惯情况。

三、观察结果与分析

(一) 实录片段一：文明"食"光

• 观察指标3.2：遵守基本的行为规范

午餐的时间又到了，孩子们按照平时的习惯洗手、吃饭。"哗哗哗，哗哗哗……"我听到洗手间传来流水的声音，过去一看原来是航航，他还在冲洗着他的双手。此时盥洗室里还有另一位幼儿阿小，只见阿小上完厕所来到航航的身边问："航航，你怎么还在洗手呀？刚刚你明明按照七步洗手法洗过一遍了！"这时，航航转头看了阿小一眼，不紧不慢地说："你不是也还在洗手吗？"阿小走近航航，在他耳边说道："我刚刚上了个厕所，所以比较慢，还在洗手是正常的！可是你不停地洗手，不就是在浪费水嘛？请你快点关掉水龙头吧！"说完，阿小来到洗手台，认真地按照七步洗手法，洗完手快速离开了。而航航听了阿小的话后，也停止了他的"洗手之旅"，关掉水龙头，擦干小手离开了。终于航航也来到餐桌旁坐下，开始进餐。

教室里一片寂静，只听到碗筷相碰的声音，孩子们都一口饭、一口菜、一口汤地吃着碗里的食物。没过多久，孩子们陆续吃完了，开始排队准备漱口，只剩下熙熙和文文还在埋头吃饭。两个孩子同时加快了速度。不一会儿，熙熙吃完饭，整理好他吃得干干净净的碗，准备离开餐桌，这时文文也两三口扫完碗里的食物，马上站起来，想和熙熙一同离开。熙熙看了一眼文文的碗，不禁瞪大双眼对文文说道："文文，你的碗里还有好几粒米呢！你要吃干净，粒粒皆辛哦！"文文低头看了看自己的碗，马上把碗里的米粒吃得干干净净。

孩子们在进餐前能主动洗手，在吃饭时能保持安静，按照一口饭、一口菜、一口汤的顺序进餐，饭后漱口时能排好队等，从这些行为表现可以看出我们班的孩子在吃饭、盥洗上都养成了良好的文明习惯。对应了"遵守基本的行为规范"

3.2.1"能遵守幼儿园盥洗、用餐、饮水等活动秩序,人多时会等待"。

在洗手的时候,航航原本处于玩水的状态,但是经过阿小提醒后,能及时关闭水龙头,节约用水。吃饭的时候文文用最快的速度吃完了午餐,却忽视了碗里还有几粒米饭,在熙熙"粒粒皆辛苦"的提醒下,他意识到要节约粮食、不浪费,用行动把碗里的饭粒吃干净。这两位幼儿的行为对应了"文明习惯"中的表现行为"遵守基本的行为规范"3.2.4"在提醒下能节约粮食、水电等资源"。

(二) 实录片段二:"社"彩缤纷　礼仪同行

• 观察指标3.1：具有文明的言谈举止

今天是小社团活动,灵儿、欣欣参加了小记者社团,佳音、航航参加了小社工社团,孩子们拿着事先准备好的宣传单和采访表格兴高采烈地出发了。

灵儿来到奶奶们身边,开始了她的采访:"奶奶,您好！我是黄楼幼儿园的小记者。我想采访一下您可以吗？"奶奶对着灵儿笑了笑,点点头。灵儿注视着奶奶的眼睛,温柔地说道:"奶奶,请问您家里有几口人？"奶奶伸出4根手指。灵儿对着奶奶点点头,继续问道:"那你们家里每天吃饭都会把饭吃完吗？有没有吃不完倒掉的情况呢？"过了3分钟,灵儿的第一个采访结束了,她挥着手说:"谢谢奶奶接受我的采访,再见！"说完就转身寻找下一个采访对象。

佳音、航航作为小社工,带着他们的宣传单和宣传口号,在街心花园里热火朝天地宣传着。只见佳音来到一个阿姨前面,阿姨手里还抱着一个睡着的宝宝,她三步两步跑上前,对着阿姨开口就是响亮的宣传口号:"爱粮节粮从我做起,光盘行动人人有责。"话音刚落,航航连忙拖住佳音,把佳音带到一旁,小声说道:"佳音,请你声音轻一点,你看阿姨手里抱着一个睡觉的小宝宝。"佳音下意识捂住了自己的嘴巴,轻声说:"那我们轻一点吧！"于是两个孩子压低嗓门说:"阿姨,您好,我们是黄楼幼儿园的小社工,今天来宣传爱粮节粮。这是我们的宣传单,一会儿请您看一看吧！"说着他们拿出宣传单,递给阿姨,然后对阿姨挥挥手告别了。

当孩子们来到街心花园,看见奶奶、阿姨时会使用"你好、请、再见"等礼貌用语,从这些行为可以看出,灵儿、佳音、航航等都养成了良好的文明用语习惯,对应了"具有文明的言行举止"之表现行为3中的"3.1.4能在各种场合主动使用礼貌用语"。灵儿采访奶奶的过程中，作为小记者的她始终面带微笑，采访时也能和采访对象有眼神或动作上的交流，说话时能看着对方的眼睛，这些行为对应了"具有文明的言行举止"之表现行为1中的"3.1.2与人说话时眼睛能注视对方"以及"3.1.3说话态度自然、大方"。佳音在宣传的过程中，看见阿姨就大声宣传起了口号，而忽略了阿姨怀里睡着的宝宝。她没有考虑到实际情况，但是经过同伴航航的提醒，佳音马上意识到了自己的问题，轻手轻脚地走到阿姨身边，轻声细语地做起宣传。这一系列的表现行为都对应了"具有文明的言行举止"之表现行为3中的"3.1.3在提醒下能根据场合调节自己的音量"。

四、结论与建议

（一）结论

每个孩子都有各自的发展阶段，文明习惯也各有差异。在运用评价指标分析孩子的文明习惯时，我们发现孩子们达到的表现水平是不一样的。同样是大班的孩子，有些孩子已经达到同一领域表现行为5的水平，有些孩子则只达到该领域表现行为1的水平。

根据以上两个实录片段，我们可以发现阿小、灵儿在习惯与自理方面已达到表现行为5的水平，无论是在盥洗、进餐、交流等各方面，都能有意识将"爱粮节水""主动使用礼貌用语"等方面积极落实到行动中，并在自己做到的同时还不忘提醒身边的同伴，这与其自身的家庭环境有很大的关系。阿小和灵儿是家中的老大，家里还有一个弟弟，在家里她们就是弟弟的榜样，并主动提醒弟弟该如何做得更好。纵观佳音、航航、文文的表现，他们在盥洗、进餐、交流等方面没有想到"主动爱粮节水""根据场合主动调节音量"等，因为这3个孩子是家中的独生子女，往往这类孩子在学龄前阶段"自我中心"意识较强，但他们虽没有达到表现行为5中的"主动"，却能在同伴的提醒下马上改变自己的行为，可见同伴和榜样的作用是无限大的。

因此，我们不能用统一的评价标准去衡量孩子的发展，而应该准确分析孩子现阶段的情况，采取适宜的方法与策略，帮助孩子在已有能力的基础上向更高阶段发展迈进。

(二) 建议

1. 外界条件暗示，养成基本的行为规范

（1）利用环境创设鼓励幼儿遵守基本的行为规范。要想孩子遵守基本的行为规范，养成良好的文明习惯，环境是重要因素之一。环境包括幼儿园环境、教室环境等，教师可以创设相关的墙面，如班级公约、光盘请亮灯等，并进行每月评比。根据孩子们的行为表现，利用环境创设来增强幼儿遵守行为规范的意识，潜移默化地带动幼儿文明习惯的养成。

（2）利用榜样的作用鼓励幼儿遵守基本的行为规范。幼儿的特点是爱模仿，尤其喜欢模仿他尊敬的人。他们常常观察老师和同伴，并不自觉地模仿他们的一言一行、一举一动。根据文文的行为表现，我们可以在文文旁边安排几个进餐习惯较好的幼儿，这样文文就能从同伴的身上习得如何正确进餐，从而养成较好的进餐习惯。教师可以有意识地在文文面前谈论自己如何进餐等话题，用自己的行为举止去影响幼儿，进而培养幼儿养成文明习惯。

（3）利用鼓励机制推动幼儿遵守基本的行为规范。当儿童遵守基本的行为规范，出现文明行为时，教师一定要及时、具体地表扬，不能只说"你真是个好孩子""你真是个能干的孩子"，而是要说出具体的优点，如"今天吃午餐你把所有的食物都吃完了，而且吃得很干净，一粒米都没有浪费"。或者对他点头、竖大拇指，达到正面强化刺激。幼儿就会重复这个行为，促进文明习惯的养成。再如，我们可以在班级中开展"文明打卡"活动，如果每天都能做到"光盘""节约水电""文明守序"等行为，而且能够坚持一段时间，那么就能得到一个奖励或奖品。通过这样的鼓励机制，培养幼儿注意自己的行为，养成良好的文明习惯。

2. 文学作品浸润，感受文明的言行举止

故事、儿歌是幼儿喜爱的文学形式。我会有意识地挑选良好文明举止的故事，并有表情地说给他们听。如针对幼儿爱插嘴、喜欢随意打断别人等行为，我和他们一起找到了《不插嘴，按顺序说话》《大象的小问题》等绘本故事；针对幼儿学习根据不同场合调节自己音量的问题，我和他们一起挑选了《嘘！小声点》《嗓门不是用来嚷嚷的》等绘本故事。通过这些故事，进一步激发幼儿应该具有文明举止的意识。

3. 角色游戏体验,培养文明的言行举止

幼儿喜欢玩角色游戏,为此,我还将孩子们的文明举止教育寓于游戏之中。我在孩子们游戏的百宝箱中提供丰富的低结构材料,如纸、笔、小木棒、积木块等。超市、餐厅的游戏中,遇到"客人"大声喧哗时,孩子们会联想到用这些低结构材料制作文明海报张贴在店门口,提醒"客人"注意音量;我还会变成"客人",把自己做客时的言行举止展现在幼儿面前,启发幼儿在不同场合注意说话的语气语调,遵守公共秩序,并使用礼貌用语。孩子们也很快能得到启发,如在餐厅中,"服务员"会想到"欢迎光临""谢谢光临","小客人"会想到公共场合说话要降低音量,"爸爸""妈妈"会想到要关心"孩子","孩子"会想到要尊重、体贴"爸爸""妈妈"等。当然,幼儿还会不断地交换角色,文明的言行举止在这一过程中得到了巩固和强化。久而久之,幼儿自然会将这些角色游戏中展现的文明的言行举止迁移到晨间入园、课间交往、家庭生活、社会活动之中,渐渐地养成良好的习惯。

良好的文明习惯不是一朝一夕能形成的,文明习惯的培养需要一个持续且坚持的过程。我们可以从生活交往中以言促行,激发幼儿文明习惯;课堂教学上言传身教,培养幼儿文明习惯;细节把握、点滴渗透,促进幼儿文明习惯;正面强化、心意导行,巩固幼儿文明习惯。总之,对于幼儿的文明习惯培养,我们一直在路上。

从"看见"到"看懂"

——幼儿"自我与社会性"发展行为的观察分析

上海市浦东新区川沙幼儿园　吴龙梅

一、研究背景

随着"幼儿发展优先"理念不断落实,幼儿园越来越重视儿童户外活动,鼓励儿童亲近自然,进行户外观察和探索。儿童在户外游戏中用表情、动作、角色、言语、材料等多个特征来表现自己的行为,不断发展自我与社会性。在开放的户外游戏环境中,儿童通过与材料互动展开想象、认识世界。

我园教研主题为户外自主游戏材料投放的适宜性实践研究。在研究中,我发现:孩子们非常享受和喜欢户外游戏,能借助各类材料与同伴合作自主游戏。教师在孩子原有经验的基础上引导他们探索、创新,并根据其需求提供相关拓展经验,给予适宜支持。基于此,本研究以户外游戏"快乐冒险岛"为例,观察幼儿游戏中的行为,对照《评价指南》中"自我与社会性"的表现行为,进一步分析、看懂幼儿,引导幼儿通过多种途径和方法认识自己,为幼儿形成良好的自我与社会性奠定基础。

二、研究内容与方法

(一) 研究内容

1. 研究对象:大班幼儿
2. 研究内容:

• 子领域1:自我意识

本案例通过对户外游戏片段"挑战'空中轨道'"进行观察,在"自我与社会性"子领域"自我意识"下进行分析,在"具有自尊、自信、自主的表现"行为中达到了"敢于尝试有一定挑战性的任务,能设法努力完成接受的任务"的表现行为。

• 子领域2:人际交往

本案例通过对户外游戏片段"蜿蜒的'山'路"进行观察,在"自我与社会性"子领域"人际交往"下进行分析,在"愿意与人交往,能与同伴友好相处"行为中达到了"能想办法结伴共同游戏,活动中能与同伴分工、合作、协商,一起克服困难、解决矛盾""能关注他人的情绪和需要,会在他人难过、有困难时表现出关心,并努力给予适当的帮助"的表现行为。

• 子领域3:社会适应

本案例通过对户外游戏片段"挑战'空中轨道'"进行观察,在"自我与社会性"子领域"社会适应"下进行分析,在"喜欢并适应群体"行为中达到了"活动中能与同伴协商制定规则"的表现行为。

(二)研究方法

1. 观察法

为研究幼儿户外游戏"快乐冒险岛"中幼儿"自我与社会性"发展行为,本研究主要采用非参与式观察法,在幼儿户外自主游戏中观察幼儿的行为。

2. 访谈法

为全面深入了解幼儿对户外游戏"快乐冒险岛"的兴趣等基本情况,我们编制了幼儿游戏行为访谈提纲,主要包含:游戏的兴趣、游戏的场景、游戏的进度、材料的使用等。

三、观察结果与分析

(一)实录片段一:蜿蜒的"山"路

• 观察指标2.1:愿意与人交往,能与同伴友好相处

桃桃、丁丁和昊昊自由结队后,开始各自搬取材料,以跑道区域为中心,连接摆放路线。桃桃搬运梯子,将梯子的弯钩处架在方格架上,同时将梯子连接在木质攀爬架的阶梯上;丁丁摆放轮胎,将梯子与轮胎连接起来;昊昊边摆路线边尝试行走。3个人合作将路线摆放成了有4个转弯道的环形。

从游戏开始的组队中,可以看出桃桃、丁丁和昊昊是好朋友,并喜欢在一起

游戏。他们3人各自搬取材料搭建通往冒险岛的路,符合"人际交往"子领域下"愿意与人交往,能与同伴友好相处"表现行为5中"2.1.4能想办法结伴共同游戏,活动中能与同伴分工、合作、协商,一起克服困难、解决矛盾"。

经过前面两年的相处,大班幼儿之间已经比较了解,有了自己喜欢的朋友,并且在相互交往中,有自己的主见,合作意识、交往能力有所增强。

- 观察指标2.2:关心和尊重他人

一条蜿蜒的"山路"形成后,昊昊第一个爬上网格架,随后对其他人说道:"你们一定要小心点,别掉到山下了。"同时其他幼儿的注意也被吸引了过来,他们开始尝试在"山路"上行走。齐齐爬上网格架后,颤颤巍巍爬到手扶架子旁,蹲着说道:"这也太高了吧。"昊昊连忙走到齐齐身边,边扶齐齐边说:"没事,别害怕。你跟着我走,我来保护你。"就这样他们手拉手向前走。

昊昊成功爬上网格架,根据自己的能力预估了高度,用语言提示幼儿注意安全。并用肢体动作帮助害怕的齐齐通过"山路"。符合"人际交往"子领域下"关心和尊重他人"表现行为5中"2.2.2能关注他人的情绪和需要,会在他人难过、有困难时表现出关心,并努力给予适当的帮助"。

学会关爱他人是孩子成长过程中不可缺少的一种品质。游戏中,昊昊勇往直前,敢于挑战。同时根据现场的情况,能关怀、提示他人注意危险;能尊重齐齐害怕的感受;能耐心帮助能力较弱的幼儿,适时表达自己的情感。可见昊昊这方面的表现水平是高于班中大部分孩子的。

(二)实录片段二:挑战"空中轨道"

- 观察指标1.2:具有自尊、自信、自主的表现

桃桃主动发出邀请:"明明,这个网格有点重,我们可以一起搬吗?再把垫子放上去?"得到明明肯定的回答后,两个女生合力将它抬了上去。明明问:"加高了之后,怎么才能到最上面去呢?"她们环顾场地四周,发现了梯子,于是合力将梯子搬运到搭建的双层网格上。我走过去用手晃了晃梯子,问道:"好像有点摇摇晃晃的,怎么办呢?"桃桃马上想到网格的好朋友——绑带。说完,她们就去找材料,可是没找到。于是她们把梯子放回原处并搬来很多垫子垒高。桃桃将部分垫子竖起来围成一个空间,明明将台阶及木架搬到场地上,不一会儿场景有了

大升级。

在建造挑战"空中轨道"的游戏中,桃桃和明明根据自己的想法借助周边的材料完成了作品的搭建。符合"自我意识"子领域下"具有自尊、自信、自主的表现"表现行为 5 中的"1.2.4 敢于尝试有一定挑战性的任务,能设法努力完成接受的任务"。

户外游戏不能没有挑战。当幼儿对游戏的内容非常熟悉后,他们的兴趣势必开始减弱。通过语言的提示,帮助幼儿点燃参与的激情。待幼儿自主探索材料后,他们根据自己的想法摆放材料,设计冒险区域的游戏方式,例如摆放梯子时没有一味地重复之前的做法,而是尝试有一定难度的活动和任务,比如用绑带加固,将游戏向更深的层次推进。

• 观察指标 3.1:喜欢并适应群体

新新和七七看到有轮胎之后,马上将其搬到自己搭好的网格旁。新新说:"我想把双层轮胎放在挑战游戏的入口处,这样爬起来也可以加大难度。"七七:"好呀,我想放一个轮胎在这里,再用泡沫条做一个圈,作为出口。从挑战游戏钻出来之后,跨过这个轮胎,就算顺利完成'空中轨道'的挑战了。"新新看了材料道:"这进出口的难度都一样了,不够难。"七七:"那把篮球或者沙包扔到轮胎中,才能完成任务。"新新听完后连连点头:"这个好。"放好轮胎后,他们就开始尝试挑战自己设计的挑战区域。

游戏中新新和七七有一定的协作能力和思考能力,大家任务意识都很强,在挑战"空中轨道"进出口的搭建过程中,非常投入并能协作完成任务。符合"社会适应"子领域下"喜欢并适应群体"表现行为 5 中的"3.1.2 活动中能与同伴协商制定规则"。

大班孩子能理解规则的意义,能与同伴协商制订游戏与活动规则。游戏中,两位幼儿在共同游戏和活动中能与同伴协商和讨论,发表自己的想法,能耐心倾听同伴的意见和建议,能主动发现搭建过程中的问题,并尝试解决问题。

四、结论与建议

(一)结论

1. 每个幼儿在自我与社会性发展方面有不同的发展阶段与行为差异

一方面,同一年龄段幼儿的表现行为能力有差异。如,在创造"蜿蜒的'山'

路"和"挑战'空中轨道'"中,不论是在主动性、解决问题的能力方面,还是在领导力等方面,桃桃和昊昊都是能力较强的孩子。她们在创造过程中起到了重要的作用。令人欣慰的是,两个能力特别强的孩子在一起并没有出现各自为政、互不服气的情况,这让我们看到了她们在自我与社会性领域发展方面的突出表现。户外游戏中的幼儿能想办法结伴共同游戏,活动中能与同伴分工、合作、协商,一起克服困难、解决矛盾;能关注他人的情绪和需要,会在他人难过、有困难时表现出关心,并努力给予适当的帮助;敢于尝试有一定挑战性的任务,能设法努力完成接受的任务;能与同伴协商制订规则。

另一方面,不同年龄段幼儿的社会性行为能力有差异。大班孩子相比中班幼儿,各方面的能力都有所增强,要想发展幼儿社会交往、相互合作水平,就得适当地投放具有挑战性、可再组合的材料,让幼儿在探索材料时,下意识地与伙伴交流沟通合作完成游戏场景的创作。

2. 游戏材料的动态调整能推动幼儿游戏发展,提升幼儿的合作、协商等社会性能力

游戏材料作为户外游戏最基础的物质条件,不仅起着"以物代物"的作用,还能增加游戏情节,丰富游戏的内容和形式,扩展幼儿的想象力。但一个精彩的户外游戏,光凭单一的、固定的游戏材料是实现不了的,它需要通过对材料的动态调整,提高幼儿游戏水平。

在这几次的游戏片段中,我们不难看出户外游戏材料的动态调整。如在"蜿蜒的'山'路"的搭建中,几位幼儿分工将单一的游戏材料运到游戏场地中。他们将材料进行了整合,同时结合空旷场地的优势,摆放出了环形的山路。在"挑战'空中轨道'"的搭建中,幼儿直接将梯子放在架子上导致游戏场景摇摇晃晃。面对不安全因素,教师新增户外材料绑带并通过提问方式启发幼儿思考户外游戏小材料的运用,随后对材料进行及时有效的调整。正是因为游戏材料的动态调整,幼儿与材料和场地之间的互动性大大增加,幼儿与幼儿以及幼儿与老师间的交流合作大大提高了,整个游戏的质量也得到了提升。

3. 教师适当"放手"给予幼儿更多自主游戏的机会,锻炼了幼儿独立解决问题的能力

在户外自主游戏中,教师适当"放手",退居"幕后",做一个安静的观察者,充

分相信孩子,往往能够成就幼儿的成长。因此,在孩子不需要教师介入或者当孩子遇到问题、遭受失败,但没有表现出放弃时,教师静观其变有时也是最明智的一种选择。当遇到孩子对某些游戏活动不感兴趣、持续时间较短或游戏存在危险因素的现象时,教师需关注游戏材料的投放,根据幼儿的实际需求、兴趣爱好、年龄特点提供材料,为孩子提供游戏的场所环境,进一步激发游戏兴趣,为自我与社会性发展奠定基础。

(二) 建议

保证自由交往的时间。自我与社会性能力的发展一定伴随着自主性活动,它是在争论中产生的。户外游戏中可能上一秒两个人还是好朋友,下一秒因为某种情绪不在一起玩了,再过一会儿又在一起玩了,并共同搭建一个游戏场景。过程中也会有不同的意见,甚至发生矛盾……这些都是孩子间最常见的相处情节,它们是游戏中不可或缺的片段,也是我们成人说教无法替代的。

减少介入的频率。孩子的自我与社会性能力发展需要一个自然过程,要让孩子自己去游戏情境中亲身体验。教师过多的"介入",往往适得其反。我们越着急、期待越高,孩子往往越退缩、胆怯。反之,我们在确保环境安全时放手,任其发展,充分允许、接纳孩子游戏中的各种状态,会发现随着孩子的自信心提升,他们的社交能力自然而然也提升了。

创造独立思考的空间。为了提高孩子的自我与社会性能力,在生活中学会独立自主思考是非常必要的。当孩子因为困难退缩时,有时候我们可能会出于节约时间的考虑立刻告诉他答案,甚至都不愿多解释一下。可能当下省时省力地解决了孩子遇到的问题,但实际上妨碍了孩子独立自主地思考问题。我们应启发孩子自己动脑筋去寻求答案,培养孩子独立思考的能力。

强化幼儿进步的行为。在游戏活动中,当捕捉到幼儿社会性能力发展的小片段,或是在这次游戏中发觉幼儿比上一次有进步时,我们都应该及时表扬,强化有益行为。这也同时要求我们在每一次的活动中都要关注到全体幼儿,才能及时捕捉到有益行为。同时也应该了解孩子当前发展区,真正促进孩子的进一步发展,在潜移默化中带动幼儿的社会性发展。

遨游户外　悦享成长
——幼儿"自我与社会性"发展行为的观察分析

上海市浦东新区汇贤幼儿园　徐卫燕

一、研究背景

幼儿正处于人生的起步阶段，价值观尚未确立，思想、人格及行为习惯的可塑性很强。所以应关注和围绕社会性发展，对幼儿进行有效的教育、引导，帮助他们更好地适应社会、融入社会。

班杜拉是社会学习理论的创立人，他认为幼儿阶段的学习情况和生活环境，会对其社会性发展产生深远影响，如果不加教育、引导，幼儿就可能形成各种与社会不适应的思想、行为。因此，在幼儿教育中，应高度关注和重视幼儿的社会性发展，培养其适应社会生活所需的良好心理、人格品质，这样才能让他们真正融入社会，得到社会的认同，从而实现个人价值，并对社会建设有所贡献。

结合《评价指南》中"指引"要求，观察幼儿在户外游戏中的"自我与社会性"行为表现，了解幼儿的社会性行为水平，提出相应的建议，从而促进幼儿的社会性发展及身心健康发展。

二、研究内容与方法

（一）研究内容

1. 研究对象：大班幼儿

2. 研究内容：

• 子领域1：自我意识

运用《评价指南》"自我与社会性"领域之子领域1"自我意识"，重点观察幼儿在户外游戏中，是否敢于尝试有一定挑战性的任务，并且能在活动中积极、坚持表达自己的想法。

• 子领域2：人际交往

运用《评价指南》"自我与社会性"领域之子领域2"人际交往",重点观察幼儿在和同伴的游戏中,是否有固定的玩伴,并且能否想办法结伴共同游戏,当遇到困难时,能否与同伴分工、合作、协商,一起克服困难、解决矛盾。

• 子领域3：社会适应

运用《评价指南》"自我与社会性"领域之子领域3"社会适应",重点观察幼儿在户外游戏中能否和同伴协商制度规则,共同解决所遇到的问题。

(二) 研究方法

1. 观察法

观察是教师推动幼儿深度学习的重要途径,全面观察有助于教师全面了解幼儿户外游戏的真实情况,知晓同伴之间的互动内容。结合《评价指南》中的相关指标,有目的有计划地观察幼儿的行为,分析解读孩子的行为,与幼儿一起发现问题、分析问题、解决问题,从而促进幼儿社会性发展。

2. 个别谈话法

谈话法是通过和幼儿进行日常谈话,帮助幼儿更好地表达自己的情感和想法。每次户外自主游戏后开展个别约谈,进行一对一式的倾听,能更好地关注每个幼儿的特点和需要,更深入地了解幼儿游戏行为背后的想法,促进幼儿在原有基础上的发展。

三、观察结果与分析

(一) 片段一：野战区的实战演习

• 观察指标1.2：具有自尊、自信、自主的表现

刚参加完"我是一个兵"的活动后,孩子们对于户外的"野战区",可谓是充满了好奇。于是毛豆就带上了航航、小书、千怡、芮芮等几个小朋友开启了一场实战演习。借鉴打仗时的战区分配,他们设置了敌我双方、医疗区、休息区等。孩子们选定好角色便开始游戏了。

毛豆是我方的队长,拿着对讲机指挥着手下的一个"小兵"："小书,你的目标

太大了,你要弯腰前进,或者爬过来,你这样走很容易被敌方发现。""队长,收到命令,我马上执行。"于是小书开启了隐藏式前进。毛豆也继续指挥着其他的"小兵"。"队长,不好了,航航被敌方发现了,并且射中了腿部。"只见毛豆队长迅速将航航拖至安全地带,然后拿出对讲机联系了医疗队的人员:"千怡,你们快来,航航受伤了,需要急救,你们带上担架。"没一会儿他们就将病人拖至小亭子内,拿着水果套当成石膏进行紧急救治。

这时候只听到芮芮说:"队长,我们抓到了敌方一名'小兵'。"于是毛豆带领着一众"将士"一同将"敌兵"小启抓了回来,并且用空瓶当成"手榴弹"让对方投降。

当得到"小兵们"对队长指挥的肯定后,毛豆一脸得意,并且更加认真地开始了指挥工作,毛豆和队友们的目标是取得最后的胜利。就这样,野战区的故事还在继续着……

在野战游戏中,毛豆充当着队长的角色,在游戏中能出色地指挥着许多小兵,在这个过程中我们发现毛豆积极地表达自己的想法,并且得到了小兵们的认可。符合"自我意识"子领域下的"具有自尊、自信、自主的表现"表现行为5中的"1.2.1 能主动发起活动,活动中积极表达自己的想法并能坚持"。

当得到小兵们的肯定后,毛豆能更加认真地开展自己的指挥工作,并且愿意接受挑战,符合"自我意识"子领域下的"具有自尊、自信、自主的表现"表现行为5中的"1.2.4 敢于尝试有一定挑战性的任务,能设法努力完成自己的接受任务"。

(二) 片段二:我们的野营帐篷

• 观察指标2.1:愿意与人交往,能与同伴友好相处

户外游戏开始了,语晏邀请了自己的好朋友芮芮一起开展游戏,他们拿着提前画好的露营计划书,开启了今天的露营之旅。

只见语晏拿来了两张迷彩垫,先搭出了一个小桌子,然后很自然地邀请芮芮:"这个是我们的野餐桌,我们一会儿就把准备好的食材全部放在上面吧。""好呀,那我去拿食材咯。"只见芮芮忙碌地准备各种水果蔬菜,可是一阵风吹过,他们放在垫子上的食物、包包都被吹翻了……此时的芮芮有些难过和着急,说道:

"这么大的风,要怎么继续玩呢?"语晏说:"芮芮别担心,上周末我和爸爸妈妈露营,帐篷里面很安全,刮风下雨也不用担心。"芮芮:"可帐篷要怎么搭呢?"语晏想到可以把迷彩垫支撑起来。很快,他们拥有了自己的三角野营帐篷。

别致的三角野营帐篷吸引了一一的目光:"语晏、芮芮,这个帐篷我能参观一下吗?""好呀,你进来吧。"正当他们开心邀请新朋友时,三角野营帐篷却因为一一爬进来时碰到了垫子,瞬间倒塌了。

此时的一一和芮芮显得比较沮丧,三个人一起观察着这个坍塌的帐篷。新问题出现了,怎么才能让三角帐篷牢固呢?语晏很快想到了运动时会将轮胎放置在滚筒两侧来固定滚筒,于是他们把目标锁定在轮胎上。他们分工合作,芮芮和语晏去搬运轮胎,一一将帐篷支撑起来,他们成功地将轮胎放置在帐篷两侧,这下终于完成了一个不会倒下的野营帐篷。

语晏今天不仅做出了独特的帐篷的造型,还主动地跟其他朋友介绍搭建的过程,被吸引来露营的朋友越来越多了。

当语晏成功搭建的三角帐篷吸引了一一后,他愿意主动邀请同伴加入自己的游戏,这符合"人际交往"子领域下的"愿意与人交往,能与同伴友好相处"表现行为5中的"2.1.1有自己的好朋友,还喜欢与新朋友交往"。

在搭建不倒的野营帐篷时遇到了不同困难,语晏始终没有放弃,一次又一次和同伴商量、合作,一起想办法解决困难。符合"人际交往"子领域下的"愿意与人交往,能与同伴友好相处"表现行为5中的"2.1.4能想办法结伴共同游戏,活动中能与同伴分工、合作、协商,一起克服困难、解决矛盾"。

最后语晏主动分享了自己的搭建技术,符合"人际交往"子领域下的"愿意与人交往,能与同伴友好相处"表现行为5中的"2.1.3愿意与大家分享和交流高兴的或有趣的事"。

(三)片段三:小学课堂

· 观察指标3.1:喜欢并适应群体生活

刚参观过小学,孩子们对于小学生活的好奇全部展现在了最近的户外游戏中的"小学课堂"中。

小付、小袁、嫡嫡等正在筹备他们的小学课堂。他们找来了纸、笔和野餐垫,按照老师在前小朋友在后的顺序坐了下来。小袁说:"那天参观小学,小朋友们都是有椅子的。"听到小袁的疑问后,小付很快想到可以用有网面的轮胎当椅子。大家商量后,分头行动搬来了轮胎。一个轮胎放在前面,那是老师的位置,后面的轮胎放成几排,那是学生的位置。"那老师的讲台呢?""我感觉可以叠放两个轮胎。""或者一个横着放一个竖着放。"大家七嘴八舌地发表着自己的看法。终于一切准备就绪了,此时出了一个新问题。"今天谁来当老师呢?"小付问道。婳婳说:"小学和幼儿园不一样,小学里有许多老师,他们分别教不同的本领,有数学、语文、英语,那我们可以轮流当老师了。"

终于小学课堂开始上课了,第一个上课的是"数学老师":"大家好,我是今天的数学老师付老师,今天我要教的是加法,我们一起来算算1+8等于几?"

小朋友们参观完小学后,角色游戏和户外自主游戏中总是会反复出现参观小学的情景,并且大家都愿意主动参与情景中,和同伴共同游戏。这符合"社会适应"子领域下的"喜欢并适应群体生活"表现行为5中的"3.1.1对小学生活充满好奇和向往"。

然而,开设小学课堂的过程中遇到了各种问题,虽然困难重重,但是大家能协作、商量、解决困难,符合"社会适应"子领域下的"喜欢并适应群体生活"表现行为5中的"3.1.2活动中能与同伴协商制定规则"。

四、结论与建议

(一) 结论

结论一:幼儿户外游戏中的自我与社会性总体水平较高

通过三个案例来看,幼儿们在户外游戏中的自我与社会性总体水平较高,分别达到了子领域1"自我意识",子领域2"人际交往和子领域",3"社会适应"中的表现行为5,表明户外游戏能更显著提高幼儿自我与社会性的发展。

结论二:户外游戏丰富了幼儿各种不同性质的社会经验

从三个案例看来,户外自主游戏不仅让幼儿感受童年的本真乐趣,实现健康成长,同时也丰富了幼儿的社会经验,比如如何与人相处,如何与人分享,如何在环境中学习和收获知识,如何开展合作学习,如何在合作中解决问题,等等,为幼儿更好地融入社会生活提供了良好的保障。

总而言之,户外游戏为幼儿的社会性发展提供了多种可能,能够促进人际交往能力的提升,还能有效增强幼儿为他人着想的意识,学会换位思考,从而在潜移默化中熟悉与他人进行沟通交流的方式和技巧,学会如何与人友好相处,学习如何看待自己、对待他人,不断提高自身的人际交往能力和社会适应能力。因此,幼儿教师要充分认识到户外游戏对于幼儿社会性发展的重要性,提供丰富的游戏材料,注重创设开放性的环境,游戏时体现幼儿的自主性,并以有效评价促进幼儿内化社会经验。运用适合的方式引导幼儿,促进幼儿社会性的有效发展,为将来的社会交往奠定良好的基础。

(二) 建议

1. 创设游戏主题,培养幼儿交往能力

户外游戏的主题应顺势而为,更多时候主题来源于幼儿的生活经验,来源于班级当下进行的活动或事件,也可以是幼儿"聊出来"的。在户外游戏内容的选择上,我们与幼儿日常活动相融合,密切结合主题教学内容,充分利用节日、季节、天气变化等,比如,结合主题"我是一个兵"延伸的野战区,六一儿童节开展的"大带小"活动,雨天的与泥共"舞"游戏等,将活动场地扩展到社会环境之中,使幼儿的视野更加开阔,为幼儿创造了与社会近距离接触的机会,促进了幼儿人际交往的发展。

在户外游戏过程中,幼儿之间自发形成一定的情感交流,他们接受同伴的邀请共同游戏,感受他人帮助的温暖,并愿意帮助同伴解决困难,学会付出,拉进幼儿之间的同伴关系和情感距离,也让幼儿在交互中丰富自己的社会经验和情感体验。如开展户外游戏的过程中,教师会引导能力强的幼儿帮助能力较弱的幼儿顺利完成游戏任务。能力强的幼儿能够感受到帮助他人的快乐;能力较弱的幼儿则能感受到被尊重、被呵护,从而实现了幼儿之间的情感交流,培养了幼儿的交往能力。

2. 构建游戏场景,发展幼儿社会意识

从实际出发,我们充分利用废旧物品和自然物来以物代物弥补现有玩具的不足,满足幼儿游戏兴趣需要,搭建幼儿喜欢的游戏场景。树叶、沙子、泥土、箱子、包、丝巾等简单的玩具,在孩子们眼里却是难得的宝贝,孩子们得到了充分的锻炼,增加了开创新主题的机会。此时我们也可以发动家长资源,与家长共同收集一些废旧材料来丰富幼儿户外游戏材料,构建不同的游戏场景。

在构建的游戏场景中,由于幼儿的身心特点存在个体差异,在游戏过程中会产生矛盾、意见分歧等,此时幼儿会通过交流与探讨进行协商、让步、合作等社会行为,这个过程就是幼儿社会意识初步发展的过程。

3. 搭建分享平台,促进幼儿社会适应

同伴学习是幼儿与同伴之间通过互动而达成的一种合作学习。在户外游戏后,为幼儿创设同伴学习的机会,通过分享交流环节,引导幼儿反思回顾游戏过程,鼓励他们与同伴讨论、分享感受与经验,表达自己的意见与建议。同时,学会理解尊重、倾听和采纳同伴的观点,既达到动静交替的环节转换,又促进幼儿的社会性发展。

每次活动结束后,教师可以将自己搜集到的信息进行整理,用精简、规范、浅显易懂的语言进行总结,帮助幼儿提升经验,促进幼儿之间的相互学习。可以围绕自己预设的目标和所要解决的重难点进行关键经验的提升,将幼儿的表现用有条理、完整的语言来表述,来促进幼儿自我意识、社会适应性的发展。

总之,户外游戏作为幼儿学习的方式和途径之一,是幼儿社会性领域发展的重要途径。教师应在过程中细心观察、主动发掘社会性发展的契机,做好游戏前的准备、游戏中的干预和游戏后的总结,让幼儿在自由自在的情境下开展合作与交往,实现自我、集体和社会认知的提升。

你 争 我 抢

——幼儿"自我与社会性"发展行为的观察分析

上海市浦东新区盐仓幼儿园　沈　燕

一、研究背景

《评价指南》中"自我与社会性"领域的核心要求是引导幼儿学会共同生活，形成和谐的社会关系，促进"社会性不断完善并奠定健全的人格基础"。其三个子领域包括"自我意识""人际交往"和"社会适应"。我们发现接纳自我、具有自尊自主的表现、能与同伴友好相处都是幼儿自我意识形成的重要标志，也是其他领域学习与发展的基础。关注幼儿自我与社会性的发展，对幼儿的全面发展有着巨大的影响。

刚进入幼儿园的幼儿存在较长的适应期，不能马上融入幼儿园生活。原因在于，家长在教育孩子的过程中过度的关注、溺爱和放纵。年龄越小的孩子，以自我为中心、自私、不合群等性格特点越明显，这些都为孩子们融入幼儿园制造了障碍，使他们不知道如何与他人相处，伙伴间发生一些争抢行为。

本文通过分析小班幼儿日常生活中的争抢行为，研究其行为原因，提出对策，使幼儿学会正确处理同伴间的关系，为幼儿的社会性发展奠定基础。

二、研究内容与方法

(一) 研究内容

1. 研究对象：小班幼儿

2. 研究内容：

• 子领域1：自我意识

运用《评价指南》"自我与社会性"领域之子领域1"自我意识"指标，重点观察研究小班幼儿在户外游戏过程中对"知道自己和他人不同,接纳自我"的认知,以及遇到问题时对自己需求与感受的表现水平。

- 子领域2:人际交往

本案例中人际交往的内容包含"愿意与人交往,能与同伴友好相处",即小班幼儿在自主游戏中遇到问题时能否与同伴商量解决办法并达成一致,或者能否在有冲突时听从成人的劝解。

- 子领域3:社会适应

本案例中社会适应的内容包含"喜欢并适应群体生活",重点观察研究能力较强的孩子在户外运球比赛中是如何与同伴协商制订规则的,并进行新的运球比赛,从中了解孩子适应群体生活的水平与能力。

(二)研究方法

1. 观察法

观察法指研究者根据一定的研究目的、研究提纲或观察表,用自己的感官和辅助工具直接观察被研究对象,从而获得资料。本案例中,教师以《评价指南》中的"指引"为依据,深入了解幼儿的一日生活,观察他们的游戏过程,记录幼儿在游戏过程中冲突行为的发生与解决,了解幼儿自我与社会性发展。

2. 个别谈话法

个别谈话法指有针对性地与幼儿进行一对一交谈。本案例中,在幼儿发生冲突,且情绪相对稳定时,教师会对当事幼儿进行询问,了解幼儿在面对冲突时的真正想法,依据"指引"进行分析,给予个别指导与建议,不对幼儿发生的冲突行为进行任何暗示和评价,以此提高幼儿社会能力。

三、观察结果与分析

(一)实录片段一:抢小球

- 观察指标1.1:知道自己与他人的不同,接纳自我

1. 行为描述

在一次户外游戏中,教师在操场上放了很多玩具,一个皮球吸引了很多小男生的注意。当老师宣布游戏开始时,凡凡直接跑过去将皮球抢过来,几名后过来

的幼儿表示想大家一起玩,凡凡却说:"这个皮球是我先抢到的,你们谁都不准玩。""老师说玩具是大家的,要分享。""不要,就是我的。"看到凡凡如此坚决,其他幼儿只能暂时作罢。可是,在游戏的过程中,教师发现几名幼儿趁凡凡不注意将球抢了过去,双方因为一个球发生了争抢行为。事后教师和凡凡家长进行了沟通,发现凡凡在家基本由祖辈教养,较为宠溺。

2. 行为分析

凡凡是一个内向的孩子,平时喜欢自己玩游戏,但是其他幼儿则想要一起玩游戏。一方想要让凡凡将球分享出来,一方则坚决认为球是自己先拿到的,并表示不喜欢跟大家分享,想要自己玩。为了大家都能够玩到玩具,其中一方选择了趁其不备将玩具抢过来,所以发生了争抢行为。

案例中,凡凡的表现行为符合"自我与社会性"子领域下"知道自己与他人的不同,接纳自我"的表现1"能向同伴表达自己的需求、感受"。但在片段中,凡凡的表现却未能达到对应的水平。

(二) 实录片段二:这个彩泥是我的

• 观察指标2.1:愿意与人交往,能与同伴友好相处

1. 行为描述

在一次自主游戏中,孩子们都在捏彩泥,小小用白色、黑色和红色的彩泥捏了一只非常可爱的小兔子。小小欣赏自己的杰作时被旁边的航航看到了,航航也想要捏一只一样的小兔子。当他找相同颜色的彩泥时,发现本就不多的白色已经没有了。他想跟小小要一些白色的彩泥。小小却表示不想给他。两个人开始了争抢行为。老师看到后进行了劝解,小小听从了老师的建议,航航却不乐意了。

2. 行为分析

对照"自我与社会性"中"人际交往"子领域下的"愿意与人交往,能与同伴友好相处"的表现行为描述,片段中两个孩子的表现行为描述都符合表现行为1,但在表现水平上略有不同。

小小在玩彩泥过程中遇到问题能够听从老师的劝解,说明她的表现行为达到了"人际交往"子领域中"愿意与人交往,能与同伴友好相处"表现行为"2.1.3

在成人的指导下，愿意分享玩具"和"2.1.4 与同伴发生冲突时，能听从成人劝解"。而航航的表现行为只达到了"2.1.1 愿意与同伴共同游戏，参与同伴游戏时能友好地提出请求"。

（三）实录片段三：你不能这样做

• 观察指标3.1：喜欢并适应群体生活

1. 行为描述

在一次户外运球比赛中，老师要求手不碰到球的同时将球运到篮子里，天天看着自己篮子里没有几个球，可是旁边铭铭篮子里的球几乎都要满了，便开始着急。天天直接用手拿了几个球跑向篮子。铭铭看到后走过来说："你不遵守比赛规则，你不能这样做。"可是天天并没有理会，还是继续拿着球跑。铭铭见状便想要将球抢过来不让他往篮子里投，这样两个幼儿开始了抢球大战。于是铭铭和天天商量："我们可以制订新的比赛规则……"天天说："也可以啊，手不可以碰到球，我用脚总可以吧。"铭铭说："要不我们试试。"说着两个人开始了新规则下的运球比赛。

2. 行为分析

比赛过程中有冲突、摩擦，都是正常现象。案例中的天天和铭铭对比赛的兴趣都非常高，当一方违反比赛规则后，能力较强的铭铭提出制定新规则，他的表现行为符合"社会适应"子领域中"喜欢并适应群体生活"的表现行为"3.1.2 活动中能与同伴协商制定规则"。天天在同伴的帮助下，也很快融入新的运球比赛中。

四、结论与建议

（一）结论

结合以上幼儿行为观察与分析，可以得出以下结论：

1. 我们班大部分幼儿的"自我与社会性"发展水平总体良好，知道自己和他人不同，愿意与人交往，喜欢群体生活，但是仍然有一部分幼儿在与同伴互动的时候会出现争抢行为。这样的争抢行为如果处理得好可能给幼儿带来促进作用，如果处理得不好也可能对幼儿的发展产生一定的影响。教师应该重视幼儿争抢行为。

2. 每个幼儿在自我与社会性发展方面有不同的发展阶段与行为差异。活动中,材料的数量、材料的放置时间、材料本身的结构,甚至材料转移的内容都会影响幼儿的争抢行为。当材料的数量不能满足幼儿的需求时,很容易产生玩具争抢行为。尤其对于小班幼儿来说,他们解决问题的能力远远不够,解决问题的水平也不一样。有的幼儿在"活动中愿意接纳同伴的意见",有的幼儿"能向成人或同伴表达自己的需求、感受"。究其原因,遇到材料不足的情况时,他们能想到的办法只有跟别人要,并不会思考和探索其他解决办法,同时缺乏沟通技巧,使得很多时候索取行为以失败告终。

3. 不同的生长环境、不同的教育,使每个幼儿都有独有的气质特点。有些幼儿从小养成了遵守规则的好习惯,什么事情都喜欢按部就班;有的幼儿喜欢按照自己的想法来。当两种性格的幼儿碰在一起,必然会擦出火花,双方都觉得自己有道理、互不谦让,便产生了争吵。冲突出现后,教师应鼓励孩子尝试自主协商解决问题,班级中能力较强的幼儿在活动中应主动与同伴协商制定规则。

(二) 建议

1. 引导家长正确实施教育

父母是孩子的第一任教师,父母的每一步都会影响孩子的成长。生活在阳光明媚的家庭环境中,父母的行为习惯比较温和,幼儿便会趋向于相互合作、帮助他人、尊重他人,幼儿的父母应该支持幼儿类似的行为。专制和放纵的家庭环境会影响幼儿的发展,导致不健全的人格。这样的幼儿很难做出亲社会的行为。因此,父母应该给予幼儿正确的家庭教育,理性给予幼儿正确的关爱。其次,父母可以通过亲子阅读等方式鼓励幼儿养成分享、谦让的社交习惯。同时可以通过日常生活中的点滴培养幼儿社会性的发展,并在与家庭成员互动的过程中,养成相互谦让,乐于分享的好习惯。

2. 善用日常教育,引导幼儿学会分享

教师应该充分观察幼儿在一日活动中的争抢行为,及时发现、及时教育,建立良好的分享氛围,更好地培养幼儿的分享意识。班级浓烈的分享气氛将促进幼儿的社会性发展。例如,可以在教室墙壁上悬挂有关分享的图片和名言。教师应该以身作则积极营造分享的氛围。从"丫丫小广播""餐后十分钟"等活动中挖掘孩子们的分享故事,帮助幼儿学到更多的分享知识,减少幼儿的争抢行为。

3. 重视规则教育,建立规则并共同遵守

幼儿的可塑性较强,教师应该注重规则教育,在班级建立相应的规则,并鼓励幼儿积极遵守。首先,教师应该为幼儿树立良好的榜样,规范自己的行为,按照规则进行常规活动,培养幼儿的规则意识;其次,在日常活动中不断进行规则教育,丰富教育形式;最后,当幼儿遵守规则时,应该及时表扬,鼓励幼儿继续保持。

4. 优化幼儿园材料,给幼儿提供多样的选择

幼儿的争抢行为很多时候都是材料不足导致的。比如,因为建构区的积木不够而去争抢旁边幼儿的积木;在吃水果的时候,因为水果不够而发生争抢行为等。因此,教师应该准备充足的材料,减少争抢行为。另外,教师创设幼儿游戏活动环境时,应该选择一些宽敞的教室或场地,将游戏区和材料区分开,保证幼儿在游戏中拥有足够的活动空间,防止幼儿的争抢行为。

5. 同伴榜样示范,强化友好行为的发生

新行为的习得与新行为的操作是存在一定区别的。幼儿通过观察学习获得了新行为,但是幼儿不一定会操作该行为,能否操作所习得的新行为主要取决于是否强化,所以,老师还可以借助故事中的角色形象和幼儿群体的力量来进行示范教育,表扬和奖励那些采用友好方式解决同伴争抢的幼儿,强化友好行为。榜样对幼儿的影响非常深刻,因此,为了更有效地帮助幼儿采取友好的方案解决同伴争抢行为,教师可以在班级内树立一个榜样,对幼儿产生潜移默化的影响。幼儿学到的榜样行为,并不表示他们会恰当地运用,教师应该充分发挥作用,通过各种途径对幼儿进行行为的示范,让幼儿明白行为的含义,从而帮助幼儿内化学来的行为。

着眼自我　初探社会
——幼儿"自我与社会性"发展行为的观察分析

上海市浦东新区好日子幼儿园　邵晨璐

一、研究背景

自我与社会性是幼儿重要的发展领域之一。在这个阶段，小班幼儿逐渐认识到自我与他人的关系，并建立起一定的人际关系模式，需要经历自我概念、情感和行为等方面的巨大变化。它关系到孩子们身心健康、学习能力及未来社会适应能力的培养。《评价指南》之"自我与社会性"领域中，也将自我意识与人际交往作为子领域观察内容，包含"知道自己的性别和基本生理需求""愿意接受一些小任务""喜欢和同伴共同游戏，有较稳定的同伴""能谦让和照顾比自己弱小和体弱的同伴，也不让别人欺负自己"等。

本案例旨在通过观察幼儿在生活活动及游戏活动中的行为表现，结合小班幼儿对自我认知、情感状态和行为表现等方面问题的回答，了解小班幼儿对自我的认知以及在人际关系上的表现，提出具体建议，帮助幼儿更好地走进集体生活。

二、研究内容与方法

（一）研究内容

1. 研究对象：小班幼儿
2. 研究内容：

• 子领域1：自我意识

对自己身心活动的觉察，即对自己的认识，包括认识自己的生理状况、心理特征以及自己与他人的关系，本案例中自我意识具体指知道自己和他人不同，接纳自我以及自尊、自信、自主的表现等。

• 子领域2：人际交往

指个体通过语言、文字、肢体动作、表情等将某种信息传递给其他个体的过程。本案例中人际交往具体指愿意与人交往，能与同伴友好相处，以及关心和尊重他人等。

(二) 研究方法

1. 观察法

在生活以及游戏中对幼儿进行现场观察以及跟踪式观察,包括他们与他人互动的方式、对规则和限制的反应等,记录幼儿日常活动和行为表现,通过回顾和分析这些记录,了解幼儿的自我和社会性发展情况。

2. 访谈法

在自由活动时对幼儿进行个别或小组访谈,了解小班幼儿自我认知、情感状态和行为表现等方面的情况,深入了解其想法。

三、观察结果与分析

(一) 实录片段一：我自己

• 观察指标1.1：知道自己和他人不同,接纳自我

中午散步回来,老师整理队伍时说："请男生站一排,女生站一排。"听到老师的要求,大部分小朋友迅速找到自己的位置,有2个男生和1个女生还站在原地不动,虽然已经有排好队的小朋友告诉了他们应该去的队伍,但是3个小朋友依然一动不动。老师再次对他们3个人说了要求,并用手势示意他们应该去的一边,2个男孩子看见老师的手势走到了女生的队伍中,当老师问他们是男生还是女生时,他们回答老师是男生,别的小朋友告诉他们男生的队伍在另一边,他们才慢慢走到男生的队伍中。剩下一个女孩问老师："老师我去哪边？"老师问她："你是男生还是女生？"女孩回答道："女生。"老师指了指女孩所在的一边,告诉她"女生排在这一边",小女孩这才找到了位置。

从案例中可以看出,大部分小班幼儿都对自身的性别有清晰的认识,在听到老师的排队要求后幼儿能够根据自己的性别找到属于自己的位置并会主动提醒周围的幼儿,其中3名幼儿虽然不能快速找到自己的位置,但当老师询问他们是

否知道自己的性别时，他们能够准确回答。幼儿对于自身性别的认知符合"自我与社会性"子领域自我意识下"知道自己和他人不同，接纳自我"的表现行为1"知道自己的性别和基本生理需求"。

• 观察指标1.2：具有自尊、自信、自主的表现

小原是一名男孩，非常喜欢玩火车、飞行器等与交通工具相关的玩具。他经常会和其他男孩子一起玩这些玩具，或者独自一人安静地拼装。在角色扮演游戏中，小原更倾向于扮演警察、消防员等与男性相关的角色。汐汐是一名男孩子，却特别喜欢扮演娃娃家的妈妈、化妆师等角色，在角色游戏时也很投入其中。当老师询问他是男生还是女生时，他回答自己是男生，询问他扮演的是男生还是女生时，他回答女生，询问他要不要换一个与自己性别相同的角色时，他通常都是摇摇头表示拒绝。

这天，老师正在植物角里给植物浇水，眼看水壶里的水要没有了，桐桐着急地对老师说"我来装水"，其他小朋友看见了纷纷抢着要去装水，老师请桐桐帮忙浇水，其他小朋友想抢着干，桐桐不高兴地说："老师只让我去。"其他小朋友听了也只能把手放下，并抢着说："下一个我来。"老师看着小朋友们这么热情，给他们每个人分配了一个小任务，有的装水，有的扔掉枯萎的叶子，有的帮忙拿工具，小朋友们忙得不亦乐乎。

案例中的小原在活动中会表现出对传统性别角色的兴趣或偏好，他更愿意扮演与自身性别相符合的角色。案例中的汐汐会表示想要扮演与其生理性别不同的角色，但是这并没有让幼儿对自己的性别产生混淆。他们的行为符合"自我与社会性"子领域自我意识下"具有自尊、自信、自主的表现"中的表现行为3"能按自己的想法进行活动"。

案例中的桐桐会因为别的小朋友抢着干老师给他的小任务而不开心，同伴之间会抢着帮助老师完成事情。这些行为符合"自我与社会性"子领域自我意识下"具有自尊、自信、自主的表现"中的表现行为1"乐意接受一些小任务"。

(二) 实录片段二：找朋友

• 观察指标2.1：愿意与人交往，能与同伴友好相处

一一进来了，她在教室门口轻轻地跟老师打好招呼后走到图书角拿起书看，看了一会儿后她把书放回书架，然后站在教室中央看着正在玩桌面玩具的小朋

友们。老师问她想不想跟小朋友一起玩,她点点头。老师让她去找一个朋友一起玩,她慢慢地走到每张桌子前,低着头左看看右看看,过了很久都没有找到朋友一起玩。老师再次走到——身边问她在学校的好朋友是谁,——小声地说:"是小米粒。"老师问她为什么不去找小米粒玩,——低着头说:"胆子小。"老师摸了摸她的头,牵起——的手走到小米粒身边说:"小米粒,——想和你做朋友,你愿意吗?"正在玩玩具的小米粒开心地说:"可以!"说完小米粒立刻帮——搬来一个小椅子,小米粒也露出了笑容。之后的一段时间也经常能看见——和小米粒在一起玩。

从案例中可以看出小班幼儿从主观性上都愿意与同伴进行交往,案例中的——虽然性格较内向,主动性不够,但是在集体生活中她也希望能找到朋友,并且能保持稳定的朋友关系。这符合"自我与社会性"子领域人际交往下"愿意与人交往,能与同伴友好相处"中表现行为1"喜欢和同伴共同游戏,有较稳定的同伴"。

- 观察指标2.2:关心和尊重他人

洋洋是班级里的大哥哥,乐观开朗,在班级里有许多好朋友。聪聪与洋洋相反,平时在幼儿园里沉默寡言,总是一个人玩。这天老师正在与聪聪聊天,问他为什么不爱和小朋友一起玩,希望跟哪个小朋友做朋友?聪聪朝着洋洋的方向看了一眼,小声地说出了洋洋的名字,正巧与洋洋的眼神对上了,一贯爱凑热闹的洋洋跑到老师身边想看看发生了什么。老师问洋洋愿不愿意和聪聪做朋友,洋洋爽快地答应了。从那天开始,只要聪聪来了,洋洋就会去拉着他一起玩,虽然聪聪大部分时间都是跟在洋洋后面,但是偶尔俩人也能一起说说笑笑,聪聪不再是一个"独行侠"了。

案例中的洋洋对于班级内社交能力较弱的幼儿能够主动发起交往并且能够理解尊重他人的感受。这符合"自我与社会性"子领域关心和尊重他人下表现行为5"能关注他人的情绪和需要,会在他人难过、困难时表现出关心,并努力给予适当的帮助"。但是由于小班幼儿的年龄特点,同伴之间大多以平行游戏为主,虽然聪聪能够跟洋洋一起玩,但是两人的游戏内容没有联系。

四、结论与建议

(一)结论

1. 大部分小班幼儿都可以清晰的认识自己的性别,但是仍然有一部分幼儿对性别的认知还比较模糊,会出现一定程度的混淆。有些幼儿虽然表现出错误的角色性别行为,但是幼儿并没有真的认为自己是其他性别,这可能是幼儿出于强烈的好奇心与模仿能力,也不排除幼儿对性别认同存在一定偏差。小班幼儿不能分清自己性别可能是由于之前家长没有给孩子灌输性别意识,教师对于幼儿性别认同的教育还不够重视,而且小班幼儿容易受他人的暗示改变自己的想法,摇摆不定。

2. 根据教育心理学的埃里克森的社会发展理论,幼儿会建立主动感,喜欢独立自主帮助大人做事情。小班幼儿的好奇心强,对很多事物都充满了探索的欲望。对老师的事情也充满了好奇心,会主动帮老师。而且小班幼儿主要是通过模仿和体验习得经验,因此他们很乐意承担老师的小任务,虽然有时候会弄巧成拙,但是乐在其中。

3. 小班幼儿有了与同伴交往的意识,渴望拥有朋友,但是交往的能力比较弱。处于自我意识刚开始形成的阶段,他们往往只考虑自己的需求和感受,说明小班幼儿以自我为中心,情绪表达直接,关注自己的需要和感受,还没有完全意识到别人的需求和感受,容易产生冲突和摩擦。因此小班幼儿的朋友关系比较动态,可能会因为各种原因而改变朋友关系。他们开始认同、接纳同伴,但并不太在意同伴间的协作,往往只是各玩各的。

(二) 建议

1. 家园社合作,营造具有包容性的性别认知环境

在接下来的教育中,首先,教师应该提高自身对于性别认同教育的重视程度,可以引入包括非传统性别角色在内的多样化角色扮演游戏和玩具,鼓励孩子们依据自身感受选择自己喜欢的玩具和活动,从而促进他们的自我性别发展。其次,家长也应该参与性别认同教育,营造一个包容和接纳不同性别认同的环境,让孩子能够自由地表达自己的性别认同;平时做好榜样,强化性别观念在幼儿心中的印象。最后,监管部门也应该加强对幼儿动画等大众传媒作品的监管,给幼儿传播正确的性别认知概念。这样有助于完善幼儿的性别认同教育。

2. 根据小班幼儿的年龄特点适当布置简洁明确的小任务

小班幼儿虽然愿意承担老师布置的小任务,但是还不能合作完成。老师在

布置任务时可以同时邀请多个幼儿,避免幼儿因为无法参与而丧失积极性。幼儿的发展水平不同,对于任务的理解能力与达成度也不同,特别是能力较弱的幼儿,他们在日常生活中获得成功的机会较少,这就需要教师根据实际情况安排能力较弱的幼儿能胜任的任务,让他们通过体验自己的力量与成就,在成功的喜悦中潜移默化地提高能力。

3. 家园共育,注重培养不同层次幼儿的同伴交往能力

幼儿的同伴交往大多发生在幼儿园内,教师首先要了解班级幼儿同伴交往的能力,对不同能力的幼儿给予相应的指导。对于交往能力较强的幼儿,教师应鼓励他们主动与班级内性格内向、害羞胆小的幼儿交往,这样的交往对于两种层次的幼儿都是一种挑战。

对于交往能力较弱的幼儿,教师首先需要根据他们在同伴交往中的表现分析其不会与同伴交往的原因,如缺乏交往机会以及"被动"交往较多,幼儿交往意识较弱,缺乏交往技巧等。针对交往意识弱的幼儿,教师可以通过树立榜样激发幼儿交往的欲望,首先教师要能较好地与幼儿展开交往,在每天早上幼儿入园时,教师主动和幼儿打招呼,热情地接待幼儿,可以感染幼儿,激发幼儿与教师交往的积极性。当发现幼儿之间有积极的互动时,要及时给予赞赏和表扬,让幼儿感受到被认可和鼓励,从而更愿意进行同伴交往。针对交往技能较弱的幼儿,教师在一日生活中创造一个开放的交往机会,建构交往语言。例如,开展"大家一起玩""找朋友"等教学活动,让幼儿分享找朋友的方法以及如何处理同伴交往中碰到的问题。注重生活中的随机教育,遇到同伴交往出现矛盾的情况可以与班级内幼儿一同商量解决办法。

在家庭教育中,家长要在言行举止、待人接物等方面为幼儿树立良好榜样,让幼儿懂得家人或同伴间应相互帮助、相亲相爱,同时,家长应积极引导幼儿建立融洽的伙伴关系,鼓励幼儿多与周边的伙伴接触,扩大幼儿的"朋友圈",如让幼儿与伙伴一起做游戏,共同分享玩具等,让幼儿在与同伴的交往中更好地适应周边环境,调动幼儿的积极性、主动性,促进幼儿良好性格的形成,推动幼儿同伴交往能力的发展。

用心渗透,让幼儿有话说、说得长

——幼儿"语言与交流"发展行为的观察分析

上海市浦东新区牡丹幼儿园　华　洁

一、研究背景

3—6岁是幼儿语言发展的关键期,教师应在这个阶段给予有效的帮助和引导,让幼儿在一个舒适、快乐的语言学习氛围中获得最佳的语言发展。

《评价指南》中"语言与交流"领域核心要求是"通过语言获取信息,幼儿的学习逐步超越个体的直接感知"。幼儿的语言能力是在交流和运用中发展起来的,在观察户外游戏中的新小班幼儿时,我发现了三种特殊情况:有的幼儿只会用单个字、词回答,不知道如何表达自己的想法;有的幼儿只认识具体的事物,语言表达不够完整连贯;还有个别幼儿个性较为内向,不愿表达。

这些情况导致在游戏中孩子之间会出现一些"小摩擦",作为老师可以采取什么方法进行引导和培养呢?本文中教师对户外游戏进行定点观察,对幼儿的语言行为进行记录、梳理与分析,帮助教师更好地了解幼儿的语言表达情况,并且通过后续的支持与调整,引导幼儿能够完整地表达需求和所见所闻。

二、研究内容与方法

(一)研究内容

1. 研究对象:小班幼儿

2. 研究内容

• 子领域1:理解与表达

子领域1有"能听懂常用语言"和"愿意用语言进行交流并能清楚地表达"两种行为观察指标,对于3—4岁的小班幼儿来说,这是他们语言发展的基础。通过对其"理解与表达"的行为观察与研究,可以更好地鼓励与支持幼儿的交流与表达。

(二)研究方法

1. 观察法

观察法指根据一定的研究目的,制订相应的研究计划,通过感觉器官和辅助设备,对处在自然状态下的幼儿进行系统考察,从而获得信息资料。

2. 比较分析法

比较分析法指对同一阶段、同一个游戏情节下的幼儿进行对比,分析他们在表达上的异同,进而分析与研究他们的发展水平。

三、观察结果与分析

(一)实录片段一：积木该去哪儿

• 观察指标 1.1：能听懂常用语言

今天我们又一起在后花园进行户外游戏了,恒恒在"材料超市"找到了一大袋泡沫积木,他蹲在地上翻翻找找,拿出了一个半圆形的蓝色积木,抱在怀里,踮起脚尖放在了娃娃家的屋顶上,过了一会儿又找来了三角形和门洞形的积木,一个叠一个地放在了屋顶上,一边放一边笑嘻嘻地看着老师。

这时,娃娃家房子里的"妈妈"然然看到了恒恒。然然对恒恒说"你不要站在这里!"并不停拍打着屋顶内部,泡沫砖一个又一个地滑下来。

"你让开!"然然对恒恒说。

恒恒一边笑一边说:"不,放!"然然继续拍打着屋顶,泡沫砖又滑落了下来,恒恒哈哈大笑,继续往屋顶上摞泡沫砖。然然发现恒恒并没有停止自己的动作,只能大声对老师喊:"老师,你看!"

老师说:"你要自己问恒恒,为什么要把泡沫砖放在屋顶上?"

然然转头对恒恒说:"你不要放了,为什么要放上去?"

恒恒抱着掉落在地上的泡沫砖,一边踮脚一边说:"哈哈哈,玩!"恒恒放好砖头,自己跺跺脚,发现砖头也掉落了下来,又开始了重复的动作。然然发现恒恒不理她,便关上门,继续自己"烧菜"了。

片段一中恒恒是独自游戏,他将泡沫砖作为真实的砖头来使用,这个游戏行为是生活经验的呈现,为了能够看到泡沫砖反复滑落下来,他重复放砖头的动作,说明幼儿在游戏过程中有摆弄和探究的愿望,并且坚持自己的游戏活动,从他的脸上能够看到这个反复的游戏行为给他带来了愉悦的情绪。

由于恒恒沉浸在自己的游戏中,他的回答简短而不完整,缺少主语和宾语,就用一个动词"玩"来表达自己的愉快心情。在此我们可以猜测,恒恒的"哈哈,玩!"表达的是"好玩"的意思,恒恒的语言行为符合《评价指南》中"语言领域"的子领域1.1"能听懂常用语言"。恒恒能结合"建造房子"游戏情境中的感受,理解不同语气语调代表的含义,并回应相应的语句。

恒恒的游戏行为引发了娃娃家另一名幼儿然然的关注,从游戏片段中可以发现,主要对话由然然发起,恒恒摆放砖头的行为影响了然然,然然是用语言来表达自己需求的,这一点符合"理解与表达"子领域中"愿意用语言进行交流并能清楚地表达"表现行为1中的"1.2.3愿意用语言表达自己的需要和想法,必要时辅以简单的动作和表情"。她能够将自己的需求直接向同伴表达,当无法达到自己的目的时,她主动向老师求助,并能用较为完整的语句来向同伴表达自己的想法。

(二)实录片段二:建造屋顶保暖层

• 观察指标1.2:愿意用语言进行交流并能清楚地表达

另一边,"消防员"土豆看到了满地的砖头和恒恒摆放砖头的动作,他也主动加入了这个游戏,他拿起地上的砖头往屋顶上不停地叠放。小砖头上再放大砖头,但是砖头不停地掉落,一边摆放,土豆一边自言自语:"我们在装修,我在想办法。"

土豆在"材料超市"里找到了一块很大的泡沫垫,他把泡沫垫盖在了屋顶的泡沫砖上,试图把泡沫砖压住,过了一会儿泡沫砖和泡沫垫一起掉落下来。

土豆说:"老师,这里要拦住。"

老师说:"你要怎么拦住?"

土豆把泡沫垫竖着拿在手里,靠在了房子的墙壁上,其他幼儿继续往屋顶上放泡沫砖。土豆对同伴说:"你们不要放了,要掉下来了!"

土豆对老师说:"老师,这里要贴住。"他一边说,一边用手指了一下泡沫垫和房子连接的地方。"我们要做厚厚的屋顶,老师这里你帮我贴住。"

教师拿来了剪刀和封箱带,教师:"贴在哪里,土豆?"

土豆:"贴在这个大大的旁边,围起来。"

教师剪下一段胶带交给土豆,土豆将泡沫垫的两边贴在房子墙壁上。土豆说:"这样,一个砖头摆好了。"他对老师继续说:"现在冬天了,太冷了,要把房子的屋顶造得厚一点。"

游戏片段二中的幼儿土豆也是独自游戏,他有一定的角色意识,在游戏开始前能够自我装扮,他穿着消防员的服饰,能够主动与同伴一同游戏。另外他发现砖头会不停滑落,探索出了将泡沫砖拦在屋顶上的方法——使用胶带和泡沫垫围在房子边。

我们发现,土豆能够运用较为完整、连贯的语句表达自己想加入同伴游戏的需求和想法。他将自己的游戏意图"建造屋顶保暖层"告诉周围的人,并出现了相应的游戏行为。他的游戏行为又驱使他主动与老师对话来寻求帮助。后续了解中我们发现"建造保暖层"是土豆在生活中阅读科普书籍获得的知识,因此该语言行为也符合"愿意用语言进行交流并能清楚地表达"中的表现行为3的"1.2.3能较完整地讲述自己的经历和见闻"。

四、结论与建议

(一) 结论

结合以上幼儿的行为观察与分析,可以得出以下结论:

1. 幼儿的语言表达流畅但显单向性,生生之间互动较弱

片段一中的两名幼儿在语言交流方面仍显稚嫩,恒恒能听懂常用语言,但是只能用单字或单词表达自己的想法,表达较为流畅。两名幼儿间的交流互动属于单向性,恒恒无法理解然然表达的含义,在子领域"1.2.3愿意用语言表达自己的需要和想法,必要时辅以简单的动作和表情"中,然然遇到问题与困难时知道寻求成人的帮助,并得到了相应的解决;而恒恒无法与同伴流畅地互动,不能理解同伴表达的含义。

出现这种现象可能是小班幼儿间的互动受年龄特点、游戏行为特点的影响,

不能畅通无阻,独自游戏占主导,语言交流时间短。小班幼儿主要停留在"表达"上,止于"倾听",表达单向而互动不明显。

2. 幼儿语言行为符合小班年龄特点,但个体差异较大

片段二中的幼儿土豆,其语言表达更加完整,可以将这类幼儿当作"标杆",让其他幼儿模仿,同时将"语言表达完整性"体现在集体教学活动或个别化活动中。

(二) 建议

1. 观察中高效使用《评价指南》

在幼儿的一日活动中,我们发现,幼儿的表达是"不停歇"的,有时是一个字,有时伴随着表情和动作;情绪会刺激幼儿用非常完整的语序表达出自己的需求。此刻,教师在观察中运用《评价指南》能够更加目标明确,并有指向性。有目的地记录、梳理和分析幼儿的表现行为,能为教师后续的支持和教学措施提供理论依据,也能够快速发现不同幼儿的行为表现,制订适宜不同个体的指导方法,总结相关策略。

2. 记录中有效利用信息技术

由于幼儿语言表达的不可控性,如何记录这些行为也成了一个挑战,教师可以预设观察内容,或将幼儿随机的语言表现行为记录下来。在此过程中,我认为,运用一些信息技术手段必不可少,如游戏时在教室里架设一台录像机,将幼儿的游戏过程拍摄下来,在复盘游戏或交流分享时,教师和幼儿可以共同捕捉到幼儿的"自言自语""互动语言",或是在"争吵"或"解决问题时"的协商语言等。这样,教师不仅能够较为清晰地了解本班幼儿在语言表达上的不同发展阶段,发现个体化差异,进行个别引导;同时,也可利用照片、视频进行情景再现,帮助与引导幼儿进行游戏中语言表达的回顾与"复盘"。这样"重复"的表达,对小班幼儿来说,是一种天生的"模仿",促进幼儿语言自述与复述能力的发展。

3. 一日中抓住契机随机教育

在一日活动中,教师需要创造条件、搭设平台让幼儿锻炼"说话",如利用来园、饭后、游戏、离园等分散时间,有目的地与幼儿交流各种话题,如"你喜欢玩什么玩具?""你在家看什么电视节目?"等。

在交谈中，教师和幼儿不仅增进了感情，还能引导幼儿模仿教师的说话方式，丰富词汇，逐渐将语句从单个字发展到词语及一句完整的话语。如，小班幼儿对自然角中的小动物"乌龟"感兴趣，我们可以顺着幼儿的兴趣，和幼儿一同观察。这个过程中，那些不大说话的孩子也变得积极了，高兴地问："乌龟吃什么？""小乌龟睡觉吗？"此刻可以引导这些孩子主动去操作——帮乌龟换水、给乌龟加食物，并且邀请他们观察乌龟的动作。有的孩子会说："它在喝水。""它把头伸过去了。"声音可能有点轻，但这也是一大进步，让幼儿不仅"有话说"，还能够"说得长"。

另外，老师可以把幼儿感兴趣的内容，制作成操作盒，引导幼儿通过角色扮演，一边讲述一边动手操作，情景操作式的渗透不仅让幼儿"有话说"，也提高了幼儿表达的兴趣，让幼儿在玩中学，体验语言交往的乐趣。

也可用有效问答方式构建幼儿的语言学习环境，以点带面的辐射到集体幼儿，如当幼儿来询问老师或与老师聊天交谈时，可以请其他幼儿来加入，一名幼儿获得自己想要的答案后，也会主动和其他幼儿谈论，这不仅发展了幼儿理解语意后的再重组能力，也拓宽了幼儿的知识面。

同时，教师应该更加注重每一次游戏后的分享交流环节。小班幼儿最大的特点就是模仿性强，在分享的过程中，我们可以抓住这个特点。如工程师说："放砖头。"老师可以问他："为什么要放砖头？"工程师回答："造屋顶。"老师可以引导他用连贯的语句说："天气开始冷了，放砖头来造屋顶。"这样，在潜移默化中，幼儿语言的连贯性得到了发展。另外，可以在"小吃店""小超市"游戏中，引导幼儿用礼貌用语，如"欢迎光临，请问你要买什么"？

同样，也可以将问题抛给班中其他语言表达连贯的幼儿，如然然、土豆等，由他们来情景再现，帮助同伴、给予示范，使其在游戏的交往中逐步把话说长、说全。

4. 指导中搭设家园沟通桥梁

幼儿的发展不可能单靠教师的努力，在家园配合中，教师有义务科学指导家长如何在家中同步培养幼儿的语言表达能力。例如，在放学后选择一个中心话题开展"饭后谈心"等聊天活动，或者由家长发起"今天在幼儿园和小朋友玩了什么？"等话题，同样家长也可以随意地和幼儿聊天交流。在了解幼儿在园情况的同时，还能引导幼儿回忆幼儿园的活动，用适当的词语、语句来描述自己的经历。

鼓励家长周末带孩子丰富生活内容，在实践中认识世界，丰富幼儿的词汇，发展幼儿的语言系统，如春天时带着孩子一同种植，看种子发芽，让孩子仔细观察种子的生长过程，并用恰当的词语来描述，如"红红的花儿""绿油油的叶子"等。丰富幼儿的生活内容，开阔思路，在感知中丰富知识、发展语言的完整性。

总之，小班幼儿的语言交流需要教师抓住一切契机，开展一日活动中的"随机教育"，巧用成人、同伴的示范，创设一个良好的语言环境，让幼儿能够"有话说""说得好"。

想说　敢说　喜欢说
——幼儿"语言与交流"发展行为的观察分析
上海市浦东新区高科幼儿园　卫羽青

一、研究背景

"幼儿语言表达能力"指鼓励幼儿敢于大胆、大声地说，引导幼儿学习语言表达方式和技能，使幼儿养成积极运用语言表达的良好习惯。本案例并不刻意追求幼儿语言表达能力水平一致，而是认同个体间语言能力客观存在的差异，力求不同程度地激发幼儿的语言表达能力，使每个幼儿从想说到想说、敢说、喜欢说。

每个幼儿都有自己的性格，有的内向敏感，有的开朗乐观。在日常和幼儿的交流中，我班幼儿大多都自信表达，能完整清晰地说出自己的经历。《评价指南》语言与交流中的子领域"理解与表达"主要聚焦于能使用连贯、清晰的语言讲述自己的经历和见闻。通过一日生活中的观察与谈话，探索适合幼儿实际的发展语言表达能力的策略和方法。

二、研究内容与方法

（一）研究内容

1. 研究对象：大班幼儿
2. 研究内容：
- 子领域1：理解与表达

本案例中理解与表达内容包含"乐于参与讨论问题，能在众人面前表达自己的想法"，即大班幼儿在教学活动中能否参与辩论，积极与同伴一起讨论并在集体中大胆发言。"说普通话及本民族或本地区语言时，发音正确清晰"，即观察幼儿在日常与同伴和老师的交往中,使用本地话的频率。

• 子领域2:前阅读与前书写

运用《评价指南》"语言与交流"领域之子领域2"前阅读与前书写",观察分析幼儿的"能用图画和符号表现事物或故事"表现,提出幼儿在班级新闻角中积极运用图画的建议,提升幼儿用多种方式表达自我的能力。

(二)研究方法

1. 观察法

观察幼儿在集体活动中的语言表现情况,如会不会在同伴面前大胆表达自己的观点;观察幼儿在日常谈话中与教师和同伴的聊天,如在班级中除了普通话还会不会用方言进行交流;观察幼儿在班级新闻角中的表现,如能否生动地描述事情等。根据上述观察,分析幼儿的发展水平在指标中的表现。

2. 谈话法

利用一日生活中的点滴时间,与班级幼儿进行谈话活动,亲近幼儿并了解幼儿的想法,促进幼儿语言表达能力的发展。利用语言教学活动,创设语言学习的机会和交流情境,提高幼儿语言表达能力。

三、观察结果与分析

(一)实录片段一:我们的生活离不开水

• 观察指标1.2.1:乐于参与讨论问题,能在众人面前表达自己的想法

在集体教学活动"我们的生活离不开水"中,开展幼儿自由辩论。我们天天把节约用水挂在嘴边,那大班的幼儿究竟能不能清楚地说出理由,并尝试说服对方呢?活动中抛出辩论题"你们认为水用得完吗?"。大部分幼儿都站到了正方区域,只有2名幼儿站到了反方区域,一场实力悬殊的辩论开始了。正方的妍妍说:"水并不是取之不尽,用之不竭的。你现在看到很多的水,不少是海水,而海水是不能喝的。"反方的昊昊说:"我不同意,我在家里查了资料,我们可以将海水蒸馏成淡水。"正方的孩子围在一起讨论了一会儿,轩轩说:"江河也缺水,黄河连年出现断流。还有沙漠里的古城因为缺水,都被沙子埋起来了。"这时候子轩说:"对的,现在还有水污染的问题,我们能用的水只会越来越少。"最终我班

幼儿达成共识,地球上的水资源非常丰富,但是可利用的淡水资源却越来越少了。

辩论的乐趣就在于说服对方,没有标准答案。大部分幼儿都参与了讨论,正方幼儿也在努力说服反方幼儿。辩论前期,幼儿和家长一起积极地收集资料。自由辩论活动中,妍妍首先说出了自己的观点,昊昊安静倾听了妍妍的观点后,还能根据妍妍的观点有针对性地回答。轩轩和子轩在和同伴一起讨论后做出总结性发言"我们能用的水资源只会越来越少"。这些幼儿都符合"语言与交流"子领域下"愿意用语言进行交流并能清楚地表达"表现行为5中的"1.2.1乐于参与讨论问题,能在众人面前表达自己的想法"。

(二)实录片段二:我的家乡话
• 观察指标1.2.2:说普通话及本民族或本地区语言时,发音正确清晰

每天我都在幼儿甜蜜的问候中迎接他们,日常谈话中也是惊喜满满。大宝、小宝是本地人,一口流利的本地方言让他们成为了我的"老师"。有些本地谚语我都得请教他们是什么意思,小宝就会用普通话解释一遍。昊昊吃饭一直挑食,大宝小宝看见了就会说:"千补万补,勿如饭补。""侬饭不吃,么力道白相。"他们经常用流利的本地话和我分享小区里老人的日常,但是在和同伴游戏时就会自动切换成普通话。

我们班还有很多来自不同地区的幼儿,林林和佳怡是福建人,她们走到我面前开启了"加密"对话,热衷于让我猜他们对话中的小秘密。她们介绍了很多福建的小吃和景点,还邀请我去她们的家乡看一看。

大宝、小宝由爷爷奶奶照顾比较多,老一辈的上海人很注重本地话的传承。大宝和小宝符合"语言与交流"子领域下"愿意用语言进行交流并能清楚地表达"表现行为5中的"1.2.2说普通话及本民族或本地区语言时,发音正确清晰"。其他幼儿在传承本地区语言方面还有欠缺。

林林和佳怡可以使用家乡话清晰流利地告诉我身边的事和家乡的特色,这是很难得的。她们符合"语言与交流"子领域下"愿意用语言进行交流并能清楚地表达"表现行为5中的"1.2.2说普通话及本民族或本地区语言时,发音正确清晰"。此外,他们还能使用连贯、清晰的语言讲述自己的经历和见闻。

(三) 实录片段三：小小新闻角

• 观察指标1.2.4：讲述时能使用常用的形容词、同义词等，能使用表示因果、假设等相对较复杂关系的句子，语言较生动

• 观察指标2.3.1：能用图画和符号表现事物或故事

我班幼儿最喜欢新闻角，这是他们分享身边的新鲜事、和同伴一起猜脑筋急转弯的好地方。云云说："大家好，今天我给大家带来一个脑筋急转弯，你们都来猜猜。什么动物天天熬夜？"佳怡说："猫头鹰。"云云说："是脑筋急转弯，和普通的常识不一样，你再想想哦。"佳怡说："因为猫头鹰晚上不睡觉呀，就是猫头鹰。"云云说："对哦，你的回答也很有道理。那你想想还有其他答案吗？"小朋友们都摇了摇头。云云说："熊猫，因为天天熬夜不睡觉就会有黑眼圈，正好熊猫有黑黢黢的眼圈，所以答案就是熊猫。"小朋友们听了答案后都哈哈大笑。

云云会说"黑黢黢"等形容词，也能用连贯语言介绍动物的特征习性。云云用"因为……所以……"的因果关联词解释了答案为什么是熊猫。佳怡的答案云云觉得也有道理，所以她没有否定同伴的答案，让他们再想一想。云云符合"语言与交流"子领域下"愿意用语言进行交流并能清楚地表达"表现行为5中的"1.2.4可以讲述时能使用常用的形容词、同义词等，能使用表示因果、假设等相对较复杂关系的句子，语言较生动"。

新闻角边上还有一堵新闻墙。他们有时会分享去培训班的路线图，有时会分享好玩的笑话，有时会分享最近的新闻大事和名人事迹，有时还会分享认识的动物或植物。幼儿把故事画出来后写上自己的名字并挂上新闻板，请好朋友一起看看、讨论身边的新鲜事。

观察"新闻墙"的画面，所有幼儿都能把故事画出来后与同伴一起分享。能力较强的幼儿能在记录的新闻纸上写上自己的名字。可以看到我班2/3的幼儿都符合"语言与交流"子领域下"具有书面表达的愿望和初步技能"表现行为5中的"2.3.1能用图画和符号表现事物或故事"。

四、结论与建议

(一) 结论

1. 集体教学活动，以共性话题为抓手。片段一中的集体教学活动是面向班

级里所有的幼儿的,一定要以幼儿为主体,尊重每位幼儿的个体差异。有别于之前的集体教学活动,辩论活动能更好地激发幼儿的自主性,就算他们说不清楚,但是只要勇于表达,我们就要给他们信心。在共性话题的抓手下,幼儿对活动的兴趣有了明显的提升。

2. 日常谈话活动,以个性话题为补充。片段二中幼儿园的普通话推广已经较为规范,大班幼儿都能流利地用普通话与他人交流。但是家乡话却因为缺少语言环境而使用的越来越少。片段二中日常的谈话活动也是师幼互动、幼幼互动的体现。

教师亲切的问候和耐心的倾听让幼儿更加愿意主动与教师交流,即使有时孩子的口音比较模糊,或者说的是家乡话听不懂,我也会耐心请他们慢慢说,尽量口齿清晰。和同伴谈话也是锻炼幼儿语言能力的好时机,毕竟孩子们之间总有聊不完的话题。

3. 班级新闻活动,以热点话题为切入。片段三中云云和大部分幼儿都能达到表现行为5,一部分幼儿在书写与阅读上还有欠缺。每天午餐前就是新闻台的播报时间,在集体面前讲述各自的发现,分享所获信息,并且通过奖励的形式,让幼儿体验成功的乐趣。放学前也有一小段谈话,根据幼儿的兴趣,可以请幼儿表演儿歌或古诗,也可以一起探讨身边的新发现。教师应抓住各种契机,提供幼儿开展语言交流的平台。

(二) 建议

1. 集体教学活动中建设幼儿表现的平台

活动中教师应充分相信幼儿,给予他们表现的机会。集体教学活动中教师的站位应该退后,为幼儿提供一个用语言表达自己的机会,有效促进幼儿语言发展。在指导幼儿交流和表达的过程中,加强对幼儿语言表达能力的锻炼,使幼儿能够掌握相应的语言技能。辩论赛就是一种激发幼儿自主性的活动,可以多开展类似的活动让幼儿在辩论中锻炼语言能力。在本次活动需要准备大量的资料,教师有限的教育资源远不能满足教育活动需要,家长与幼儿的积极配合也成为活动顺利开展的动力。

2. 日常谈话活动创设良好的语言环境

（1）班级环境创设

高科幼儿园的特色故事墙给幼儿提供了交流的机会。班级中的阅读角保证图书充足，班级图书数量是幼儿人数的3倍。故事续编墙，可以根据幼儿看到的故事进行创编。还有情景剧小舞台，教师和幼儿一起制作表演小道具。

（2）心理环境创设

在我的班级里，不要求幼儿一定要说普通话，也可以用自己家乡的语言。一个良好的语言环境不仅包括物质环境，最重要的是心理环境。教师的支持和鼓励是很重要的，支持是帮助幼儿实现交流的保障，鼓励可以调动幼儿语言表达的积极性。在日常交流中，我也会说："你说的方言真有趣，也教教我。"

同时，和睦的同伴关系也至关重要。在幼儿园的日常生活中，幼儿更多的时间是和同伴交往。随着幼儿的发展，与同伴交往的时间和密切程度也有所增加。我在教室中也布置了一个相对安静的小角落，好朋友还会在这个小角落说说秘密，一起学习对方的家乡话。

（3）利用多媒体技术发掘本土资源

其实，班级中能说普通话和家乡话的只有一小部分幼儿。大部分幼儿只会说普通话，所以我利用"滴滴学堂"等软件发掘里面的沪语童谣，在午饭前播放给幼儿观看。此外，我还会在网上找一些老上海生活的片段，让幼儿了解沪语文化。

3. 班级新闻角活动

（1）利用节日或特色活动锻炼幼儿语言能力

节日也是锻炼幼儿语言能力的好机会。过年期间，我请每位幼儿写下了心愿清单，并请家长帮助实现。然后让他们把自己过年的故事和完成了心愿讲述出来，幼儿的兴趣很高。这些故事被放在阅读角，他们翻看的时候也能回忆起那段经历。

在高科幼儿园的迎新活动中，故事大王比赛不仅可以锻炼幼儿的语言能力，还给了幼儿在大众面前讲述故事的信心。活动中幼儿们还自主选择剧本表演了童话剧《老虎照镜子》，台词、动作都是幼儿自己创编的，这也锻炼了他们的语言能力。

（2）同伴的肯定与教师的奖励

放学前教师还准备了一个小小的颁奖典礼,每当幼儿讲满 15 个身边事或新闻时,会收到一份手工折纸小作品和一个奖状。幼儿在集体面前被表扬,也极大增加了孩子的自信心,让他更加想说敢说。

新闻台也不只有一个小主播在讲,其他幼儿也可以回答小主播的问题,有了同伴之间的交流,幼儿对这个活动更加有兴趣。

总而言之,我常常站在幼儿同伴的角度与他们交流,他们会和我说得更多。作为他们的同伴我能做到耐心倾听他们的话,并且给予及时的回应,鼓励他们,让他们有信心与更多人交流。在良好的集体环境中,幼儿可以自信地在众人面前表达自己的想法。把机会给幼儿,老师在观察中也会发现惊喜。

自主表达从"故事板"开始
——幼儿"语言与交流"发展行为的观察分析

上海市浦东新区海港幼儿园 葛永波

一、研究背景

根据《评价指南》中对幼儿语言能力发展的要求,幼儿语言能力主要包含了两个方面,一是幼儿口头语言的学习与发展目标,二是幼儿书面语言准备学习与发展目标。《评价指南》中"语言与交流"下包括两个子领域:"理解与表达""前阅读和前书写"。我们发现:合理的语言教育活动、适宜的语言教育环境能够激发幼儿语言与交流能力的发展,幼儿的潜能也能充分被挖掘。

中班幼儿特别喜欢听故事,他们喜欢反复翻阅图书,但是对故事的表达表现以及对故事中情绪的体验还需要老师去不断地引导和激发。另外,中班幼儿在日常活动中会产生一些"前书写"的行为,但比较零散。基于以上这样的现状,结合中班幼儿的年龄特点,借助《评价指南》中的幼儿行为发展评价指标,通过观察幼儿在故事板活动中的表达、表现,引导孩子真正理解故事中的内容和情感,在阅读故事后进行自主表达,将自己感兴趣的事情或者故事画下来讲给别人听,并愿意用图画和符号表达自己的愿望和想法。

二、研究内容与方法

(一)研究内容

1. 研究对象:中班幼儿

2. 研究内容:

• 子领域2:前阅读与前书写

子领域2中提出:中班年龄阶段的幼儿会反复翻阅自己喜欢的书籍,能大致说出所听故事的主要内容,能随着文学作品情节展开的进程,体会作品所表达的各种情绪、情感,能用图画和符号表达自己的愿望和想法。此案例以此作为观察内容点,针对幼儿阅读能力、表达能力和书写能力进行观察分析,提供适宜的环境创设和语言活动,促进儿童的语言发展。

(二) 研究方法

1. 观察法

本案例的观察内容主要有以下4个方面:第一,倾听及观察幼儿在教学活动中的语言、行为等。第二,观察幼儿在区角活动中语言与交流的情况。第三,观察幼儿的绘画以及书写作品。第四,观察"故事板"中的故事作品,挖掘作品中蕴含的语言能力、文学想象、艺术创作等,了解幼儿情感世界及其内心真实想法。

2. 谈话法

本案例访谈的内容主要包括以下4个方面:第一,教师对"故事板"的认识。第二,幼儿的经验准备、兴趣爱好以及幼儿语言能力发展水平等。第三,教师对区域活动设计的思考及建议。第四,教师在行动中的反思,包括组织实施、实施效果及所遇到的问题等。

三、观察结果与分析

(一) 实录片段一:"故事板"的起源

- 观察指标子领域2.1.1:会反复翻阅自己喜欢的书籍

个别化学习的时间到了,孩子们纷纷选择自己喜欢的区域开始了学习活动。今天"读书吧"迎来的是若涵和梓欣,只见两个人分别选择了几本绘本开始翻阅起来,一本又一本,不一会,她们就翻阅完所有的绘本,然后又拿起了其中一本开始反复翻阅,但是中间没有互动和交流。看完绘本后,她们就离开了这个区域。

之后进来的是馨羽和梦然,她们是一对好朋友,手拉着手商量着一起看之前最喜欢也最熟悉的那本绘本。只见她们边指着图片边交流着。但是没过一会儿,她们也离开了这个区域。

从实录中可以看出幼儿对于自己熟悉和喜欢的绘本会反复翻阅,符合"语言与交流"子领域2"前阅读与前书写"表现行为1中的"2.1.1会反复翻阅自己喜欢的书籍"。但是当面对大量绘本的时候,往往只是单一地翻阅,而且速度很快,对画面的图片、人物、细节等方面也没有过多的观察。和好朋友一起阅读会增添很多快乐,她们会商量,会共读。但是馨羽和梦然也只是一起翻阅了熟悉的绘本,除了关于一些熟悉画面的交流,似乎也没有进一步的表达和表现。孩子们似乎还不能很好地表达故事中的内容,通过故事引发的同伴互动和交流也比较少,单纯处于翻阅阶段。

(二)实录片段二:"故事板"的投入和使用

- 观察指标子领域 2.2.1:能大致说出所听故事的主要内容
- 观察指标子领域 2.2.3:能随着文学作品情节展开的进程,体会作品所表达的各种情绪、情感

商讨之后,我们在"读书吧"里投放了"故事板"。"读书吧"一下子热闹了起来,孩子们都争着要进去玩。此时"故事板"的投放形式比较单一,量也比较少。"故事板"供不应求,孩子们发生了争吵。面对突如其来的争吵,我只能说:"要不你们用石头、剪刀、布来决定吧!"被留下的孩子中有一个平时不太喜欢讲话的橙橙,她非常认真地摆弄了起来,他一边摆弄一边讲故事,还时不时和同伴一起扮演起角色来,虽然讲的故事情节比较随意,没有完整的语言,但是能大致讲出故事的内容,其他孩子亦是如此。

过了几天后,我们又投入了一些"故事板",故事内容有的来源于绘本故事,有的来源于主题活动。与此同时,我们还投放了一些手偶。新添的材料一下子吸引了孩子们的兴趣,有的幼儿拿着手偶跟同伴一起表演,有的幼儿在故事板中不停地摆弄,表情和动作也非常丰富。"情绪小怪兽"这个"故事板"特别受孩子们的欢迎,小怪兽的不同情绪会让它变化成不同颜色。孩子们跟着故事的情节,做出不同的反应,语言也丰富了很多。

"故事板"是引导一个或多个幼儿操作一块放置玩偶、场景和道具的底板。对于新材料的投放,幼儿总是会充满新鲜感,从今天的活动中可以了解到幼儿能在"故事板"的启发下,大致讲出故事的主要内容,符合"语言与交流"子领域2"前阅读与前书写"表现行为2中的"2.2.1能大致说出所听故事的主要内容"。橙橙平时不太愿意与同伴交流,但是通过"故事板"的投入使用,性格内向的她能

主动表达和表现。"故事板"内容的选择也很关键,"情绪小怪兽"故事简单,主线清晰,幼儿还能随着文学作品情节展开的进程,体会作品所表达的各种情绪、情感。

(三) 实录片段三:"故事板"的创造性使用

• 观察指标子领域 2.3.1:能用图画和符号表达自己的愿望和想法

午餐过后是孩子们的自由活动时间,有的孩子选择玩自带玩具,有的孩子选择看书,等等。在角落里的晨晨和浩浩引起我了注意,只见他俩拿了两张折纸和水彩笔,在折纸上画着什么,过了一会儿,晨晨拿着他的作品走到我身边说:"老师,你看,我画了羊和狼,狼要吃掉羊了,小羊在草丛里躲了起来。这个小羊是我,那个狼是浩浩。"我惊喜地看向他的作品,让我意外的是他的作品上就只有几个简单的圈圈,还有一团绿绿的草丛。我肯定并表扬了他们的想法,鼓励他们在"故事板"里操作和表演。可能是基于之前对"故事板"的使用经验,他们拿起剪刀把画剪下来贴在了一块积木上,有模有样地在"故事板"里面摆弄了起来。这个行为吸引了周围的伙伴,他们也纷纷制作起了自己的角色,小白兔、小花猫、小女孩等,越来越多的角色加入了他们的故事表演中。

从晨晨和浩浩的行为中我们可以看出,他们已经能够运用简单的符号和图画表达自己的想法,符合"语言与交流"子领域2"前阅读与前书写"表现行为3中的"2.3.1能用图画和符号表达自己的愿望和想法"。虽然这可能只是他们才能看懂的"语言",但这些行为是非常好的,得到了老师的表扬和建议后,他们也能付之于行动,让画出来的角色和"故事板"融为一体,并吸引同伴,带动了群体。

四、结论与建议

(一) 结论

1. 幼儿的整体水平的分析及原因分析

从以上三个实录片段可以发现:幼儿的语言能力得到了不同程度的发展。性格较为内向的幼儿生发出对故事讲述的兴趣,积极参与语言学习活动中,口语表达能力不断发展;语言表达缺乏逻辑性的幼儿在边操作边讲述"故事板"的过程中,逐渐学会有条理地讲述故事。

2. 教师的解读与支持对于幼儿语言能力培养有重要作用

作为教师,我的语言教育行为也发生了很大的改变——从不会观察幼儿的语言学习行为,到能够准确解读幼儿语言学习行为中的问题,掌握了幼儿语言学习的特点和规律,并能采取有针对性的语言指导策略。学会从幼儿的角度去思考问题,站在他们的立场去看待事物,更能把握孩子们的年龄特点。也许改变真的很难,但是只有进行更加深入的研究,才能为幼儿语言能力的全面发展提供强有力的支持。

3. 故事板运用的价值与问题

"故事板"的使用丰富了阅读的形式,幼儿从单调地、重复地翻阅书籍转化成了能够边操作边讲述故事,增加了阅读的趣味性,激发了幼儿阅读的热情。通俗易懂、色彩鲜艳,有趣生动的"故事板"能帮助幼儿体会作品所表达的各种情感。喜欢涂涂画画的幼儿,作品逐渐有了主题性和计划性。"故事板"的使用,激发了幼儿的前书写的愿望,我们以"故事板"为切入点,进一步架构幼儿"前书写"实施路径。从内容和形式上丰富"前书写"活动,尊重幼儿主体性的同时,关注个体差异。当然"故事板"还存在投放形式和内容比较单一,幼儿的兴趣不够持久;有的幼儿对"故事板"的使用方法不是很清楚;无法保存下幼儿的"图图画画"等问题待完善。

(二)建议

1. 教师的观察、分析与解读

作为教师,我们要更善于观察、分析和解读。第一要聚好焦,明晰观察的重点;第二要选好点,灵活运用观察的角度、方法;第三要用好材,选择更适切的记录工作,让观察更细致、分析更透彻、解读更深入。

2. 教师的支持策略

(1) 肯定"绘画语言"的出现

幼儿前书写经验的积累,对他们书写技能的提高有很大帮助。我们要观察和分析幼儿涂鸦作品,通过倾听幼儿的"绘画语言"来解读幼儿的涂鸦。鼓励幼儿借助画图来表达,帮助和激发幼儿对书面文字的兴趣,给幼儿提供更多接触书面文字的机会,创造条件让幼儿多练习。

(2) 丰富"故事板"形式与内容

在制作"故事板"的时候可以采用多样化的方式来呈现：立体式——在一块平的底板上呈现立体的房屋、树木等；插孔式——提供一块有孔的底板，幼儿可以在孔中放置道具玩偶；翻页式——通过翻页，故事场景发生变化，呈现不同的故事场景和情节；实景式——提供真实的场景材料，供幼儿在故事板上操作。多元化的呈现方式满足了幼儿个性化的故事讲述需求。

师幼共玩。教师能够帮助幼儿尽快了解材料的特性、玩法以及故事的主要情节。比如，在"故事板"投放的初期，孩子们对一些材料的使用不是很清楚，老师可以主动邀请几个幼儿一起边摆弄一边讲故事，并且分配好角色，刚开始的时候用较慢的语速完整地讲述故事，并提示幼儿拿取相应的角色、玩偶和道具，尝试演绎故事的情节。之后，在讲述时可以增加提问，引导幼儿从单纯的听故事转向参与式的讲述。这样一来，幼儿参与"故事板"的兴趣越来越浓。在师幼共玩的过程中，教师示范性的语言、行为和材料操作方式本身就是一种指导，能够帮助幼儿逐步提升口语表达和故事演绎等能力。

集体讨论。在幼儿自己摆弄"故事板"的过程中，我们发现预设的内容或者预期的目标往往难以达成。对此，尝试在活动开始前，组织幼儿针对活动内容和材料进行集体讨论，帮助幼儿扫除活动障碍。组织幼儿一起讨论故事板中要使用到的玩偶、场景，帮助幼儿分清角色及其与故事情节之间的关系。熟悉了材料后，幼儿逐渐能够一边摆弄"故事板"，一边讲述故事，"故事板"活动就能顺利进行。

使用录音。在故事板活动中，录音的投放是一种很好的隐性策略，既能营造轻松愉悦的语言学习氛围，又能引导幼儿有节奏、有序地讲述故事。依次提供完整故事录音、只有旁白的录音、只有一些辅助音效的录音，体现层次性，在故事板中提供半成品材料，给小朋友自由发挥。

制作幼儿故事集、布置故事墙。教师是幼儿语言的记录者。首先，教师可以在幼儿讲述时帮其转化成书面语言，来不及记录的可以借助录音笔，教师记录的过程也是向幼儿渗透前识字、前书写意识的过程；其次，可以把孩子们自己画下来的故事角色和故事情境制作成故事集，选择典型的故事布置成故事墙；最后，充分发挥同伴的榜样作用，同伴是儿童学习的资源，可以为幼儿提供学习经验，更是情感上的重要支持。我们可以把孩子们创造的经典角色和故事渗透在"故事板"中,教师可以使用一定的策略,比如:发现他们的兴趣所在和优势所在,让故事进入他们关注的视野,赋予他们"主角"的身份,推动"故事板"的创造性使用。

环境是无声的老师,要提升幼儿的语言能力,需要教师为幼儿创设良好的语言环境。小小"故事板"营造了自由、宽松、平等的心理环境,打消幼儿不敢说的顾虑,表达内心最真实的感受。有效激发并维持幼儿参与语言学习活动的兴趣,帮助幼儿克服语言学习困难,促进其语言能力的发展。

自主探究　提升认知经验
——幼儿"探究与认知"发展行为的观察分析

上海市浦东新区南门幼儿园　陆燕佳

一、研究背景

《发展指南》中指出"3—6岁幼儿具有初步的探究能力,他们能在对自然事物的探究和运用数学解决实际生活问题的过程中,获得丰富的经验,充分发展形象思维",并明确5—6岁幼儿"能通过观察比较与分析,发现并描述不同种类物体的特征或某个事物前后的变化"。

本文通过观察大班幼儿使用纸杯的建构活动,分析幼儿认知经验、发展水平,培养幼儿对周围物质世界进行主动探究的意愿,及在探究中观察和比较的能力,形成科学情感和态度、掌握科学方法,获得有关周围物质世界及其关系的科学认知经验。

二、研究内容与方法

（一）研究内容

1. 研究对象：大班幼儿

2. 研究内容：

• 子领域1：科学探究

观察幼儿对于科学活动的探究意愿,用一定的方法探究周围感兴趣的事物与现象的能力,以及幼儿对事物的认知与探究情况。

• 子领域2：数学认知

观察幼儿在活动中对于空间与形状的感知情况。

(二) 研究方法

• 观察法

本次研究以非参与性观察法为主,教师不参与幼儿的活动,让幼儿自主参与到自己的活动中,自己解决纸杯建构中出现的问题。

三、观察结果与分析

(一) 实录片段一：搭不高的纸杯

• 观察指标 1.1：喜欢探索

琪琪拿出纸杯,把纸杯杯口朝下一个一个铺在桌子上,桌子上铺不下了,就坐着看其他朋友在玩什么。看了一会儿朋友,他开始摆弄自己的杯子,他把刚刚的杯子全部叠起来,杯子柱一下子变得好高,可是杯子柱会晃,他只能站在椅子上扶着。他伸手想拿杯子继续往上搭,可是一放开手,杯子就倒了。试了几次后,他把柱子拆掉,口朝下变成一排,在第一排的基础上,他又小心地叠了第 2 排、第 3 排、第 4 排,第 5 排的时候杯子墙倒了。他抓抓脑袋,又开始了第二次尝试,可是第二次在第 4 排时又倒了。反复了两次后,琪琪把小杯子放进小框,直接去找好朋友了。

幼儿在探索中有不同的尝试,他会尝试着小心地放杯子,会用不同的方法去叠高,但是他连续数次失败,在整个活动中没有获得成功的体验,渐渐产生了消极的情绪,对于纸杯叠高的兴趣也逐渐减少。符合表现行为 1.1"喜欢摆弄各种物品,好奇、好问"。

(二) 实录片段二：一起搭好快乐

• 观察指标 1.1：喜欢探索

英祥和小泽一起游戏。一开始小泽负责传纸杯,英祥负责叠纸杯。第一次游戏时两个杯口朝上、两个杯口朝下,两两组合开始搭建。但是英祥放上去的杯子套进了杯口朝上的杯子里,无法向上叠高,试了几次后都没有成功,小泽露出着急的神色。英祥试了几次后没有成功,小泽着急得自己拿着杯子尝试,可是也没有成功。

在观察中我们发现他们在活动中会各自想办法,使叠高更有新意,也增添了不同的玩法。他们多次试验都失败了,但是因为喜欢这些活动,喜欢探索,所以他们不断尝试。符合表现行为5的1.1"乐于在动手、动脑中寻找问题的答案,对探索中的发现感到高兴和满足"。

• 观察指标1.2：用一定的方法探究周围感兴趣的事物与现象

两个人看着这些杯子,突然小泽将杯子翻过来放,杯口对杯口杯底对杯底,杯子晃晃悠悠地叠起来了。两人小心翼翼地把这面"杯子墙"叠高了3层。马上要第4层了。"小泽,你慢一点。"英祥说着,小泽擦擦手,蹲起马步,轻轻放上去。"我知道了,要轻一点,慢一点。"听完小泽的话,英祥也试着放了一个,果然,杯子一点也没晃,两人开心地为自己鼓掌。两人激动地找朋友欣赏他们的成果。

叠纸杯的游戏在一位幼儿不受干扰的情况下最容易成功。两位幼儿在活动过程中有语言的交流,没有针对问题讨论。但是在看到同伴成功后会得到启发,思维方式也产生了变化,并且开始自己进行尝试,他们也会互相激励对方,两人互帮互助,探索的积极性得到了提高。符合表现行为5的"1.2.5能在探究中与同伴合作,并交流自己的发现、问题、观点和结果等"。

• 观察指标1.3：在探究中认识事物与现象

再次游戏时,英祥中规中矩地排好一排杯子,一个个往上叠起来,不一会儿他就把杯子墙造了7层。英祥叠完一排后,小泽直接在英祥后方同样的位置叠了一排纸杯墙,杯子没倒下。在他俩叠第3排时,小泽的手一抖,纸杯墙不小心倒塌。第三次操作时,到了第5排的第4层,小泽已经很轻地放了,但是杯子依然掉落了。"哎。又失败了。"小泽叹着气。"没事,再来。我就不信我们不行。"英祥握紧拳头鼓励小泽。

幼儿活动中互相合作,发现不同的叠放方式会产生不同的效果,他们发现互相依靠、交错叠加等方法可以让叠高成功。这都是因为纸杯自身特征而有的不同表现,这就是探索给他们带来的认知经验的提升。符合表现行为5的"1.3.2能了解常见物体的结构和功能,发现两者之间的关系"。

• 观察指标2.3：感知形状与空间关系

英祥把底座进行了一定的改变,他直接排好第1层,再在每个杯子的缝隙间往上叠,小泽一开始静静地看着英祥搭,在英祥第2层搭完一半时,小泽也上去帮忙。但是偶尔有一两个他找错位置的,英祥会及时补上。几分钟后,他们的杯子墙变成了一个立体的图形。不是简单的一面,而是将纸杯互相依靠在一起,变成了一个"房子"。

幼儿一次次地叠加纸杯,通过一次次的操作对于空间形成一定的概念,他们的操作不再局限于平面的图形,而是运用自己的方法来叠加出立体形体,对于立体几何形体开始形成自己的认知。符合表现行为 5 中的"2.3.1 能运用常见的几何形体拼搭、制作和画出物体的造型,富有一定的创意"。

(三)实录片段三:不一样的高楼

• 观察指标 1.2:用一定的方法探究周围感兴趣的事物与现象

纸杯叠高的区域里,多了很多新材料,小雨一看到这些材料就开始埋头苦干了。一个杯子一块板,可是搭了 3 层,她的塔就倒了。又试了一次,还是倒了。她拿出两个杯子横排,搭了 9 层倒塌了,又尝试了斜排,搭建到 8 层时倒塌了。于是她开始尝试使用 3 个杯子,再 3 个杯子一层纸板,这次搭了 14 层,在她搭建第 15 层时,"轰"的一声,杯子们倒塌了。

在叠高的过程中她一次次解决问题,整个活动中一遍遍的尝试,失败后不气馁,遇到问题时会给自己思考的时间,自己在比较、思考、发现、探究寻找解决方法。通过多次尝试操作来验证自己的思考,而不是求助与等待,用自己一次次的操作使自己获得成功。符合表现行为 5 中的"1.2.2 能用一些简单的方法来验证自己的猜测,并根据结果进行调整"。

• 观察指标 2.1:初步感知生活中数学的有用和有趣

小雨又试了两次,在 10 层以后小心翼翼,可是到 14、15 层时还是坚持不住倒了。于是,小雨坐在椅子上休息了几秒钟。然后她拿出 4 个杯子,咬了咬唇,又开始了新操作。这次把杯子都放在板的 4 个角上,一层纸杯一层纸板,一层又一层,这次她搭了好久,楼房一直都稳稳的。她激动地找到了教室里的长尺,笑着和我说:"老师,我搭了 21 层,都超过这根尺了。"

辅助材料的添加激发了孩子们新一轮的探索,小雨通过一次次的实验确定最终能成功的方法。孩子在活动中获得了成功的体验与经验的积累。从最开始的套叠到单排的叠高、立体叠高,再到使用不同材料辅助进行平衡叠高,这些低结构的材料给孩子们带来无限的可能,让他们在操作中总结经验,找到能让叠高、更平衡、更稳固的方法,找到其中的规律。符合表现行为5中的"2.1.1能发现生活中简单的排列规律,并尝试创造新规律"。

• 观察指标2.3:感知形状与空间的关系

源源选好材料后跟我说:"老师,我昨天去陆家嘴看到上海中心了,它像个圆柱子,我今天就要搭一个超级高的上海中心。"还是一样的步骤,把杯子和纸板一层层搭好。"这个不像上海中心呀,它是方的呀。"一旁的菲菲问他。"我还没搭好,这是它下面的电梯,没有电梯上不去的。"

活动中孩子为自己的游戏确定了一个主题,按照自己的主题搭建物的外形特征尝试设计与拼搭。但是因为他没有制订计划,后期孩子的搭建就会显得无目的,在搭建的过程中随意更改自己的主题。符合表现行为3中的"2.3.1能感知和发现物体的形体结构特征,并运用绘画、拼搭等方式表现物体的造型"。

• 观察指标1.2:用一定的方法探究周围感兴趣的事物和现象

源源遇到了瓶颈,怎么搭上去让建筑变圆呢?把杯子翻过来倒过去,杯子们一会儿就倒了。"源源,我帮你吧。"在一旁看了很久的菲菲忍不住来帮忙了。"你把这些杯子倒着放,围在你的电梯旁边。然后一个隔着一个往上搭起来。""哦!这个我会的。"源源看到菲菲的方法明白过来了。"我自己来吧。""不对,你左边缺了一个。""中间要放紧一点,不然等会要倒下来的。"源源在搭,菲菲在旁边不停地提供建议,源源的上海中心终于搭高了。"耶!我的上海中心搭出来了。"

幼儿能够互相帮助解决活动中的问题。看到朋友停滞不前时,能够提出自己的观点,与朋友尝试交流与合作,在互相交流中互相学习并解决问题,帮助朋友获得成功。还能将两种不同的叠高方法结合,转变出新的方法。符合表现行为5的"1.2.5能在他那就终于同伴合作,并交流自己的发现、问题、观点和结果等"。

四、结论与建议

(一)结论

1. 通过以上的观察,我们发现几位幼儿都愿意探索、敢于尝试。他们很喜欢"纸杯叠高"这个活动,都愿意尝试使用纸杯这常见的低结构材料。纸杯有无限的可能,幼儿对叠高方法的认知、空间建构的能力不同,会有不同的探究方式。因此他们在探究中观察与比较,发现纸杯叠放的不同方法,在探索中逐步发展自身的空间建构能力。

2. 根据以上的观察结果,我们发现幼儿的发展存在个体差异。他们普遍都有着强烈的探究的意愿,能通过自己的思考不断调整探究方法,来帮助自己的认知得到发展;有的幼儿在探索出现问题时,能听从同伴的意见,相互交流、相互启发、总结经验,从而进一步激发探索的积极性,帮助提高自身的探索效果;当然也有幼儿在探索停滞不前、无法获得成功体验时会放弃,转而去寻找其他探索内容。

3. 幼儿在探究过程中基本能持续探究,专注探究,他们在探究中逐渐养成学习习惯。"纸杯叠高"不光需要幼儿对于探究有足够的兴趣度,空间探究与数学认知的不同也会影响幼儿的探究专注度。不同的幼儿在探究中会有不同的表现,对照同一指标来比对和判断,会发现他们的行为发展情况也有所不同,小雨在遇到问题后不气馁,英祥和小泽则会通过讨论来试图解决问题,源源听从菲菲的建议来建构,但是相同的是他们始终没有放弃探索,始终专注于解决探索中遇到的问题。

(二) 建议

针对以上的观察与分析,我认为教师作为幼儿活动的支持者,我们可以从以下两方面提高幼儿的探究与认知能力。

1. 客观观察与分析,更全面地了解幼儿

巧用工具书制定观察指标。教师作为幼儿活动的支持者,我们需要主动观察和分析幼儿的行为,而《评价指南》中的领域内容可以帮助我们更有目的地制定评价指标,只有这样才能对幼儿的行为发展有全面的评估。

仔细观察及时记录。幼儿的每一次活动都能反映出不同的行为。教师观察可以了解幼儿活动中的兴趣、活动中主动探究的意识、幼儿在表现行为发展情况等。我们观察幼儿探索的过程,而不是关注幼儿探索的结果。不随意介入幼儿的活动,打扰幼儿的思考。影音及客观文字记录是观察的最好帮助,方便我们客观地分析幼儿的能力发展水平。

2. 及时调整提高幼儿认知行为能力的发展

材料提供丰富多样。引导幼儿自主选择更多的材料,而不局限于教师提供的材料,使幼儿的探索活动能更好地与生活中的事物紧密联系、结合,使探究更加多维、知识面更丰富。

分享感悟提升经验。活动结束后,请幼儿分享自己试验中的困惑,也可以分享解决问题的过程与方法、在和同伴解决问题过程中产生的新问题,并与同伴探讨活动中的问题。在生生互动中,思维得到碰撞,形成新的方法。同时分享的过程也是幼儿梳理经验的过程,可以激发他们对于探究现象的深入思考。

表征记录巩固经验。养成记录的习惯,引导幼儿用图画、符号或者与教师交流的语言等记录自己的探究过程和探究结果,帮助幼儿更好地分享和回顾自己的操作结果。

环境支持激发多种经验发展。思维方式、知识经验的不同,会影响幼儿的认知发展。对幼儿认知经验发展的环境的支持包括幼儿表征记录的呈现,幼儿的表征记录可以成为其他幼儿的启发。环境的支持还包括互动讨论后根据幼儿需求提供的多种建构方式的图像呈现,幼儿通过直观的图片或视频,习得更多的建构及探究经验,帮助自己得到更好的发展。

探幼儿表现行为　筑梦想建构之路

——幼儿"探究与认知"发展行为的观察分析

上海市浦东新区南门幼儿园　桂缓琪

一、研究背景

《发展指南》中指出：幼儿的科学学习是在探究具体事物和解决实际问题中，尝试发现事物间的异同和联系的过程。幼儿在探究自然事物和运用数学解决实际生活问题的过程中，不仅获得丰富的感性经验，充分发展形象思维，而且初步尝试归类、排序、判断、推理，逐步发展逻辑思维能力，为其他领域的深入学习奠定基础。幼儿的探究与认知能力是儿童发展的地基，对其发展行为的观察与分析是至关重要的。

经过一段时间的游戏后，大班幼儿已经养成了"先绘制设计图再建构"的游戏模式。本文通过持续追踪同一组幼儿，有针对性地改进幼儿户外建构游戏的材料、环境、方式、表达等，优化幼儿户外建构游戏的质量，同时也为广大一线教师提供参考依据。

二、研究内容与方法

（一）研究内容

1. 研究对象：大班幼儿

2. 研究内容：

• 子领域1：科学探究

主要观察幼儿对操作材料的探究与认知情况，活动中遇到问题时的探究和猜测，活动中如何调整材料验证自己的猜想等。

• 子领域2：数学认知

主要观察幼儿对不同形状、不同大小、不同种类材料的组合运用,面对相同材料时如何创造性地开展建构游戏,活动中对游戏材料数量的及时调整,活动中对于空间和形状的感知情况等。

(二) 研究方法

1. 观察法

在本研究中采用自然观察法,在真实的游戏环境和生活环境中,对观察对象有目的地进行拍照、录像,记录他们在户外建构游戏开展前和开展中的表现行为,对同一组幼儿进行跟踪式的观察记录,从而分析他们的科学探究能力和数学认知能力。

2. 案例分析法

2021年11月—12月,在真实、自然的教育环境中,对幼儿进行非参与式的观察并记录成案例。在对案例进行分析时,教师将结合《评价指南》中的"指引",对幼儿的表现行为和探究能力进行分析。

三、观察结果与分析

(一) 实录片段一：炮弹与堡垒

• 观察指标1.2：用一定的方法探究周围感兴趣的事物与现象
• 观察指标2.3：感知形状与空间关系

诚诚、马达、小曹、声声、小刘几位好朋友在讨论刚才打仗游戏失败的原因,他们表示应该在堡垒上建一个大炮,这样就能打败女生了。从美工区拿来了纸和笔后,大家商量着要画一个堡垒和大炮。诚诚快速在纸上画着几个长方形,边画边说："我们就用砖块搭堡垒,把它搭高一点。"马达说："再拿一个圆柱形做子弹顶,放子弹。""好,我知道了。"诚诚说着,在堡垒上方画了一个圆柱体,并自言自语道："大炮画这里。好啦!"

建构游戏开始了,幼儿合作根据设计图将下面的堡垒搭建完成,经过几次试验后发现无法将大炮稳定地搭在堡垒上。又一次失败后,马达叹了口气说道："大炮在这里根本没法搭,都不平,大炮要搭在平的地方。""是啊,老是要掉下来。"声声附和着说。

"我们把东西搬到前面去,是不是大炮就不会掉了?"马达转头对声声说,"你快来帮忙,把积木搬过去试试。"在搬积木的诚诚听到后走过来把积木堆到了一起说:"我也来帮忙。"

诚诚在绘制设计图时,能有意识地将长方形、圆柱形等常见的图形有规律地组合在一起,画出平面的堡垒,他的行为符合"数学认知"子领域"感知形状与空间关系"表现行为5中的"2.3.1能组合运用常见的几何形体拼搭、制作和画出物体的造型,富有一定的创意"。

当经过几次试验,发现在堡垒上无法搭建大炮时,幼儿猜测需要一块比较平的场地,从行为表现看,他们喜欢探究,并能把自己的猜测付诸行动,他们将大炮移到前面,尝试通过更改位置来完成大炮的搭建。幼儿行为符合"科学探究"子领域"用一定的方法探究周围感兴趣的事物与现象"表现行为5中的"1.2.2能用一些简单的方法来验证自己的猜测,并根据结果进行调整"。

(二)实录片段二:火箭发射台

- 观察指标2.2:感知数、量及数量关系
- 观察指标2.3:感知形状与空间关系

马达用几个长方形、三角形和直线在纸的右边画了一个长长的火箭后,自言自语道:"我先画几个圆柱形做发射台吧。""画4个吧。"小曹点了点头说。马达在纸上画了上下两个圆柱形为一组,又间隔着画了同样的3组圆柱形,并在圆柱形上方画了一块扁扁的长方形。"发射台还要再高一点。"诚诚对马达说道。马达点了点头说:"我再画2层。"接着,马达又重复之前的操作,一共绘制了4层圆柱体和木板。

小曹从运输车里抱出4根小圆柱,分开放在地上,他又拿出一块木板,放在了圆柱上。"等一下!"马达大声喊道,"你看设计图,我这里是8个,你放错了。"小曹看了眼设计图,又看了眼自己搭的作品说:"哦,我少搭了。"说着,他拖动运输车,又装了许多小圆柱回来,对小刘说:"你帮我再加一层。"搭完两层小圆柱后,他们放上木板继续往上搭第二层。

马达能将圆柱形、长方形进行组合运用,并按规律将图形绘制出来,他的行

为符合"数学认知"子领域"感知形状与空间关系"表现行为 5 中的"2.3.1 能组合运用常见的几何形体拼搭、制作和画出物体的造型,富有一定的创意"。

活动中当发现小曹只搭建了一层圆柱形时,马达能立刻指出实物与设计图的不同,要在原有基础上再加一层圆柱形,而小曹在对比了设计图之后也能马上发现问题所在,并根据图纸增加了材料的数量。他们的行为符合"数学认知"子领域"感知数、量及数量关系"表现行为 5 中的"2.2.1 能初步感知和理解量的相对性",以及"2.2.2 能借助实际情境和实物操作,理解'加'和'减'所表达的实际意义"。

当发射台搭到第 3 层时,马达爬到了旁边的扶梯上,他看了看手中的图纸,又看了看同伴搭的发射台,过了一会儿他指着发射台说道:"这里还要再高一点。""哪里?"小刘转头问道。"左边,发射台,还要往上再搭一层。"马达指着发射台说。"发射台不是在右边吗?"小刘一边搬积木一边说道,并和小曹一起将两个圆柱体摞在一起,放置在木板上,一共搭建了 4 层的发射台。

通过对比设计图,马达指出左边应该更高一层时,此时的小刘能提出不同意见,指出发射台在他的右侧。由于面对面站立,两位幼儿的左右方位是相对的,但他们都能正确辨别方向。同时,小刘能根据指示正确辨别方向并放置更多的建构材料,他们的行为符合"数学认知"子领域"感知形状与空间关系"表现行为 5 中的"2.3.3 能辨别以自己为中心的左右方位",以及"2.3.2 能按指示空间方位的语言或简单图示来取放物品,反应正确"。

四、结论与建议

(一)结论

从以上的案例实录可以看出,该组观察对象在探究与认知领域的总体发展水平较高。通过观察发现,每一位幼儿都对游戏展现了浓厚的兴趣,并能专注在游戏中。几次观察记录中,在科学探究领域,幼儿多次体现了"喜欢探究"和"用一定的方法探究周围感兴趣的事物与现象"的表现行为。幼儿之间的行为水平是有一定差异的,通过实录可以看出,每次在绘制设计图时,主要是由诚诚和马达两位幼儿主导发生的,其他幼儿大都是"跟从者",较少表达自己的想法。诚诚和马达平时在班中也是属于综合能力较强的幼儿,他们会带领其他幼儿一起开展活动,久而久之养成了"主导者"的习惯。同时,他们也会倾听同伴的想法,如实录二中对于积木的数量安排会听从同伴的意见。当产生问题时,幼儿能坚持试验或者改变操作方式,来验证自己的猜测,如实录一中,通过改变积木的位置来搭建大炮。

活动中幼儿的记录行为较少,多发生于活动前,缺少了对探究过程和结果的记录。这一情况不仅仅出现于该组观察对象上,班级中大部分幼儿都是如此。受材料本身和活动场地的影响,幼儿会花费大量时间在选取材料、搬运材料、放置材料和整理材料上,在有限的游戏时间内,有些幼儿还无法将作品完整地建构出来,而记录本身也是需要花费一定时间的。因此,即使幼儿的百宝箱中都有记录笔和记录纸,活动中也很少看到幼儿的记录行为。而活动开始前有大量的自由活动时间,他们会利用碎片时间提前绘制设计图,让建构游戏的实践更充分、更具目标性。

在数学认知领域,幼儿也多次体现了"感知数、量及数量关系"和"感知形状与空间关系"的表现行为。通过前期的游戏经验,幼儿已经养成画设计图的习惯,游戏中能根据图纸上的图示和数量有目的地进行建构。如两个实录中,幼儿在游戏开始前都会商量着绘制设计图。另外,观察对象对数量关系是比较敏感的,如实录二中,马达能发现实际的建构作品与设计图上的数量不符并更正。同时,观察对象对于空间关系有一定的敏感性,如实录二中,当相对站立时,幼儿都能说出正确的方位并进行建构。

(二) 建议

1. 加强对材料的多元认知,探索发现材料的更多可能

户外建构游戏中,材料以各种形状、大小的积木为主,这些低结构材料通过不同的组合变化能创作出许多丰富的作品。在活动前,可以就材料本身展开探讨,尝试用相同的材料建构出不同类型的作品。如给每一组幼儿提供长方形、拱形、圆柱形的材料,让孩子尽可能多地探索出这一组材料的建构可能;或者是用不同的材料建构同一作品,通过对材料本身外形、大小的讨论,让幼儿多感官地认识材料的特点,充分挖掘对材料的认知与探究。

幼儿作品是对生活经验的创作和再现,鼓励幼儿挖掘材料的特性,建构出能

够"玩"的作品。如利用拱形木材做出可以坐的摇摇椅,用三角形、长方形等材料建构跷跷板等。通过对材料的探索,创造出有互动性的建构作品,提高游戏的趣味性,加强对材料的认知与了解。

2. 一日生活皆观察

对于幼儿的观察,不仅仅要聚焦于游戏中或者是区域活动中,自由活动中幼儿的对话和游戏前的准备可能蕴含着幼儿对于前期活动的认知和后续活动的兴趣点。通过一日生活中的多个片段式的观察,了解幼儿的好奇心,充分利用自然和实际生活机会,激发他们的探究兴趣。建构游戏是一个融合创造性、社会性、艺术性、操作性、科学性为一体的活动。幼儿的游戏过程不仅仅能反馈出他们当前的游戏水平,还能体现出他们发现问题、解决问题的能力。大班幼儿正处于具体形象思维的阶段,建构游戏有无限的可能性和延续性,观察幼儿的行为表现,引导他们通过直接感知、亲身体验和实际操作进行探究体验,感受科学的魅力。

户外建构游戏中蕴含着幼儿在科学探究、数学认知等方面的能力与表现。游戏中,幼儿的探究过程是对自己猜想的验证,通过对材料、结构、关系、组合方式等的探究,用最直观的方式来证明自己的设想,在反复的试验中不断改进,在动手操作中获得科学经验,在自然科学中培养科学思维,为后续的游戏提供更多创造的可能。结合《评价指南》对幼儿进行观察和分析,给予幼儿充分自主地探究机会,让幼儿在"猜想—探究—验证—创造"的游戏模式中提升科学素养,拓宽探究能力。

3. 给予幼儿多元支持,为幼儿的探索夯实基础

材料不仅是户外建构游戏的主体,也是帮助幼儿记录和探索的辅助工具。在游戏中,要给予幼儿随时随地能记录的材料和工具,便于他们把即时的发现和思考记录下来。考虑到幼儿的能力水平不同,材料的提供也要具有层次性,方便幼儿选择。另外,通过调控材料的种类和数量这两个变量,来激发幼儿的探索行为,研发同一材料的多种玩法,创造出无限的可能。

目前幼儿的记录行为大多发生在游戏开始前的设计环节,游戏过程中及游戏结束后的记录是缺失的。不仅如此,教师提供的记录工具也较为单一,只有纸、笔和记录表。有时幼儿的建构作品很难用图符的形式呈现出来,教师可以增加录音笔、手机、照相机等记录工具,方便随时随地记录自己的发现和问题,便于

进一步的探究。

对幼儿的支持,不仅仅体现在材料上,也可以体现在教师的照片提供、视频欣赏,或者是实地考察。如在午餐后的散步环节中,带孩子们欣赏幼儿园中的各类建筑,近距离观察其特征、大小、高低,通过视觉、触觉、听觉等多感官体验,为幼儿的探索夯实基础。又如,当幼儿对滑雪场地感兴趣时,可以通过图片、视频等方式让幼儿充分了解场地的样式、结构、特点等,在此基础上进行建构,让建构游戏更贴合实际,而不是天马行空地设想。

4. 将教师的支持策略弥散在游戏伊始

活动前:挖掘探究与认知的机会,提供便于幼儿记录的工具。

兴趣是幼儿最好的老师。通过日常对幼儿的观察,充分挖掘他们的兴趣点,以此出发将兴趣与建构游戏结合在一起,创作和再现幼儿的生活经验,碰撞出探究的火花。同时,根据幼儿的需求,提供便于记录的辅助材料,如记号笔、记录纸、照相机等。

活动中:引导幼儿使用辅助材料,鼓励每一位幼儿大胆发声,勇敢表达。

教室内和校园中有许多辅助材料,引导幼儿探索并使用这些材料,与建构游戏有机结合,使建构作品更丰满。此外,活动中鼓励每一位幼儿做游戏的主人,大胆发声,不做游戏的"跟从者",将自己的设想表达出来,实现猜想与试验的碰撞。

活动后:经验的分享与交流,延续幼儿的探索兴趣。

利用游戏后的分享环节,引导幼儿共享经验,如在现场共同观摩小组的建构作品,组内成员介绍自己的建构技巧和难点。利用多媒体记录幼儿的作品,做成电子档案,让幼儿看到自己探索的轨迹,延续探索兴趣。

玩转多米诺骨牌
——幼儿"探究与认知"发展行为的观察分析
上海市浦东新区南门幼儿园　张冰菁

一、研究背景

幼儿科学学习的核心是激发探究兴趣，体验探究过程，发展初步的探究能力，同时幼儿的思维特点是以具体形象思维为主，因此应注重引导幼儿通过直接感知、亲身体验和实际操作进行科学学习。《评价指南》的"探究与认知"领域对"科学探究"进行了具体的描述，包含"喜欢探究""用一定的方法探究周围感兴趣的事物与现象"和"在探究中认识事物与现象"。

幼儿园中班的孩子已经不满足于简单的搭建行为，因此我结合《评价指南》中"探究与认知"领域的观察指引，以项目化活动——"玩转多米诺骨牌"作为切入点，以幼儿感兴趣的方形木块（骨牌）为兴趣材料，使幼儿在亲身操作中获得丰富的感受，积累相关的科学建构经验，并逐步发展逻辑思维能力，锻炼不怕挫折的意志品质，为幼儿身心健康发展、全面发展奠定基础。

二、研究内容与方法

（一）研究内容

1. 研究对象：中班幼儿
2. 研究内容：

• 子领域1：科学探究

操作之初，主要关注幼儿对多米诺骨牌的操作兴趣；操作过程中，主要关注幼儿能否发现多米诺骨牌的特征和结构，以及两者之间的关系；操作之后，主要关注幼儿能运用一些简单的方式验证猜想、调整材料，并运用各种方式记录探究过程和结果。

（二）研究方法

1. 观察法

观察比较同一幼儿在不同时间点对同一材料的操作方式及游戏方式，判断幼儿游戏行为改变的原因以及幼儿游戏状态情况，例如，在搭建多米诺骨牌过程中，磁力片使用方式改变的原因等。

2. 访谈法

根据幼儿的游戏情况，有针对性地沟通，了解幼儿的操作过程中的想法和发现，并有目的地引导幼儿思考、梳理经验，调整下次的游戏方式和游戏行为。

三、研究结果与分析

（一）实录片段一：矮矮的塔变高啦

• 观察指标1.1：喜欢探究

疫情宅家期间，宸宸在第一次游戏中，使用木牌搭建了3个平面作品，一个是由木牌连接摆放的彩虹迷宫，一个是由2层积木垒加的彩虹桥，还有一个是由同种颜色叠高的彩虹塔。于是，我提出："你用多米诺骨牌搭出了3种不同的造型，有什么办法把它们连接起来，达到推一个倒一堆的效果呢？"宸宸回复："把木牌竖起来就可以了。"

于是，在第二次的尝试中，宸宸首先用木牌搭了一个带有大小弯道的、由直线和曲线组成的多米诺造型，他轻轻一推，木牌一个接一个快速倒塌，第一个造型成功了！

在此基础上，他又尝试搭建了一条阶梯多米诺骨牌，使用了两种不同的积木，用宽宽的原色木牌为地基，搭建成台阶状，中间高两头低，一共搭建了3座高低不同的地基，然后把扁扁的木牌竖着依次摆放在每个台阶上，形成了高山和矮坡的造型。宸宸推倒造型最右侧的第一块木牌，第一块木牌缓缓地倒下后，后面的木牌从缓慢到快速地往左侧倒塌，第二座多米诺骨牌造型也成功了！

宸宸对多米诺木牌感兴趣，平时也会使用木牌开展各种搭建活动，通过教师的语言引导，结合自己对多米诺骨牌的认识，宸宸在原有搭建的基础上对材料进行合理的组合和拆解，改造搭建方式和搭建技法，从平面造型向立体造型转变,说明了孩子的思维从平面向立体转化,同时也在动手中动脑,探索材料的多元玩法。

宸宸的一系列行为符合《评价指南》中的"喜欢探究"表现行为3"经常乐于动手、动脑探索未知的事物",在感兴趣的事物中开动脑筋,手眼协调进行发现和探索的过程。

(二) 实录片段二:圈圈变多了

• 观察指标1.2:用一定的方法探究周围感兴趣的事物与现象

项目刚推进不久,由于媛媛家中没有木牌,于是她试了各种材料,突然她发现纸牌折一折可以站起来。于是她开始使用纸牌搭建。

刚开始,媛媛把纸牌沿宽边对折了一下,一张张紧紧地靠在一起,在放第五张牌时,袖子碰到了第4张纸牌,纸牌晃动了一下就往起点方向倾倒了,媛媛又试了3次,还是没有成功。于是,她转动了纸牌,尝试沿窄边对折,依次摆放到第10张牌时,衣袖又碰到了纸牌,但是纸牌前后晃动了一下,并没有倒。媛媛把接下来的纸牌间距加大了一些,就这样使用了16张纸牌,她搭建了一个简单的数字"3",推到纸牌后,造型成功了!

成功之后,媛媛开始增加纸牌的数量,想要形成螺纹形态。在搭建纸牌的时候,媛媛碰倒了好几次,纸牌倒塌了就重新搭建,这样反复了十几次,好不容易把螺纹搭出来了。

接下来,媛媛开始挑战高难度,使用了直线、分叉、螺纹组成的花形,并用小车推动第一张纸牌,纸牌一张接着一张,轻轻倒塌了。

媛媛在搭建过程中发现:纸牌的长边更便于站立和排列,纸牌的轻巧易导致多米诺骨牌的误碰倒塌,纸牌的间距等因素,都与多米诺骨牌成功搭建有关系;同时作品不同的搭建方式,造型的复杂性,多种搭建技巧的组合,说明了孩子在造型上的思考和创新能力;成功的作品也为孩子下一次的搭建提供了自信心和原动力。

媛媛在游戏中的行为符合《评价指南》中的"探究与认知"子领域科学探究中表现行为5中的"1.2.1能在观察、比较与分析的基础上,发现并描述事物的特征或变化,以及事物之间的关系"。

（三）实录片段三：磁力吸吸乐

• 观察指标1.3：在探究中认识事物与现象

浩浩喜欢在家用磁力片搭建各种造型的城堡。在一次尝试搭建城堡时，他先用一块长方形磁力片作底，再用4块不同颜色的方形磁力片竖着摆放在底片上，使它们能够围起来。接着他调整造型抽掉了一块，磁力片仍旧稳稳地站在那儿，他试着再拿掉一块，剩下的2块磁力片还是稳稳地站在底片上，最后他只留一块磁力片时，磁力片并没有倒下来，还是稳稳地站着。于是浩浩把更多的方形磁力片摆放在地上，排成了一条直线，并在每块磁力片的接缝处摆放上一块站立的方形磁力片。推倒起点的磁力片后，后面的磁力片依次被前一块碰倒，初次尝试成功了。

第二次挑战中，浩浩用磁力片搭建了一个单一的"U"字形，他依旧在转弯处摆放方形磁力片，但是首次推倒，转弯处的磁力片并没有被碰倒——磁力片长度不够。于是他在材料筐中翻找了一会儿，选了一块等腰三角形的磁力片摆放在底片的接缝处，尝试着推倒，三角形磁力片被推倒后，能够碰到后面方形的磁力片，实验成功了，于是，浩浩在转弯处都放上了三角形的磁力片，"U"字形轨道成功了。之后他开始尝试不同的搭建方式，如"O"字形、螺纹形态，从一个转角向多个转角转变（螺纹）。

之后浩浩调整了磁力片的搭建方式，其中一个很特别的作品是用磁力片搭建的"Y"字形，但是，作品并不是从一头触发，而是触发"Y"字形的中心点，让三条路线同时触发、倒塌。

浩浩在充分掌握磁力片的磁吸特性后，使用不同的磁力片搭建出不同的造型，每次都获得了不同的搭建体验，并把磁力片推动后重心位移现象的经验总结、提炼，过程中孩子表现出了对触发点、磁力搭建形式的创新能力。

磁力片搭建多米诺的方式完全贴合《评价指南》的"探究与认知"子领域科学探究中的"在探究中认识事物与现象"表现行为3中的"1.3.3能感知和发现光、影、磁、摩擦等简单物理现象"。

四、结论与建议

（一）结论

针对幼儿在整个操作过程中的表现，结合《评价指南》中"探究与认知"的相关描述,我对"玩转多米诺骨牌"项目下的幼儿的行为表现进行如下归类与梳理。

幼儿在家期间,利用各种物品,如木棍、磁力片、纸牌等,寻找各种方式让这些材料站起来,然后动手又动脑,研究材料排列的问题。在搭建的过程中,家长会帮助孩子把过程记录下来,通过幼儿间、师幼间相互质疑,幼儿会不断地、有针对性地调整搭建的方式,让自己的多米诺骨牌搭建得更加合理和有趣。

在不断搭建、不断尝试的过程中,幼儿对搭建多米诺骨牌有了一个初步的认识和操作经验,在此基础上,教师根据幼儿的行为表现,有针对性地设计能推动幼儿持续探索的驱动性问题。重点观察从材料的选择、搭建的方式、搭建过程中发现的问题,对幼儿提出针对性的问题,例如案例二中使用的材料——纸牌,幼儿在探索过程中发现了纸牌轻、易碰倒,体会了搭建的不易;又如案例三中使用的材料——磁力片,幼儿在搭建过程中感受到磁力片的磁性,并探索磁性与磁力片被推动后重心的位移现象之间的关系。

幼儿能在观察、比较与分析的基础上,发现并描述事物的特征或变化,以及事物之间的关系。幼儿通过反复尝试,从中得出结论:原来骨牌的倾倒与多种因素有关,不同特性的材料搭建多米诺时注意的因素也不同。引导幼儿整合自己的搭建经验,调整搭建方式,获得新的体验。

(二) 建议

参考《评价指南》中"科学与认知"领域,开展幼儿探索活动时,我有以下3点建议:

1. 从幼儿身边出发,敏锐抓取幼儿感兴趣的内容点

本案例来源于幼儿在园时每天都可以接触到的木牌玩具,孩子熟悉,并且乐意操作,建构游戏如搭建房子、围栏等,数学游戏如对多米诺骨牌进行区分和归类,进行有规律的排序活动。由此,根据幼儿的表现,以骨牌搭建为主要内容,鼓励幼儿开展多种尝试,激发幼儿持续探索的兴趣。

其实,孩子的身边处处都有教育契机,引导幼儿开展丰富的探究体验活动,要从孩子的兴趣入手。耐心倾听孩子在说什么,细心观察孩子喜欢的游戏活动,仔细捕捉孩子的兴趣,揣摩孩子的需求。善于发现幼儿感兴趣的事物、游戏和偶发事件中所隐含的教育价值,把握时机,提供适当的引导。

2. 设计驱动性问题,适时观察与指导

在幼儿对材料产生持续操作的兴趣后,教师可以根据幼儿在体验、感受材料过程中的行为表现,设计符合幼儿操作需求、能推动活动发展的驱动性问题。同时,过程中出现的一系列问题也推动了幼儿向更高水平的表现行为发展,从单纯的喜欢玩多米诺骨牌向在玩的过程中发现问题,并尝试解决问题方面推进。

提出的驱动性问题要有价值,首先需要教师预先实践探究内容,并预先剖析幼儿已有经验,其次分析幼儿兴趣、经验,理性判断活动的发展价值,挑选出合适的驱动性问题。

提出的驱动性问题要有实操性,对不同的幼儿提出有针对性的问题。在有趣的探究问题中,激发幼儿科学探究的热情,驱动性问题会将某种现象进行归纳性的比较,有助于幼儿科学思维的发展,最后在帮助幼儿了解"是什么""为什么"的同时,思考"该怎么做""为什么这么做",从而反思自己的思维过程和行为方式。

要跟进驱动性问题,这样孩子会越来越喜欢提出问题,也乐于通过自己的猜测验证去解决问题。

3. 借助游戏的形式,推动幼儿持续探索的兴趣

幼儿园阶段是幼儿身心发展的关键时期,也是幼儿感知能力和认知能力形成的重要阶段,这一时期的幼儿容易受外界因素的影响,所以应通过幼儿喜欢的游戏方式,让幼儿参与他们感兴趣的活动,在幼儿兴趣的基础上,引导幼儿形成良好的学习品质,激发幼儿在游戏之中的自主探究和自主活动,培养良好的合作学习和合作交流能力。教师在开展游戏活动之时,应坚持以幼儿发展为核心的基本理念,通过多元化和多样化的游戏活动,满足幼儿个性化发展趋势,使得幼儿形成个性化自主探究能力。

基于区域观察，支持幼儿探究行为
——幼儿"探究与认知"发展行为的观察分析

上海市浦东新区绣川幼儿园　潘佳颖

一、研究背景

《3—6岁儿童学习与发展指南》指出："幼儿科学学习的核心是激发探究兴趣，体验探究过程，发展初步的探究能力。"在科学区域活动可以为幼儿提供自主探究的机会，幼儿在区域探索过程中可以体验科学的精神、思维方式及方法，进而发展初步的探究能力以及解决问题的能力，形成良好的学习态度和学习能力。因此，教师应以区域活动为支点培养幼儿自主探究能力。

本研究主要观察小班年龄段的幼儿在区域活动中探究与认知领域的行为，并评价观察结果。通过评价，教师可以更好地了解幼儿在探究与认知领域中的发展水平及需求，也有助于教师在今后的工作中更好地为幼儿提供有效的支持策略。

二、研究内容与方法

(一) 研究内容

1. 研究对象：小班幼儿
2. 研究内容：

• 子领域1：科学探究

在活动中，观察幼儿探究的兴趣，并且用一定的方法探究周围感兴趣事物的情况，从而发现其明显特征，认识事物与现象。

• 子领域2：数学认知

观察幼儿在探究中感知和发现物体的形状、大小、多少、高矮、长短等较明显的特征,鼓励幼儿用相应的词语描述,引导发现生活中可以用计数、分类、测量等数学方法来解决问题,体验解决问题的乐趣。

(二)研究方法

主要采用观察法,根据《评价指南》中关于3—6岁儿童发展行为观察指引的内容,选取了小班的幼儿进行现场观察,重点观察幼儿在区域活动时的"探究与认知"领域。

三、观察结果与分析

(一)实录片段一:小兔子吃萝卜

• 观察指标2.1:初步感知生活中数学的有用和有趣

个别化学习时间,雯雯准备喂小兔子吃胡萝卜。只见雯雯把胡萝卜一股脑儿地放在小兔子的嘴边,还笑着说:"要把所有的胡萝卜都给小兔子吃。"

此时我走过去,问:"雯雯,这么多胡萝卜都给小兔子吃,小兔子会不会吃得太撑啦?"雯雯说:"嗯……好像是有点多。""小兔子想吃几根胡萝卜呢?你可以从哪里看出来呢?"雯雯仔细地看了看小兔子,说:"我发现啦,小兔子身上有两个点,它应该是想吃两根胡萝卜吧。"于是雯雯一手拿着一根萝卜放在了小兔子的嘴边。接下来雯雯每次喂小兔子之前,都会数一数小兔子身上的点点,给小兔子吃对应数量的胡萝卜。

雯雯在老师的提醒下能够发现小兔子身上的点点秘密,通过观察小兔子身上的点点数量,来推断出小兔子想要的胡萝卜数量。雯雯的行为表现符合子领域数学认知中"初步感知生活中数学的有用和有趣"表现行为1中的2.1.2"能体验和发现生活中很多时候会用到数"。

• 观察指标2.2:感知数、量及数量关系

萌萌伸出手指着兔子身上的点数了起来:"1、2,两个点点,小兔子要吃两根胡萝卜。"数完以后萌萌从盒子中拿出两根大胡萝卜,边拿边说:"大兔子要吃大的胡萝卜。"拿出大胡萝卜以后,萌萌把两根大胡萝卜放在了大兔子的身上。喂大兔子吃完大萝卜后,萌萌又伸出手指点着另外一个小兔子数了起来:"1、2、3、4、5,一共有5个点点,小兔子吃5根小萝卜。"接着萌萌数了5根小胡萝卜,把5

根小萝卜放在了小兔子身上。

萌萌在给兔子喂胡萝卜的游戏中,能够手口一致地数兔子身上点点的数量,根据兔子身上的点数判断它们想吃的胡萝卜数量,并根据兔子大小喂相应大小的萝卜。萌萌的表现行为符合子领域数学认知中"感知数、量及数量关系"表现行为1中的"2.2.1能感知和发现物体的大小、多少、高矮、长短等方面的差别,并用相应的词语描述",和"2.2.3能运用手口一致点数的方法数5个以内的物体,说出总数,并能按数取物"。

(二) 实录片段二:好玩的声音

- 观察指标1.1:喜欢探究
- 观察指标1.2:用一定的方法探究感兴趣的事物与现象

个别化学习活动开始了,孩子们在各自的区域摆弄着材料。我注意到在科探区的小荻,他拿起篮子里的瓶子(瓶子里装了黄沙)摇了起来,瓶子发出了"沙沙沙"的声音,接着他将一块乐高积木放进盒子里摇晃起来,乐高积木在盒子里发出了声音,他开心地跟一旁的涵涵说:"好好玩呀,涵涵你听听看。"接着他又拿了几个乐高积木装进盒子摇晃起来,说:"这个声音跟刚才的声音不一样,你听听看。"涵涵拿过第二个盒子摇了起来,对小荻说:"这个声音比刚才的声音响一点。"说完小荻和涵涵两个人把所有的积木都装进了盒子里,盒子被装得满满的,小荻拿起盒子摇晃了起来,发现声音很轻,小荻对涵涵说:"这个声音怎么这么小,我们一起摇。"说完,小荻和涵涵一起用力摇着盒子,发现声音还是很轻,小荻问涵涵:"为什么声音会这么轻呢?"涵涵摇摇头说:"我也不知道。"

小荻就转向我问:"老师老师,为什么它的声音这么小呢?"我反问:"那什么时候声音最大呢?""第二次的声音是最大的。"我接着问:"那第一次呢?"小荻说:"第一次我们放了一块积木,也是有声音的,不过不是最大的。"我说:"原来不同数量的积木会发出不同音量。"

小荻拿起瓶子并摇晃,观察到瓶子里的黄沙发出沙沙声,接着他拿起乐高积木和盒子,将积木放入盒子中并盖上盖子,然后摇晃盒子,观察积木在盒子中发出的声音。小荻选择自己喜欢的玩具并不断尝试、操作,对盒子中声音的大小产生疑问,并向老师提问的行为表现,符合子领域科学探究中"喜欢探究"表现行为

1"喜欢摆弄各种物品,好奇、好问"。

　　小荻将不同数量的乐高积木放入盒子中,并摇晃盒子,然后与涵涵一起听盒子中发出的声音并进行比较,整个过程小荻和涵涵通过不断尝试,发现盒子里装数量不同的积木发出的声音也不同。他们的行为表现符合子领域科学探究中"用一定的方法探究感兴趣的事物与现象"表现行为3中的"1.2.1能观察、比较事物,发现其异同,并进行简单描述"。

　　过去了几天,小荻和涵涵又来到了科探区,他们跟之前一样,把积木放进盒子摇晃起来,两个人玩了一会儿,觉得没什么意思了,就走过来告诉我:"老师,我们不想玩了。"我问:"为什么不想玩了?上次你们玩得很开心的呀。"小荻说:"每次都一样,不好玩。"

　　听完小荻的话,我意识到已有的材料不能满足孩子的探究兴趣,于是增加了海绵、石头、大米、豆子等材料。

　　添加完材料之后,涵涵和小荻又玩了起来,两个人一起先把几块海绵装进了盒子,盖上盖子摇了一下,发现没有声音,于是两个人把所有的海绵都装进了盒子里,盖上盖子,两个人用力地摇着盒子,发现还是没有声音。小荻说:"奇怪,我们都把盒子装满了,为什么还是没有声音?我们换一个东西试试看。"于是两个人接着试了其他的材料,发现都能发出声音,只有海绵没有声音。

　　在增加了新材料后,小荻和涵涵先放了几块海绵进盒子,发现没有声音,然后他们将所有的海绵都放进盒子,仍然没有声音,尝试过其他材料之后发现其他材料都能发出声音,只有海绵没有声音,他们不断操作的行为表现符合子领域科学探究中"用一定的方法探究感兴趣的事物与现象"表现行为1中的"1.2.2能用多种感官或动作探索事物,对结果感兴趣"。

(三) 实录片段三:图形宝宝排排队

- 观察指标2.2:感知数、量及数量关系

　　源宝今天玩的是图形排序,源宝拿起一个大红圆形放在了第一个的位置,接着放了一个小黄圆形、小蓝圆形、小红圆形……第一张排序卡片顺利完成,源宝满意地点了点头。

　　接着源宝拿着卡片对我说:"老师,你看好看吗?"我回答道:"是挺好看的,这

些圆形宝宝是怎么排队的呀?"源宝回答我:"它们是按照颜色来排队的,红色站第一个、黄色站第二个、蓝色站第三个。""哦,它们是按照颜色排队的呀。那和圆形的大小有关系吗?"源宝说:"当然有关系啦,你看第一个圆形宝宝就是大的……"源宝说着说着发现了卡片上的另外一个红色圆形放错了,又赶紧换了一个大的红色圆形。笑着对我说:"老师,现在好了,大小小大小小。""嗯,小眼睛真厉害,一下就发现它们排队和大小还有关系。"

源宝通过观察图形排序,能够根据排序卡片上的颜色提示进行排序,但是在第一次操作中忽略了图形大小的提示,在老师的提醒下源宝很快发现了图形排序跟大小还有关系,于是马上进行了修改,将放置的小红圆形改成了大红圆形。源宝的行为表现符合子领域数学认知中"感知数、量及数量关系"表现行为1中的"2.2.1能感知和发现物体的大小、多少、高矮、长短等方面的差别,并用相应的词语描述"。

四、结论与建议

(一) 结论

1. 喜欢探究

基于3个观察实录可以看出,我们班的幼儿对科学探究兴趣浓厚,他们对操作材料都表现出了强烈的好奇心,喜欢观察、摸索和探索周围的物品,从中发现新的事物和规律。在观察实录一中雯雯、萌萌乐于给小兔子吃萝卜,并能发现兔子身上的点点和数字与实物联系起来。观察实录二中的小荻和涵涵在探究过程中表现出了好奇心和探究欲望,这些表现行为都符合子领域科学探究中"喜欢探究"表现行为1"喜欢摆弄各种物品,好奇、好问"。

2. 幼儿的探究认知水平存在一定差异

幼儿的认知发展和成长是一个长期的过程,在这个过程中,幼儿会经历从简单操作到复杂思维的阶段。从三个观察实录可以看出,幼儿之间的探究认知水平存在个体差异。同样都是小班的孩子,同一领域下,有的达到了表现行为1的水平,有的则没有达到。如案例一中的雯雯经过老师的提醒,才发现了小兔子身上的秘密,而萌萌则是自己发现了小兔子身上的点点,还发现了兔子大小与萝卜大小的关系。案例二中的涵涵和小荻在观察的基础上,把不同材料装进盒子,通过比较，发现其中相同和不同的地方，他们的表现行为高于大部分小班幼儿，达到了表现行为3的水平。

因此，作为教师需要根据幼儿的实际情况，结合《评价指南》的指引，为他们提供适合的教育环境和学习机会，引导和帮助他们逐步发展探究和认知能力，促进幼儿全面、协调、和谐地发展。

(二) 建议

《3—6岁儿童学习与发展指南》中强调："教师应善于观察、捕捉、分析幼儿行为中潜在的教育契机，及时以适当的方式对其进行有效的支持和引导。"

在科学区域探究活动中，教师对幼儿的后续指导与帮助是非常重要的，通过观察和评价，教师在教育实践中，可以根据评价结果有针对性地为孩子提供不同的支持策略。后续支持也为幼儿提供了一个学习和探索的机会，让他们通过自己的思考、尝试，学会解决问题，学会与他人合作。

1. 基于兴趣，创设适宜情境

创设适宜情境可以增强幼儿的学习动力，提供积极的学习体验，通过创设适宜情境，能够引起幼儿的兴趣，激发他们对学习的热情。当幼儿感到有趣和愉快时，他们更愿意主动参与并持续探索。基于幼儿的兴趣创设适宜情境可以满足他们的个性化学习需求。幼儿可以按照自己的节奏和方式参与学习，从而更好地理解和吸收知识。这种有趣、参与性强的学习环境有助于幼儿全面发展，对学习产生持久兴趣。如案例中创设的给小兔子喂萝卜的情境，符合幼儿的生活经验，能够有效激发幼儿的探究兴趣。

2. 基于操作，不断调整材料

幼儿的认知经验主要通过操作和实践获取。他们通过与环境互动和使用材料进行自主操作，积累并构建自己的知识和理解。因此，为幼儿提供符合他们操作兴趣的活动材料可以激发他们的好奇心和主动探索的意愿。通过自主操作和实践，幼儿可以积累科学小实验的经验，并在这个过程中获得进一步的发展。在操作过程中，教师定期观察在科学区的学习和发展情况，根据观察结果调整材料。通过观察幼儿的参与度、兴趣表现、解决问题的能力和学习成果，可以了解他们对材料的适应程度和学习效果，及时调整材料，以提供更符合幼儿学习需求的学习环境。

教师观察幼儿对某些材料的兴趣和参与程度，可以根据需要增加或减少相应材料的数量。如果幼儿对某种材料表现出高度兴趣，可以增加其数量，以提供更多的探索和操作机会。如实录二中，教师发现仅积木发出的声音不能满足幼儿的探索，于是增加了海绵、豆子等材料，为幼儿提供更多的探索机会。相反，如果某些材料没有引起幼儿的兴趣或参与度较低，可以减少其数量，避免材料浪费和无效的学习环境。可以根据幼儿的兴趣和学习需求，引入新的材料来拓宽他们的学习体验。还可以根据幼儿的发展水平和能力，调整材料的难度。对于一些较为简单的材料，可以逐渐引入更具挑战性的版本，以促进幼儿的进一步学习和发展。

3. 基于观察，适时介入指导

教师在小班科学区中的角色是引导者和支持者，应该鼓励学生的学习兴趣和探索精神，提供个性化的学习支持，激发学生的好奇心，并关注学生的情感需求。小班幼儿在区域活动中可能会表现出短暂的持久性。当幼儿对某些新材料感到困惑或者他们已经熟悉了原有材料的玩法时，容易失去对活动的兴趣。

教师可以结合幼儿的认知水平和兴趣，提供适度的挑战来激发他们的兴趣和参与度；也可以提出引导性问题，激发幼儿的思维，引导他们观察、猜测、实验和总结，这有助于培养幼儿的科学思维和问题解决能力；同时教师在幼儿的科学探索活动中要给予积极的反馈和鼓励，无论是他们的观察结果、实验设计还是问题解决能力，教师都应该给予肯定和赞赏，这样可以增强幼儿的自信心，激发他们对科学探索的兴趣和热情。

总之，教师在幼儿科学区域活动过程中，应观察幼儿的兴趣程度、操作中遇到的问题，通过创设适宜情境、不断调整材料、适时介入和支持，激发幼儿探究兴趣，提高幼儿探究能力。

促发现　重探究　真学习
——幼儿"探究与认知"发展行为的观察分析
上海市浦东新区绣川幼儿园　　盛伊丽

一、研究背景

3—6岁的幼儿正处于科学素质培养的重要时期,《幼儿园教育指导纲要》中指出:幼儿的科学教育是科学启蒙教育,重在激发幼儿的认识兴趣和探究欲望。项目式学习是一种基于真实问题的探究性学习,它的本质是一个问题解决的过程,是用探究的方式进行有意义的、综合性的深度学习。

于是,本文基于《评价指南》中的探究与认知领域,以为期一个月的小班项目式学习活动"你说了'蒜'"为例,运用观察法和个别谈话法,捕捉记录五次典型的活动实录,根据"指引",对本次项目式活动中幼儿在"探究与认知"领域的发展情况做出过程性评价,进而提出依托项目式学习活动,提升幼儿探究认知能力的方法策略。

二、研究内容与方法

(一) 研究内容

1. 研究对象:小班幼儿
2. 研究内容:

• 子领域1:科学探究

在活动中,观察幼儿探究的兴趣,并且用一定的方法探究周围感兴趣事物的情况,从而发现其明显特征,认识事物与现象。

• 子领域2:数学与认知

观察幼儿在探究中感知和发现的物体的形状、大小、多少、高矮、长短等较明显特征,鼓励幼儿用相应的词语描述,发现生活中可以用计数、分类、测量等数学方法来解决问题,体验解决问题的乐趣。

(二) 研究方法

1. 观察法

采用观察法对幼儿表现行为进行评价。主要采用半结构观察方法,即根据评价指标有目的地观察,收录观察过程中的随机事件。

2. 个别谈话法

个别谈话法又叫个别谈心法,指师生之间为了实现一定目的和任务通过语言交流思想和感情、交换意见和看法的双向活动的一种教育方法。

三、观察结果与分析

(一) 实录片段一:"你说了'蒜'"项目式活动缘起

• 观察指标1.1:喜欢探究

新学期伊始,我们就在孩子通App上发布通知,邀请家长和幼儿一起参与自然角的创设,讨论种什么小植物,最终大家经过商讨决定种植大蒜。第二天,幼儿跟我说要和爸爸妈妈一起种大蒜了,全全说:"听说要种大蒜,大蒜长得像南瓜啊!"睿睿说:"它是白色的,像一朵白白的花。"豪豪说:"我还觉得像小笼包呢!"雨瑶娓娓道来:"我上次看到奶奶在剥呢!"依伊说:"妈妈说种了大蒜,它会一直长的!"思琪追问道:"长成什么样子呢?会长得像小树一样吗?"浩明问:"真的吗?会长得像房子一样高吗?"我神秘地笑笑:"下次你们近距离看看大蒜,和它正式地见面吧!"

经过网上讨论,家长和幼儿最终决定种植大蒜,在师幼互动中我发现幼儿已经对大蒜的外形充满兴趣,个别幼儿有一定的生活经验,很多幼儿还为同伴的发言感到惊讶不已,大蒜在幼儿眼里有很多小秘密,大家的好奇心已经被完全点燃了,它成为本次项目式学习活动的探究内容,符合"科学探究"子领域中"喜欢探究"表现行为1"喜欢摆弄各种物品,好奇、好问"。

(二) 实录片段二:认识大蒜的惊喜之行

• 观察指标1.2:用一定的方法探究周围感兴趣的事物与现象

- 观察指标2.3：感知形状与空间关系

为了满足幼儿的探索需求，我买了很多大蒜带来教室，他们兴奋起来："让我看一看，摸一摸行不行啊!"我立马给他们每人发了一颗大蒜。在看一看、摸一摸、闻一闻、剥一剥的过程中，幼儿又有很多新的发现：大蒜是白色的，摸上去硬硬的；没剥开的时候像圆球，剥开了像小船，也很像橘子里面一瓣一瓣的；蒜瓣是半圆形的，像西瓜，像香蕉，像月亮；大蒜皮上有一丝丝的花纹，头顶上有一小撮头发。

突然，豪豪提议道："奶奶说大蒜是可以吃的，我现在可以吃吗?"依伊露出了为难的表情："我奶奶是用它来烧菜的!"个别幼儿咬了一口大蒜，马上变成了"表情包"："好奇怪啊，好难吃啊……"其余的幼儿开始哈哈大笑起来："还好我没吃啊!"

幼儿在看看、摸摸、尝尝的过程中对大蒜有了更深入的了解，整个过程中幼儿一直保有好奇心和探究的欲望，在操作探索中运用各种感官发现大蒜的基本特征，符合"科学探究"子领域中"用一定的方法探究周围感兴趣的事物与现象"表现行为1中的"1.2.2能用多种感官或动作探索事物，对结果感兴趣"。

幼儿对于整颗大蒜和蒜瓣都有描述，并且还联想到生活中常见的物品，符合"数学认知"子领域中"感知形状与空间关系"表现行为1中的"2.3.1能感知和发现物体较明显的形状特征，并用词语来描述"。

（三）实录片段三：亲子种蒜的快乐之行
- 观察指标1.2：用一定的方法探究周围感兴趣的事物与现象

周末，晴空万里，一场奇妙的亲子种蒜之旅开始了！家长还通过照片以及视频记录了这段宝贵的时光。有些幼儿把大蒜剥开装进小袋子后，拿着小花盆和妈妈一起来到草地上，然后用小铲子挖了很多土放到盆里，最后在妈妈的引导下把大蒜瓣一个一个插进土里。有些幼儿是直接把整颗大蒜都种进了土里，有些幼儿还把整颗大蒜放在水培玻璃瓶里。

幼儿把一盆盆大蒜带来了，脸上洋溢着自豪的表情，期待着大蒜的蜕变。幼儿每天都会来到自然角看看自己种的大蒜，给它浇浇水，眼中充满着欣喜与希冀。有些幼儿发现大蒜竟然长出了叶子，有些幼儿的心情却在谷底："为什么我的没有长出来呢?"小小的大蒜牵动着幼儿的心。

幼儿在家长的协助下一起种植大蒜,从家长发的照片和视频可以看出幼儿参与的积极性很高。之后,幼儿发现大蒜的成长与变化,并且对叶子产生疑问,符合"科学探究"子领域中的"用一定的方法探究周围感兴趣的事物与现象"表现行为3中的"1.2.1能观察、比较事物,发现其异同,并进行简单描述"。

(四) 实录片段四:蒜叶测量的好奇之行

• 观察指标2.2:感知数、量及数量关系
• 观察指标2.1:初步感知生活中数学的有用和有趣
• 观察指标1.1:喜欢探究

随着时间的推移,幼儿观察着大蒜叶子的变化,有很多发现:

苏苏:大蒜叶子长长的,绿色的。

依伊:底下吸水的根很多,细细长长的。

彬彬:叶子最顶上还有点尖尖的。叶子很长,有的还长得很多。

思琪:长得很高,都有点站不住了。

信豪:为什么叶子会歪歪扭扭?为什么有短短的叶子和长长的叶子?

祖博突发奇想:"我们来比一比谁的大蒜叶子长得高吧!"大家纷纷响应。但是怎么比,用什么来量大蒜叶子成为难题。韩茹说要用尺,但是怎么用长尺量大蒜叶子再一次成为难题。这时候彬彬谈道:"我们不会,盛老师帮我们量!"于是,我拿着长尺和记号笔,幼儿拿着大蒜叶,互相配合完成了蒜叶的测量。大家看到最后的测量结果感叹:"差不多时间种的大蒜,长出来的叶子长度是不一样的,有的很长,有的一点没长。"幼儿大胆猜测,我鼓励他们回家和爸爸妈妈一起找答案。通过亲子网络调查,幼儿在爸爸妈妈的讲解之下知道了原因,原来蒜叶的成长与大蒜的品种、生长环境,比如温度、光照、土壤等有关。

通过观察,幼儿对于蒜叶有了更多的认识,发现了不同,还会和同伴分享大蒜的变化,符合"数学认知"子领域中"感知数、量及数量关系"中表现行为1中的"2.2.1能感知和发现物体的大小、多少、高矮、长短等方面的差别,并用相应的词语描述"。

幼儿想出要量蒜叶的长短,通过师幼测量蒜叶,幼儿发现蒜叶的长短不同,

甚至比较悬殊,符合"数学认知"子领域中"初步感知生活中数学的有用和有趣"中表现行为 5 中的"2.1.3 能发现生活和游戏中的许多问题可以用计数、排序、分类、测量等数学方法来解决,体验解决问题的快乐"。也符合"科学探究"子领域中"喜欢探究"表现行为 5"乐于在动手、动脑中寻找问题的答案,对探索中的发现感到高兴和满足"。

(五)实录片段五:说说大蒜的分享之行

• 观察指标 1.2:用一定的方法探究周围感兴趣的事物与现象

家长与幼儿一起查阅网上关于大蒜的资料,并且把搜集到的资料分享在孩子通 App 上,比如思琪家庭上网查阅了大蒜的基本介绍和各个部位的准确名称。

瑞瑞和瑶瑶家庭把搜集到的资料精心制作成大蒜小报和小书,图文并茂地呈现了对于大蒜的认识与探究,除了大蒜的基本介绍,还有大蒜的作用、大蒜的菜肴等,幼儿在分享的时候侃侃而谈、信心满满,不仅让在场的小伙伴听得意犹未尽,还丰富了大家对于大蒜的了解。

虽然小班幼儿在项目式活动中呈现出浓厚的兴趣和探究欲望,但是由于自身认知能力和探究能力处于低层次的水平,家长的支持与协助对于整个项目式活动的推进、实现幼儿的深度学习至关重要。因此,家长与幼儿一起上网查阅资料、进行解说,让幼儿知道解决问题的途径,符合"科学探究"子领域中"用一定的方法探究周围感兴趣的事物与现象"表现行为 3 中的"1.2.3 能通过简单的调查,收集自己需要的相关信息"。

四、结论与建议

(一)结论

根据以上实录与分析可以得知,幼儿在探究与认知领域水平总体发展态势趋于中等。在科学探究子领域,幼儿多次体现"喜欢探究","用一定的方法探究周围感兴趣的事物与现象"和"在探究中认识事物与现象"三方面的表现行为,有五次的典型表现行为,水平阶段分别是 1、1、3、3、5。在数学认知子领域,幼儿表现出"初步感知生活中数学的有用和有趣","感知数、量及数量关系"和"感知形状与空间关系"三方面的表现行为,有三次的典型表现行为,水平阶段分别是1、1、5。

首先,在科学探究子领域,小班幼儿的综合水平处于中等。幼儿对于大蒜有前期经验,在后续亲子种蒜、观察大蒜、测量蒜叶的过程中,幼儿惊喜地发现大蒜的各种变化。整个活动让幼儿在自主探究中真正地走近大蒜,感受探索过程带来的乐趣。更重要的是亲身体验和直观感受帮助幼儿实现了深层次的探索和学习。但是小班幼儿的探究能力有限,需要家长的从旁协助,家长与幼儿一起查找资料、制作小报等,总的来说形式比较单一,不够丰富和多元。

其次,在数学认知子领域,小班幼儿的综合水平处于弱势。基本体现在幼儿发现大蒜的形状特征,能用语言描述;发现蒜叶长得有长有短,邀请教师测量长度等。然而,幼儿想到测量的活动的主要操作者和主导者还是教师。其实,教师可以通过这个测量的契机,引发幼儿思考多种测量方式,虽然难度较大,但是这个过程毋庸置疑也是一次思维探索的过程,应予一试。

(二)建议

1. 科学探究子领域

(1)鼓励幼儿"做中学",提高探究能力

"做中学"模式与项目式学习活动的理念相契合,鼓励幼儿通过自身活动,对周围世界进行感知、观察、操作。

亲子小报和小书是幼儿和家长智慧的结晶,在分享交流环节,当瑶瑶说到大蒜的菜肴时,个别幼儿不禁脱口而出:"好想吃啊!"其他幼儿都被逗乐了,也连声赞同:"我也想吃。"那既然幼儿有这个需求,应鼓励幼儿和家长一起烹制有关大蒜的美味佳肴,幼儿可以挑选、清洗大蒜,品尝菜肴等,幼儿在这场"大蒜美食之旅"中操作、品尝和感受,真实地感受大蒜与生活之间的关系。

(2)倡导家园合作,促进主动学习

对于小班幼儿来说,在自身知识经验以及探究能力有限的情况下,还是需要借助外力,家长帮助幼儿在项目式活动中答疑解惑,丰富活动形式,拓宽学习经验。项目式学习不是幼儿孤军奋战,家长的作用并不局限于查找资料以及制作小报,教师应该让家长真正地走进项目式活动,鼓励家长发挥各自的所长,倾听家长的真实想法,鼓励家长与幼儿一起发现问题、解决问题,成为"共同学习的群落",从而培养幼儿的探究能力,这对于幼儿养成良好的学习品质大有益处。

2. 数学认知子领域

(1) 成为幼儿伙伴,推进活动开展

陈鹤琴曾说过:"凡是儿童自己能做的,应当让他自己做。"但是,教师在项目式学习中尊重幼儿的主动探究,并不意味着随便幼儿探索,这就变成"放羊式"的探究模式,对推进活动的开展、提高幼儿探究能力毫无意义。教师要做的就是静观其变、等待支持的机会。当幼儿提出测量蒜叶的时候,教师马上应允,看似问题解决,实则不是,启发幼儿思考适合自己的测量方式,或者鼓励幼儿和家长一起讨论再做决定更为适宜。因此,教师还是要成为幼儿的学习伙伴,促进幼儿在项目式活动中的真思考、学习、真发展,为幼儿终身学习奠定良好基础。

(2) 发挥教师作用,促进数学认知

本次的项目化活动发现,幼儿在数学认知方面比较薄弱,教师要从自身出发思考产生这个结果的原因。教师应充分发挥自身的引领作用,比如当幼儿发现蒜叶长出来了,而且生长的情况各不相同,那么可以引领幼儿一起数数蒜叶。此外,幼儿发现蒜叶长得长长短短,粗细不同,教师也可以提供记录本,鼓励幼儿把自己的发现画下来,虽然小班幼儿不擅长记录,但是记录的过程才是最重要的,幼儿在这个过程中梳理自己的发现,提升思考探究的能力,从而达到"感知形状与空间关系"表现行为2.3.1。

虽然幼儿是项目式活动的主体,但是教师还是要明白幼儿不是一个个"神仙宝宝",很多经验的获得还是需要教师积极引导,引领幼儿发现感知,充分发挥教师的作用,促进幼儿在活动中获得真实的感受和新知,收获难能可贵的知识与经验,从浅层学习走向深度学习,帮助幼儿实现全方位的成长。

"猜想—验证—记录"在科学探究活动中的实践

——幼儿"探究与认知"发展行为的观察分析

上海市浦东新区百熙幼儿园　董晶晶

一、研究背景

大班幼儿即将步入小学，他们好学、爱问，遇到问题总爱问为什么，对自然科学活动感兴趣，对周围世界充满着好奇。大班幼儿处于感知、思维、记忆能力发展的初期阶段。这个年龄段的幼儿好奇心强，探索欲望强，对任何事情都表现出独特的好奇心。猜想、验证和记录是科探活动中的重要环节，离开幼儿经验的猜想如无源之水，更是难以验证，记录的使用是科探活动的一大特点，可以帮助幼儿总结自己的发现。本文以《评价指南》"指引"中的"探究与认知"领域为依据，对大班幼儿在科学活动中的行为进行观察与分析，以此激发幼儿对科探活动的兴趣，提升幼儿猜想、验证与记录的能力。

二、研究内容与方法

(一) 研究内容

1. 研究对象：大班幼儿

2. 研究内容：

• 子领域1：科学探究

本案例主要是对幼儿的科学探究能力进行观察、分析与评价，包括幼儿用一些简单的方法来验证自己的猜测，并根据结果调整探究方法的能力，以及幼儿用数字、图画、图标或其他形式记录探究过程和结果，从而提出相关建议，提升幼儿探究与认知的发展水平。

（二）研究方法

本次研究以科探集体活动"造桥"和个别化活动"水变干净了"为例，以大班幼儿为研究对象。活动中我采用了观察法和谈话法：有计划地对幼儿进行系统观察，观察幼儿在实验中的猜想与验证行为、幼儿的记录行为；通过和幼儿谈话了解幼儿在思考过程中的动机、心理活动。

三、观察结果与分析

（一）实录片段一：造桥

• 观察指标 1.2：能用一些简单的方法来验证自己的猜测，并根据结果进行调整

1. 行为描述

在"我们的城市"活动中，由于我们生活的城市有很多著名的桥，如南浦大桥、卢浦大桥等，因此幼儿对"桥"的讨论度很高。他们发现了不同种类、不同构造的桥。于是我们开展了科探活动"造桥"。其中一个环节是"猜猜想想"，幼儿需要大胆猜测"到底哪座桥的力气大"。栋栋率先答道："当然是平面桥的力气大了。我看到生活中都是平面桥，很少看到拱桥，肯定是平面桥的力气大！"辰辰说："我觉得拱桥的力气大。拱桥的桥面弯弯的，看上去很稳定。"其他幼儿也都争相表述自己的观点，大家各执一词，我问道："是不是支持的人越多，这座桥的力气就越大呢？"大家听完都摇摇头，栋栋说道："要比一比才知道。"我趁热打铁："那今天我们一起来做个小实验，比一比两座桥的力气。"我出示了手里的硬币，"这些硬币要怎么用呢？"辰辰说道："把硬币放到桥上就能知道哪座桥的力气大啦。"其他幼儿纷纷点头，大家开始都尝试了。分享讨论时，辰辰有疑问了，"这样比不公平，我是把硬币放在桥面上的，他们有的放在了桥墩上，这怎么会公平呢？"其他小伙伴听了以后也纷纷说出自己的想法，大家都同意"硬币要放在同一位置才公平"。"那是放在桥面上还是桥墩上呢？"我问道。栋栋表示："放在桥面上，才能比较出结果，桥墩上放好多都不会倒，我刚才试过了。"栋栋的想法得到了大家的支持，于是第二次实验开始了。

2. 行为分析

幼儿在观察、比较平面桥和拱桥之后，进行了思考与分析，并能够结合自己

的已有经验进行大胆的猜测,分别就自己的想法说出了理由,并想出了"比一比"的方法来验证自己的猜测,幼儿在第一次实验时将硬币随意放在了桥面、桥墩上,后来发现这样是不公平的,于是大家在第二次实验时调整了实验的方法,将硬币摆放在桥面上。经过"大胆猜测—想出办法—实验—调整方法—再次实验"的过程,其行为符合《评价指南》中表现行为1.2"能用一些简单的方法来验证自己的猜测,并根据结果调整"。

(二) 实录片段二:水变干净了

• 观察指标1.2:能用数字、图画、图标或其他符合等记录探究过程和结果

1. 行为描述

在个别化游戏"水变干净了"中,冠冠看着材料,先拿起记录表。他先将棉花放入浑浊的水中,实验结束后,在记录表上打了"×",然后又试了沙子、纱布和毛巾,逐一在记录表上打了"√"和"×",后来,我将记录表上的图片删除,给幼儿更多的留白和记录空间。由于记录表上只有"√"和"×",于是我和幼儿讨论用其他符号替代。糖糖说"用笑脸和哭脸",茉莉说:"可以写字呀,我已经会写字了。"杰杰说:"可以画出来。"下一次活动时,记录表做了调整。糖糖将纸巾折成长条,一头放在盛有浊水的杯子中,另一头放进空杯子中,一番操作后,糖糖开始记录自己的实验结果,她在记录表上画了"两个杯子,中间一条纸巾,并在其中一个杯子上画了笑脸"。糖糖试完所有的材料后跑过来问我:"我能试下其他的材料吗?"我笑着回答:"当然可以啦,你想用什么材料试呀?""我想用植物角的鹅卵石试一试。"说着糖糖就开始用鹅卵石尝试了,过了一会儿,她又找到我:"老师,记录表上已经满了,没有地方记录了。"

2. 行为分析

现有的记录表上已经印有材料的图片,幼儿会根据上面的图片顺序进行实验,而不是根据自己的猜想,这框住了幼儿的探索思路,因此,我对记录表进行了调整,删除了图片,使幼儿可以自主选择材料,但是在第二次调整之后又出现了新问题,有的幼儿速度快,将所有的材料都进行了实验,并进行了记录,他们还想尝试更多的材料,但记录表却只能记录5种材料。针对这种情况,我再一次调整了记录表,在反面也添上了几行,不同水平的幼儿可以根据自己的需要使用记录

表。记录表调整后,幼儿能够根据自己的猜测和假设来进行实验操作,其表现水平符合《评价指南》1.2"能用一些简单的方法来验证自己的猜测,并根据结果进行调整"。另外,幼儿的记录方式较为单一,通过与幼儿进行讨论,激发幼儿尝试使用更多的记录方式,幼儿的记录方式也出现笑脸、文字等多种形式,其表现水平符合《评价指南》中表现行为"1.2.5能用数字、图画、图标或其他符号等记录探究过程和结果"。

四、结论与建议

(一)结论

幼儿的探究与认知发展水平呈现出一定的差异性,部分幼儿在活动中敢于大胆猜测、积极主动,但部分幼儿缺乏探索的兴趣,我们应充分理解和尊重幼儿在发展过程中的个体差异,帮助每位幼儿在原有水平上向更高水平发展。

1. 教师应带有目的性地观察和分析诊断,从而优化引导方向或引导方式

活动中,我通过观察幼儿的语言、表情、行为,发现集体活动、个别化学习活动中的教育契机,并通过组织幼儿讨论解决问题。因此,带有目的性的观察,并对观察结果进行分析诊断,能帮助教师优化引导方向或引导方式,使幼儿获得有效发展。两个案例都是基于科学的观察,并在此基础上进行引导的。实录片段一中,我在观察到幼儿的困惑点之后,引导幼儿积极思考,互相讨论,将主动权交到幼儿手里,通过思维的碰撞,使幼儿大胆猜测,并想到了验证猜想的方法,其行为符合《评价指南》中表现行为1.2"能用一些简单的方法来验证自己的猜测,并根据结果调整"。

2. 教师在观察的过程中需确保客观性,为后续分析提供真实依据

教师作为观察者,需在观察的过程中确保客观性,应避免夹杂个人主观情感,不能将个人主观臆断与客观事实混为一谈,由此才能为后续分析提供真实依据,从而解决问题。实录片段二中,我通过与幼儿讨论,激发幼儿尝试更多的记录方式。案例中,幼儿采用的记录方式也都是来自自己的思考。其记录水平也渐渐达到了《评价指南》中表现行为1.2"能用数字、图画、图标或其他符号等记录探究过程和结果",记录水平在原有基础上前进了一大步。

(二) 建议

1. 采用多种方式,支持幼儿的科学猜想和验证

(1) 充分调动幼儿的生活和知识经验。幼儿首先要具备相关的知识经验,通过对自身的经验的联想和类比,才能得出猜想。因此,在活动开展前,幼儿和家长一起收集了各种桥的照片,有南浦大桥、外白渡桥、港珠澳大桥、赵州桥等。在收集桥的图片的过程中,幼儿对桥的种类有了一定的了解,这为他们的科学猜想和验证提供了有力的支持。

(2) 通过开放式提问激发幼儿主动思考。开放式提问应该能指向幼儿的观察、探索和思考,引导幼儿的猜想和进一步实验。大班幼儿的思维深度与广度都有所增加,通过观察能了解事物之间简单的逻辑关系,因此在设计开放式提问时应考虑幼儿的年龄特点,从而激发幼儿主动观察、思考。"有什么办法可以用筷子把瓶子撑起来,并且保持平稳不倒?"小宝想了想说:"把筷子都放进去,再把瓶子倒过来就可以了。"乐乐说:"先把4根筷子插进瓶子里,1个角插一个,再把瓶子倒过来。"开放式问题给了幼儿更多的思考空间,幼儿会根据已有经验大胆猜想,从而激发他们的验证兴趣。

(3) 创设适宜的情境激发幼儿猜想。从幼儿的兴趣和需要出发,从教学内容的实际特点出发,创设适宜的情境,运用情境感染幼儿,当然,情境的创设应该来源于幼儿,这就需要老师在幼儿实际生活中观察其言行,发现其兴趣点,并有意识投放材料营造情境,或老师想要就幼儿的某个兴趣点生成探究活动,而有意识投放材料。在科探集体活动"稳定的三脚架"中,我创设了幼儿喜欢的闯关模式,让受到幼儿喜爱的小黄人跟幼儿一起闯关,有效地激发了幼儿的探索兴趣。

(4) 提供适宜的材料引发幼儿持续性探究。幼儿的猜想并不是凭空而来,假设都需要以实际操作为依据,那么材料的选择就尤为重要。首先,准备好幼儿可能猜想的材料,为进一步促进幼儿的思考,尽可能提供低结构性的、可选性的和多组合性的材料;其次,投放材料要由浅入深、从易到难,分解出若干个能够与幼儿的认知发展相吻合的、可操作的层次,使材料"细化";最后,幼儿发展水平不一,投放材料后,要注意观察不同层次幼儿的能力表现,并根据不同能力幼儿的需要及时调整材料内容。如在"沉与浮"游戏中,原先提供的材料有回形针、积木、雪花片、瓶盖等,幼儿将材料一个一个地放入水中,仔细地观察着物品到底是

浮起来还是沉下去。但对于部分幼儿来说,猜想和验证都缺乏挑战性,于是我和幼儿一起收集更多的材料,尝试更多有趣的新玩法,有"沉浮的乒乓球""鸡蛋的沉浮"等。

2. 不断丰富、拓展幼儿灵活调整记录的方式,使幼儿乐于记录

(1) 在一日活动的各个环节提供记录的机会。一日活动中有许多环节,如在晨间活动中投放"植物生长记录本""天气预报""小乌龟日记"等,幼儿一旦有了发现,就能够立刻进行记录;或者是在班级中创设一面"问题墙",幼儿可以将自己的疑问用文字或图符等形式记录下来,其他幼儿也可以用记录的方式自由表达想法、回复同伴。通过在一日活动各环节中鼓励幼儿记录,逐渐把幼儿的无意行为转化为有意记录,并提供一个展示交流的平台,激发幼儿的多方式记录行为。

(2) 丰富、拓展幼儿的记录方式。教师要鼓励幼儿综合运用多样记录方法,单一的记录方法不仅无法满足幼儿的学习需要,而且会使幼儿逐渐失去记录兴趣,因此,我们需挖掘更多的记录手段,如通过个人记录、小组记录、集体记录等方式拓宽幼儿的思维;通过图画、符号、表格、简单的文字、照片、视频等方法丰富幼儿的记录方式。当然,教师应注重依据探究的具体内容、主题、所处的环境条件及幼儿的水平引导幼儿选择适宜的记录形式。

(3) 鼓励幼儿运用创造性的记录方式。当发现幼儿对某些事物有自己独到的理解和看法时,我们要鼓励幼儿的个性表现,挖掘幼儿的创造潜力,引导幼儿用自己喜欢的、创新的方式记录思考和发现,促进科学探索活动的持续有效开展。

感受环境　注重发展　培养审美
——幼儿"美感与表现"发展行为的观察分析
上海市浦东新区中市街幼儿园　乔祝婷

一、研究背景

艺术是幼儿感性地把握世界的一种方式,是表达对世界的认识的另一种"语言"。《3—6岁儿童学习与发展指南》中提到"艺术教育是以完整的人为对象,把培养幼儿的艺术修养作为领域目标,把幼儿的完整、全面、和谐的发展作为自己的终极目标,即艺术教育是一种真正的塑造完整的人的教育"。因此,我们要为幼儿开阔思路,帮幼儿拓展新的关键经验,促进幼儿艺术思维能力的发展。

作为一所具有深厚文化底蕴的幼儿园,得天独厚的传统文化资源是我们的优势和特色。近年来,我园开展了"首届艺术嘉年华"艺术节活动,举办了"水墨晕染画""趣味剪纸"等系列活动,这些活动对于提高幼儿对民间艺术的兴趣,激发幼儿潜在的创造力和想象力是十分有帮助的。

本幼儿观察案例研究基于《上海市幼儿园办园质量评价指南(试行稿)》"3—6岁儿童发展行为观察指引"中的美感与表现领域,以大班三名幼儿为研究对象,运用观察法,对其进行一个月的跟踪观察,将"感受与欣赏"和"表现与创造"作为观察内容,解读幼儿出现这种行为的原因,促进幼儿美感与表现的发展。

二、研究内容与方法

（一）研究内容

1. 研究对象：大班幼儿

2. 研究内容

• 子领域1：感受与欣赏

运用《评价指南》"美感与表现"领域之子领域1"感受与欣赏"，重点观察研究大班幼儿在融入大自然活动中的表现，是否能感受多种多样的艺术形式和作品。同时研究幼儿在游戏及自由活动中的表现。

• 子领域2：表现与创造

重点观察幼儿是否喜欢运用绘画、捏泥、折纸等方式表现观察到的事物和自己的想象。对行为发展不同的幼儿进行分析，解读幼儿出现这种行为的原因，促进幼儿美感与表现能力的发展。

（二）研究方法

本案例主要运用了观察法，包括自然观察法和事件观察法。自然观察法是指观察者观察儿童日常生活中的行为，这种方法不需要特别安排时间和场所，可随时随地进行，例如在植物角观察他们对于植物成长的关注度，了解他们的创造力和想象力等。事件观察法是指观察者在特定事件中观察儿童的行为，这种方法需要特别安排时间和场所，例如在儿童参加活动时观察，了解他们在团队中的表现、在学习中的态度和能力等。

三、观察结果与分析

（一）实录片段一：小生命，大自然

• 观察指标1.1：感受自然界与生活中美的事物

孩子们从家里带来了许多水培和土培的植物来丰富自然角。宁宁一来园就兴冲冲地对我说："老师，我带了大蒜放在植物角，它现在还是白白的一个蒜头，妈妈跟我说要给它浇浇水才能长大。""那你拿着小水壶给植物浇浇水吧。"我鼓励宁宁自己照顾植物角中的植物。

于是，宁宁每天来园的第一件事情就是看看蒜头长得怎么样了。第三天，她兴奋地告诉我："老师老师，蒜头身体下面长出了许多'须须头'，它在长大了。"第五天，她又发现了新的变化："老师，蒜头的根须变得长长的，它的头上有绿色的芽芽长了出来。"我告诉宁宁："蒜头每天都有变化，3天左右会从底部长出根须，

吸足水分后就会长出绿色的新芽,新芽越长越高,会长到 5 厘米左右。"有一天,小辙指着发芽的土豆对小娅说:"这个土豆好漂亮啊,长了好多的芽,好像许多小辫子。"小娅点点头表示同意。

宁宁通过几天的观察发现了大蒜长芽的过程:从白色的大蒜长出根须再到长出绿色的叶子。符合"感受与欣赏"子领域中"感受自然界与生活中美的事物"表现行为 3 中的"1.1.1 在观赏大自然中美的事物时,能关注其色彩、形态等特征"。小辙和小娅在自然角夸赞土豆长出的芽像美丽的小辫子,符合"感受与欣赏"子领域中的"感受自然界与生活中美的事物"表现行为 1 中的"喜欢观赏花草树木、日月星辰等大自然中美的事物";他们互相分享自己发现植物的美丽,符合表现行为 5 中的"1.1.1 喜欢向他人介绍自己发现的美的事物"。

• 观察指标 1.2:感受多种多样的艺术形式和作品

有一天早上宁宁对小娅说:"我们每天给植物们浇水、施肥,它们才能快快长大,不知道小菜园里的蔬菜宝宝们长得怎么样了?"于是,我带着孩子们一起来到了小菜园。

宁宁:"哇!小茄子已经成熟了,长大成为紫色的大茄子了。"我指着长茄子说道:"茄子宝宝长大了,不仅让我们了解它的成长过程,也可以让我们画出美丽的作品。"

随后,我们一起回到了教室,并给孩子们提供了茄子和水粉颜料。"茄子粘上颜料后能拓印出什么作品呢?请你们来试一试。"孩子们纷纷动手操作起来,将自己想拓印的形状展现在铅画纸上。作品完成后我请孩子们上前来介绍自己的创作思路,小辙介绍道:"我用红色和绿色颜料拓印出番茄的形状和叶子。"小娅介绍说:"我拓印的是一条五颜六色的毛毛虫,用茄子沾上五颜六色的颜料先拓印出毛毛虫的身体,再用蜡笔将毛毛虫的触须和触角画出来。"孩子们开拓思路,完成了许多意想不到的作品。

宁宁仔细观察了解茄子的生长过程,知道茄子是从种子到开紫色的花再到长出果实,符合"感受与欣赏"子领域中"感受自然界与生活中美的事物"表现行为 3 中的"1.1.1 在观赏大自然中美的事物时,能关注其色彩、形态等特征"。在活动中小辙利用茄子印出了番茄的样子,宁宁能拓印出一条长长的毛毛虫,这些行为符合"感受与欣赏"子领域中的"感受多种多样的艺术形式和作品"表现行为

3中的"21.2.2愿意参加美术、音乐、儿童文学等艺术欣赏活动,欣赏艺术作品时能产生相应的联想和情绪反应"。

(二) 实录片段二:"京剧小戏迷"

• 观察指标2.1:具有艺术表现的兴趣

为了帮助幼儿了解我国优秀的民族艺术,班级结合主题活动开展了美术活动"京剧脸谱",让孩子们在听、说、画中感受传统艺术的魅力。

个别化活动开始了,小辙、小娅和宁宁来到美工角准备制作一面"京剧脸谱"。小辙挑选了画好的脸谱,用蜡笔直接在空白的地方涂了起来。小娅选择的是画了一半的脸谱,她把脸谱的另外一边用对称的方式画下来并涂上了颜色。宁宁选择了空白的脸谱,她先用记号笔将脸谱形状画下来,依据左右对称的原则,大胆地对脸谱进行设计,用自己喜欢的图形和颜色对画面进行布局和装饰。活动结束后宁宁介绍了自己的作品:"我今天画的是红脸的关公,红色代表的是正直的人,先在左脸画上我喜欢的图案,再在右脸画上对称的图形,一张脸谱就完成了。"小娅介绍道:"我画的是白色的脸谱,他的表情是生气的。我用黑色的黏土捏了他的胡子,代表他气得胡子都翘起来了,眼睛也是用黏土捏成的,代表瞪大的眼珠子。"

个别化活动中三人主动进入美工角制作脸谱的行为符合"表现与创造"子领域中的"具有艺术表现的兴趣"表现行为1中的"2.1.1喜欢涂涂画画、粘粘贴贴等活动"。宁宁在活动中用红色的蜡笔画出正直的关公,并且用喜欢的图案对脸谱进行装饰,符合"喜欢运用绘画、捏泥、折纸等方式表现观察到的事物和自己的想象"。小娅能利用绘画和黏土相结合的方式创造出生气的脸谱的行为符合"表现与创造"子领域中的"具有艺术表现的兴趣"表现行为5中的"乐于运用多种工具、材料或不同的表现手法来表达观察到的事物和自己的感受与想象"。

• 观察指标2.2:具有初步的艺术表现与创造能力

角色游戏开始了,今天的音乐角格外热闹,上演着一出京剧大戏。宁宁将自己制作的代表关公的红色脸谱挂在脸上,穿上精美的京剧服装,唱了起来:"蓝脸的窦尔敦盗御马,红脸的关公战长沙……"唱到"战长沙"时,宁宁拿起旁边的"大刀"奋力向上一举,小脚一跺,把在战场上杀敌的英勇无敌的关公形象表现了出来。小娅则穿着自己挑选的京剧服装在一旁拿着圆舞板为宁宁伴奏,打着节奏唱起了京剧,每到精彩的部分就和宁宁一起做动作,为这场京剧大戏添砖加瓦。小辙作为观众在场下认真地看着表演,不时地轻声附和:"黄脸的典韦,白脸的曹操,黑脸的张飞叫喳喳……"沉浸其中。

宁宁在角色游戏时能自己选择感兴趣的区域,在唱到"红脸的关公战长沙"时能做出"举大刀""跺脚"等符合人物英勇杀敌形象的动作,这种表现符合"表现与创造"子领域中"具有初步的艺术表现与创造能力"表现行为3中的"2.2.3能运用拍手、跺脚等动作,或敲击物品的方式来表现简单的节拍和基本节奏"。宁宁和小娅为自己的京剧表演提前挑选好适宜的服装,并将"戏说脸谱"用表演的形式呈现出来,这种行为符合"表现与创造"子领域中"具有初步的艺术表现与创造能力"表现行为5中的"2.2.3能创编和表演故事,并根据表演的需要选配、制作简单的服饰、道具或布置场景"。

四、结论与建议

(一) 结论

本次的观察对象是大班的小辙、小娅和宁宁,他们的发展水平不同。通过观察发现,小辙是个内向的男孩子,动手能力较差,属于班中动作发展偏后的孩子;小娅是个开朗的女孩子,平时乐于参加美术活动,经常在自由活动时画画贴贴,创作精美的作品;宁宁是个外向爱笑的女孩子,有一双发现美的眼睛,属于班级中动手能力较强的孩子,平时喜欢唱唱跳跳,经常在音乐角见到她的身影。

通过观察实践发现,孩子们都有一双发现美的眼睛。在一日活动中他们乐于参加各种艺术活动,一起合作表演。小辙在"美感与表现"领域发展一般,平均表现行为阶段为1和3;小娅处于中等偏上水平,平均表现行为是阶段3和5;宁宁发展水平较高,平均表现行为是阶段5。总体来说,孩子们的发展还是不错的,由于个体差异问题,有些方面的能力还不是很好,需要老师平时重点关注。

本次结合主题活动我们开展了美术活动"京剧脸谱"和音乐活动"戏说脸谱",让孩子们在听、说、画中感受传统艺术的魅力。首先,孩子们利用脸谱的对称性,通过想象创作出自己的个性脸谱。然后,我将活动扩展到美工区,根据幼儿行为的不同发展水平为其提供了三种类型的脸谱：完整脸谱涂色、半成品脸谱添色、空白脸谱创新，让孩子们开拓思路自己创作。美工区域活动中教师最重要的工作就是观察，观察整个区域、个别幼儿及群体幼儿。教师应让孩子处于自己的观察范围中，及时了解孩子的需要，在适当的时间介入。教师的另一个职责就是必要时给予幼儿肯定与鼓励，鼓励幼儿大胆画出自己所想，肯定幼儿的绘画成果，使其从中获得绘画的快乐。"戏说脸谱"的音乐活动，在表演区融入了戏曲表演，让孩子们戴着面具，穿好京剧服装，听着戏曲表演动作，培养他们参加艺术活动的兴趣。

（二）建议

1. 创设多样化的艺术环境，提高幼儿的审美能力

除了保证幼儿有足够的活动空间，合乎安全及满足其生活需要以外，应该注意室内环境的装饰与布置，使其符合幼儿的审美趣味。在自然角中老师可以投放形式美的装饰品，如小草、柳条、贝壳、小动物等现成材料，也可以投放半成品材料，与幼儿共同装饰自然角，让自然角更加逼真、丰富。让儿童置身于美的环境之中，不但有助于提高他们的审美能力，而且有助于发展他们的艺术创造性。

同样，角色游戏中的环境创设也是如此。老师应该结合幼儿年龄特点，将京剧人物形象卡通化，使幼儿在感受、体验京剧的过程中，逐渐爱上京剧。

2. 艺术与多领域结合，促进幼儿的创作能力

在"京剧小戏迷"的活动中，幼儿们自己选择服装、商量合作表演京剧。幼儿始终是活动的主体，教师是活动的支持者、引导者、参与者。我们利用各种途径来丰富孩子的经验，结合孩子实际情况及时调整活动目标、活动方式，挖掘孩子的各种潜能，促进幼儿身心健康、协调的发展。在活动中让孩子了解京剧、欣赏京剧、理解京剧，与孩子共同探索中国传统文化，鼓励他们表达自己的感受。

除此之外，教师也可以将音乐作为创造能力培养的载体，引导幼儿在轻松的氛围中学习、展示自我，培养幼儿的自主学习能力。

3. 艺术欣赏关注外在形式特征，促进幼儿想象力的发展

种植植物的过程中，老师鼓励幼儿积极主动地仔细观察植物，从中发现植物

的特征和变化,这样不仅可以培养幼儿的观察力,还能激发幼儿探索自然奥秘的兴趣。孩子们在老师引导下给植物角的植物浇水、施肥,设计摆放的位置,让植物生长得更茂盛,也培养了热爱劳动的品质。教师可以利用自然角,发挥美术特色,让幼儿使用绘画观察的方式管理自然角,这样不仅可以激发幼儿的观察兴趣,还可以提升幼儿的美术水平和艺术欣赏能力。

秋天多色彩　美育润童心
——幼儿"美感与表现"发展行为的观察分析

上海市浦东新区繁锦幼儿园　蔡莉莉

一、研究背景

艺术是人类感受美、表现美和创造美的重要形式，也是表达自己对周围世界的认识和情绪态度的独特方式。每个幼儿心里都有一颗美的种子。《评价指南》将感受与欣赏、表现与创造作为子领域的观察内容。其中，感受与欣赏包含感受自然界与生活中美的事物，感受多种多样的艺术形式和作品。表现与创造包含具有艺术表现的兴趣，具有初步的艺术表现性与创造性。可见，充分创造条件和机会，引导幼儿学会用心灵去感受和发现美，用自己的方式去表现和创造美，是多么重要。

作为一所摄影特色园，我园以摄影为载体，帮助孩子们用独特的视角观察社会、了解社会，发现生活中的美。

二、研究内容与方法

（一）研究内容

1. 研究对象：中班幼儿
2. 研究内容

• 子领域1：感受与欣赏

主要研究幼儿在大自然活动中对美的事物的兴趣，对多种多样的艺术形式和作品的感受。

• 子领域2：表现与创造

主要研究幼儿在游戏及自由活动中对艺术表现的兴趣，是否能运用绘画、捏泥、折纸等方式表现观察到的事物和自己的想象。

(二) 研究方法

1. 观察法

在"寻找秋天"活动中，教师通过感官和相机观察中班幼儿在户外拾捡落叶的行为，幼儿在拾捡落叶的过程中，发现了各种形态的落叶并展开想象，进一步感受四季变化之美。

2. 谈话法

在"美丽的菊花"活动中，班级的自然角里种植了各种形态迥异的菊花，幼儿经常会驻足观赏很久，对菊花充满了好奇，个别幼儿还会用手机记录菊花的形态。在欣赏完各种美丽的菊花，并认识了菊花的基本特征后，教师通过集体谈话进一步了解幼儿在欣赏菊花后的感受，并将幼儿的个体经验转变成集体经验。

三、观察结果与分析

(一) 实录片段一：寻找秋天

• 观察指标1.1：感受自然界与生活中美的事物

"在秋天里"主题活动开展之初，孩子们对秋天的颜色产生了浓厚的兴趣：他们有的说秋天是红色的，有的说是绿色的，也有的说是金黄色的……那秋天到底是什么颜色的呢？带着这个问题，孩子们带上了相机、手机和记录纸等工具，走出教室与大自然进行亲密接触。

一阵凉风吹过，孩子们的目光追随着落叶，小欢紧随其后飞奔而去，在落叶前停住了脚步，并慢慢蹲下来，她用小手捡起落叶自言自语："为什么树叶会掉下来呢？"在一旁的安安听到后，立即回答说："秋天到了呀，树叶就会落下来。"妞妞指了指地上的树叶说："你们看，这里有许多黄色的落叶都堆在了一起，我把它们拍下来。"于是孩子们纷纷捡起了落叶……不一会儿，辰辰拿着手里的落叶说："你们看，我捡的落叶又大又黄，像一把扇子。"小欢看了看手里的叶子说："我的叶子的顶上有尖尖角，像艾莎公主的皇冠。"抒格举起手里的叶子说："我这片叶子最特别，它长长的，两头还尖尖的，像一艘小船，可以带我们去旅行。"孩子们你一言我一语，继续拾捡落叶。

幼儿对大自然产生了浓厚的兴趣,并能从树叶飘落这一自然现象中感知秋天的到来,在捡落叶的过程中能关注到落叶的不同颜色,并能根据自己的生活经验描述落叶的形态特征,初步体现了"感受与欣赏"子领域中"感受自然界与生活中美的事物"表现行为 3 中的"1.1.1 在观赏大自然和生活环境中美的事物时,能关注其色彩、形态等特征"。

不一会儿,孩子们手中攥满了落叶,都快拿不下了,这时圆圆突然把手里的落叶用力洒向空中,并大声呼喊:"快来看看我的落叶雨吧。"其他孩子看着树叶再次飘落到地上,也将手里的落叶抛向空中,顿时空中下起了"落叶雨",孩子们兴奋地拍起手来:"太美啦!"看着地上的落叶,徐栩说:"这么多落叶,像毯子,还会发出'咔嚓咔嚓'的声音。"安安说:"我用力踩的声音也很响。"孩子们纷纷脚踩落叶,在"树叶毯"上蹦啊,跳啊,感受着落叶清脆的声音,别提有多高兴了。

在捡落叶的过程中,幼儿发现树叶铺满地面,就像一条"毯子"一样,脚踩落叶时还会发出"咔嚓咔嚓"的声音,他们开心地在落叶上蹦跳。幼儿用自己独特的方式表达了对大自然声音的兴趣,初步体现了"感受与欣赏"子领域中"感受自然界与生活中美的事物"表现行为 3 中的"1.1.2 喜欢倾听大自然和生活环境中各种好听的声音,能感知和发现声音的长短、高低、强弱等变化"。

班里 85% 的孩子还想去小区里捡落叶,并表示要将捡到的落叶带去幼儿园和大家分享。孩子们的想法得到了家长的支持,在家长的带领下他们再次走进社区开始了捡落叶行动,家长们还将孩子捡落叶的过程拍摄下来,发到了班级群。第二天,孩子们将"彩色落叶"带到班级,和大家分享了收获的喜悦。

"寻找秋天"活动后,幼儿对于捡落叶这件事情产生了浓厚的兴趣,向家长提出继续捡落叶,并和朋友分享的想法,初步体现了"感受与欣赏"子领域中"感受自然界与生活中美的事物"表现行为 5 中的"1.1.1 喜欢收集美的物品或向他人介绍自己所发现的美的事物"。

(二)实录片段二:美丽的菊花
• 观察指标 1.2:感受多种多样的艺术形式和作品

孩子们继续寻找着秋天的色彩。一天,安安从家里带来几盆颜色各异的菊花,她将菊花放在了植物角。很快菊花的到来引起了孩子们的注意,有的拿起水壶给菊花浇水,有的拿起相机为它们拍照,有的表达了对菊花的喜爱。

游戏时间到了,孩子们都在为开花店忙碌着。安安说:"老师,我想用彩色的手工纸做菊花的花瓣,就像娃娃的头发一样。"天天说:"我可以用彩泥做菊花,像一根根面条一样。"悠悠说:"我想用纸杯做菊花,就像爸爸放的烟花一样。"橙橙说:"我要用扭扭棒做菊花,就像我喜欢吃的洋葱圈一样。"小欢说:"我要用毛线做菊花的花瓣,就像圆圆的杨梅……"大家你一言我一语,讨论热烈。

幼儿在欣赏菊花之余,还用语言描述了菊花的形态特征,并将菊花和娃娃的头发、面条、烟花、洋葱圈等联系在一起,初步体现了"感受与欣赏"子领域中"感受多种多样的艺术形式和作品"表现行为3中的"1.2.2愿意参加美术、音乐、儿童文学等艺术欣赏活动,欣赏艺术作品时能产生相应的联想和情绪反应"。

- 观察指标2.2:具有艺术表现的兴趣

孩子们选择了喜欢的材料开始制作。我走近安安,发现她先用剪刀将手工纸剪成纸条,再将纸条卷在手指上。但是,在卷的过程中失败多次,我没有上前指导,只是远远地观察她。过了一会儿,她将纸条的头尾用双面胶粘住,笑着说:"我的花瓣还有个洞洞,像个眼镜,好好玩呀!"不一会儿,桌上出现了好几朵"眼镜"花瓣。

安安能利用手工纸进行创作,虽然没有达到她想要的效果,但丝毫没有影响她创作的情绪。最后,她将纸条用头尾相连的方式制作了"眼镜"花瓣,初步体现了"表现与创造"子领域中"具有艺术表现的兴趣"表现行为3中的"2.1.2喜欢运用绘画、捏泥、折纸等方式表现观察到的事物和自己的想象"。

一旁的悠悠向朋友喊道:"花店马上要开张了,我们要多做一点菊花。"说完,转身就去寻找需要的材料。她找来了一个黄色的纸杯和一把剪刀,先用剪刀将纸杯剪成一条一条的形状。接着,用小手按了几下,发现"花瓣"没什么变化。于是,她又找来一支记号笔将剪开的纸条卷了起来,但记号笔好几次都滚了下来,她尝试了几次,都失败了。最后,她同坐在旁边的圆圆寻求帮助,只见圆圆用小手帮她按住纸杯,而悠悠就用记号笔一条条地卷,一朵漂亮的菊花就完成了!悠悠拿起菊花向大家展示:"快看,我们的菊花!"坐在另一边的天天听见了,也拿起他的"菊花"向我展示:"老师,我的花瓣是直直的,是不是也很漂亮,我觉得它像烟花。"

幼儿悠悠与天天的表现表明他们具备了基本的动手操作能力，他们能利用低结构材料制作菊花。悠悠在制作过程中会想办法寻求同伴的帮助，并有利用工具解决花瓣卷起来的想法，初步体现了"表现与创造"子领域中"具有艺术表现的兴趣"表现行为 5 中的"2.1.2 乐于运用多种工具、材料或不同的表现手法来表达观察到的事物和自己的感受与想象"，以及表现行为 5 中的"2.1.3 艺术活动中能独立表现，也能与同伴合作表现"。

四、结论与建议

（一）结论

从以上的案例可以看出，该班观察对象在美感与表现领域总体发展水平较高。通过观察发现，幼儿对秋天的美景产生了浓厚的兴趣，并能对落叶展开想象和对菊花进行创造表现。幼儿多次出现了"感受自然界与生活中美的事物"和"感受多种多样的艺术形式和作品"的表现行为。

不同幼儿在美感与表现发展方面有着不同的发展阶段与行为差异。纵看"感受与欣赏"和"表现与创造"两个子领域，我们班孩子的发展水平都比较高，但透过两个数据的比较可以发现："表现与创造"的总体水平比"感受与欣赏"略胜一筹。究其原因：首先，我们班的幼儿有用镜头捕捉事物的习惯，还善于借助工具和各种低结构材料创作他们喜欢的物品，如将纸板剪成他们喜欢的造型作为相框，将彩纸和麻绳制作成门帘悬挂在娃娃家门口，用塑封膜制作成玩具小人。其次，我们经常鼓励孩子采用多元的评价方式，既有自评，让幼儿自己说"话"，介绍自己的想法和作品，也有他评，鼓励幼儿发现别人的优点，学会比较，找到自己优秀的地方和需要进步的地方，学会与同伴讨论和欣赏艺术作品，了解他人的创意思维，激发学习和创作兴趣。此外，还有"默评"，将幼儿的作品在班级主题墙、自然角、走廊等处展出，这无疑也是对幼儿最好的肯定。

（二）建议

1. 关注幼儿的热点和兴趣，支持尝试探索

中班幼儿学习的动机感性多于理性，通常会凭着兴趣去探索和学习。他们首先关注的是活动本身和过程是否精彩、吸引人，其次才有可能像成人一样为了

活动的成果而坚持努力。例如,在"寻找秋天"的活动中,孩子们发现了落叶,对落叶产生了兴趣,并能根据自身的生活经验进行联想。教师可以鼓励幼儿进行树叶贴画或根据自己的想法进行艺术创作,让孩子的想象与表象建立新的联系,使幼儿更积极主动、有意识地表达创作,抒发情感。因此,我们在选择活动内容时必须考虑幼儿的热点和兴趣,调动他们主动学习的欲望与积极性。

2. 遵循幼儿的发展原则,提供多元的支持

自我表达和表现是每个幼儿的需要,教师要对幼儿之间的差异进行分析,并根据不同孩子的发展水平提供多元的支持。可以从以下几方面着手:第一,创设活动区环境,投放丰富的材料和道具,让幼儿有充分的自由表现的机会,教师只需"尊重幼儿的自发表现和创造,并给予适当的指导";第二,艺术活动可以和其他领域活动相结合,让幼儿在科学探索、故事欣赏、远足活动等其他领域学习的基础上,通过艺术手段表现出来;第三,提供真实的感知对象让幼儿模仿,如欣赏活动中的写生,提供真实的场景或物体,让他边看边画;第四,组织幼儿体验各种艺术活动和欣赏艺术作品,提供幼儿容易理解的图画、照片、绘本,组织观赏画展和表演等,让幼儿自发模仿;第五,对幼儿自发表现的作品进行陈列与展示,展示前要让幼儿介绍自己的作品,不用成人的标准来做选择性陈列。

3. 借助家长丰富的资源,提供更多欣赏和创造的机会

有效的家园互动是活动的延伸和补充。在开展活动之前,家长可以提前丰富幼儿的相关经验,激发幼儿对活动的兴趣,实现经验前置。丰富的家长资源可以拓展幼儿的创造空间,如"在秋天里"主题活动前,邀请家长带幼儿参观菊花展,为幼儿做讲解,丰富幼儿对菊花的认识。在主题活动中,教师组织幼儿和家长共同进行菊花制作活动。妈妈故事团则带着孩子们最爱的"彩虹色的花"走进直播课堂,亲子共读让幼儿知道彩虹色的花可以帮助每一个需要帮助的人,在孩子心底撒下善良的种子。在"科学育儿论坛"上,家长们展开激烈讨论,交流自己对于幼儿艺术培养的经验和困惑。"家长老师"也是幼儿园开发利用家长资源的重要形式,邀请擅长水墨画的家长引导幼儿一起画菊花,将传统文化带进课堂,让萌娃感受笔墨韵味,体会艺术文化之美。

学会观察　关注情感　促进成长
——幼儿"美感与表现"发展行为的观察分析

上海市浦东新区海星幼儿园　张　艳

一、研究背景

幼儿是运用各种感官（眼睛、耳朵、鼻子和双手）探索世界的，他们通过颜色、图形、声音、气味去发现和感知这个世界。在这个探究过程中，幼儿将所有美的信息转化到自己的内心，又通过迁移获得美感，成人和教育的激发又使其产生表现美和创造美的欲望。随着孩子年龄的增长和经验的丰富，他们会使用多种方式来表达对大千世界的认识和理解。于幼儿而言，美无处不在，"美感与表现"并不仅存在于艺术活动中，更存在于幼儿生活的方方面面。

本班幼儿目前处在小班下学期，通过户外活动、个别化活动、学习活动以及自由活动等对其在美感与表现方面进行深入观察与研究，发现他们对美术的热爱与表现各不相同，层次也有差异。结合《评价指南》中"指引"领域六"美感与表现"，以及对照列出的观察内容和不同阶段的行为表现，了解、分析本班幼儿的发展情况，摸清幼儿的能力水平，可为今后的教育教学开展和幼儿的美育教育提供更有效的支持。

二、研究内容与方法

（一）研究内容

1. 研究对象：小班幼儿

2. 研究内容

• 子领域1：感受与欣赏

运用《评价指南》"美感与表现"的子领域1"感受与欣赏"，重点观察研究小班幼儿在美术活动中能否感受自然界与生活中美的事物,是否喜欢参加艺术欣赏活动,能否通过表情、动作、语言等表达自己对作品的理解。

• 子领域2:表现与创造

本案例中表现与创造的内容主要包含"具有初步的艺术表现与创造能力",即小班幼儿在艺术创作活动中充满兴趣,喜欢涂涂画画、粘粘贴贴,并能运用简单的线条和色彩大致画出自己喜欢的人或事物。

(二) 研究方法

1. 观察记录法

观察记录法,顾名思义就是在幼儿操作时,教师在一边观察,至少5分钟,不打扰、不指导,让幼儿在无束缚的环境下自由发挥,观察幼儿的行为以及表现,可以通过文字、照片、视频、录音等方式,方便后期回忆记录。根据幼儿当时的行为,以及同一幼儿不同时期的纵向比较或者不同幼儿同一时期的横向比较,了解班级幼儿的能力水平和现状。

2. 个别谈话法

个别谈话法,即通过交谈了解个别幼儿的情况,也可以谈论幼儿的作品,了解幼儿的想法、创作意图以及背后的故事。

3. 集体分享法

集体分享主要运用在美术教学活动的分享环节,一般的美术教学活动都会在最后开展分享环节,以此来解读幼儿的作品、检验目标的达成情况以及了解班级内幼儿的操作水平和创造能力。

三、观察结果与分析

(一) 实录片段一:小熊造房子

• 观察指标1.1:感受自然界与生活中美的事物

今天的美术活动是"小熊造房子",自我创作环节没过多久,子宵就说:"张老师,我完成了。"我一看他只求速度,屋顶上没有装饰,就说:"这个屋顶肯定要漏雨的,因为没有瓦片。"子宵一看,果然漏画了,马上补救,嘴里还说着:"小熊对不起,我一定把你的房子加上瓦片,不让你淋到雨。"

到了分享环节,孩子们都非常积极。岩岩说:"我给熊爸爸造了大大的房子,房子有门和窗,可以看到美丽的风景,屋顶上有瓦片,这样他就淋不到雨,也晒不到太阳了。"岩岩说得具体,画得也棒,孩子们都给她竖起大拇指。

淇淇说:"我看到熊爸爸和熊宝宝的房子周围还有很多空地,就给他们种了一点花。"我回应:"真是好想法,它们看到这么漂亮的花,一定会很高兴呢。"

"我看到有一幢房子摔倒了。"宵宵在评论的时候这样说道。这时候大家都把目光聚集到左下角的一幅作品上,果然发现了歪歪的小房子。大房子的屋顶也没有盖住白墙。造这幢房子的孩子有点尴尬,我立马解围道:"我相信宣安下次一定能造一幢笔直的房子,今天他造的房子是最特殊的,非常有设计感,也是大设计师呢。"

孩子们能够画出大小不同的房子,还给房屋添加门窗和装饰瓦片。岩岩给房屋开窗不仅是为了通风,还为了看到窗外的风景。也有孩子想到在房屋周围添上花草和风景作为装饰。符合"感受与欣赏"子领域下"感受自然界与生活中美的事物"表现行为 1 中的"1.1.1 喜欢观赏花草树木、日月星空等大自然中美的事物"。

同时,幼儿非常愿意介绍自己的作品,还会看到同伴作品中的闪光点,以及比自己画得好的地方,符合"感受与欣赏"子领域下"感受多种多样的艺术形式和作品"表现行为 5 中的"1.2.1 喜欢参加艺术欣赏活动,能通过表情、动作、语言等表达自己对作品的理解"。

宵宵在评论同伴房屋造型时说出了"房屋摔倒",由此可见,当大部分幼儿关注屋顶花纹、门窗造型的时候,宵宵已经关注房屋的形态是否合理。宵宵符合"感受与欣赏"子领域下"感受自然界与生活中美的事物"表现行为 3 中的"1.1.1 在观赏大自然和生活环境中美的事物时,能关注其色彩形态等特征"。

(二) 实录片段二:热闹的小草

- 观察指标 2.1:具有艺术表现的兴趣

户外活动开始了,依依来到用保鲜膜包裹的架子前,她看看保鲜膜,又看看一旁准备好的颜料、画笔等材料,拿起了画笔,蘸取绿色的颜料,在保鲜膜做的画纸上涂抹。蕊蕊也来到绘画区域,问道:"依依,你是在画小草吗?"依依点点头,继续画。蕊蕊也加入其中,说:"那我也来画小草。"蕊蕊拿起画笔,也蘸取了绿色,开始画起小草。她画完小草,又用红色、黄色的颜料在绿色的小草周围画点点,代表小花。画到第三个点的时候,蕊蕊尝试在这个点的周围慢慢地画出花瓣来。依依捡起很多落叶,粘在还没有干透的绿色小草上。

这时,晞晞拿着喷壶跑过来,说:"你们在画花吗?我来给你们的花浇浇水吧。"说着他把手里灌有颜料水的喷壶对准蕊蕊和依依画的花喷洒,她们两个一开始还责怪晞晞捣乱,后来看到喷过颜料的地方变成好看颜色,笑起来说:"好像下彩色雨了。"

蕊蕊和依依平时都很喜欢绘画,在户外美术活动的时候,有关颜料的区域非常吸引她们,她们会选择绘画颜料这个区域也是在意料之中。晞晞比较喜欢折纸、彩泥、喷绘等其他美术活动。案例中蕊蕊和依依根据自己的想法,绘画小草、小花,后期还加入了新鲜的树叶装饰,使画面更丰富饱满,对艺术表现充满了兴趣。符合"表现与创造"子领域下"具有艺术表现的兴趣"表现行为1中的"2.1.1喜欢涂涂画画、粘粘贴贴等活动"。

(三) 实录片段三:画小人
• 观察指标2.2:具有初步的艺术表现与创造能力

自由活动时,孩子们喜欢自由创作。近期孩子们比较热衷于画人,岩岩就画了一张小人画,画上的女孩子穿着绿色的裙子,扎着长长的马尾辫,旁边还有一位小伙伴和她一起玩耍,我好奇地问:"岩岩,你画的是谁呀?"她说:"这个是我,旁边的是淇淇,我们都穿了新裙子,在一起玩。"一旁的淇淇听了,马上凑上来补充道:"张老师,你过来看呀,我画的也是我自己和岩岩,我是这个穿蓝色裙子的,岩岩穿了绿色的裙子,我们在一起玩得很开心。"

熙熙也画了个小人,但她画的小人不太开心,我问她:"熙熙,这个小人怎么啦?她的样子有点伤心呀。"熙熙看看我,说道:"对呀,她是有点不开心。"我继续问道:"她是发生什么不开心的事啦?"熙熙说:"因为她一个人。"我接着问:"那你有什么办法让她开心起来吗?"熙熙看看一边的碎纸片说道:"那我给她变出一点玩具,她就会开心的。"于是熙熙拿粉色长方形纸片,贴在她的周围,还给这个小人画上了蝴蝶翅膀和一个泡泡机。

运用谈话法解读孩子们的作品。两个好朋友分别把自己和对方画到一个画面里,从人物的表情上看,两个女孩的嘴角上扬,说明非常开心。人物从一开始的单线条土豆人,到双线条的造型,自己和好朋友的衣服也画上了好看的颜色。在淇淇的作品中还能看到她用肉色画了四肢,说明她把肉色和皮肤的颜色建立了联系。符合"表现与创造"子领域下"具有初步的艺术表现与创造能力"表现行为 1 中的"2.2.4 能运用简单的线条和色彩大致画出自己喜欢的人或事物"。但从人物的刻画程度上看,甚至可以达到表现行为 2。

孩子们的绘画往往会表露出自己内心的想法,通过谈话的方式,可以直观地了解到孩子的想法。熙熙是一个比较内向的孩子,有时候喜欢独处,她的作品中的人物就像她自己一样,会因为没有同伴而伤心。好在她很快调节好自己的情绪,用礼物、玩具等方法让画面中的孩子开心起来。线条虽然简单,还是能够通过熙熙的述说找到对应的物体,比如泡泡机、蝴蝶翅膀等。也符合"表现与创造"子领域下"具有初步的艺术表现与创造能力"表现行为 1 中的"2.2.4 能运用简单的线条和色彩大致画出自己喜欢的人或事物"。

四、结论与建议

(一) 结论

从以上的案例可以看出,我们班的幼儿在"美感与表现"领域总体发展良好。通过观察发现,孩子们对艺术活动都很感兴趣,愿意画画、贴贴。在艺术领域中,幼儿多次出现了"艺术表现与创造能力""感受自然界与生活中美的事物"的表现行为,但幼儿间的行为水平有一定的差异。

1. 情景体验让幼儿更具体地表达表现

孩子的创作需要一定的经验作为基础。如果孩子不能理解大与小的含义,那他们对构图、比例也不能很好地把握。如果他们对房屋结构不了解,那么造出来的房子肯定是不成样子的。所以,任何的创作都要有经验的支持。同样,小班的孩子更需要一些生活化的引导。这次的"造房子",如果直白地让孩子按部就班地操作,估计孩子是不理解的。所以用了"空地""不要漏雨""看风景""别让小偷进来"等情景化的语言,让孩子体验造房子的辛苦和欢乐。因此,孩子非常喜欢去绘画、去表现,符合表现领域 2.1 表现行为"2.1.2 喜欢涂涂画画、粘粘贴贴等活动"。

2. 倾听指导让幼儿发现同伴的闪光点

在分享的时候,孩子们不仅能发现同伴作品中好的地方,同时也能发现欠缺的地方,这对画得还不够好的孩子是有点打击的。此时老师可以适时解围,帮助这部分孩子建立信心。当孩子们发现同伴的作品不如自己时,我们可以引导孩子提建议,也让他们找找闪光点。这样一来,评价的孩子的思路也开阔了,被评价的孩子心理也会缓和些,不至于低落受打击。孩子都非常喜欢每次的分享环节,对自己和同伴的作品也能有一定的见解。符合表现领域 1.2 表现行为"1.2.2 喜欢观看绘画、泥塑、剪纸等不同形式的艺术作品",并已经慢慢过渡到表现行为 3 中的"1.2.2 愿意参加美术、音乐、儿童文学等艺术活动,欣赏艺术作品时能产生相应的联想和情绪反应"。

3. 解读幼儿作品关注幼儿情感发展

在幼儿绘画过程中,教师除了观察幼儿的表现行为,也要关注幼儿的情感发展,绘画时情绪是否愉悦,操作过程中的体验是否愉快也是幼儿创作想象的关键因素。绘画的成果是一幅幅作品,作品的内容、色彩搭配都能够反映孩子的内心世界,所以老师也要从幼儿的表现行为、作品的呈现上去了解他们的想法,帮助他们建立积极的情感。个别孩子的能力和经验非常丰富了,已经达到"表现与创作"子领域 2 行为表现 5 中的"2.1.3 艺术活动中能独立表现,也能与同伴合作表现"。

(二) 建议

1. 丰富经验,感受美的事物

表达的基础是有相关的丰富经验,如果孩子没有见过苹果,如何能画出苹果呢?如果孩子没有接触过画笔、颜料等简单的工具,如何会运用这些工具去绘画、创作呢?所以,让幼儿建立相关的经验,并用自身的经验去艺术表现与创造是非常重要的。平时在园内利用好教学活动、自由活动、户外游戏、个别化学习活动等机会,帮助幼儿积累自然界与生活中美的事物,或者让家长带孩子去参观美术馆、画展等,感受艺术的熏陶。

2. 经常操作,提高艺术兴趣

在班级里可以设立美术角,并提供丰富的材料和工具,方便幼儿随时参与美术活动，孩子可以在自由活动时涂涂画画、粘粘贴贴，提高艺术表现的兴趣。同时在美术角的周围设计作品展示墙，作品被展示的孩子肯定会很高兴，从而更加愿意去绘画，能力弱的孩子也能够欣赏同伴的作品，在欣赏的过程中激发绘画的兴趣。

3. 注重差异，体验成功喜悦

每个孩子的能力、性格都是不一样的，他们来自不同的生长环境，具有不同的审美基础和艺术感悟能力，教师需要了解孩子的当前发展水平和性格差异，综合孩子的兴趣程度、审美体验、表现能力、创作技能等，尊重他们的表达表现。在了解孩子的基础上，纵向比较，肯定孩子当下的进步，让能力弱的孩子也能体会成功的喜悦，从而提高艺术表现的兴趣，使每个幼儿都获得不同程度的提高。

积微成著　强健体能
——幼儿"健康与体能"发展行为的个案研究
上海市浦东新区坦直幼儿园　谈蓉霞

一、研究背景

(一) 研究目的

《3—6岁儿童学习与发展指南》指出："幼儿阶段是儿童身体发育和机能发展极为迅速的时期,也是形成安全感和乐观态度的重要阶段。发育良好的身体、愉快的情绪、强健的体质、协调的动作、良好的生活习惯和基本生活能力是幼儿身心健康的重要标志,也是其他领域学习与发展的基础。"因此,本文结合《评价指南》中"健康与体能"领域下各子领域的表现行为,在一日生活中对小汐进行个案观察,旨在引导幼儿积极参与运动,发展身体各部位的运动能力。

(二) 个案的基本情况

小汐是个胖乎乎的小女孩,个子不高,是我们班的"小公主"。她是家里的独生女,家人都对她十分宠爱。习惯一边看电视一边奶奶喂饭,穿衣也由妈妈包办,全家人的生活都围着她转。她对什么运动都不感兴趣。别的同伴跑啊、跳啊、爬啊,她却格格不入。因为长时间缺乏运动,她的运动能力相较于同龄孩子要弱得多。运动后的体育游戏,她也总是静静坐在一旁。同伴邀请她一起玩,她总是嘟着小嘴婉拒,嘴里念叨着"我不想玩这个游戏"或者"不好玩"。

(三) 观察内容

- 子领域1:身心状况

我将对"情绪安定愉快"和"具有一定的适应能力"两个表现行为着重观察。

在一日活动中观察小汐是否有平稳且愉快的情绪,以及适应学校生活的能力。

• 子领域2:动作发展

我将对"对运动感兴趣"和"具有一定的力量和耐力"两个表现行为进行观察,分析幼儿在运动方面的发展情况。

(四) 观察过程与方法

在本案例中,我主要运用观察法,对小汐在一日活动中的表现进行细致观察、记录与分析。小汐的出勤率比较高,因此我打算主要观察她在校的表现情况,结合她在家表现出来的能力及行为。将两个环境中表现出的能力做对比,持续一段时间,看看她的能力是否达到评价指南中"健康与体能"领域中各子领域的表现行为,帮助她不断发展身体的各部位能力,进一步提高运动能力。

二、观察结果与分析

(一) 片段一:爱上幼儿园

• 观察指标1.2:情绪安定愉快

刚入学时,小班孩子总是情绪起伏不定。家人一转身离开,孩子便号啕大哭。每到新学期开学,校门口总会上演一场"抢孩子"的戏码。有些分离焦虑严重的孩子,像我们班的佳佳,哭了整整两个月。但是,小汐从第一天上学就没有哭过,甚至十分喜欢上学,每天放学回家都会和妈妈说学校发生的事情。她看到有小朋友哭了,会拿纸巾帮小朋友擦眼泪,一副小大人的样子,嘴里还说着:"你不要哭了,你怎么每天都哭啊,羞羞脸。"

小汐从上学开始就没有哭闹过,作为我们班年龄较小的孩子,还主动去安慰哭得厉害的同伴。符合"身心状况"子领域下"情绪安定愉快"表现行为3中的"1.2.1经常保持愉快、稳定的情绪,能在较短时间内缓解消极情绪"。回家后也能与家人分享学校的趣事,从中看得出她是很喜欢幼儿园生活的。遇到有同伴哭泣,也能第一时间为其擦眼泪,没有被同伴的不良情绪影响。

• 观察指标1.3:具有一定的适应能力

进入小班第二学期,小汐发生了180度的转变。从原先挑食到开始尝试吃肉和菜。我欣喜地发现她竟然能把三个碗里的食物都吃光,不再是"吃饭老大难"了。中午也能很快入睡,且不影响其他的同伴。

生活方面,小汐的变化明显。但在运动方面,她的变化不是特别明显。第一学期的初冬,上海已经寒风刺骨。小汐每天裹得像只小熊,同伴迎着风做操、运动,小汐每天就是将手插在口袋里。几个运动区域也就只有滑滑梯能吸引她。寒冷的冬天,有些孩子玩滑滑梯也一身汗,但小汐的出汗量却微乎其微。

从上述的片段中得知,第二学期中小汐从原先挑食到慢慢接受学校的饭菜,吃饭时脸上不再有痛苦的表情。符合"身心状况"子领域下"具有一定的适应能力"表现行为1中的"1.3.2在新环境中情绪能较快趋于稳定,睡眠、饮食基本不受影响"。而她从原先一动不动到发现自己想玩的滑滑梯,能与同伴一起爬上爬下、滑来滑去。比较符合"身心状况"子领域下"具有一定的适应能力"表现行为1中的"1.3.1能在较热或较冷的天气进行户外活动"。

在所有运动区域中,她最喜欢高结构的滑滑梯,这也符合小班幼儿的年龄特点。滑滑梯运动目标指向性强,只需爬上去,再滑下来,不用像其他区域一样自己想办法排列运动路径。运动中小汐出汗量不多,说明她还未达到充足的运动量,不过能慢慢动起来,是好的开始。

(二)片段二:为什么受伤的总是我?
• 观察指标2.1:对运动感兴趣

刚下过雨的操场湿漉漉的,放眼望去,没有可运动的器械。于是,我拿出了呼啦圈。孩子们将呼啦圈背在背上,扮成小乌龟走来走去;有的将呼啦圈套在腰上,与其他同伴的呼啦圈连接在一起,玩起了开小火车;还有的将呼啦圈放在地上,用手一推,呼啦圈像个车辘辘一样滚了出去。孩子们在用他们稚嫩的小脑瓜探索呼啦圈的玩法,小汐拿着呼啦圈穿梭在其他孩子中间。她玩了一会儿小乌龟,又转了一会儿呼啦圈就没有再玩了,而是漫无目的地走来走去。忽然,一个孩子将呼啦圈向前抛去,小汐来不及躲闪,正好砸到她的眼睛下方,我们赶紧采取措施,帮她冰敷。

她忍着疼痛,没有吱声。过了会儿,她眨巴着眼睛说:"老师,我还想玩。"我们帮她找了一块相对不那么拥挤的地方,玩了两分钟左右,她又失去了兴趣。于是,我走过去和她一起玩,我们将呼啦圈互相滚给对方,我故意让呼啦圈滚歪,让小汐去帮忙捡。一开始,她还十分不情愿的样子,玩着玩着,她觉得有点好玩,跑着去将呼啦圈捡了回来。

从上述的片段中可以看出,小汐将呼啦圈背在背上扮成小乌龟时,她的兴趣不高,常常游离在运动外。其他孩子看到呼啦圈都很兴奋地冲上来拿,但小汐只是勉为其难地拿了一个。小班的孩子爱模仿、专注力时间短,看到同伴开始扮成小乌龟,她也模仿这种玩法,玩了一会儿就觉得不好玩。在教师介入后,小汐逐渐对运动产生了兴趣,出汗量也多了。符合"动作发展"子领域下"对运动感兴趣"表现行为3"能用自己喜欢的运动器械和材料锻炼身体"。在运动过程中,由于躲避危险的能力还未发展完全,小汐经常会被飞来的器械砸到。

• 观察指标2.3:具有一定的力量和耐力

有天我们在2号场地运动,场地上有大型的木质滑滑梯、秋千、荡桥、小山坡等。有的孩子在小山坡上跑上跑下;有的在山洞里钻进钻出;还有的孩子爬上滑滑梯,享受咻一下滑下来的感觉。小汐站在秋千旁,看着坐在秋千上的孩子被其他同伴一推,荡起来了。忽然,推秋千的孩子把秋千推歪了,小汐来不及躲闪,被撞倒了。为什么受伤的总是小汐?我走过去问她:"没事吗?"小汐跌跌撞撞地站起来:"老师,我没事。"说完,她就走到了吊环处,正好那天吊环下方铺设了软垫,但小班的孩子够不到吊环,需要老师的帮忙。她走过来问我:"老师,我可以玩那个吗?"我将她抱起,当她双手抓住吊环后,我便放开了手。1秒、2秒、3秒……随着时间的流逝,小汐仍然悬挂在吊环上,表情也镇定自若。我在一旁为她捏一把汗,害怕她坚持不住,不断地提醒她:"如果坚持不住,两只手一起放掉,没关系的。"最后,她坚持了20多秒。这还是我认识的那个走路不稳,对运动不感兴趣的小汐吗?

小汐躲避危险的能力相对较弱,因此她又被飞来的轮胎撞倒了。但小汐能够主动询问老师能否玩吊环,说明她也在慢慢地对某些运动产生兴趣。小汐从身体保持不了平衡到勇于尝试高难度的吊环,并且在吊环上足足停留了20多秒。符合"动作发展"子领域下"具有一定的力量和耐力"表现行为5中的"2.3.1能双手抓杠,身体悬空下垂20秒钟左右"。

在老师为她紧张时,小汐还是一脸镇定地悬在半空中,可见其手臂力量是远超我们成人对一个孩子的认知的。

三、结论与建议

(一) 结论

结合小汐第一学期与第二学期的表现行为,她在健康与体能领域总体发展良好。从原先的饭来张口、衣来伸手到慢慢自己学着吃饭、穿衣,逐渐适应学校的生活。从对运动不感兴趣,游离在外,到运动时间持续三四分钟,再到双手抓杠坚持超过 20 秒,每一次都给人亮眼的惊喜。

在"身心状况"子领域下,小汐的表现体现了"情绪安定愉快"和"具有一定的适应能力"。小汐平时经常和街上商户的孩子一起玩耍,有同伴的地方她就觉得是开心的。上学后有更多的同伴和她一起玩耍,帮助她分散了分离焦虑,让她不会一直想到家人。适应能力处于表现行为 3 主要是因为作为独生女的小汐在家备受宠爱,吃饭都是家人喂,家里的饭菜都是根据她的口味准备的。在还未达到小班入学年龄前,很少有午睡的习惯。一进入幼儿园,环境、饮食、习惯都和家里不一样,适应得也就慢了一些。

在"动作发展"子领域下,小汐的表现体现了"对运动感兴趣"和"有一定的力量和耐力",水平阶段分别处在 3、5。在教师的引导下,她逐渐对运动产生兴趣。小汐手握吊环,身体悬空 20 多秒与"具有一定的力量和耐力"中的表现行为 5 相吻合。

(二) 建议

1. 善于发现孩子的闪光点

自从小汐能够在吊环上坚持 20 多秒让我们眼前一亮后,我发现原来她的运动能力正在一点一点变强。如果不是那次的大胆尝试,我可能永远不会发现她的耐力惊人,刷新了我对她运动能力弱的认知。既然她喜欢吊环,那我们要做的是"对症下药",从原先老师将她抱上去,慢慢地让她自己爬上去抓住吊环,并在吊环下方做好安全保护措施,防止意外的发生。一方面,锻炼了她身体的平衡、协调能力,另一方面,也是为了提高她的运动兴趣。

作为老师,要善于发现孩子的闪光点。因为从前的小汐常在运动中受伤,或者常常站着不运动,就把她定义为"运动能力弱的孩子",其实有些偏颇了。每个孩子都有闪闪发光的一面,只是有的孩子显于表面,有的孩子却需要老师挖掘其闪光点,小沙就是其中之一。我们常常害怕孩子在运动中受伤,而不敢放手让其尝试具有挑战性的运动,把孩子框得太死,其实却恰恰遏制住了他们自我探知的机会。没有孩子是天生的"弱者",他们会在运动中不断调整爬上爬下的姿势,不断改变跨越的速度,不断适应各种运动器材。我们有时候需要相信孩子的能力,静待花开。

2. 充分保证孩子的运动时间

"户外2小时"这个概念已经深深扎根于幼教人的心中,随着小沙逐渐对运动感兴趣,我们更要保证她的运动时间、游戏时间。每天创设一些有趣的运动情境或是设置有难度、有挑战性的运动关卡,鼓励她与同伴一起运动,共同游戏,不断激发她对运动的兴趣,体会到运动带来的快乐及好处。

保证孩子每天户外2小时的活动时间是孩子身心健康发展的基础,也是动作能力提升的前提。孩子在各个运动区域中选择自己喜欢的材料开展运动,想出材料的创新玩法,也是拓展孩子创新能力的机会。他们穿梭在各个区域,寻找自己想要的运动器材,碰到搬不动的器材,会主动询问同伴,一起合作搬运,运动素养也由此显现出来了。

3. 家园互动带领孩子共同成长

孩子的进步与成长离不开家长与老师的共同配合,小沙在校的情况应及时与家长沟通,如在家也要让她学会独立吃饭、穿衣。运动方面,首先可以让家长在陪伴孩子时,有意识地与孩子开展亲子运动游戏,如小动物跳跳跳、躲避炸弹、你扔我接等,逐渐培养小沙的运动兴趣与能力。在孩子快要失去兴趣时,家长能够以鼓励的方式,持续调动孩子的兴趣。其次,在校运动时,当看到小沙对某一运动失去兴趣时,老师可以作为孩子的玩伴参与运动,与她一起运动,帮助她掌握更多的运动技能。如玩球时,如果孩子对拍球、抛球失去了兴趣,老师就可以加入其中,做些来回滚球、来回抛球等双人游戏,从短距离逐渐拉长到长距离的滚球、抛接球,这样不仅锻炼了孩子玩球的能力,而且无形中培养了孩子运动的专注度。另外,班中有很多运动能力强的孩子,可以采取"手牵手"的形式,能力强的同伴带动小沙进行运动,同伴互助。

一百个孩子有一百种运动能力,每个孩子能力都有差异,我们无法强求每个孩子都是运动强者。我们能做的就是更科学、更有效地依托《发展指南》以及《评价指南》等专业建议,帮助孩子达到其年龄段应该具备的运动能力。孩子的进步无法一蹴而就,给自己一些时间,也给孩子一些时间,时间会证明每个孩子的潜能都无限大。

巧用指南　精准分析　读懂幼儿
——幼儿"健康与体能"发展行为的个案研究

上海市浦东新区坦直幼儿园　赵　萍

一、研究背景

（一）研究目的

《3—6岁儿童学习与发展指南》中指出："幼儿阶段是儿童身体发育和机能发展极为迅速的时期，也是形成安全感和乐观态度的重要阶段。发育良好的身体、愉快的情绪、强健的体质、协调的动作、良好的生活习惯和基本生活能力是幼儿身心健康的重要标志，也是其他领域学习与发展的基础。"为此，根据《评价指南》"健康与体能"表现行为描述，我们结合评价单对幼儿展开个案观察。连续观察幼儿运动过程，以更好地领会《评价指南》的精神，做到理论联系实际，用科学的方法解读幼儿的行为，以此更深入地理解幼儿、支持幼儿、助推幼儿，让幼儿在健康领域有进一步的提升与发展。

（二）个案的基本情况

轩轩是一个小班的幼儿，班级里属于月份较大的孩子，性格十分活泼好动，运动能力特别强，尤其是在户外分散运动时，经常发现他在尝试不同的器械，并且玩法与其他幼儿也有很大区别。他的身体协调性较强、反应较快，相较于其他小班幼儿，他的动作更加灵活、轻盈，并且能够跟据器械的不同调整自己的运动形式，非常有自主意识。

二、研究内容与方法

（一）研究内容

1. 研究对象：小班幼儿

2. 研究内容

• 子领域2：动作发展

根据《评价指南》中"指引"的"健康与体能"领域之子领域2"动作发展"，通过观察与分析小班幼儿轩轩一个月来玩平衡板的情况，了解轩轩对平衡板这一新器械的"感兴趣程度"，探索使用平衡板时轩轩的动作发展是否具有"一定的平衡能力、动作协调、灵敏，以及是否具有一定的力量和耐力"。

(二) 研究方法

本次个案追踪，主要以小(2)班因"甲流"无法进行户外运动，在室内开展的近一个月的运动观察为主，以《评价指南》的"指引"为观察评价参照，运用观察法，对轩轩在自然运动状态下，首次接触平衡板、自主挑战平衡板、玩转平衡板三个阶段进行观察与记录，结合评价指南中小班幼儿健康与体能领域的观察指标，对轩轩三个阶段的行为进行过程评价及结果评价，以教师语言激励、同伴行为鼓励的方式，让轩轩体验运动带来的快乐与成就感，提高轩轩运动的自信心。

三、观察结果与分析

(一) 片段一：平衡板怎么玩？

• 观察指标2.1 对运动感兴趣

1. 行为描述

应幼儿的需求，今天的室内运动选择在教室外的走廊里骑车，孩子们在早操结束后很快选择了一辆自己喜欢的车，沿着"马路"开起来。轩轩是最后一个来到停车场的，发现三轮车、扭扭车都没有了，只剩下几辆新投放的平衡板。因为是首次投放，轩轩似乎有些犹豫，抱着平衡板左看右看，眼神还时不时地看向同伴，似乎在期待有人跟他交换。但犹豫一会儿后，他还是抱着平衡板来到我身边。

"老师，这个怎么玩？"轩轩满眼期待地问我。

"哦？轩轩你今天选了平衡板呀？这个很好玩的！"我故作惊讶地说道。

"可是我不知道怎么玩，这个我好像不会。"轩轩似乎有些不自信。

"你这么聪明，而且又很勇敢，其他小朋友都不敢挑战平衡板呢，其实它是很好玩的哟,先自己玩一会儿试试,你会发现它比三轮车刺激很多呢!"听到"刺激",轩轩立马两眼放光,充满了挑战的欲望。"你可以去那边楼梯口玩,那里不会有小车影响到你。"我指给他一处没有障碍物的场地,鼓励他先尝试起来。

听了我的建议,轩轩也兴致勃勃地走到楼梯下,开始研究平衡板。

2. 行为分析

新投放的平衡板,对于小班幼儿来说,还是有一定难度的,尤其是小班幼儿平衡能力较弱,方向掌控的能力也有限,想要在没有任何支撑的情况下,平稳地玩起来还是很困难的。在三轮车数量不足的情况下,轩轩没有因为拿不到车而出现消极情绪,虽然有所犹豫但最终还是选择了平衡板,并迅速地进入运动状态,这正体现了"动作发展"子领域"对运动感兴趣"中的表现行为1"来到运动场地或看到运动器械时能迅速投入活动"。

(二)片段二:平衡板真好玩

• 观察指标2.1:对运动感兴趣

1. 行为描述

今天的室内运动,轩轩又没有拿到三轮车,但是他没有生气,拿起平衡板就走到楼梯下,一人默默地玩起来。我站在不远处观察着,只见轩轩一会儿盘腿坐在平衡板上,想通过身体的前后晃动,带动平衡板滑动;一会儿趴在平衡板上,两只手支撑在地上,往前爬行;一会儿站在平衡板上,扶着墙壁往前移动……轩轩对这个新器械充满好奇,想要征服平衡板,但又有些能力不足。整个运动时间,轩轩一直没有离开过平衡板,探索着各种可以玩起来的方法。

运动结束后,我问轩轩:"今天的平衡板好玩吗?"他不假思索地答道:"好玩,但是我还玩不好,明天我还要玩!""是吗?期待明天你的新玩法哦!"我鼓励他,当然我更期待明天他带给我的惊喜。

2. 行为分析

这一次接触,轩轩虽然还不会玩平衡板,却有一种不服输、敢挑战的信心,他没有像一般孩子那样,不选择或者玩一会儿中途放弃,即使他不知道该怎么玩,也能坚持下去,不断探索平衡板的运动方式。整个探索过程中,轩轩不断尝试用身体晃动、双手撑地爬行、扶墙站立等方式,锻炼了身体的各个部位,这符合"动作发展"子领域中"对运动感兴趣"的表现行为 1—3"来到运动场地或看到运动器械时能迅速投入活动,并能用自己喜欢的运动器械和材料锻炼身体"。

(三) 片段三：看我怎么玩
• 观察指标 2.2：具有一定的平衡能力,动作协调、灵敏
1. 行为描述
"老师,今天我还要玩平衡板!"运动开始前,轩轩已经找好了自己的运动器械,并且按照前几次我提醒他的,找了一块空场地,一个人又琢磨起新玩法去了。运动到一半时,轩轩兴致勃勃地来找我："老师,你看我是怎么玩的！你跟我来!"说完,便把我领到与小(1)班连接的走廊处,迅速开始了他的"表演"。

"老师,你看我!"轩轩站在平衡板上,手扶着墙壁上的栏杆,依靠身体的转动,带动平衡板转动,在转动过程中,他依靠身体的惯性,迅速放开双手,转一圈后再次双手握紧栏杆。我对轩轩的表演感到震惊：不仅人和平衡板融为一体,平衡性和灵敏性也完美结合。

"老师,你说我棒不棒?"轩轩期待地看着我。

"你太厉害了,旋转不倒翁！我还是第一次见到!"我发自内心地表扬他。

"我还会这样旋转呢!"轩轩趴在平衡板上,双手撑地,利用双手打圈转的方式,让身体和平衡板原地旋风般转起来。

"哇！旋转扫地机！不得了轩轩,速度太快了!"我不禁鼓起掌来。

2. 行为分析
轩轩简直让人刮目相看,短短 20 分钟,他独自探索出了多种玩法,有站在平衡板上原地旋转,有趴在平衡板上转圈,锻炼了身体的平衡性、双手支撑的力量等运动技能,符合"动作发展"子领域中"具有一定的平衡能力,动作协调、灵敏"表现行为 3 中"2.2.2 能以匍匐、膝盖悬空等多种方式钻爬",以及表现行为 5 中"2.2.2 能手脚并用、协调平稳地攀爬",身体的各项技能在轩轩的自由探索中都得到了锻炼与发展。

• 观察指标 2.2：具有一定的平衡能力,动作协调、灵敏
1. 行为描述
"老师,你再看看我这样玩!"说完,他双手撑在滑板上,猫起身体快速往前

跑,跑出 2 米左右后,迅速双腿跪在平衡板上往前滑行,顺着走廊一直滑到了小一班教室门口。

"老师,我发现跑得越快,我就可以滑得越远!"轩轩得意地炫耀着。说着,又冲刺似的往前滑行,围观的孩子看见轩轩的玩法,也不由自主地鼓起掌来,轩轩更加来劲儿了,穿梭在同伴中间,一边滑着一边大声叫着"快让开!"。在同伴的喝彩声中,轩轩玩得很忘我,但也出现了一些意外,如冲刺速度过快导致惯性很大,一下子刹不住,方向也难以把握,经常会撞到走廊的两面墙。同伴围观时,也很容易撞到小朋友的脚,引来不愉快。

2. 行为分析

第二次"表演"属实让我大开眼界,首先助跑的方式对于现阶段小班幼儿来说,难度不小,但是轩轩却能在探索中发现并较好地连贯动作,由此可见,轩轩身体的灵活性和协调性较其他幼儿高出许多,符合行为表现"2.2.3 能以助跑的方式跨跳一定距离或一定高度的物体"。其次,他在探索过程中善于思考,发现了助跑与惯性之间的联系,即助跑时间越长,速度越快,滑行距离越远。但是,在同伴围观后,轩轩的滑行受阻,他只能通过大喊"让开"让同伴避让,自己还不能较好地控制滑板的方向。结合表现行为"2.2.4 行走或跑动时能改变方向,避免与他人的身体碰撞",轩轩在安全意识方面还有所欠缺,这也符合该年龄段幼儿的运动水平——有一定的危险意识,但还不能较好地规避危险。

四、结论与建议

(一) 结果分析

根据以上三个过程的观察记录,结合"健康与体能"水平表征可以看出,轩轩在"动作发展"领域发展较好,尤其是在"对运动感兴趣领域",轩轩表现得尤为突出,从以上几个片段就能看出,轩轩"来到运动场地或看到运动器械时能迅速投入活动",并"乐于尝试不同的运动器械和材料,开展不同的身体动作,锻炼身体各部位"。而在"具有一定的平衡能力,动作协调、灵敏"子领域,轩轩的表现行为也体现出"能以匍匐、膝盖悬空等多种方式钻爬""能手脚并用、协调平稳地攀爬"和"能以助跑的方式跨跳一定距离或一定高度的物体"三方面,两次的典型表现行为,所处水平阶段分别是 3、5、3。

对于运动领域,相较班级里一部分不太参与运动的幼儿,轩轩对运动非常感兴趣,并且能在一段时间内坚持玩下去。从以上4个片段中均能发现,从第一次接触开始,轩轩面对连名字都叫不出的平衡板,虽有一瞬间的停滞,但却未表现出失落和放弃,而是选择向老师寻求帮助,得到老师的语言鼓励后,他能进行自我探索,在楼梯下的空阔场地上自由玩;从第二次尝试开始,轩轩已经表现出对平衡板极大的兴趣,会主动拿平衡板玩,自己寻找安全区域进行练习,其间可能多次失败,但他依旧展现出决不放弃的精神,非常符合运动品质中的坚持性,这是值得很多幼儿学习的。

在具有一定的平衡能力,动作协调、灵敏方面,我们从第三、四段实录中发现,轩轩通过不断探索玩法,实践表现甚是惊人:"旋转不倒翁"的玩法,更突出轩轩的平衡能力较强,能通过原地旋转身体带动平衡板转动一圈,还能保持身体平衡不倒;"旋转扫地机"则表现为动作的协调性,通过双手的交替撑地运动,带动身体与平衡板结合起来旋转;最后的滑板冲刺,表现为通过助跑的方式让自己通过惯性与平衡板融合在一起进行滑行。对照现阶段小班幼儿的运动水平,他已经明显高于这个年龄的运动要求,在小班幼儿中是位运动佼佼者。

但是,轩轩对于运动中的安全性、平衡板的方向性控制得还不够好,水平阶段还略低于表现行为1中"2.2.4行走或跑动时能改变方向,避免与他人的身体碰撞",这也比较符合该年龄段幼儿的运动水平,轩轩在玩的过程中,发现围观的同伴越来越多,能够意识到要请同伴"让开",由此可见,轩轩有一定的安全意识,但是无法做到较好地规避同伴,对方向控制不够,仍需后期不断练习及指导。

(二)建议

1. 寻找"志同道合"的伙伴

首先,在本次的观察中,轩轩一直是一个人在摸索平衡车的玩法,虽然小班幼儿之间的合作表现不太明显,但是可以尝试找一找愿意一起玩平衡车的同伴,这样避免了轩轩"一个人的运动"。其次,轩轩在自我探索中发现了很多种玩法,但是其他幼儿却只有"围观"的份儿,不妨鼓励轩轩把自己的新玩法教给同伴,让一些运动能力较强的幼儿也尝试一下,带动班级里其他的幼儿提高运动能力及探索精神,和轩轩一起寻找更多的玩法,例如,一人坐在平衡板上,一人往前推;

使用辅助物——跳绳,系在平衡板的把手上,以拉的方式前进;将几个平衡板以火车车厢的方式连接起来,坐上更多的小伙伴,这样更能锻炼幼儿的力量、平衡性和协作性。

2."安全"时刻记在心中

小班的幼儿安全意识相对薄弱,碰上突然出现的意外往往会以直接撞面的方式应对,所以很容易出现碰撞。轩轩在展示玩法的过程中,虽然花样多,但毕竟经验缺乏,很难较好地控制住平衡板的方向,尤其是在快速滑行中,因为惯性而无法迅速做出判断。所以,在接下来的探索中,首先要提醒轩轩找一个相对宽敞无障碍的地点玩,如果有同伴加入,也需提前告知,避免意外碰撞。其次,通过一些小游戏锻炼幼儿身体的灵敏性和对方向的把握能力,例如,运用海绵棒开展捕鱼的游戏,幼儿在随时变化方向的海绵棒周围站立,在海绵棒突然到来前能迅速蹲下,以免被海绵棒碰到。又如滚皮球的游戏,幼儿围圈蹲下,几名幼儿站在圈内,圈上的幼儿随机把球滚向任意一名圈内幼儿,让幼儿学会判断球的走向,并迅速做出躲闪反应等。平时的练习可以让幼儿提高方向性的控制能力,对于进一步提高平衡板的方向也大有帮助。

与"衣"同行 "衣"往无前
——幼儿"习惯与自理"发展行为的个案研究
上海市浦东新区园西幼儿园 陈洁玮

一、研究背景

(一) 研究目的

《3—6岁儿童学习与发展指南》中提到:"幼儿阶段是儿童身体发育和机能发展极为迅速的时期。协调的动作、良好的生活习惯和基本生活能力是幼儿身心健康的重要标志,也是其他领域学习与发展的基础。"小班阶段是培养幼儿自我服务能力的最佳时期和关键时期,根据《评价指南》"习惯与自理"表现行为描述,对幼儿进行个案跟踪观察。在观察评价过程中引导幼儿了解、认识衣服,帮助幼儿在真实生活环境中不断巩固穿脱衣服、整理衣服的技能,使幼儿逐步养成自发、自觉、自我服务的好习惯。

(二) 个案情况

浩浩是一个非常可爱的小男孩,是班上月龄较小的幼儿。在家里,浩浩是二宝,更是得到了家长的宠爱。家访时老师发现浩浩走起路来还有点踉踉跄跄,上下楼梯也都是家长抱着,可见浩浩对成人的依赖性较强,家长包办多,平时缺少自我服务的机会。因此,浩浩的肢体协调性较弱,肌肉发育晚,自理能力和意识都相对更加薄弱。进入小班后,浩浩确实需要老师更多的帮助,基本不会自己主动穿脱衣裤,单靠言语上的鼓励收效甚微。天气转凉后,浩浩穿的衣服件数偏多,款式也比较成人化,例如小西装等,影响了浩浩在运动、穿脱衣裤时的肢体灵活度。

（三）观察内容

• 子领域1：生活习惯和能力

观察幼儿能否在成人的帮助下，穿脱衣服、鞋袜，并将衣服进行折叠，摆放整齐。

• 子领域2：学习习惯

观察幼儿是否能对感兴趣的活动长时间集中注意力；如果遇到了困难，能否在鼓励下继续进行活动。

（四）观察过程与方法

本次研究以小班幼儿浩浩为研究对象，以《评价指南》中的幼儿表现行为指标，在一日生活的午睡时间、角色游戏、个别化学习活动中，运用现场观察法和录像观察法，通过拍照、录像的方法实时记录观察对象的穿衣情况。同时与组内教师共同设计幼儿观察评价工具，即"小小手　大本领"记录表，观察和记录浩浩在幼儿园及家中的自我服务的行为表现。

二、观察结果与分析

（一）片段一：穿衣裤

• 观察指标1.1：具有基本的生活自理能力

1. 行为描述

午睡结束了，孩子们纷纷起床穿衣裤，浩浩还坐在床上。老师提醒："浩浩，快穿衣服，不要着凉了。"浩浩打着哈欠，一会儿揉揉眼睛，一会儿抓抓痒，就是不穿衣服。老师再次提醒浩浩。他看着老师，捏着衣角有点委屈地说："老师不会。"于是老师帮他把套头衫从头上套了进去，鼓励他："好了，现在小手可以伸进袖子里了。"浩浩的手臂蜷缩着在衣服里摸索了好久，就是找不到袖子的洞口，衣服的下摆都堆积在一起，老师帮他拉住了衣角才穿好了套头衫。这时已经有不少幼儿穿好了衣服裤子，准备回教室了，浩浩也有点着急了。于是他一把抓起裤子，也不分前后，脚直接伸了进去。老师连忙提醒他穿反了，引导他观察好前后再穿。虽然把裤子的前后摆正了，但是浩浩的脚伸进去的时候伸到了另一条裤腿里，又试了一次才成功。浩浩的裤腰拉到了大腿根就拉不上去了，因为裤脚被踩在了脚跟处,老师帮他理了理裤脚,才勉强把裤子提上去。

2. 行为分析

一开始浩浩还没尝试就表达了自己不会穿,折射出浩浩过度依赖成人的情况。虽然在帮助下浩浩能够尝试自己动手穿衣服、裤子,但浩浩需要依赖成人较多的帮助才能完成穿衣裤。初步体现了"生活习惯和能力"子领域中"具有基本的生活自理能力和良好的生活与卫生习惯"表现行为1中的"1.1.5 在帮助下,能穿脱衣服"。

(二) 片段二:脱外套

• 观察指标1.1:具有基本的生活自理能力

1. 行为描述

准备户外运动了。今天浩浩穿了一件帅气的小西装外套。春天气温已经回升,老师提醒浩浩可以把外套脱了再去户外运动。浩浩刚开始还不愿意脱,说:"爸爸说不要脱。"老师看了看浩浩红扑扑的小脸蛋,摸了摸他的后颈处,再次提醒:"你的身上很热哦,马上要出汗了,而且穿着这件外套,运动时会不舒服。"浩浩这才不情不愿地开始脱外套。这件外套有两个扣子,下摆处的扣子缝得比较松散,浩浩一把就把扣子扯开了,但是靠近领口处的扣子,浩浩无论怎样都解不开,只能寻求老师的帮助。老师帮他解开后,浩浩在脱的时候小手没有办法背到身后捏住袖口,无法自己脱下外套,最后还是要老师的帮助。

2. 行为分析

浩浩手部肌肉发育较为迟缓,锻炼的机会不够,所以解扣子和脱外套是有一定难度的。根据小班幼儿的年龄特点,如果要求浩浩根据天气变化,感受冷热并增减衣服是比较困难的。但是在老师的提醒和帮助下,浩浩也愿意完成。特别值得注意的是,浩浩说"爸爸不让脱",他表达了家长不轻易给孩子减少衣物的行为,这也反映出家长怕孩子着凉而忽视了孩子的真实感受,没有根据气温及时调节,并且对衣服材质和款式存在一定的认识误区。浩浩的表现初步体现了"生活习惯和能力"子领域中"具有基本的生活自理能力和良好的生活与卫生习惯"表现行为1中的"1.1.5 在帮助下,能穿脱衣服"。

(三）片段三：整理衣裤

• 观察指标1.1：具有基本的生活自理能力

1. 行为描述

个别化学习活动开始了，浩浩选择了生活区的"整理老师的小衣橱"活动。浩浩通过"抱一抱、弯弯腰"的方法整理好一件套头衫后，又拿起了一条里外颠倒的裤子，直接折了起来。一旁的筱筱叫道："哎这裤子反啦。"浩浩听到后，把裤子重新打开了看才发现。浩浩找了一下裤腿洞，把一只手伸进一个裤腿里，又马上把手抽了出来，裤腿只拉出了一点点。他再次尝试，手试着抓住裤子，但没有抓住最下面的裤脚，这样只拉出了一部分的裤腿，裤脚还藏在里面。于是他又把手伸进裤腿洞洞里，一点点地把裤脚掏了出来，就这样一条裤腿完成了。这时裤腰处的布料交错堆积在一起，浩浩找不到另一条裤腿的洞洞了，还找错了裤子洞口，差点把已经完成的那条裤腿弄反，最后是筱筱帮助浩浩整理了裤子。

2. 行为分析

对于折衣裤、整理衣裤，浩浩已经有了一定的生活经验和意识，但是对于里外颠倒等情况较复杂的衣裤，浩浩没有根据衣裤上的特征发现不同，尚未完全掌握整理的技巧和方法。初步体现了"生活习惯和能力"子领域中"具有基本的生活自理能力和良好的生活与卫生习惯"表现行为3中的"1.1.5能自己折叠衣服，并将衣服摆放整齐"。

（四）片段四：扣扣子

• 观察指标2.3：做事专注、坚持

1. 行为描述

今天的角色游戏中，浩浩是娃娃家里的"爸爸"，他准备带娃娃家里的"宝宝"去医院看病。由于宝宝身上的衣服扣子没有扣好，衣服掉落了下来，于是浩浩开始给宝宝扣扣子。浩浩一只手捏住扣子，一只手捏着衣服的另一边，准备把扣子塞进扣眼里。扣眼里刚露出一点点扣子，浩浩就急着要捏扣子，捏着扣子的手又放开了，第一次尝试没有成功。他看了看老师，露出了求助的眼神，老师鼓励他再试试。浩浩挠了挠头又开始了第二次尝试。这一次浩浩捏住扣子的手非常用力，把扣子攥得紧紧的，另一只手想把扣子从扣眼里拽进去，但还是没有成功。

浩浩皱着眉头,嘴巴嘟囔着,看到一旁在"烧菜"的小朋友玩得正开心,他把宝宝两边的衣服随意地合在一起,放回了床上,转身烧菜去了。

2. 行为分析

面对没有扣好扣子的娃娃,浩浩主动选择给娃娃扣扣子,说明浩浩有了一定的穿衣经验和意识,也对扣扣子的活动比较感兴趣。虽然浩浩还不会扣扣子,但遇到困难后在鼓励下能再次尝试。初步体现了"学习习惯"子领域中"做事专注、坚持"表现行为1中的"2.3.2对感兴趣的活动能持续集中注意一段时间",表现行为3中的"2.3.2遇到困难时,在鼓励下能继续进行活动"。

三、结论与建议

(一)结论

根据以上观察结果可知,浩浩的习惯与自理水平总体发展较弱。

在四次观察实录中,在生活习惯和能力子领域,浩浩初步体现了"在帮助下,能穿脱衣服"和"能自己折叠衣服,并将衣服摆放整齐"两方面的表现行为,主要有三次典型表现行为,水平阶段分别是1、1、3。在学习习惯子领域,浩浩也初步体现出"对感兴趣的活动能持续集中注意力"和"遇到困难时,在鼓励下能继续进行活动"的表现行为,总共有两次典型表现行为,水平阶段分别是1、3。

在生活习惯和能力子领域、学习习惯子领域,浩浩的发展水平都处于弱势。在生活习惯和能力子领域,浩浩有一定的自我服务意识,在成人的帮助下能完成穿脱衣裤、整理衣裤等活动,但浩浩对衣裤的特征不够了解,没有掌握正确的穿衣服、穿裤子方法和技巧,比如分前后、捏袖管等,家中也缺少锻炼的机会,肢体的协调性和肌肉发展相对薄弱,对于精细动作的掌控还有很大的进步空间。家长对于幼儿穿几件衣服、衣服的款式和材质也存在一定的误区。

在学习习惯子领域,浩浩对整理衣裤、扣扣子等活动也是非常感兴趣的,但是由于小班幼儿的年龄特点,浩浩的观察能力不足,有意注意时间短。虽然遇到困难后在鼓励下能再次尝试,但持续集中注意的时间有限,因此活动最终完成度不高。

根据以上分析内容,老师们可以得知浩浩在习惯与自理领域上的优势和劣势。优势体现在浩浩有一定的自我服务意识,对"衣"的一些活动也比较感兴趣,愿意在引导下尝试参与活动。浩浩的劣势在于还未掌握正确的穿衣、折衣方法，平时缺少练习的机会，家长对幼儿的包办较多，手部精细动作发展较慢。

（二）建议

《评价指南》中提出：幼儿要具有基本的生活自理能力和良好的生活与卫生习惯。小班阶段是幼儿自我服务能力和良好生活习惯养成的关键时期。通过引导幼儿了解衣裤认识衣裤、内化穿衣方法、营造共同进步的氛围及家园共育等方式，帮助观察对象在实际生活环境中不断巩固穿衣、叠衣技能，使幼儿逐步养成自发、自觉、自我服务的好习惯。

1. 从"衣"开始，认识衣裤特征

活动初期，老师与幼儿进行了谈话，一起讨论了衣物的特征，辨认衣物前后的方法，帮助幼儿加深对衣物结构特征的了解，为培养幼儿穿脱衣物的能力打下基础。

2. 与主题融合，内化穿衣本领

根据《评价指南》"生活习惯和能力"中表现行为1的"1.1.5在帮助下，能穿脱衣服的指引"，针对幼儿穿脱衣裤技能方面比较薄弱的情况，结合小班幼儿的年龄特征，老师通过儿歌加图片的方式，在说一说、看一看中更加直观地让幼儿了解穿脱衣裤的方法，经过了前期的经验铺垫后，幼儿也能更好地理解儿歌内容。比如，穿衣服时要看好衣服上的大洞洞、小洞洞，穿裤子可以找一下裤子前面的标记等。

3. 游戏贯穿，激发幼儿兴趣

在个别化学习中，老师投放了适合幼儿操作的游戏材料，使用卡纸制作了幼儿衣裤，接近真实的尺寸，便于幼儿操作练习。还可以利用自由活动和生活活动环节，开展幼儿叠衣裤大赛，通过竞赛形式激发幼儿的积极性，给予奖励提高了幼儿的成就感，增强了幼儿的自主性和自我服务的意识。

4. 与日常关联，携手家园共育

在一日活动中，老师也经常注重幼儿穿脱衣裤、折叠衣裤的培养。早晨来园、傍晚离园时，指导幼儿如何使用衣架挂取衣物；运动中，提醒幼儿把脱下的外套或马甲折叠整齐后放入衣篮中；午睡室里，通过儿歌引导幼儿穿脱并折叠衣裤。

幼儿穿脱衣服的能力培养不仅贯穿于幼儿园一日生活中,也需要家园合作,家园共育,巩固、加强幼儿的生活经验和技能。借助在园拍摄的视频、照片等让家长第一时间知道孩子的进步,让家长相信孩子的能力,提醒家长为幼儿创造更多的锻炼机会,建立自信心。

前期老师们发放了关于穿衣现状的调查问卷,希望能更好地了解幼儿在家中的情况。从调查表中发现,家长普遍存在包办代替现象,幼儿穿脱衣服、整理衣服的能力确实存在不足。

于是老师和家长一起讨论了孩子穿脱衣服的情况,家长对培养幼儿的穿衣自主性也逐渐重视起来。根据家长的困惑和需求,老师为家长推荐了参考记录表和亲子绘本,鼓励家长可以在家里开展穿衣服、叠衣服比赛,和孩子一起参加,这样幼儿的积极性就更高了。教师通过线上视频等多种方式指导家长提高幼儿的生活自理能力。对于好习惯的养成,坚持也同样重要,家长可以通过集星、打卡等形式,潜移默化地培养幼儿自主穿衣裤整理衣裤的习惯。对于家长不知道怎么帮助幼儿搭配衣服的困惑,老师也向家长推荐了"洋葱穿衣法",引导家长采用更加科学的穿衣搭配方法,让幼儿穿得更舒适、更安全。

5. 与"衣"同行,"衣"往无前

一系列活动后,浩浩逐渐掌握了穿脱衣裤的技巧,小手越来越灵巧,自我服务能力越来越强。"衣"系列自我服务活动中,幼儿从一开始不会穿衣服、害怕穿脱衣服,经过老师和家长用游戏的方式指导、帮助、鼓励、锻炼,能自己主动穿脱衣服。在活动中,幼儿的动手能力提高了,并养成了独立性,建立了自信心,增强了责任感,获得了成功的体验。家长看到了幼儿的成长,改变了教育观念,放手让幼儿去探索、体验,为孩子创造了自我服务的机会。不仅是小班,在中班、大班中,我们的"衣"活动还会继续,在穿衣这件事上可能还会遇到新的问题,相信有了小班时候的经验,幼儿将继续"衣"往无前,定能成为真正的穿衣小达人。

从"我不要"到"我要"

——幼儿"习惯与自理"发展行为的个案研究

上海市浦东新区晨阳幼儿园　张瑜霞

一、研究背景

（一）研究目的

《上海市幼儿园幼小衔接活动指导意见（修订稿）》中明确幼小衔接阶段幼儿发展的目标之一是具有自我服务、自我保护等基本生活能力。可见自我服务对幼儿园阶段的孩子是非常重要的。而小班也是学习穿脱衣服、挂衣服等技能的初步阶段。

《纲要》中指出：环境是重要的教育资源。《评价指南》保教实施子领域 3"环境与资源"水平 3 的 3.4 指出：环境、材料管理应有序、整洁、有标记，便于幼儿取放和使用。教师可以通过环境的创设和利用，帮助幼儿更有效地习得挂衣服等相关技能，提高幼儿的自我服务能力。

（二）个案的基本情况

晴晴 3 岁半了，是一个开朗、乐观的女孩。每次和她说话，她都能开心地回应。晴晴的生活习惯和自理能力不是很强。在家里，由于父母比较忙，晴晴一直是爷爷奶奶带的。爷爷奶奶比较宠爱她，很多事情都是包办完成。晴晴缺少了自我服务的机会。2022 年 9 月入园时，她还不会穿脱简单衣物，但是在老师的帮助、鼓励下，她愿意尝试，最后取得了成功。

（三）研究内容

• 子领域 1：生活习惯和能力

观察晴晴日常生活中的自理行为，针对"挂衣服"这一比较难的行为，观察晴晴遇到问题时的初步表现。

• 子领域 2：学习习惯

重点观察晴晴面对老师的陪伴与鼓励时，能否回应老师的话，是否愿意在老师的鼓励下尝试用不同的方法挂衣服。

• 子领域 3：文明习惯

重点观察晴晴没有老师帮助时，遇到问题会怎么做，是放弃还是坚持挂衣服，最终晴晴是否学会了挂衣服这一技能。

(四) 观察过程与方法

本次研究以晴晴为对象，通过观察法和追踪法，利用拍摄照片、视频和文字的方式，记录下孩子的表现。连续观察晴晴在挂衣服方面的习惯与自理的情况。并根据《评价指南》中幼儿表现行为指标，对其进行分析。

二、观察结果与分析

(一) 片段一：我不要

• 观察指标 1.1：具有基本的生活自理能力

1. 行为描述

11 月，晴晴可以在老师的帮助下完成自我服务。午睡前，晴晴自己脱毛衣。她将一只袖子往外拉，但因为力气较小，马上就松开了。于是请我帮忙："老师帮帮我。"我帮晴晴把两只袖子一拉，晴晴顺势将手往回缩，衣服的两个袖子脱下后，晴晴便抓住领口，手往上一拎，把衣服脱了下来。离园前穿外套时，老师和阿姨也会帮晴晴拿着外套，晴晴将两只手伸进袖子里即可。但是挂衣服时，晴晴往往直接把衣服放在挂衣杆上，而不是挂在衣架上。只有当老师在旁边帮助时，晴晴才会一步一步地挂好衣服。

可到了 12 月，天气变冷，衣服变厚，这给晴晴的自理能力带来了很大的挑战。运动前的准备环节，我提醒身穿厚外套的孩子们更换马甲，准备下楼运动。我看到晴晴把外套脱下后走到教室外的挂衣区，但没多久又返回教室把外套放在桌子上，我觉得很奇怪，便对她说："晴晴，你把外套挂到走廊的衣架上，我们要下楼运动了。"晴晴不吭声，我走到她身边，重新说了一遍要求，没想到晴晴从桌上拿起衣服后,用力地把衣服扔到了地上,一边还嘟着嘴说:"我不要。"

2. 行为分析

从片段中我们可以看到,晴晴遇到困难时会主动请老师帮忙,说:"老师帮帮我。"在老师的帮助下,她成功脱下了毛衣,穿上了外套。根据这两点,结合《办园质量评价指南》,我们可以发现晴晴的行为与"习惯与自理"子领域1:生活习惯和能力"具有基本的生活自理能力和良好的生活与卫生习惯"的表现行为1的1.1.5相契合,即在帮助下,能穿脱衣服。但是,由于天气变冷,孩子衣服变厚,晴晴挂衣服时遇到了难题,这时她选择了放弃,在老师的反复要求下,甚至发起了脾气。可见,她未达到相对应的表现行为3的"1.1.5将衣服摆放整齐",晴晴的行为处于"表现行为2"的阶段。

(二) 片段二:太难了

• 观察指标3.1:具有文明的言谈举止

1. 行为描述

我惊讶于晴晴的突然发脾气、不愿意挂衣服,但还是想听听孩子的想法。我轻声地问她:"你为什么不要挂衣服呢?"晴晴把脑袋扭向一边,不说话。平时与晴晴说话,她都能积极地回应,我想她肯定遇到了困难才这样的。于是,我温和地说:"老师知道,你不要挂衣服是有原因的,你现在不想挂衣服,可以的。等一会儿你想挂了,我们再去。"说完,我陪着晴晴静静地坐在桌子旁边,几分钟后,我又问晴晴:"现在,你愿意去挂衣服了吗?"晴晴看看我,低下头说:"太难了,我不会。"我微笑着对晴晴说:"挂衣服是很难的,我小时候也是学了很久才学会的,要不我们一起去试试吧。"晴晴没有说话,慢慢地从椅子上站起身来。

2. 行为分析

晴晴一开始对老师的提问扭过头不回应,在老师的陪伴与鼓励下,说出不愿挂衣服的原因是觉得太难了。晴晴的动作和语言体现了习惯与自理子领域3"文明习惯"表现行为3的"3.1.2能回应别人对自己说的话"。

• 观察指标2.3.2:遇到困难时,在鼓励下能继续进行活动

1. 行为描述

来到挂衣区,晴晴看着挂满衣服的衣架,又一次露出了为难的神色:挂好的

厚外套排成一排,仅有的几个空衣架夹杂在厚衣服之间,很难被发现。我拨开衣架上的衣服并对晴晴说:"这些厚厚的衣服多像胖乎乎的小猪呀,我们把小猪赶到旁边去。"晴晴微笑着和我一起把厚衣服"赶到"一边,并在挂衣杆的中间找到了一个空衣架。

当她伸手去摘衣架的时候,又遇到了难题:衣架的挂钩反扣在衣杆上,晴晴怎么也摘不下来。我帮晴晴把衣架顺过来,并用眼神提示晴晴再试一试。这次,晴晴顺利地取下了空衣架。晴晴把空衣架拿到我面前,开心地笑着。

开始挂外套了,晴晴一只手拿衣架,一只手挂衣服,可好不容易穿进去了一只袖子,在穿另一只袖子的时候,衣服滑了下来。晴晴挠挠头,不知道怎么办。我就从教室里搬出一张小桌子,示意晴晴放在桌子上试试,并利用儿歌引导晴晴给衣架穿上衣服,最后晴晴终于成功地把外套挂到了衣架上。

2. 行为分析

晴晴在挂衣服的时候找不到空衣架,表情很"为难",但是在老师的鼓励下,和老师一起找到了空衣架,并且自己伸手去摘空衣架,尝试挂衣服。从晴晴的行为来看,她达到了"习惯与自理"子领域2"学习习惯"的表现行为3中的"2.3.2 遇到困难时,在鼓励下能继续进行活动"。

(三)片段三:我要自己挂

根据孩子挂衣服过程中出现的一系列难题,我从环境创设入手,做了一些调整:

1. 合并区域,提供桌柜。将走廊外的挂衣区搬至室内生活区,方便孩子直接利用就近的桌子和橱柜给衣架穿上衣服。

2. 更换衣架,制作圆扣。我用肩膀宽且有防滑条纹的衣架更换了原有衣架,缓解滑落。还在每个衣架上都用扭扭棒制作圆扣,方便提取。

3. 借用椅背,先挂后"拎"。在生活区内放置2把椅子,在椅背后侧贴上两个挂钩并挂上衣架,便于孩子在椅背上披上衣服后,"拎"起衣架挂好衣服。

调整环境后的某一天,我看到了晴晴巨大的转变。

• 观察指标2.3.2:遇到困难时能多次尝试,不轻易放弃,直到任务完成

• 观察指标1.1.5:能自己穿脱鞋袜、折叠衣服,并将衣服摆放整齐

• 观察指标 3.1：具有文明的言谈举止

1. 行为描述

1月份的某天,晴晴和翌宁一前一后进入生活区,晴晴正把衣服放在桌上挂。翌宁把外套披在挂着衣架的椅背上,像"变魔术"一样拎起衣架,自言自语地说:"耶,成功啦!"晴晴看到后,说:"我也要挂起来!"说完,她学着翌宁的样子,小心地把衣服挂在椅背上,可衣服的肩膀歪了。翌宁走上前问:"要不要我帮你啊?"晴晴说:"我要自己挂!这个有点调皮,要滑掉的。"边说边继续调整衣服的肩膀,翌宁又问:"要不要拿两个大夹子帮你夹一下?""不要夹的,就这样。"说着,晴晴就已经把衣服挂在椅背上了,她拎起衣架,成功地挂上了外套。

2. 行为分析

环境创设后,晴晴积极地尝试"挂椅背"的新方法。然而衣服的肩膀歪了。这次,晴晴没有放弃,也没有接受同伴的两次主动帮助,而是坚持自己调整、挂衣服。晴晴的表现逐渐达到《评价指南》中习惯与自理子领域 2：学习习惯的表现行为 5 的"2.3.2 遇到困难时能多次尝试,不轻易放弃,直到任务完成"。同时,晴晴能将衣服挂整齐,也说明她正在向子领域 1"生活习惯和能力"表现行为 3 的"1.1.5 能自己穿脱鞋袜、折叠衣服,并将衣服摆放整齐"中的"将衣服摆放整齐"发展。晴晴对翌宁的询问,积极地回应,与习惯与自理子领域 3"文明习惯"中表现行为 3 中的"3.1.2 能回应别人对自己说的话"相契合。

三、结论与建议

(一) 结论

从以上三个片段,我们可以看到晴晴在习惯与自理领域水平总体发展趋势良好。尤其是经过老师的引导、鼓励和环境支持后,孩子的生活习惯和能力及学习习惯都有显著提升。在子领域生活习惯和能力中,晴晴的表现体现了"具有基本的生活自理能力"这一方面,有两次表现行为,水平阶段分别处于 2、3。在子领域文明习惯中,晴晴的表现与"具有文明的言行举止"相契合,水平阶段分别处于 3、3。最后,在子领域学习习惯中,晴晴的表现可见其"做事专注、坚持",水平阶段分别处于 3、5。

首先,在生活习惯和能力子领域,对由爷爷奶奶照顾的晴晴而言进步很大。

从实录中看出,夏季和秋季,晴晴在老师、同伴帮助下能够完成自我服务。但冬季来临,晴晴整理衣服的能力得到挑战,她从"放弃""发脾气"到在老师的陪伴下挂上外套。最后老师创设好环境后,晴晴不需要他人帮助就能自己挂上外套。幼儿的自理行为受多方面影响。3岁左右的孩子思维特点以具体形象思维为主,他们更多地会取拿容易发现的东西,而很少去寻找。所以晴晴找不到衣架时就不愿挂衣服了。此外,幼儿手部肌肉发育还不成熟,在取拿厚衣服中间的衣架以及只用双手挂衣服都会非常困难。但是,如果我们利用环境创设,避免这些问题,幼儿在自理方面的发展就能突飞猛进。片段三中我们可以看到,晴晴不仅能借用桌子挂衣服,还能利用挂椅背的方法,不用他人的帮助就能快速地挂好衣服。

其次,在文明习惯子领域,晴晴发展趋势良好。晴晴挂衣服时遇到难题,不愿回应老师的提问,但在老师的理解、陪伴下终于敞开心扉,表达自己的困难。当同伴和她说话时,即使她正在挂衣服,也能够给予回应。由于幼儿性格和情绪不稳定的心理特点,幼儿面临各种失败时,情绪也随之陷入低谷。而且小班幼儿语言组织表达能力有限,情绪的低落和语言表达的困难会让幼儿保持沉默。但是教师的引导、鼓励可以帮助孩子表达想法,回应对方的话。久而久之,幼儿文明的言行举止就得到了发展。

最后,在学习习惯子领域,晴晴处于小步递进的状态。挂衣服时,晴晴遇到了"找不到衣架""摘不下衣架"和"挂不上外套"3个难题,都在老师的引导下解决了。当再次挂衣服遇到衣服肩膀歪的问题时,她多次调整,不放弃,最后成功挂上衣服。幼儿的好奇心和求知欲强,喜欢探索,所以遇到不会做的事,他们愿意在成人的帮助下习得经验,而当他们基本学会了一项本领后,便能体验到成功的喜悦,即使过程中遇到困难,也能多次尝试、不放弃。

(二) 建议

1. 要更充分地观察——幼儿的情绪状态和自理状况

观察是了解和理解幼儿的基本途径,只有基于对幼儿情绪的觉察、生活行为的观察,我们才能客观、准确地分析幼儿的需求与发展。晴晴在夏末初秋入园时,能较为独立地穿脱简单衣物。但随着季节的变化,衣物从"单薄"到"厚重",

晴晴的自理能力受到挑战，情绪状态随之变化。如果我们无视孩子的情绪，就无法看到孩子的真实状态。

《评价指南》中"指引"包含6大领域、14个子领域，并各自列出了观察内容，通过"表现行为"呈现出幼儿不同阶段的发展状态。教师只有做到充分观察，才能了解和把握幼儿发展现状。

2. 要更切实地解读——幼儿的内在需要和发展需求

《评价指南》指出：与幼儿建立平等、信任的关系，采用积极双向的个别化的互动方式，尊重与倾听幼儿的想法与需求。当幼儿出现消极情绪时，教师应该耐心倾听幼儿的想法，解读幼儿产生消极情绪背后的原因。晴晴简单的"我不要"背后，是拒绝、退缩与放弃。"太难了"的背后，还隐藏着晴晴对成功的渴求——"我想要成功，可是太难了！"

当晴晴发脾气时，我选择理解与支持，分享自己的亲身经历，拉近了彼此的距离，从而帮助晴晴勇敢地跨出第一步。切实地解读，能帮助我们把握观察过程中的重要信息，提升支持的质量。

3. 要更明确地支持——幼儿能主动尝试并体验成功

当孩子面临各种成败经验时，教师要做的不是压制、替代，而是理解与支持，支持孩子直面挑战、独立生活，在主动尝试中体验成功感。教师要做一名合格的观察者、引导者，关注孩子习惯与自理方面的困惑，并重视环境的影响，将环境作为重要的教育资源。

幼儿是环境的主体，环境创设要基于儿童的困惑和需要。就如案例中，晴晴挂衣服遇到了3个难题，我对此创设了相应的环境，便于晴晴找到衣架、摘下衣架、挂上外套。通过环境帮助孩子解决难题，学会挂衣服，并逐步养成良好的生活习惯。潜移默化地使孩子直面困难，不轻言放弃。孩子在自主发展的节律中，体验成长的力量！

"慧"整理 "悦"成长
——幼儿"习惯与自理"发展行为的个案研究

上海市浦东新区黄楼幼儿园 李 琴

一、研究背景

(一) 研究目的

《上海市幼儿园幼小衔接活动指导意见(修订稿)》中提到,"教师可以进行专门的集体教学活动或谈话活动,帮助幼儿积累自理经验,学习合理利用空间进行整理,掌握按类摆放的不同方法整理零散小物件"。可见,良好的学习习惯与文明习惯对大班幼儿来说至关重要。结合《评价指南》"习惯与自理"领域中的表现行为描述,我们对幼儿进行个案跟踪观察,旨在通过理论与实践的结合,在观察与支持的基础上贯彻落实《评价指南》精神,使其真正成为教师专业发展与幼儿健康成长的催化剂。

(二) 个案情况

诚诚是一名高高大大、白白胖胖的大班男孩,9月出生,是班上月龄较大的幼儿。他从小就得到家人们全部的宠爱,衣来伸手、饭来张口,动手能力较弱。经过幼儿园前期的培养,自理能力虽有提高,但文明习惯还未养成。一方面体现在没有整理物品的意识,经常玩具还未整理好人已经不见了;另一方面缺乏有效整理的方法,游戏后把玩具往附近的篮子一塞敷衍了事。大班幼儿马上就要进入小学,整理物品是幼小衔接中重要的一环,需要特别重视与有效培养。

(三) 观察内容

- 子领域 2:学习习惯

观察诚诚遇到困难时的行为表现,如对整理缺少方法时,如何解决。遇到困难时,是轻易放弃还是多次尝试等。

• 子领域3:文明习惯

重点观察诚诚如何整理物品,对于物品有没有整理的意识和方法,在教师与同伴的支持与帮助下能不能分类收拾整理好自己的物品。

(四)观察过程与方法

本次研究对照《评价指南》中"习惯与自理"幼儿表现行为指标,以诚诚为研究对象,运用现场观察、跟踪观察等方法,记录诚诚在近阶段自由活动及个别化学习活动中整理书籍、玩具、书包等方面的行为表现,从而分析梳理行之有效的方法和策略,帮助幼儿养成良好的学习品质和文明习惯。

二、观察结果与分析

(一)片段一:初探"乱"的缘由

• 观察指标2.3:做事专注、坚持

• 观察指标3.2:遵守基本的行为规范

自由活动时间结束了,孩子们纷纷整理起玩具,有的把文具放到自己的小书包里,有的把玩具放到玩具柜内。诚诚在图书角看书,听到音乐响起,马上把书合上,胡乱塞到收纳架上,搬起椅子准备坐好"学本领"。旁边的亚男抗议了起来:"老师,诚诚把书乱放。"诚诚听到后站了起来,慌忙矢口否认:"我整理好了。"亚男不甘示弱,指着翘起的书本一角,气鼓鼓地说:"你没有整理好,你把书乱放,你看这里都坏了。"看着乱糟糟的图书角,我想这真是了解诚诚的好时机,忙不迭地接话道:"这些书应该怎么整理呢?诚诚你知道吗?"诚诚看了看我,又看了看书架,说:"书哪里拿的放到哪里呗。"我追问:"如果忘记哪里拿的怎么办?"诚诚低下了头,小声说:"我不会。"他显然不知道怎么把书放回原处。于是我把这个问题抛给大家:"有没有什么好办法把书整理好?"孩子们纷纷献策,有的说"大小相同的书放在一起",有的说"要看书本和书架上的标记",还有的说"看清楚架子上的书本照片"。在大家的建议下,诚诚按标志和照片对图书进行归类,虽然动作很慢,但他遇到困难没有放弃,同时在同伴的提醒下有了整理的意识与方法,过了一会儿图书角内的书就整齐了。

诚诚听到收玩具音乐能把书主动放回书架,体现了"文明习惯"子领域"遵守基本的行为规范"表现行为3中的"3.2.5能收拾整理好自己使用的物品"。

诚诚由最先的不知道怎么整理到听取同伴的建议,尝试按要求分类整理,体现了"学习习惯"子领域"做事专注、坚持"表现行为3中的"2.3.2遇到困难时,在鼓励下能继续进行活动"。

从诚诚的表现来看,他有整理的意识,但缺乏整理的方法,需要多措并举,逐步提高诚诚的整理能力。

(二) 片段二:巧试"理"的行动

• 观察指标2.3:做事专注、坚持
• 观察指标3.2:遵守基本的行为规范

个别化学习活动开始了,今天诚诚玩了"整理小书包"的活动,只见他和瑜瑜对照课程表整理每天的书本及学习用品。诚诚说每天要用的书,瑜瑜把书本一本不漏、整整齐齐放入书包,两人合作得天衣无缝,一会儿就把每天的书包整理得井井有条。这时瑜瑜提出要和诚诚交换,瑜瑜说每天要拿的书本名称,诚诚来整理书包。但诚诚不仅动作慢,还不是漏拿书本就是放得不整齐,被瑜瑜抱怨了很多次。终于诚诚忍不住抗议道:"你不要一直催我,我太着急才放错的。"瑜瑜也放缓了声音说:"好吧,我来教你,你看放的时候要竖着,要不然书包放不下。"在不断尝试中,诚诚动作越来越熟练,将书本、文具一样不落收拾好。

诚诚在"整理小书包"的活动中不放弃、勇尝试,从慢吞吞、乱糟糟逐步提升到有条不紊,不仅体现了"学习习惯"子领域"做事专注、坚持"表现行为3中的"2.3.2遇到困难时,在鼓励下能继续进行活动",而且在瑜瑜的帮助下能达到"文明习惯"子领域"遵守基本的行为规范"表现行为5中的"3.2.5能分类收拾整理好自己使用的物品"。

(三) 片段三:家园"育"的配合

• 观察指标3.2:遵守基本的行为规范

"回家咯!"孩子们排好队等着家长来接。诚诚看着我,欲言又止,最终他拉着我小声地说:"老师,我的书包忘记拿了。"我带着诚诚上楼,到了教室里发现他的蜡笔散落在抽屉里,书包里的画本横七竖八,就连玩具变形金刚都缺胳膊断腿。"哎呀,你的书包怎么这么乱呀?"诚诚不好意思地低下头,把书包拉上拉链,背着跑下楼。见到诚诚奶奶后,我表扬了诚诚在幼儿园的整理情况,同时指出诚诚书包不整理的问题,奶奶表示在家都是大人包办,孩子很少动手,所以才有这个情况。于是我设计了一张"整理调查表"发给诚诚妈妈,鼓励妈妈和诚诚共同找找家中什么事情需要诚诚来整理,并根据调查表内容有计划地实施整理内容。诚诚妈妈每天用照片和视频同我反馈诚诚在家的整理情况,视频里的诚诚不断在进步,由开始在妈妈的鼓励下整理书橱、整理衣柜,到之后每天主动整理,虽然有时汗流浃背,但他的表情是快乐的、满足的,在自我服务、整理归纳中获得了成功感。

通过家园合作与"整理调查表"的使用,诚诚的学习习惯和文明习惯有了明显的进步。从需在成人的监督与鼓励下整理到每天自主整理,体现了"学习习惯"子领域"做事专注、坚持"表现行为 5 中的"2.3.2 遇到困难时能多次尝试,不轻易放弃,直到任务完成",也体现了"文明习惯"子领域"遵守基本的行为规范"表现行为 5 中的"3.2.5 能分类收拾整理好自己使用的物品"。

三、结论与建议

(一) 结论

根据以上 3 个片段的实录,诚诚在"习惯与自理"领域水平总体发展趋势良好。通过自由活动、个别化学习、谈话活动与家园共育,诚诚的"学习习惯"与"文明习惯"在原有的基础上都有所提升。在"学习习惯"子领域,诚诚的行为表现多次体现"遇到困难时,在鼓励下能继续进行活动",主要有 3 次典型的表现行为,水平阶段分别是 3、3、5,在循序渐进中提升。而在"文明习惯"子领域,诚诚的表现行为也体现出"能收拾整理好自己使用的物品"3 次典型表现行为,水平阶段分别是 3、5、5。对于整理物品,诚诚与家人们从知、情、意、行 4 个方面进行实践,为幼小衔接顺利过渡做了准备。

对于诚诚而言,在"学习习惯"子领域的进步是可喜的。从 3 个片段中可以发现,诚诚虽然动手能力弱,做事速度慢,但他愿意听取同伴的建议整理图书角,愿意接受好友的指导整理小书包,愿意和家人一起尝试整理家中的物品。遇到困难不退缩、勇尝试的品质,是他获得成功的关键。

在"文明习惯"子领域,诚诚处于稳步提升阶段。在对诚诚整理能力的培养中,通过教师的指导、同伴的支持与家园的共育,诚诚逐步掌握"慧"整理的技巧,但这些都是由他人引导完成的,还需培养其自主性和计划性,由他律转变为自律,从而真正提高整理能力。

根据以上分析内容,我们可以看到诚诚在"习惯与自理"领域上的优势和劣势。优势体现在诚诚遇到困难时能多次尝试,不轻易放弃,做事专注、坚持。但劣势体现在诚诚虽有整理的意识,但还需他人的督促与指导,主动性不强,还需进一步培养。

(二) 建议

结合大班幼儿幼小衔接这一教育内容,通过对诚诚的个案研究,分析幼儿整理不到位的原因,可以从意识、方法、习惯等方面着手,努力使幼儿"想"整理,"慧"整理,"坚持"整理。

1. 从意识入手,唤起幼儿"想"整理

(1) 以境引"想"

俗话说"环境育人"。以境引"想"就是要通过营造良好的环境,潜移默化地培养幼儿的整理习惯。在日常教育环境的布置与创设中,结合引导幼儿学会整理这一主题,为幼儿创设物品整齐归类的环境,营造一个干净、整齐的学习生活环境,让幼儿在潜移默化中接受教育,陶冶情操,养成习惯。

(2) 以情促"想"

在对幼儿进行整理习惯培养的过程中,注重传授知识的同时,要注重情感挖掘以及态度的内化,由"知"生"情",由"情"促"想",由"想"促"行",使幼儿更加积极主动地进行整理。如在自由活动时,引导诚诚比较整齐与杂乱的图书角,在强烈的反差中,调动诚诚主动整理的意识。

2. 重积极引导,促进幼儿"慧"整理

(1) 儿歌蕴"法"

儿歌是幼儿喜爱的一种学习形式,短小、精悍、易读易记。在培养幼儿的整理习惯时,可以充分挖掘儿歌的教育功能,将一些基本的整理方法创编成朗朗上口的儿歌,让幼儿在念儿歌、唱儿歌的过程中,学习整理的方法。例如,"东西用过了,快快整理好;仔细看一看,缺少不缺少;用后放原处,再用就好找。"朗朗上口的儿歌既符合幼儿年龄特点,又贴近他们的生活。

(2) 游戏习"法"

单纯的收拾、整理比较枯燥,幼儿往往兴致不高,只有让孩子从整理中获得成功感和乐趣,他们才会积极参与整理。如在区角活动中创设"整理小书包""我的小抽屉""自助餐厅"等活动,引导幼儿讨论不同种类、大小、用途的物品摆放顺序、摆放位置等,尝试合理利用空间进行整理。

(3) 图标示"法"

清楚、明确的标记以及直观形象的图示,能给予幼儿明确的信号和准确的认知,让他们明确物品的摆放位置。教师可以和幼儿讨论哪些地方需要整理,鼓励幼儿根据物品的特征,绘画相应的图标贴在收纳材料上,如"笔的家"都贴有笔的图片,便于幼儿按图标摆放,从而分类归放整理;还可将幼儿共用的学习用具按组摆放;孩子的油画棒、水彩笔、图画本、橡皮泥按学号有序摆放等。

3. 抓养成教育,激励幼儿"坚持"整理

(1) 激励推动

鼓励与喝彩是激发孩子能动性的催化剂。孩子在整理时,老师欣赏的眼光、赞赏的话语、满意的点头、会意的微笑、热烈的掌声,都会给孩子带来莫大的快乐、巨大的信心、更多的投入。例如,在教室内专门设置有序整理"我最棒"的动态墙饰,每周评比一次"整理能手",引导幼儿在幼儿园的一日活动中时时整理、时时有序也可以让幼儿随时都能感受到良好整理习惯的教育。

(2) 监督约束

为确保孩子们能坚持有序整理,我们可以设置"管理员"的角色,通过幼儿民主选举产生的整理管理员能让幼儿发挥自我,主动表现。这些管理员在幼儿看图书、玩积木、泥工制作等各项活动时担任老师的小助手,及时督促其他幼儿做好收拾整理工作。教师要鼓励管理员大胆细心地监督幼儿的整理行为,同时要求带好头,做整理的榜样。

(3) 家园合力

家庭教育是影响幼儿行为习惯的重要因素。通过与家长的沟通与交流,探讨对幼儿进行整理教育的方法,提高家长对幼儿非智力因素培养的重视程度,共同为幼儿建立一个和谐、融洽、健康向上的生活、学习环境,使幼儿良好整理习惯的培养在家庭中得到延伸和巩固。

良好的整理能力有助于幼儿幼小衔接生活的过渡,更有利于幼儿形成认真细致、井然有序的良好品质和习惯。通过《评价指南》"习惯与自理"领域的研读、实践与反思中,运用多方位的策略帮助幼儿实现"愿整理—善整理—慧整理—坚持自觉整理"的转变,助推幼儿形成良好的学习习惯与文明习惯,真正实现"悦"成长。

静观察　巧识别　助发展

——幼儿"自我与社会性"发展行为的个案研究

上海市浦东新区高科幼儿园　费丽华

一、研究背景

(一) 研究目的

《3—6岁儿童学习与发展指南》中提到:"幼儿社会领域的学习与发展过程是其社会性不断完善并奠定健全人格基础的过程。人际交往和社会适应是幼儿社会学习的主要内容,也是其社会性发展的基本途径。良好的社会性发展对幼儿身心健康和其他各方面的发挥都具有重要影响。"为此,根据《评价指南》自我与社会性表现行为描述,我们结合评价单对幼儿进行个案观察。通过一日活动,理论结合实践,更好地指导幼儿,并得出相应的支持策略,助推其社会行为发展。

(二) 个案情况

本个案研究基于《评价指南》"指引"中的自我与社会性领域,以大班幼儿钦钦为观察对象。借助自我与社会性观察评价记录表,对幼儿在一日活动中的自我意识、人际交往、社会适应行为表现进行跟踪观察,并根据幼儿在活动中的行为表现提出教育支持与建议。

(三) 观察内容

- 子领域1:自我意识

观察幼儿在活动中对人、对己的行为表现,是否愿意将自己的想法大胆表达出来,尝试获得同伴的认可。

• 子领域 2：人际交往

观察幼儿能否关注他人的情绪和需要，并运用简单的交往技巧，巧妙地与同伴一起活动。

• 子领域 3：社会适应

观察幼儿在活动中与同伴相处的状态，是否愿意为集体服务，做力所能及的事情。

(四) 观察过程与方法

1. 个案研究法

本次研究以大班幼儿钦钦在2023年2月—5月的3次活动片段为资料，根据《评价指南》"指引"对其进行系统分析评价，了解钦钦在此阶段的自我与社会性领域的社会行为发展情况，并给出具体的支持建议。

2. 观察法

运用Pocker2、录音笔、图文等手段记录观察对象的社会行为，设计自我与社会性观察评价记录表，观察幼儿在活动中的自我意识、人际交往、社会适应表现行为方面的发展的同时，也对教师在活动中的指导与建议等情况进行整理，科学、全面地分析与评价幼儿社会性发展的具体情况。

二、观察结果与分析

(一) 片段一：小舞台游戏之童话剧排练

• 观察指标1.1：知道自己和他人不同，接纳自我

1. 行为描述

小舞台游戏中，钦钦邀请伙伴们和她一起排练童话剧《搬西瓜》。钦钦："好伙伴们，你们愿意和我一起排练童话剧《搬西瓜》吗？"伙伴们纷纷加入了童话剧的表演。

钦钦："我都给大家安排好角色啦。天天，你做小鸡好吗？你的声音最动听。"天天点头说道："好的，我就喜欢扮演小鸡。""我来扮演小猫，因为……"还没等钦钦说完，安琪马上说："我不同意，我也想扮演小猫。"钦钦商量道："我家里养了一只猫，平时我一直会观察它走路的模样和叫声，所以我觉得自己模仿小猫走

路的形态和叫声最像。"钦钦又说:"安琪,我原本想让你扮演小兔,因为你平时走路就爱蹦蹦跳跳,扮演小兔一定特别适合,而且小兔可是童话剧里的主角。"安琪听后,笑着说:"原来如此,那我就扮演小兔。"就这样,大家都扮演了自己喜欢的角色,童话剧也顺利开始了排练。

2. 行为分析

在小舞台游戏中,钦钦给伙伴们分别安排了不同的角色。当有小伙伴有不同意见时,钦钦能耐心倾听同伴的想法,并将自己的想法大胆表达出来,尝试获得同伴的认可。符合"自我意识"子领域中"知道自己和他人不同,接纳自我"表现行为5中的"1.1.4活动中能倾听和接纳同伴与自己不一样的意见,不同意时会表达自己的想法"。

• 观察指标1.2:具有自尊、自信、自主的表现

1. 行为描述

童话剧排练完毕后,钦钦再次主动向伙伴们发出邀请。"伙伴们,我们排练得那么好,要不要一起去表演室表演我们的童话剧?"钦钦问道。天天和安琪异口同声地回答:"好呀好呀,我们还想穿上表演室的服装进行表演。"钦钦笑着说:"没错,我们穿上表演室里的服装,一定会比排练时表演得更好。我们再邀请其他伙伴来做小观众,这样会更热闹。"说完,钦钦就邀请了其他小伙伴参与其中。在这期间,我们能听到表演室里时不时传来孩子们的掌声和欢笑声。

2. 行为分析

排练完毕后,钦钦主动向同伴发起在表演室表演童话剧的邀请,还主动邀请其他伙伴来做小观众。在这一过程中,我们发现钦钦能积极表达自己的想法,伙伴们也赞同其做法。符合"自我意识"子领域中"具有自尊、自信、自主的表现"表现行为5中的"1.2.1能主动发起活动,活动中积极表达自己的想法并能坚持"。

在获得大家的赞同后,钦钦还想让大家穿上表演室里的表演服进行表演,这足以体现她想让更多的同伴参与其中,想把童话剧排演得更好。符合"自我意识"子领域中"具有自尊、自信、自主的表现"表现行为5中的"1.2.2做了好事情或取得活动成果后还想做得更好"。

(二) 片段二：新朋友，要不要交换玩

• 观察指标2.1：愿意与人交往，能与同伴友好相处

1. 行为描述

本学期新转来一位性格比较胆怯的小男孩。每天他都喜欢躲在角落里，不喜与他人接触。

"你好新朋友，我叫钦钦。你叫什么名字？"钦钦好奇地问道。新伙伴低着头，不回答。"你手里的车是小旋风吧，我也有。我们要不要交换玩？"钦钦说。男孩依旧不吭声，但眼睛盯着钦钦手中的小旋风。钦钦看看我，我点了点小椅子，钦钦立马搬来小椅子，坐在男孩身边。"新朋友，要不要交换玩？或者我们一起玩小旋风吧，我手里的这两辆小旋风可厉害啦，你快看。"新朋友小心翼翼地也把自己的白色小旋风放到了桌上，就这样钦钦和新来的伙伴有了一次成功的相处。

2. 行为分析

新伙伴的加入引起了钦钦的关注，面对新伙伴胆怯、不敢参与集体活动的各种表现，她能运用简单的交往技巧、巧妙地与新同伴一起游戏。符合"人际交往"子领域中"愿意与人交往，能与同伴友好相处"表现行为3中的"2.1.3能运用简单的交往技巧加入同伴的游戏"。

此外，在多次询问新伙伴共同游戏无回应的情况下，钦钦采用分享交流自己的小旋风的方法来引起同伴的关注，最终成功与同伴共同游戏。符合"人际交往"子领域中"愿意与人交往，能与同伴友好相处"表现行为5中的"2.1.4能想办法结伴共同游戏，活动中能与同伴分工、合作、协商"。

• 观察指标2.2：关心和尊重他人

1. 行为描述

在一起玩小旋风的时候，钦钦主动问："新朋友，你的白色小旋风好酷呀，能不能与我的蓝色小旋风和绿色小旋风交换玩呢？"新朋友低下头，没有回答。

"新朋友，轮流交换玩好不好？一辆换两辆，我的小旋风跑得可快了，要不要试试？"钦钦有礼貌地问道。"不愿意也没关系，等你想和我交换玩的时候再交换。"这时，新朋友看了看钦钦，默默地递上自己的白色小旋风示意可以交换分享。钦钦高兴地说："谢谢你，新朋友。"就这样，钦钦和新来的伙伴共同玩起

了小旋风。

2. 行为分析

钦钦与新朋友互动的时候，每次都能有礼貌地和新朋友商量。在没有听到新朋友回应的时候，她也不急于离开，而是很有礼貌且耐心地表示可以等到对方愿意交换的时候再进行交换。符合"人际交往"子领域中"关心和尊重他人"表现行为5中的"2.2.1能有礼貌地与他人相处和交往"。

(三)片段三：离园前之图书吧的整理

• 观察指标3.1：喜欢并适应群体生活

1. 行为描述

离园前，孩子们围在一起商量着如何整理图书吧，如何把图书吧里的图书分类摆放。只见钦钦说："我们的图书种类太多了。每次伙伴们看完书就随手一放，图书架上的图书总是乱糟糟的。"天天和乐乐一起说："是呀，那怎么办？"

"我们发动伙伴们一起给图书做标签吧。提醒大家每次看完图书，要根据标签提示物归原处，再一起制订图书借阅规则，你们觉得好不好？"钦钦说。

周围的小伙伴们纷纷点头，表示赞同。就这样，钦钦邀请班中的伙伴们一起为图书吧制作标签，并共同制定了借阅图书的规则。

2. 行为分析

基于图书吧里的图书总是乱糟糟的，钦钦和同伴们商量，决定通过制作标签来让图书吧中的图书变得有序和整洁。在商量的过程中，钦钦能主动询问伙伴的意见，并在同伴赞同认可的情况下，共同合作、商量制定借阅图书的规则。符合"社会适应"子领域中"喜欢并适应群体生活"表现行为5中的"3.1.2活动中能与同伴协商制定规则"。

• 观察指标3.2：具有初步的归属感

1. 行为描述

放学前5分钟，幼儿开始做离园前的准备，只见钦钦直接背着书包排在了门口的第一个。艺涵说："钦钦，你怎么都没有做离园前的准备呢？刚刚你和我在图书吧制作标签，你制作完都没有把书本收拾好，更没有物归原处。"

钦钦继续站在门口，艺涵立马来向我告状。我蹲下身，悄悄对钦钦说道："宝贝,图书吧里的书本就让它乱糟糟的吗?我们教室里的每个人都有责任让我们的教室温馨又干净。"钦钦低下头说:"老师,我看那边还有好几个伙伴,我就不整理了。"艺涵说:"这可不行,每个人都要为自己的班级做力所能及的事情。"钦钦马上说:"对不起,我现在就去整理。"说完,她就脱下小书包直接去整理图书吧的图书,并根据之前共同制作的标签分类摆放。

2. 行为分析

钦钦在离园活动前,没有将自己的所玩区域整理干净,而是直接快速拿起书包冲往门口排队。在同伴的提醒下,幼儿还是站在门口,准备离园。于是同伴又寻求了教师的帮助,在教师的言语暗示下,幼儿意识到自己的行为不妥,知道自己刚才看的书本还没放回原处。于是,她立马和伙伴道歉,快速回到图书吧,将图书区域根据标签提示整理干净。符合"社会适应"子领域中"具有初步的归属感"表现行为3—5中的"3.2.1 喜欢自己所在的班级,愿意为集体服务,做力所能及的事情"。

三、结论与建议

(一) 结论

1. 回观片段一:小舞台游戏之童话剧排练

在个案研究中,教师通过解读钦钦的行为,发现她在活动中能倾听和接纳同伴与自己不一样的意见。当自己想要坚持自己的想法时,会大胆在同伴面前表达自己独特的见解,旨在通过自己的观点让同伴认可与接纳自己。同时在活动中,幼儿能积极主动地向同伴发出邀请,让童话剧能够顺利进行。基于此,我们发现良好的自我意识能够有助于幼儿建立正确的自我概念,同时有助于幼儿形成积极的情绪情感,培养健康的个性品质。

2. 回观片段二:新朋友,要不要交换玩

借助"指引"中的自我与社会性领域"人际交往"中的表现行为描述,结合钦钦在活动中的行为表现,发现幼儿能主动地运用简单的交往技巧与新来的伙伴进行游戏。虽然在交往的过程中,新朋友并没直接产生言语交流,但钦钦始终没有放弃,而是寻求教师的帮助。最后,通过教师的眼神暗示,钦钦再次询问和积极沟通,最终新朋友同意和钦钦交换玩具,愉快游戏。可见,依托观察评价表,能更科学全面地评价钦钦人际交往能力的发展情况。通过提升人际交往能力,幼儿能更好地适应社会生活。

3. 回观片段三:离园前之图书吧的整理

依据"社会适应"子领域中"具有初步的归属感"表现行为描述,结合钦钦在活动中的行为表现,我们发现在离园活动前,钦钦因图书吧中的图书摆放凌乱,决定发动其他伙伴共同制作标签,并一起协商制定了图书吧的借还图书规则。但在放学时,钦钦却急于排在队伍的第一个,没有整理图书吧就离开了。通过同伴的提醒、教师的言语暗示,钦钦意识到了自己的行为不妥,随即就和同伴一起在图书吧整理。基于这一现象,我们清晰地感受到自我与社会性发展教育的重要性。教师在活动中能因材施教,结合幼儿的行为更科学精准地开展观察及评价,第一时间给予幼儿支持,有助于幼儿增进社会学习,促进社会化,有归属感。

(二) 建议

1. 自我意识

发展良好的自我意识,有助于幼儿在发展过程中建立对自我、同伴及其身边事情的正确态度,让幼儿更容易形成良好的人际关系,对学习更有兴趣,情绪稳定。在幼儿园教育教学中,教师需要采取适当的教育策略和方法,促进幼儿自我意识的发展。如在自我意识片段一中,幼儿在排练童话剧的过程中,能按自己的设想,主动向同伴发出邀请;幼儿能在选角色的过程中积极表达自己的想法等。这时,我们教师就是一个静观者、巧推者。我们的做法是:信任与支持,鼓励自主选择;关注其感受,保护其自尊心;赞同其决定,鼓励独立做事。

2. 人际交往

交往是幼儿的一种社会需要,是幼儿实现社会性发展的必经途径,教师要重视在幼儿时期就培育孩子的人际交往能力,进而提升幼儿适应社会的能力。当然。由于种种不同的因素,不同幼儿的社会人际交往能力也不同。

如在片段二中,我们不难发现针对新伙伴的胆怯,幼儿选择主动示好。幼儿多次主动有礼貌地打招呼询问,但新伙伴始终没有回应。最后,幼儿在多次沟通未果的情况下选择寻求教师的帮助。教师在观察中,发现幼儿与新伙伴的玩具是一样的,且已经引起了新伙伴的关注。故教师没有选择直接介入,而是采用眼神示意、动作暗示让幼儿选择搬椅子坐到伙伴身边。果然最终幼儿运用简单的交往技巧，巧妙地与新同伴一起游戏。因此根据不同的交往对象，教师要教会幼儿人际交往的有效方法。我们的做法是：自由结伴，体会交往乐趣；善找原因，创造同伴交流；创设情境，乐于与人交往。

3. 社会适应

归属感对于幼儿的社会性及个性的发展是至关重要的。想让孩子懂得分享，乐意帮助别人，容易接纳他人或有正义感，我们首先需要培养幼儿强烈的归属感。如在片段三中，幼儿能在同伴的提醒下，在教师的引导鼓励下，立马意识到自己阅读的图书还没物归原处，然后快速回到图书吧，根据标签将图书区域全部整理干净。其实幼儿最后的行为表现就体现了对集体的归属感。可见，归属感在幼儿发展过程中具有重要价值。我们可以通过榜样传递，培养相互接纳意识；集体教学，培养幼儿的归属感；关注细节，培养幼儿的归属感；家园配合，助力幼儿综合发展。

解析"社牛"行为问题　发现幼儿成长密码

——幼儿"自我与社会性"发展行为的个案研究

上海市浦东新区川沙幼儿园　曹　灵

一、研究背景

(一) 研究目的

《3—6岁儿童学习与发展指南》中提到：幼儿期形成的对人、对事、对己的态度,逐渐发展出的个性品质和行事风格,不仅直接影响童年生活的快乐与幸福感,影响身心健康以及知识、能力和智慧的形成,更可能影响人一生的学习、工作和生活。由此可见,3—6岁儿童自我与社会性领域的培养对于一生幸福的重要意义。教师应设法促进幼儿自我与社会性的发展。《幼儿园教育指导纲要(试行)》中明确指出：教育评价是促进每一个幼儿发展,提高教育质量的必要手段。所以,科学评价是支持幼儿进一步发展的前提。《上海市幼儿园办园质量评价指南(试行稿)》是当下最具有参考价值的幼儿行为评价指南之一,其中的"3—6岁儿童发展行为观察指引"让评价切实可操作,教师可据此给予针对性的支持和引导,进而达到因材施教的效果。

考虑到一线教师拥有海量活动实录"数据库"的优势,笔者决定进行个案研究。但以往研究的目光大多聚焦在有社交障碍问题的幼儿身上,缺乏对"社牛"幼儿的研究。所以,笔者以一名"社牛"幼儿为研究对象,观察分析其社会行为,并提出相应的支持策略,助推其社会行为的发展。

(二) 个案情况

本个案研究基于《评价指南》中"指引"的自我与社会性领域,以大班"社牛"幼儿泽泽为观察对象,在2022年2月期间跟踪观察他的自我意识、人际交往、社会适应三大子领域的行为表现,并进行即时评价和过程性评价,以此了解他在此阶段的自我与社会性领域的发展情况,进而提出相应的支持建议。

(三) 观察内容

• 子领域1:自我意识

观察泽泽是否知道自己和他人不同,接纳自我。能否主动发起活动,倾听和接纳同伴意见建议的同时积极表达自己的想法并坚持,而且能否在提醒下克制自己的冲动。观察泽泽在活动中是否会对自己做的计划、事情和结果进行回忆,做出简单的分析,并愿意做适当的调整。

• 子领域2:人际交往

观察泽泽是否关心和尊重他人,能注意到熟悉的人的情绪,并表现出关心和体贴。观察泽泽是否愿意与人交往,能否与同伴友好相处,并想办法结伴共同游戏。遇到困难时能否向他人寻求帮助,并在活动中与同伴分工、合作、协商,一起克服困难,解决矛盾。

• 子领域3:社会适应

观察泽泽是否理解各地区、各民族之间的人是平等的,大家要互相尊重、友好相处。此外,观察他在面对新伙伴、新环境时主动参与活动的情况。

(四) 观察过程与方法

本次研究主要运用观察法及个案研究法,并根据"指引"对其进行一个月的跟踪观察,记录其月初、月中、月末三次典型的社交活动,解析其社会行为,并进行即时评价和过程性评价,了解他在此阶段自我与社会性领域的发展情况。最后,以此为据,提出其社会行为发展问题以及相应的改善建议。

二、观察结果与分析

(一) 片段一:宇宙飞船搭建记

• 观察指标2.2:关心和尊重他人

建构游戏时,泽泽对月月、天天说:"我们一起搭一个奥特曼飞船吧。"他们点头同意了。

突然,月月大声嚷道:"潇潇抢积木!"潇潇说:"这个积木我要用的。"泽泽听了,对月月说:"不要生气,潇潇只是想玩。"再对潇潇说:"你想一起玩吗?"潇潇说:"想的。"

泽泽让月月不要生气,告诉她潇潇只是想一起玩。泽泽还主动邀请潇潇加入游戏,这表明他不仅能体谅潇潇的不良行为,而且会分析背后的缘由,懂得照顾周围人的情绪。这些行为符合"人际交往"子领域中"关心和尊重他人"表现行为3中的"2.2.2能注意到熟悉的人的情绪,并表现出关心和体贴"。

• 观察指标1.1:知道自己和他人不同,接纳自我

潇潇把船头弄塌了,泽泽见状吼道:"你为什么搞破坏啊?!"潇潇哼了一声,说:"搭得什么破玩意儿!"月月说:"不要吵架!"泽泽沉默了几秒,说:"我们是一个组,你不清楚怎么搭的话我可以帮你解释。"听了泽泽的话,潇潇说:"你又没和我说要怎么搭,只好瞎弄呗。"

于是,泽泽说了自己的构想,并问潇潇:"你想搭哪里?"他说:"我想搭个驾驶室。"

作品被破坏,泽泽从生气质问到后来在月月劝说下主动平息愤怒并征求潇潇意见的行为,符合"自我意识"子领域中"知道自己和他人不同,接纳自我"表现行为3中的"1.1.3出现消极情绪时,在提醒和指导下能克制自己的冲动"。

泽泽沟通了解了船头破坏事件缘由并询问潇潇想搭哪个部分的表现,符合"自我意识"子领域中"知道自己和他人不同,接纳自我"表现行为3中的"1.1.4活动中愿意倾听和接纳同伴意见和建议"。

(二) 片段二:爆米花店创业记

• 观察指标1.2:具有自尊、自信、自主的表现

角色游戏时,泽泽对萱萱说:"我们一起开个爆米花店吧。"萱萱回答:"但我们没有爆米花呀?"泽泽说:"看我的!"只见他找来了雪花片和纸杯,对萱萱说:"雪花片当爆米花用,杯子用来装。"

顿时,爆米花店前就挤满了人。有的说快点,有的说给错了,还有的钱都不付就拿走。泽泽见状暂停了游戏,说:"现在关店调整。人不够,做不过来。店也

太小了,东西都没地儿放。"又对萱萱说:"你快去找一个外卖员和一个店员。"说完,他又看了看四周,径直去了隔壁"奶茶铺",问能不能借一张桌子,可店长蕾蕾拒绝了。

泽泽从主动提出开"爆米花店",自主制作、包装"爆米花",到发现人手和场地问题,提出关店并找人找桌子的表现,体现了"自我意识"子领域中"具有自尊、自信、自主的表现"表现行为5中的"1.2.1能主动发起活动,活动中积极表达自己的想法并能坚持"。

另外,他在发现问题后,及时让萱萱找帮手,并主动与奶茶铺交涉,不断解决难题的行为符合"自我意识"子领域中"具有自尊、自信、自主的表现"表现行为5中的"1.2.5能对自己做的计划、事情和结果进行回忆,做出简单的分析,并愿意做适当的调整"。

- 观察指标2.1:愿意与人交往能与同伴友好相处

泽泽看了看四周,说:"要不我们并店吧?将店开在一起,变成一个超级大店,推出奶茶爆米花套餐,相信生意一定爆!""这个想法不错!"蕾蕾同意了。

泽泽为了解决台面不够、场地过小等问题,主动找人沟通借桌子的行为体现了"人际交往"子领域中"愿意与人交往,能与同伴友好相处"表现行为5中的"2.1.2有问题能询问别人,遇到困难能向他人寻求帮助"。而在被拒绝后继续协商,提出"并店"建议来满足双方需求的行为符合"人际交往"子领域中"愿意与人交往,能与同伴友好相处"表现行为5中的"2.1.4能想办法结伴共同游戏,活动中能与同伴分工、合作、协商,一起克服困难,解决矛盾"。

(三)片段三:迎新活动交友记
- 观察指标2.1:愿意与人交往能与同伴友好相处

泽泽和天天结伴去大(2)班参加新年玩具交换节活动。不一会儿,他就找到了目标,说:"我是大(5)班的泽泽,很高兴认识你。我的玩具是一只乐高积木虎,可以变换各种形态。你愿意换吗?"接着,他顺利交换了礼物。

泽泽和天天一起去玩并迅速和新朋友互换礼物的表现体现了"人际交往"子领域中"愿意与人交往,能与同伴友好相处"表现行为5中的"2.1.1有自己的好朋友,还喜欢与新朋友交往"。

• 观察指标 3.1：喜欢并适应群体生活

这时，泽泽说："我有《斗罗大陆》的卡牌哦，你们喜欢谁呀？我送。"大家听了，有的说喜欢海神，有的说喜欢剑斗罗。不一会儿他周围就聚集了一群人，一起玩了起来。

泽泽主动送卡牌并和新朋友一起在大(2)班共同游戏的表现符合"社会适应"子领域中"喜欢并适应群体生活"表现行为 5 中的"3.1.3 面对新伙伴、新老师时，能较快适应新的人际环境，主动参与活动"。

三、结论与建议

(一) 结论

根据以上评价记录可以得知，泽泽在自我与社会性领域的总体发展态势良好。尤其在人际交往和社会适应子领域处于较高水平阶段，而自我意识子领域的发展水平虽弱于其他两个子领域，但也处于中等偏上阶段，发展趋势良好。

首先，在自我意识子领域，泽泽处于中等偏上的水平阶段。分析片段中的行为可以发现他总是主动提出活动方案，对他人的需求关注较少。这是由于泽泽在孩子中的威望较高，孩子们基本上都会听从他的安排。泽泽便养成了直接发号施令的习惯，有矛盾了才会调整。由此可见，泽泽存在一定的社交心态问题。而平时教师总让泽泽带领其他幼儿，默认其领导地位的行为也让他进一步形成了唯我独尊的心态。

其次，在人际交往子领域，泽泽的水平总体处于优势发展阶段。但通过数据发现他在"关心和尊重他人"方面的表现还稍显不足，他虽能注意到熟悉的人的情绪状态并表现出一定的关心，但缺乏深入沟通的意愿，对他人的需求不甚了解。结合其平时表现，发现原因在于他的各方面能力水平较突出，一直生活在赞美中，对水平较弱的幼儿缺乏共情。另外，他习惯于把结果放第一位，同伴需求如果对结果没影响的话就不予理会，并知道如何掩盖自己真实的想法。由此看出，泽泽存在功利心过重的问题。而平时以结果评判其社会行为水平的形式也进一步加剧了这种问题。

最后，在社会适应子领域，泽泽处于较为高位的发展阶段。但在"感受和体验多元文化"方面还有所欠缺。分析原因，泽泽虽在老家江西和上海都有较长的居住经历,但他一直生活在镇上,城市化的进程让他难以见到传统的乡土风俗。所以,泽泽缺乏这方面的体验。另外,泽泽父母由于工作繁忙,家中又缺少祖辈家长帮忙教养,泽泽一直辗转于各培训班之间。尤其大班阶段培训班变多,更压缩了其感受周围世界的时间和条件。

总之,泽泽在自我与社会性领域发展上的优势体现在较强的组织领导能力和丰富的社交技巧上,作为"社牛"的他总能轻松获得同伴信任,让大家习惯于听从他。但这是把"双刃剑",他的劣势也在于此。因为他总以一个领导者的姿态与人交往,并惯用物质来吸引同伴,如赠送卡牌。因此,他在与人的交往中缺少沟通与尊重,无法真正共情。所以,泽泽有如下两个潜在问题:(1)社交心态问题,即利己主义倾向;(2)社交人格问题,即"变色龙"般的处事风格。

(二)建议

根据以上结论,笔者决定从自我与社会性领域和表现行为评价入手,逐步解决泽泽的社会行为问题,促进其更好地成长。

首先,结合泽泽自我意识、人际交往、社会适应三大子领域的各种表现,笔者提出如下改善建议:

1. 自我意识子领域

平时注意提醒泽泽认清自我,学会对自己进行合理评价,保持谦虚的交往心态,以防产生精致利己主义思想和唯我独尊的不良心态。另外,开展诸如才艺展示秀和运动接力赛等集体活动,不断引导泽泽发现其他人的优点,学会更客观地评价他人,进而更准确地认识自己,取长补短,进一步全面发展。

2. 人际交往子领域

引导泽泽尊重关心长辈和身边的人,并结合实际,鼓励他了解社会上的各种工作,从中体会不同人的辛苦和不易,从而学会尊重生活中各行各业的人。此外,引导泽泽学习用平等、接纳和尊重的态度对待个体差异。

3. 社会适应子领域

推出多种形式的集体活动,引导泽泽和其他幼儿一起计划、讨论并制定规则,共同安排具体活动流程,激发其集体荣誉感和责任感,进而学会共情同伴,为他人考虑。不仅如此,引导泽泽深入了解江西、上海等地的人文风貌,加深他对家乡乃至祖国的了解,激发其民族自豪感。同时,引导他涉猎不同国家的民族和文化,进一步感知文化的多样性和差异性。从而理解人与人之间应平等尊重,不能以自我为中心,学会以一种更博大的胸怀与人相处,适应社会生活。

其次,笔者根据泽泽的实际情况,对其评价体系和评价工具提出如下改进建议:

1. 构建多元评价体系,共同参与幼儿自我与社会性水平的评价

人在面对不同环境和人时会有不一样的反应和表现,如家园表现不一致的"两面派"现象。英国学者杜比认为,任何基于单一视角的判断或支持幼儿学习与发展的评价,都不可避免地会对幼儿产生有限的影响。所以,家长是评价的另一必不可少的主体。另外,我们还可引导其他幼儿也加入其中。通过教师、家长和幼儿三方不同评价主体间的分工合作,记录梳理泽泽的各项社会行为表现,综合不同渠道信息,进而提出更有效的教育支持和发展建议,使泽泽逐步改善其不良的社交心态和行为。

2. 运用电子评价工具整合各项水平数据,解读幼儿并支持成长

众所周知,观察幼儿时易发生顾此失彼的情况,"孩子通"之类的电子评价工具则解决了此类"痛点"。教师和家长可直接在 App 上实现观察记录、分析评价、支持建议"一条龙",而大数据分析比对更可直观了解孩子的各项水平发展情况。因此,我们应积极运用电子评价工具,整合各项发展数据,为其提供更有效的教育支持。

综上所述,笔者会秉承"以幼儿发展为先"的教育理念,科学解读孩子的各项社会行为表现,发现他们的成长"密码",让他们进一步健康发展。

如果她觉得这样可以
——幼儿"自我与社会性"发展行为的个案研究
上海市浦东新区汇贤幼儿园　吴雯雯

一、研究背景

(一) 研究目的

《3—6岁儿童学习与发展指南》指出,幼儿社会领域的学习与发展过程是幼儿社会性不断完善并奠定健全人格基础的过程,主要包括人际交往与社会适应。幼儿阶段是社会性发展的关键时期,人际交往和社会适应是幼儿社会学习的主要内容,也是其社会性发展的基本途径。本案例根据《评价指南》的"指引"中"自我与社会性"领域的表现行为描述,通过分析小浙的自我与社会性发展行为,从而为她提供支持及适宜的活动机会,促进幼儿自我与社会性的良好发展。

(二) 个案的基本情况

小浙是一名小班幼儿,今年四岁,在班级中个头偏高。她是一个性格豪爽、活泼热情的女孩子,很喜欢做"小老师""大姐姐",也喜欢交朋友、帮助老师做事情。每天都能在班级中听到她爽朗的笑声,看见她快乐地四处奔走。小浙的语言表达非常清晰,很有主见,这也跟小浙爸爸妈妈的教养方式密不可分。

小浙的爸爸妈妈非常民主,经常会陪伴孩子一起阅读、游戏,每逢周末就会带小浙四处走走、玩玩,还能开诚布公地和孩子一起讨论生活中发生的事情。

(三) 观察内容
- 子领域1:自我意识

随机观察小浙在班集体中的日常行为表现,如运动结束后,看到散落的马甲的反应和表现的行为等。

• 子领域2：人际交往

观察小浙如何加入游戏，在游戏中与同伴的相处情况。重点观察发生矛盾时小浙的应对方式和解决问题的方法。

• 子领域3：社会适应

重点观察小浙对班集体的喜爱程度，通过老师的侧面引导进一步激发其归属感和集体荣誉感。

（四）观察过程与方法

本次研究以小班幼儿小浙为研究对象，对照《评价指南》中"自我与社会性"幼儿表现行为指标，对小浙"自我与社会性"的发展行为进行为期一个学期的跟踪研究。主要采用观察法，融合随机观察和重点观察，即有针对性地观察幼儿在一日活动中的行为表现，用视频、照片、文字等方式记录幼儿的行为。然后，将观察到的幼儿的社会性指标对应标准指标，提出可以促进幼儿社会性发展的科学合理的教育建议，并给予有效的后续教育支持。

二、观察结果与分析

（一）片段一：我来做服务员

• 观察指标2.1：愿意与人交往，能与同伴友好相处

"角色游戏"游戏时间到了，小浙来到点心店，她看到小汪在拿鸡腿、蔬菜，便跟小汪说："我也想来点心店。"小汪说："我要做厨师。""我做服务员吧！"两人都点点头，达成一致后，小浙就开始铺桌布、摆餐垫和餐具，还准备好了水杯、水壶和餐具，等待小客人的到来。

几分钟后，终于迎来了两位小客人——莹莹和小伊。小浙为她们点餐、送餐，不停地倒水。"滢滢你想要吃什么呀？要不要吃馄饨啊？""这个水还有点烫，你吹一吹再喝。"

小客人想要勺子，她就去取；小客人想吃什么东西，她会去找"厨师"做，服务员小浙忙得不可开交。

突然，滢滢也很想当服务员，抢了小浙手里的水壶。"滢滢来倒水。"小浙站

在那里看着滢滢说:"你今天是小客人。你坐下,我来给你倒水。"说着要去拿滢滢手里的水壶。滢滢马上把水壶抱到胸前说:"滢滢来倒水,滢滢要做服务员。"小伊说:"滢滢,你还小,你就做客人吧。"小淅想起了什么,马上说:"你早上来还要哭,还没长大。""滢滢已经不哭了。"小淅直直地站在那里,滢滢就是不同意,已经开始往杯子里"倒水"了。小淅耷拉着脸,转头偷偷瞄了一眼周围,发现老师正看着她们,她又看了看滢滢,嘟着嘴说:"那你来做服务员吧!你小心点,水壶很烫的。"说完她就跑开了。

小淅看了看周围的同伴,发现建筑工地只有小轩和江江。于是,她来到了"建筑工地"门口,戴上了帽子,"你们在造什么呀?我也来帮忙吧。"很快她又融入了"小工人"的队伍,一起开始建造动物园了。

从小淅的行为表现中,我们可以看出,小淅很喜欢和小朋友们一起游戏,她能用明确、有礼貌的语言表达自己的请求,说出自己想要扮演的角色,这点能达到表现行为1的"2.1.1 愿意与同伴共同游戏,参与同伴游戏时能提出请求"。

滢滢早上来幼儿园的时候还要哭泣,小淅就觉得滢滢还是小小孩,所以在游戏中格外照顾她,嘘寒问暖,问滢滢要不要勺子、吃不吃馄饨,像个大姐姐一样。当滢滢抢了小淅手里代表着服务员特征的水壶时,游戏交往中的矛盾开始凸显,滢滢霸道不讲理,小淅有点不高兴。但据理力争不成功后,她还是妥协了,像大姐姐谦让妹妹一般,还提醒滢滢要注意安全。这点达到了表现行为3的"2.1.4 知道轮流、分享,会适当妥协,能在成人的帮助下和平解决与同伴之间的矛盾";还有表现行为3的"2.1.6 能谦让比自己幼小和体弱的同伴"。

在自己"失业"后,小淅通过观察,马上加入了建筑工人的队伍,一句简单的话语,一个简单的戴帽子的行动,让小淅马上就融入了新的同伴和新的游戏中。小淅的行为能达到表现行为3的"2.1.3 能运用简单的交往技巧加入同伴的游戏"。

(二) 片段二:马甲事件

- 观察指标1.2:具有自尊、自信、自主的表现
- 观察指标3.2:具有初步归属感

户外运动结束后,小淅进盥洗室用七步洗手法正确洗手,还不时提醒小朋友

先把袖子卷高、泡泡不要挤太多,俨然就是个小老师。她用温热的毛巾擦着脸,部分小朋友已经去换衣服了:把马甲脱下来,换上自己的外套。小班的小朋友还不是很会使用衣架,有的马甲勉强挂在了衣架上,有的马甲刚挂上就掉下来了,有的马甲塞在了柜子隔板上,有的散落在桌上,还有的掉在了地上。一时间,小衣柜区域有点乱七八糟。

小浙正要去换衣服,她看了看掉在地上的几件马甲,停下了脱衣服的动作,蹲下身捡起了地上的马甲,并朝小冉喊:"小冉,你的马甲掉地上了。"小冉急匆匆跑过来:"我把马甲放进去(衣柜)的,怎么掉地上了啊?"小浙认真地说:"可能被谁弄掉了。你要把马甲挂衣架上。"小浙还没说完,只见小冉从小浙手里接过马甲放到了隔板上,又跑去玩游戏了。小浙翻看着地上的马甲,一个人嘀咕:"这件怎么没有名字啊?这又是谁的?怎么也没有挂好?唉,真是乱七八糟。"小浙默默地把地上的马甲都放进了衣柜。尝试着挂了几件也想走开了。

这时,老师走了过来,询问小浙在做什么,小浙惆怅地说:"吴老师,好多马甲都掉地上了,我捡起来了。"老师马上表扬了小浙做的好事,又叹着气说:"唉,小衣柜还是有点乱七八糟的。上次园长妈妈还表扬我们小(1)班干净、整洁。要是小马甲都能挂整齐就好了。"小浙忙说:"我来挂吧,我也喜欢干干净净的小(1)班。"老师心领神会地说:"你可以找好朋友一起帮忙,这样会更快。"小浙欢快地去找了几个朋友一起来帮忙,她兴奋地说着怎么样把马甲挂好,怎么样才能让衣柜变得干净。

之后,小浙每次都会检查孩子们有没有把衣服放好、挂好,还会主动帮忙整理。

小浙在集体生活中很有自主意识,知道自己要做什么,而且自己的事情自己做,可以达到表现行为3的"1.2.3自己的事情尽量自己做,不轻易依赖别人";从小浙帮助小朋友捡起掉在地上的衣服可以看出她很喜欢自己的班级,能主动做力所能及的小事。她也愿意为集体服务,当老师说起园长妈妈的赞美,小浙立马就有了斗志,她为自己班级取得的成绩感到无比的高兴,并要保持这份荣誉,这点能达到表现行为5的"3.2.1愿意为集体服务,能为集体取得的成绩而高兴";当老师表扬她,提出更高的要求时,她欣然接受,敢于接受挑战,这点能达到表现行为3的"1.2.5愿意尝试有一定难度的活动和任务"。

三、结论与建议

(一) 结论

3—6岁是人的社会性发展的重要时期,在这个时期,幼儿学习怎样与人相处,怎样看待自己,怎样对待别人;通过师幼、幼幼交往,逐步认识周围的社会环境,内化成社会行为规范;逐渐形成对所在群体及其文化的认同感和归属感,发展适应社会生活的能力。基于以上两个片段实录,对照《评价指南》中"指引"里"自我与社会性"这个领域中的表现行为,我们发现,在"人际交往"子领域中,小浙多次表现出愿意与人交往,能与同伴友好相处的行为,水平阶段分别是1、3、5、3;在"自我意识"和"社会意识"子领域,小浙的行为表现的水平阶段分别是3、5、3。综合分析,小浙在自我与领域的发展比较好,在角色游戏中表现出的人际交往水平是相对比较高的。

1. 角色游戏中的妥协与请求

通过游戏,尤其是角色游戏,幼儿扮演不同的社会角色,体验不同的角色在不同场合的感情,既学会了解别人,又学会如何使自己适应别人。小班幼儿对角色扮演有浓厚的兴趣,但他们往往只关心自己扮演什么角色,他们所处的是"自我中心状态"。小浙在游戏中,不仅能与同伴简单地协调角色,而且在同伴提出游戏请求后,尤其是滢滢非常想要做服务员时,还能在没有成人指导的情况下做出适当的妥协,这也表现出她弱小的同伴的谦让。在成人看来,她的妥协委屈了自己,也有可能是因为小浙关注到了老师的眼神。但是,当幼儿觉得这样做没问题,她可以接受滢滢的"横刀夺爱",然后自己去寻找新的角色,运用简单的话语技巧加入其他同伴的游戏,那么作为教育者的我们应该尊重这份妥协。

2. 关注班级的干净与整洁

从小浙捡起马甲、整理马甲的这一系列过程中,我们不难发现,她明确知道自己是小(1)班的小朋友,而且在这个班级里她情绪愉悦,对于自己要做的事情一清二楚,说明她对班级有认同感,喜爱这个班集体。她说她喜欢干干净净的小(1)班,她也用行动为集体做着力所能及的事情,这是她对班集体的行动表达。

在老师说到园长妈妈表扬小(1)班的时候,她的集体荣誉感油然而生。

(二) 建议

1. "慧"观察,适度等待

在观察幼儿的行为表现时,教师要用心观察、耐心观察,适度等待,同时关注幼儿的感受,要顺势而为,用各种方式保护其自尊心和自信心。个案的主人公小淅在跟滢滢发生矛盾后,如果老师立即去协调,也许就不会有小淅的退让了,因为滢滢有些不讲道理。我们一般会以道义来评价,结果可能是滢滢哭泣,小淅也成了不快乐的服务员。此时,老师可以适当等待,看看孩子的表现,小淅察觉到了老师的目光,又经过内心的挣扎,调整了自己的行为,选择了退出。老师选择在事后倾听孩子的心声,询问小淅事情的经过。老师站在小淅的立场说滢滢这样做不对,也跟小淅共情。你肯定很难过吧!小淅说:"嗯,我有点生气,但是争吵是没有用的,滢滢还是小孩子,她不讲道理,我明天再去做服务员。"我顺势表扬了小淅,并赞成小淅的想法——明天再去做个快乐的服务员,也请滢滢跟小淅道歉和说谢谢,让滢滢知道自己的行为是不恰当的。

用慧眼去观察幼儿的行为,老师要给予幼儿足够的尊重和支持。

2. "巧"识别,多支持

我们观察的目的是给幼儿更好的教育支持,在识别幼儿行为发展的基础上,对幼儿好的行为表现多给予具体、有针对性的肯定和支持。阅读过一些关于"冲突解决""幼儿交往"之类的书籍和文献后,我发现很多的策略都指向肯定和表扬,但怎么样的"肯定和表扬"方式才是真正有利于幼儿的自我意识、人际交往发展的呢?案例中,为了让小淅对自己的优点和长处有所认识并感到满足和自豪,游戏结束后,老师请小淅在大家面前大方说出了她是怎么和同伴玩游戏的,大家都学会了说好听的请求的话;也请小淅分享了为什么要去捡马甲,整理小衣柜,这也在潜移默化中提升了其他幼儿的集体归属感。在幼儿一日生活中,我们要多为幼儿创设充分参与班级活动的机会,鼓励幼儿为幼儿园、班级、同伴及自己做力所能及的事情,让幼儿感受到自己在班级中的作用,体验到自己的价值。

3. "厚"理论,勤实践

新时代对幼儿园教师提出了新的要求,不仅要拥有丰厚的理论基础,而且要学会使用多样化信息手段。在观察识别幼儿的游戏过程中,我们要尝试借助影像设备、录音设备等有效进行游戏复盘,以指南为指引,立足儿童发展,努力成为一个"慧"观察幼儿行为、"巧"识别幼儿表现、多支持幼儿发展的智慧型老师。

采用鼓励教育,激发幼儿自信心

——幼儿"自我与社会性"发展行为的个案研究

上海市浦东新区盐仓幼儿园　陆慧婷

一、研究背景

(一) 研究背景

从小班升入中班,幼儿逐渐从家庭中走出来,进入幼儿园这个大家庭、小社会中,会产生各种不同的感受与体验。以前在家中,遇到问题都可以由爸爸妈妈帮忙解决,导致部分幼儿无法适应幼儿园生活。《3—6岁儿童学习与发展指南》中提到:"幼儿社会领域的学习与发展过程是其社会性不断完善并奠定健全人格基础的过程。人际交往和社会适应是幼儿社会学习的主要内容,也是其社会性发展的基本途径。良好的社会性发展对幼儿身心健康和其他各方面的发挥都具有重要影响。"

为此,根据《评价指南》中对自我与社会性表现行为的描述,我们结合评价单对幼儿进行个案观察。通过一日活动各环节,将《评价指南》中"指引"的精神贯穿、落实,理论联合实践,更好地指导幼儿,并得出相应的支持策略,助推其社会行为发展。

(二) 个案的基本情况

本个案研究中的观察对象杉杉,是一个性格活泼的小女孩,性格深受周围人的喜爱。她是家中的姐姐,还有一个妹妹。杉杉与妹妹从小生活在一起,两个人经常一起玩玩具、聊天,这样的家庭环境促使杉杉擅长与人交往,关心他人,懂得谦让。平时,杉杉在区域游戏的时候很爱和别的小伙伴一起玩,如果没有遇到任何困难,她的脸上会一直洋溢着笑容。可是,杉杉解决问题的能力一般,遇事比较胆小,心理承受能力弱,抗挫能力弱,导致她一旦遇到困难就会大哭,不知所措。需要教师与同伴的鼓励、支持与帮助才能够鼓起勇气,解决问题。

(三) 观察内容

• 子领域1:自我意识

观察杉杉的自我意识,是否知道自己与别人不同,愿意接纳自己与他人的不同的意识。

• 子领域2:人际交往

观察杉杉与同伴相处的情况,是否能关心和尊重他人等。

• 子领域3:社会适应

观察杉杉是否喜欢并能适应幼儿园的集体生活,对于班级具有初步的归属感。

(四) 观察过程与方法

本案例主要采用了现场观察法,深入记录幼儿的社会性交往能力与自我认知水平。在幼儿户外活动的时候,我没有介入幼儿的游戏中,而是作为一个倾听者、观察者,运用观察法,关注幼儿在活动中的一言一行,用照片或者视频的形式记录下来。我还采用了谈话法,在幼儿休息与喝水的时间与幼儿交流,了解幼儿对于游戏的感受,对于自身的认知。

二、观察结果与分析

(一) 片段一:剪窗花

• 观察指标1.1:知道自己和他人不同,接纳自我

• 观察指标2.1:愿意与同伴交往,能与同伴友好相处

今天我们学习了如何剪窗花。杉杉去美工区中拿了红色的卡纸,回到位置上,先将纸进行对折,然后在纸上画了个图案,是个漂亮的爱心,突然,她发现对面欣欣画的图案比自己的图案更加漂亮,更加丰富多彩,于是,她把自己原来画好图案的那张卡纸撕了,从美工区中重新拿了一张卡纸,在卡纸上模仿欣欣画下图案。画好以后,觉得没有欣欣画得好看,又大发脾气把纸给撕了,坐在位置上

大哭。我看到后,把她叫了过来,安慰她,给她餐巾纸擦眼泪,等杉杉心情平复后问她:"你为什么哭了?"杉杉回答:"我画的图案没有欣欣的漂亮,她画得好漂亮。"我告诉她:"你可以去问问她怎么画的,你不是很喜欢和小朋友们交流吗?"平静下来以后,她去和欣欣还有其他小伙伴交流想法,想到了好办法让原有的图案变漂亮。她重新拿出一张卡纸,画出自己原来画的图案,在欣欣和其他孩子的帮助下添加、补充。

杉杉在画窗花图案时,发现其他幼儿画得比她漂亮,产生了一种比较心理,她把自己画好的画撕掉,模仿好看的画又重新画了一张。但是由于比较心理,当杉杉觉得自己没有欣欣画得好看时又大哭大闹起来,后来在教师的安慰下平静下来,这初步体现了 1.1 表现行为 3 中"1.1.3 出现消极情绪时,在提醒和指导下控制自己的冲动"。平静下来后她会主动去找小伙伴交流与讨论,并在自己的绘画基础上想到了好办法,在同伴的帮助下进行添加与补充,这初步体现了 2.1 表现行为 5 中"2.1.2 有问题能询问别人,遇到困难能向他人寻求帮助"。

- 观察指标 1.1:知道自己与他人不同,接纳自我
- 观察指标 2.2:关心和尊重他人

最近户外游戏活动"我是小小兵"很受欢迎。和孩子们讨论分享后,孩子们对于设计武器很感兴趣,于是我就带领孩子们先设计武器,然后将武器剪下来。只见杉杉在画画的时候纠结了很久,同桌的小朋友给了杉杉一些建议和想法,杉杉画好后涂上颜色,拿起剪刀很快就顺利剪了下来,她可真厉害,没有将纸剪破。别的小朋友虽然绘画比她好,但是剪纸对他们来说太难了。相反,对于杉杉来说,剪纸非常容易。她剪好后看到同桌的蕊蕊遇到了困难,于是询问蕊蕊:"需要我的帮助吗?"蕊蕊问她:"杉杉,你是怎么剪纸的,我老是剪不好,你看我把纸都剪破了。"杉杉对她说:"你别急,我教你怎么剪。"在杉杉的帮助下,蕊蕊也终于剪好了。杉杉又去帮助其他小伙伴了,她向其他小伙伴示范自己如何使用剪刀的,然后跟着其他小伙伴一起剪纸。杉杉和其他小伙伴都设计好并将武器剪了下来,他们把设计好的武器拿到我面前展示,心里别提多开心了。

在作品分享的时候,我们一起讨论在剪纸的过程中遇到了哪些困难,是怎么解决的。杉杉说:"我图案画不好,刚才别的小伙伴帮我一起设计武器。但是我

会剪纸,可以帮助其他小伙伴剪纸,剪纸很好玩。"

杉杉在画画的时候纠结了很久,但是在使用剪刀时很顺利就剪下来了,也没有将纸剪破,发现其他幼儿的剪纸水平比自己差,这初步体现了1.2中表现行为3中"1.2.2能了解自己的优点和长处,并为此感到满意"。杉杉发现蕊蕊遇到困难,情绪比较低落,能主动安慰并帮助蕊蕊,做好后又去帮助其他小伙伴,这初步体现了2.2表现行为5中"2.2.2能关注他人的情绪和需要,会在他人难过、有困难时表现出关心,并努力给予适当的帮助"。

(二) 片段二:户外运动与游戏

• 观察指标2.1:愿意与人交往,能与同伴友好相处

到了孩子们最喜欢的户外活动时间,孩子们来到了紫藤长廊区域,准备爬上去看看上面刚开的紫藤花。杉杉在一旁看着其他小朋友攀爬,她神色紧张,看起来十分害怕,瑶瑶问她:"我爬好了,轮到你了,你怎么了?"杉杉吞吞吐吐地说:"我害怕,你们能在下面扶我一下吗?"一旁的馨馨安慰她:"你不要怕,我们在下面扶着绳子和你的脚。"瑶瑶说:"我也在下面扶着绳子,别怕。"在小伙伴们的帮助下,杉杉终于爬上去了。问题又来了,怎么下来呢? 杉杉哭着大叫:"我下不来了。"瑶瑶大声对她说:"你别怕,你向下看,脚要踩牢木板。"杉杉半信半疑,每往下一次,小伙伴们就提醒她检查是否踩牢,等踩到比较下面的木板时,杉杉对小伙伴们说:"帮我扶一下脚。"杉杉终于顺利下来了。在后面的攀爬游戏中,杉杉没再感到害怕了,她积极和小伙伴一起攀爬,喜欢上了集体游戏。

杉杉在集体玩攀爬区时神色紧张,感到害怕,于是她向小伙伴倾诉了自己的害怕情绪,希望小伙伴能帮助她,这初步体现了2.1行为表现5中"2.1.2有问题能询问别人,遇到困难能寻求他人帮助"。下来时杉杉碰到困难,但在同伴们的帮助下她顺利克服了困难,从此喜欢上攀爬区的游戏。

• 观察指标2.2:关心和尊重他人
• 观察指标3.1:喜欢并适应集体生活

在今天户外游戏场地,孩子们商量准备搭建一个"锦江乐园",因为前段时间春游去了锦江乐园,孩子们都很开心。杉杉和小伙伴们开心地搬起了竹梯,

还滚起了轮胎,搬完摆放好孩子们开始玩了起来,过了一刻钟杉杉觉得这样太无聊了,她说:"这样在轮胎和梯子上走来走去真无聊,怎么玩才好玩呀?"杉杉突然想到:"可以把轮胎放好,竹梯放在上面做跷跷板。"于是,杉杉、哲哲、一心一起做了一个跷跷板。杉杉坐在一端,哲哲坐在另外一端。很快杉杉被翘起来,她连忙喊一心过来。一心坐上来后,哲哲又被翘了起来,其他孩子看到后纷纷加入。杉杉说:"人太多了,会不会危险呀?"哲哲说:"没关系,我在后面压着呢。"杉杉说:"那我们将旁边的梯子和轮胎搬走吧。"于是几个人又将草地周围清空,划出了一个区域,以防止小朋友不小心磕到,并共同制定了游戏规则——轮流玩。

在游戏过程中杉杉与同伴玩跷跷板时吸引了很多幼儿一起来玩,同时她发现人多会不安全,说明她具有一定的安全防范意识,在游戏过程中遇到安全问题能及时提出,并想到了解决办法。除了保证户外游戏活动中同伴的安全,她还关心玩跷跷板过程中其他小朋友的安全问题,这初步体现了2.2中表现行为3中"2.2.2能注意到熟悉的人的情绪,并表现出关心和体贴"。最后与哲哲等小朋友一起制定轮流玩的游戏规则体现了3.1中表现行为5中"3.1.2活动中能与同伴协商制定规则"。

三、结论与建议

(一) 结论

从以上2个片段,我们可以看到杉杉在老师的引导和同伴的鼓励后,在自我与社会性这个领域水平总体发展趋势良好。在自我意识子领域中,杉杉在"知道自己与他人不同,接纳自我"和"在具有自尊、自信、自主的表现"这两方面,都属于表现行为3。在人际交往子领域中,杉杉的表现体现了她"愿意与人交往,能与同伴友好相处"和"关心和尊重他人",且表现行为都是5。最后在社会适应子领域,在"喜欢并适应群体生活"这一方面,表现行为属于5。

总而言之,杉杉性格活泼开朗,喜爱与人沟通,深受班中小伙伴的喜爱。她是个乐于助人的孩子,在他人遇到困难时共情能力较好,会去安慰他人,也会为他人做力所能及的事。但是她的抗挫能力比较弱,遇到困难第一反应就是哭泣、发脾气,而不是解决问题。她的抗挫折能力或许与她的家庭成长环境有关,每个孩子在家里都是受宠爱的,家长的百依百顺造成幼儿遇到问题只会哭闹或是求助于他人。

(二) 建议

1. 为幼儿营造自我表现的机会

晨间活动或是课间时,教师可以举办表演活动,让每个幼儿都来表现自己的才能,引导杉杉与其他幼儿交流、讨论各自的优缺点,自评与他评相结合,认识到自己的独一无二,接受自己的不足,悦纳自我。

2. 鼓励支持杉杉

当杉杉遇到困难时,多给她一些思考的时间和空间,多用言语去激励她,激发杉杉的自信心,对她的进步表现给予及时的语言或物质奖励,从而培养杉杉解决问题的能力,让她意识到"我能行"。

3. 巧妙运用角色扮演

角色扮演游戏深受幼儿的喜爱,我们可以引导杉杉玩多种情境的角色扮演游戏。首先,可以询问杉杉感兴趣的绘本故事、动画片等,据此改善角色区域的主题,增设多元化的材料供其选择。在她进行角色扮演的过程中,有时也许只是在随意摆弄材料,没有具体的故事情节或矛盾冲突。教师可以用语言给她描述精彩的、具有矛盾冲突的故事情节,引导杉杉根据情节进行角色扮演,或者提出一个问题,引导杉杉在角色扮演中解决问题,培养她解决问题的能力以及语言表达能力,并迁移到现实生活中。

4. 家园协作

教师可以通过电话、家园联系手册等方式与家长沟通杉杉的社会性问题。下发"打卡记录表",引导家长让杉杉在家中多做一些力所能及的事情,让她用自己的方式记录在打卡记录表上。一段时间下来,杉杉可以发现自己身上的闪光点。在做事情的过程中,若她遇到困难寻求成人帮助,成人不能直接告诉她答案,而要多教导她自己动手动脑,久而久之,她解决问题的能力就会提升。

5. 培养幼儿勇气

勇气不是一朝一夕就能培养的,首先我们可以引导她阅读关于"勇气"的图书,让她学习图书中的主人公如何提升勇气、解决问题,她会以图书中的主人公为学习榜样,说服自己要勇敢。在现实生活中,要循序渐进,逐步给杉杉增加难度,在练习中培养她的勇气。

经过一系列活动之后,杉杉越来越自信,运动能力得到很好的提升,解决问题的能力也不断增强。家长也会更加积极地配合工作,鼓励幼儿不断增强自信心。

社"牛"达人淇淇

——幼儿"自我与社会性"发展行为的个案研究

上海市浦东新区好日子幼儿园　沈慧静

一、研究背景

（一）研究目的

《上海市学前教育课程指南》中提到，课程应尊重幼儿学习与发展的个体差异，体现个别化教育。应发现幼儿发展的差异性并给予个性化的支持，这将对幼儿的健康成长起着举足轻重的作用。结合《评价指南》"自我与社会性"领域中的表现行为描述，对能力较强的幼儿进行社会性行为的跟踪观察，目的是在观察与分析的基础上对幼儿的社会性发展给予科学的支持。

（二）个案的基本情况

淇淇，女，大班年龄段，通过观察日常生活中幼儿的情绪和行为表现中，发现她不仅有自己的好朋友，还喜欢与新朋友交往，有问题也能询问别人，遇到困难能向他人寻求帮助。她敢于尝试有一定挑战性的任务，能设法努力完成自己接受的任务。她的妈妈平时也一直关注孩子交往能力的培养，从小教她如何与人沟通，如何与人分享快乐等。同时，我们也发现，她是一位非常善解人意的姑娘，会主动关爱身边能力较弱的幼儿。但是随着同伴的年龄增长，她的朋友们会有自己的意见和建议，曾被大家众星拱月的淇淇不乐意了。由于她的强势，在和同伴交往的过程中不太能接纳同伴的意见和建议，常常为了小事和同伴争论，发生纠纷。

（三）观察内容

• 子领域1：自我意识

本案例通过观察淇淇在"消防局的故事"中的表现，分析幼儿自我意识领域是否能达到"能倾听和接纳同伴与自己不一样的意见，不同意时会表达自己的想法""能对自己做的计划、事情和结果进行回忆，做出简单的分析，并愿意做适当的调整"指标。

• 子领域2：人际交往

本案例通过"爱心小达人"片段，观察与指导幼儿在人际交往方面的表现，以便符合"敢于坚持与别人不同的意见，并说出自己的理由""能谦让和照顾比自己幼小和体弱的同伴，也不让别人欺负自己"的指标。

（四）观察过程与方法

本案例观察淇淇在户外自主游戏、集体教学活动以及生活活动中的表现，并针对她的行为进行谈话和交流，了解她行为背后的故事，理解她的想法，和她共同发现问题，讨论解决问题的方案。

二、观察结果与分析

（一）片段一：消防局的故事

• 观察指标1.1：知道自己和别人不同，接纳自我

1. 行为描述

周一自由活动开始了，孩子们围在淇淇身边讨论户外游戏中消防局的"计划书"。当源源问把消防局开在哪里时，淇淇抢在大家前面说："我觉得我们要开在滑索边，这样可以进行消防员的训练。"这时，一直非常拥护淇淇的源源提出不同的想法："我觉得开在山坡上最好。因为可以在山坡上用运动梯子搭一个平稳台，往上爬也是消防员需要锻炼的能力。"淇淇皱着眉嚷道："我同意你用运动梯子来搭一个平稳台的提议，但是我不同意你要将消防局开在山坡上的意见。那里都没有什么难度，一点都不具有挑战性。"孩子们就这样僵持了很久。我上前问道："你们想放在山坡上或者滑索那边都可以，大家说明自己的理由，看看谁说得更有道理。"源源说："万一高楼着火了，如果他们有这个能力就能很好地完成

任务。"阳阳说:"我看过消防员的训练视频,视频中确实有爬高训练项目,我也同意把梯子放在山坡上。"这时,淇淇不争了,同意道:"好的,那我们今天就搭在山坡上试试吧!"同时,她也表示爬坡确实需要训练,并且提出在滑索那边架一个高的梯子代表爬坡训练,以此来增加训练的难度。

2. 行为分析

案例中发现,淇淇和同伴因为梯子摆放位置的意见不统一,在表达自己的想法和意见后,同伴仍然不同意她的想法。平时作为活动"主心骨"的淇淇其实心里是受打击的。通过教师的谈话、追问,她改变了自己原来的坚持,也让她有了新的思路。符合自我与社会性子领域中表现行为 5 的"1.1.4 活动中能倾听和接纳同伴与自己不一样的意见,不同意时,会表达自己的想法"。

• 观察指标 1.2:具有自尊、自信、自主的表现

1. 行为描述

在户外游戏交流分享中,淇淇第一个举手,迫不及待地想分享今天的游戏情况,只见她手里拿着一张纸,边看纸边说:"我和源源、彤彤还有阳阳一起设计了消防局的训练项目和内容,可是有些队员有点胆小,他们不敢打开双手在平稳台上行走,有的甚至还要在旁边小朋友的搀扶下才能够通过,这样肯定是不行的,消防员怎么可以胆小呢?"我又问道:"那你们是怎么克服胆怯心理让自己更勇敢的?"还没等其他孩子举手回答,淇淇又站起来指着平稳台上的一根绳子:"我发现其实这里有一根绳子,拉着这根绳子,就可以给你勇气!我把这根绳子命名'生命之绳',我们消防员如果害怕可以试试这根绳子。"淇淇的回答赢得了同伴们的阵阵掌声。

2. 行为分析

案例中,淇淇抢着交流分享,可以看到她拿着之前设计的"计划书",回忆游戏中发现的问题;在游戏中发现同伴胆怯时,她不但没有指责、嘲笑,还帮助同伴分析害怕的原因,并给予一定的建议;给绳子起名字也让同伴也更容易记得这根绳子能够帮助自己在平稳台上顺利通过。淇淇的行为符合自我与社会性子领域中表现行为 5 的"1.2.5 能对自己做的计划、事情和结果进行回忆,做出简单的分析,并愿意做适当的调整"。

(二) 片段二：爱心小达人

• 观察指标 2.1：愿意与人交往，能与同伴友好相处

1. 行为描述

妙妙是我们班年龄最小的女孩子，性格比较内向，胆子比较小，平时家里老人包办较多，自理能力相对较弱。下午快放学的时候，孩子们都整理好小书包准备回家了。只见妙妙将书包里的东西都摊在桌上，急得团团转，眼看着就要哭出来了。淇淇发现后，看了看我，我给了她一个鼓励的眼神，她就主动上前问道："妙妙，你怎么了？"妙妙不言，淇淇观察了一会儿，说道："是不是不会理书包？"妙妙点点头。于是，淇淇把妙妙的东西整理好，边整理边说："妙妙，我们理书包的时候，要把大的放下面，比如这个比较大的玩具，要先放进去，再把小的玩具放进去。如果我们以后上小学，有书本的话，也是大的本子放下面，小的本子放上面。"说完，淇淇又把书包里的东西拿出来，让妙妙自己试一试，妙妙按照淇淇说的，把书包整理得非常好，虽然还有些地方不够平整，但已经有不小的进步了。淇淇对妙妙竖起了大拇指："妙妙，你真厉害，一下子就学会了。"这时，平时内敛的妙妙，突然拥抱了淇淇说："谢谢你，淇淇，你真好！"淇淇也露出了灿烂的笑容。

2. 行为分析

案例中，淇淇观察、发现了妙妙的难言之隐，收到我鼓励的眼神时，她主动上前询问妙妙着急的原因，并且帮助妙妙整理好了书包，还告诉妙妙整理书包的小技巧，鼓励妙妙根据她的好方法再试一遍。淇淇这一行为符合自我与社会性子领域中表现行为5的"2.1.6能谦让和照顾比自己幼小和体弱的同伴，也不让别人欺负自己"。

• 观察指标 2.2：关心和尊重他人

1. 行为描述

集体教学活动中，幼儿对于恐龙喜欢吃什么展开了激烈的讨论，平时不太回答问题的元元也举起了小手，我立即请他回答。可是，他站起来后却一句话也说不出来，我对元元说："没关系，你可以再想一想。"在后续的活动中，我观察到元元没有再次举手回答问题，小脸涨得通红，一直低着头，也不参与讨论。活动结束时我正想找元元聊天，只见淇淇上前一步，先和元元交流起来："元元，你怎么了？好像不太高兴嘛！"元元说："刚刚老师请我回答问题，我本来已经想好了，可

是我有点紧张就什么都说不出来了。"淇淇大大咧咧地说:"我当什么事呢,你不用放在心上,我上次看的一本书上说,人在紧张的时候会脑子一片空白,我有时候也会有这样的情况。"淇淇又说:"你不是已经有答案了吗?这样吧,你现在去和老师说出你的答案吧!"元元说:"算了吧,我还是不去了,万一说错了不好。"淇淇边说边推搡着元元走到我面前:"没事,我陪着你,你可以大声说出来的,说错了也没关系,要相信自己哦!"我笑着看着他们的互动,最终元元把心中的答案告诉了我,还冲着淇淇笑了笑,淇淇也笑了。我将淇淇的行为用手机记录下来,利用谈话时间和他们分享这个小故事,孩子们也从中也学到了如何去关心照顾他人,大家都说要向淇淇学习。

2. 行为分析

元元的自责和难过,情绪的低落,都被善于观察的淇淇关注到了。在自由活动时,她先老师一步找到元元,并和元元进行了沟通,表现出对元元的关心,并不断给予他帮助,用鼓励的语言开导元元,打消元元的顾虑。符合自我与社会性子领域中表现行为 5 的"2.2.2 能关注他人的情绪和需要,会在他人难过、有困难时表现出关心并努力给予适当的帮助"。

三、结论与建议

(一) 结论

1. 倾听与接纳——自我意识的发展核心

每个孩子都有自己的性格特征,有的张扬,有的内敛,案例中的淇淇就是一个性格外向的女孩,交往能力非常强,同时也有很好的组织协调能力。孩子们也喜欢和她交往,但是她在与同伴交往时,如果发现意见不统一,她就会想方设法去说服对方,很难接受同伴的想法和意见。针对淇淇在案例"消防局的故事"中的表现行为,我们可以发现,她在和同伴"据理力争"的时候,有自己的坚持,在自我意识上的发展还没有达到表现行为指标 5,在同伴的反复强调和教师介入后,她才改变了自己的部分想法,说明她在交往中也有转变,开始倾听同伴的意见了,这也帮助她自我分析并了解到,其实倾听别人的意见也是可以接受的。

2. 友好与关爱——人际交往的发展关键

参加群体活动是社会交往的基础,大班的幼儿已经具备一定的人际交往能力,针对淇淇这样一个各方面能力都非常强的孩子,我们可以发现,在她观察到有同伴需要帮助时,能够像大姐姐一样去照顾别人,不仅授人以鱼,更授之以渔,鼓励对方大胆尝试。其次,当她发现同伴情绪低落时,会先于教师与同伴沟通,安慰他人,能感同身受地鼓励对方,还不忘提醒同伴遇到类似的事件可以大胆自信。在与同伴交往时,淇淇不仅能够关注他人的情绪和需要,在她关心他人、帮助他人的同时,也能给予对方赞扬、鼓励。在这过程中,她也为自己的行为而感到高兴和自豪。在人际交往能力上提升了一大步,达到了表现行为5。

(二)建议

1. 强化

对于淇淇这样交往能力较强的孩子来说,往往有自己独立的思考能力。特别是当她的行为令成人满意时,这种行为就会重复出现。受到认可时,她会变得更加自信。比如,淇淇帮助别人时得到了教师和同学们的表扬和肯定,体验到成功和成就感,就会继续不断重复令人满意的行为。

2. 示弱

当有幼儿发生问题时,教师可以"装傻",表现出不会处理的样子,向孩子求助,这时会惊奇地发现个性强的孩子有做"小老师"的潜质,而对于教师来说,也可以从孩子的帮助中获得很多教育理念和方法。

3. 榜样

幼儿对于同伴的榜样作用是非常容易接受的,特别是她被教师或成人表扬时,其他幼儿会学习和模仿。在这个时候,人家淇淇这样的孩子就可以发挥榜样作用。她对弱者伸出援手,帮助别人调整情绪,都被同伴看在眼里,大家也默默地记下了她的"丰功伟绩",在大家竞相模仿的同时,班内的正能量也能得到发扬。同时,这也能促进幼儿的终身发展,作为榜样,交往能力强的孩子也会体验成功和喜悦。

4. 点拨

众所周知,说教对于能力较强的孩子来说是不需要的,我们只要在孩子遇到行为错误时,从旁稍加提示引导,帮孩子解决疑难问题。

5. 冷静

交往能力较强孩子的家长的沟通能力也是非常强的。所以,我们可以先和家长沟通。让家长在家遇到与幼儿意见不统一的情况时,鼓励幼儿换位思考。幼儿思考问题往往不够全面,家长可以帮助她多角度思考,而不是训斥。如果沟通不顺利,孩子情绪激动,家长可以让幼儿冷静几分钟再继续沟通。在家校的配合下,幼儿的交往能力一定能上一个台阶。

从"自我怀疑"到"自我肯定"

——幼儿"自我与社会性"发展行为的个案研究

上海市浦东新区好日子幼儿园　何蓓婧

一、研究背景

（一）研究目的

幼儿的发展是连续的，既有共性又有个性。"3—6岁儿童发展行为观察指引"通过"表现行为"呈现了幼儿不同阶段的发展状态。要注重对幼儿发展状况的分析，引领幼儿园、教师关注并持续促进幼儿发展。根据《评价指南》中的"自我与社会性"领域，本文以大班幼儿和和为研究对象。研究幼儿在观察指导前后的发展状况，从而自然地了解幼儿，达到促进幼儿发展的目的。

（二）个案的基本情况

和和，女，大班年龄段，12月出生，在班级中年龄偏大。和和比较腼腆、害羞，乐于助人；语言能力发展较好，能够清晰、有条理地叙述整件事情；同时比较胆小和敏感，遇到问题时不愿意求助别人；在与家长的交流中得知，和和缺乏自信，遇到问题就想逃避，但是能在父母的帮助和鼓励下尝试自己解决问题。

（三）观察内容

- 子领域1：自我意识

重点观察和和练习跳绳失败后的情绪反应，是冲动还是能自我克制，是放弃还是继续练习。

- 子领域2：人际交往

观察和和在集体活动中，是否愿意与大家交流有趣的话题，遇到困难时能否向他人寻求帮助,与同伴合作、协商,一起解决困难。

(四) 观察过程与方法

在运动和集体活动中,跟踪观察和和的情绪和行为,主要观察、记录和和的自我怀疑、自我肯定和自我接纳的行为表现,为期3个月。运用现场观察法,实时记录和和学习跳绳的整体情况。运用访谈法,分析和和的内心思想,深入了解和和情绪、行为的转变,运用适当的策略鼓励和和走出困境,重塑信心,进一步激发幼儿的自我接纳意识,并根据实际提出有效的教育建议。

二、观察结果与分析

(一) 片段一:我是跳绳高手

观察指标1.1:知道自己和他人的不同,接纳自我

进入大班以后,孩子们尝试练习跳绳,和和也在努力练习,只是相比其他孩子,和和的动作很不协调,一直没学会。当和和看到已经有小朋友学会跳绳后,她突然把绳子重重地扔在了地上。我看到这一情况,与和和进行了交谈。

我:"和和,为什么扔绳子呀?"

和和:"我好笨,我到现在都不会跳绳,太笨了!"

我:"你可以向会跳绳的小伙伴学习和讨教呀!"

和和:"我不要!大家一定会笑话我的,我才不呢!我不练了。"

我:"和和,你先看何老师是怎么跳绳的,然后我们再一起练习,你愿意吗?"

没等和和回答,我自顾自地拿起绳子跳起来,和和看了一会儿,也捡起绳子开始练习。好几次我感觉和和都想放弃了,正想去鼓励她的时候,我发现她在给自己打气,自言自语:"你一定行的!"就这样,和和继续努力练习!

和和在跳绳练习失败后扔绳子,在师生简单交流之后,和和开始克制自己的情绪,体现了"自我与社会性"的子领域"自我意识"1.1表现行为3中的"1.1.3能在提醒下克制自己的冲动"。

• 观察指标1.2:具有自尊、自信、自主的表现

在和和坚持不懈的努力下,她终于成功地跳了一个,这对和和来说是个非常大的突破,和和自己也非常兴奋,想要继续学习。我发现和和的兴趣慢慢被激发

出来后,想运用计划书帮助她完成愿望。我对她说:"和和,何老师和你一起制订跳绳计划吧!"

在自由活动时间,我和她一起制订了跳绳计划:从学习甩绳开始,慢慢加上脚的动作,循序渐进;每天在家练习30分钟……

随后的日子中,和和每天执行跳绳计划,在家时也每天练习,双休日练得更勤快。两周之后,和和的跳绳水平得到了飞跃性的提升,已经能够连续跳50个了。我当场就表扬了和和,她自豪地说:"我现在是跳绳高手啦!"

跳绳结束后,我请和和分享她练习跳绳的经验。和和坚持不放弃的精神得到了小朋友们的肯定。我对和和说:"马上就要进行拍跳小组的选拔了,你愿意试试吗?"得到了肯定和鼓励后的和和自信地告诉我:"非常愿意,而且我一定会进入拍跳小组的!"一个月后她被选拔进了拍跳小组,实现了愿望。

成功跳一个给了和和非常大的鼓舞,在与老师共同制订跳绳计划一直到连续跳绳50个的过程中,幼儿表现出坚持不懈的精神,体现了"自我与社会性"的子领域"自我意识"1.2表现行为5中"1.2.2取得活动成果后还想做得更好"。

和和并没有就此满足,而是接受了挑战——进入拍跳小组,并最终实现了她的梦想,体现了"自我与社会性"的子领域"自我意识"1.2表现行为5中"1.2.4自我意识中具有自尊、自信、自主的表现,敢于尝试有一定挑战性的任务,能设法努力完成自己接受的任务"。

(二)片段二:动植物小百科

• 观察指标2.1:愿意与人交往,能与同伴友好相处

开学后为了让自然角的动植物更加丰富,我们请小朋友将动植物带来学校,自己照顾并记录动植物的生长情况。每天我都能看到和和在认真地照顾她带来的植物、施肥、修剪、浇水,并且记录特别的发现。我也对她的表现进行了观察和记录。

动植物小百科活动开始了,和和积极举手发言,并且落落大方地进行了介绍,和和说:"我给小番茄晒了太阳、浇了水,也检查了没有虫子,还放了一点营养土,却还是有好多叶子枯萎了,你们有什么好方法吗?"小朋友们面面相觑,我说:

"和和的这个问题非常好,你们愿意帮助她找到答案,让小番茄变得更健康吗?"孩子们异口同声地说:"愿意!""我们一起寻找答案吧!"和和高兴地说。于是孩子们开启了寻找答案之旅。在家里,和和与爸爸妈妈一起上网查询、看图书、查找资料;在幼儿园,和和与同伴、老师一起讨论和研究,最终找到了答案,并在集体中进行了分享。小朋友们都竖起了大拇指,露出了羡慕的眼光。

和和在集体活动上介绍小番茄的过程中,能主动发现问题并寻求帮助,发起一起寻找答案的活动;同时设法努力完成自己发起的任务,最终找到了答案并大胆地在集体中交流分享,得到了老师和同伴的肯定。体现了"自我与社会性"的子领域"人际交往"1.2表现行为5中"2.1.2愿意与人交往,能与同伴友好相处中的有问题能询问别人",及"2.1.3遇到困难能向他人寻求帮助和愿意与大家分享交流高兴的或有趣的事"。

三、结论与建议

(一)结论

通过3个实录我们看到,和和在老师的鼓励和帮助下,通过不断努力,她的自我接纳和与同伴友好相处的能力有了较大的提升。在"自我意识"的子领域中,和和的行为表现体现在"克制自己的情绪"和"设法完成任务"这两方面。她的三次表现行为的水平阶段分别是3、2、4。在"人际交往"的子领域中,和和的行为则体现在"愿意与人交往,遇到困难能向他人寻求帮助""愿意与大家分享交流"两方面。两次表现行为的水平阶段分别是2、5。

自我意识——知道自己与他人不同,接纳自我和具有自尊、自主、自信的表现

片段一中和和扔绳子、不想练习跳绳的行为都说明了幼儿的情绪变化,这时老师要引导幼儿正视自己的优点,接纳自己的不足,帮助幼儿调整心态,目的在于让幼儿学着控制自己的情绪,用更积极的心态去做每一件事。幼儿期是幼儿自我意识的形成期,处于这一时期的幼儿开始注意别人对自己的评价,自尊心开始觉醒。若在这一时期能保护好幼儿的自尊心,让幼儿有较多的优越感和自豪感,就会有利于幼儿自尊心的增强与发展,进而增强幼儿自信心,使幼儿达到自我肯定,强化幼儿的自我评定感,更有利于幼儿身心的和谐发展。

人际交往——愿意与人交往,能与同伴友好相处

片段二中和和在介绍植物小百科时,能够积极举手并落落大方地介绍,积极表达自己的想法,并大胆地向同伴询问发现的问题。此时教师就是一个观察者,要充分信任幼儿,适当放手让幼儿自己找到解决方法,让幼儿间相互交流。我们给予的支持与信任,旨在促进幼儿自我意识的更好发展,使他们具备自尊、自信、自主的良好品质,大幅提升幼儿与同伴友好交往的能力。

(二) 建议

1. 更多的尝试

当和和能够跳一个的时候,她受到了莫大的鼓舞,内心也极度渴望能够再上一层楼。这时我提出和幼儿共同制订跳绳计划,就是为了让幼儿能够克服自身的恐惧,能够接受失败。当跳绳计划成功后,幼儿在享受成功的喜悦同时,自己也变得更自信、更自主。我也请她分享了成功的经验,让她有成就感,更愿意坚持不懈地去做这件事情,达到令人满意的效果。此后,我对和和提出了更高的要求,希望她能够参加拍跳小组的选拔,这对幼儿来说是一次非常难得的机会,也是对她的肯定;而和和也通过自己的努力成功进入了拍跳小组,实现了她的愿望。老师给予幼儿充分尝试的机会,增强了幼儿的自信心,当幼儿迈出这一步之后,成功也就近在咫尺了。

2. 积极的暗示

老师可以暗示、鼓励幼儿认识和逐渐接受原本不擅长的事物。当和和把绳子扔了之后,我在与她交流的过程中,暗示她可以向同伴讨教经验和方法。此外,我又通过自己亲身示范跳绳的方式,帮助幼儿重拾信心。过程中,我没有说过一句话,只是用自己的行动告诉幼儿她也能做到,让幼儿再次捡起绳子,继续练习,这就是暗示的有效性。当幼儿再次练习时,她的内心已经变得更坚强,甚至能够自我激励和自我肯定,是这种积极的心态帮助幼儿学会跳绳并越跳越好。

除了他人的暗示,还有一种自我暗示法也是值得借鉴的。在某一方面不如别人,但是完全可能在其他方面超过别人。比如,"我一定能做到""我故事讲得真棒,其他的肯定也能做好!""我太了不起了!"这些积极的自我暗示可以让孩子将对某件事的良好感觉扩散,从而形成良好的整体自我感觉,这也是"自我肯定"

的表现。

3. 正确的认知

和和练习跳绳时，由于一直没有大的进步，导致了消极的心态，即"自我怀疑"，产生了"我不会""我真笨"等心理状态，这种心理让幼儿越来越胆怯，越来越没有信心，最后产生不愿意学习的情况。因此，当幼儿出现这种心理的时候，老师可以在平时的生活中有意识地忽视孩子缺乏自信的表现，而在孩子表现出自信的时候及时给予积极的表扬和鼓励，让孩子淡化"我不行"的心理，树立起"我也行"的正确认知。

4. 成功的体验

幼儿只有在自己攻克难关的时候才能学会独立思考和解决问题，我们不要时刻陪在他们身边，而是要相信他们。当幼儿向成人发出"求助"信号时，我们可以用适度的赞美来鼓励幼儿，在幼儿攻克难关的过程中适时地给予鼓励，这样才会帮助幼儿建立热情和信心。

童言巧语传真情
——幼儿"语言与交流"发展行为的个案研究

上海市浦东新区牡丹幼儿园　于桂芬

一、研究背景

（一）研究目的

《3—6岁儿童学习与发展指南》指出："语言是交流和思维的工具。幼儿期是语言发展，特别是口语发展的重要时机。"根据《评价指南》中语言与交流表现行为描述，结合我园传统节日系列活动的开展，对幼儿语言与交流行为表现进行个案观察。尊重小班幼儿语言学习与发展的特有方式，结合《评价指南》中语言与交流领域的精神指引，帮助幼儿树立语言交流的信心，以幼儿感兴趣的内容和形式激发幼儿语言表达的欲望，促进小班幼儿语言与交流能力的提升。

（二）个案情况

牛牛，男，小班，7月出生，在班中年龄和个头都偏小。在刚进入小班的一个多月里，牛牛在来园时能和老师、保育员及关系较好的同伴打招呼，在课堂上常用一些短语和字词来回答教师的提问，回答的积极性较高，但在集体跟读儿歌的环节中，牛牛的嘴巴往往闭着，通过提醒，才勉强开口说几句；自由活动或者个别化游戏时，几乎从未在图书角看见过牛牛的身影。他的理解与表达能力较强，在班级中属于中上水平，但是在前阅读与前书写方面的能力较弱。

（三）观察内容

• 子领域1：理解与表达

"语言与交流"子领域1"理解与表达"，重点研究牛牛"愿意用语言进行交流并能清楚地表达"的表现行为。同时观察活动中的哪些形式能帮助小班幼儿进行有效的交流,进一步表达自己的情绪情感。

观察牛牛与同伴、家人之间的口语表达、运用词汇等能力。

• 子领域2:前阅读与前书写

在活动开展期间,通过集体教学活动、个别化游戏以及家庭成员之间的对话访问等形式,对牛牛"喜欢听故事,看图书""具有初步的阅读理解能力"两方面进行研究,内容主要包括倾听并跟读韵律强的儿歌、童谣,以及通过观察图书画面,说出画面所表达的内容和事件。

(四) 观察过程与方法

在幼儿园为期两周的重阳节系列活动过程中,通过现场观察法、记录对比法及家长访谈法等方法,观察和记录牛牛在幼儿园及家庭中在语言与交流领域的行为表现,对比牛牛在重阳节活动开展初期、中期及活动结束后的具体行为表现。重点突出个案研究,深入研究传统节日活动对小班幼儿语言能力的影响,反思过程中存在的问题,进一步提出可以提升小班幼儿语言与交流发展的教育建议。

二、观察结果与分析

(一) 片段一:爷爷奶奶吃甜糕

• 观察指标1.1:能听懂常用语言
• 观察指标2.1:喜欢听故事,看图书

在语言活动"九月九"中,大家跟随老师共同诵读童谣:"九月九重阳到,爷爷奶奶哈哈笑,我请他们吃甜糕,他们夸我是好宝宝。"牛牛没有开口跟读,老师提醒他:"牛牛,我们一起来说一说这首儿歌。"

"老师,请爷爷奶奶吃的是什么甜糕呀?"牛牛问道。

"重阳节吃的甜糕叫重阳糕,爷爷奶奶吃了重阳糕会高高兴兴,健健康康。"老师回答。

牛牛没有讲话,但轻轻点点头,在第二次诵读时,牛牛微微张口,几乎听不见他的声音。

过了几天,在语言区,牛牛套上爷爷奶奶的指偶,并拿来了美工区的"重阳糕",听着 iPad 里的童谣,反复说着"爷爷奶奶哈哈笑,我请他们吃甜糕"这两句话,一边说还一边把"重阳糕"送到了指偶的嘴边。

牛牛能主动向老师提问"什么是甜糕"体现了"理解与表达"子领域中"能听懂常用语言"表现行为 3 中的"1.1.2 听不懂能主动提问"。

牛牛在语言区里借助道具说《九月九》童谣,体现了"前阅读与前书写"子领域中"喜欢听故事,看图书"表现行为 1 中的"2.1.2 喜欢倾听并能跟读韵律感强的儿歌、童谣"。

(二) 片段二:我和奶奶去散步

- 观察指标 1.2:愿意用语言进行交流并能清楚地表达
- 观察指标 2.2:具有初步的阅读理解能力

重阳节师生共同设计了任务卡,孩子们需要完成一些尊老敬老小任务,这次的集体活动就是围绕散步的任务展开的。

老师:"你们有没有和奶奶去散步?都到哪里去散步呢?"

孩子:"晚饭后,奶奶会带我到楼下小区里散步。"

老师:"你们散步时都做些什么开心的事情?"

牛牛兴奋地说:"奶奶会陪我滑滑板车,有时候我站在上面,奶奶拉着我走。"

老师:"散步时,爷爷奶奶会为我们准备食物,在生活上照顾我们;还会陪伴我们学本领。他们真的非常爱我们呀!"

老师:"散步的时候,你们可以为爷爷奶奶做什么事情呢?"

此时,教室里陷入安静,接着老师播放故事片《小乌龟陪奶奶去散步》。

"我们来看看小乌龟带奶奶去散步时为奶奶做了哪些事情,我们可以向小乌龟学一学。"

听完故事,教师:"散步时,你可以为爷爷奶奶做些什么事情?"

孩子们:"可以扶着奶奶走,可以帮奶奶拿东西……"

牛牛马上补充:"要像小乌龟一样,扶着奶奶慢慢走。"

操作环节,孩子可以摆弄移动道具,避开障碍物陪奶奶去散步。

牛牛拿起道具小人,在操作板上缓慢地移动着。

教师:"牛牛,为什么这个小人走得这么慢啊?"

牛牛:"因为奶奶年纪大了,走得快她会累的。"

"牛牛真懂事,知道为奶奶着想。"教师肯定了牛牛行为,又问,"和奶奶去散步,你会为奶奶做些什么呢?"

牛牛:"我会像小乌龟那样扶着奶奶走,领她去看花、看树。"

课堂上,牛牛能用较完整的句子来表述和奶奶散步的经历,体现了"理解与表达"子领域"愿意用语言进行交流并能清楚地表达"表现行为3中的"1.2.3能较完整地讲述自己的经历和见闻"。

听完故事,牛牛能理解故事的主要内容,体现了"前阅读与前书写"子领域"具有初步的阅读理解能力"表现行为1中"2.2.1能听懂短小的儿歌或故事所表达的主要内容"。把故事中的内容迁移到"怎么陪奶奶去散步"的实际生活中,同时也体现了"前阅读与前书写"子领域"具有初步的阅读理解能力"表现行为3中的"2.2.3能随着文学作品情节展开的进程,体会作品所表达的各种情绪、情感"。

(三) 片段三:我的奶奶会打拳

• 观察指标1.2:愿意用语言进行交流并能清楚地表达

家园共育活动"夕阳才艺秀"上,小班通过照片和视频收集爷爷奶奶的才艺秀,观看爷爷奶奶的才艺表演。当播放"爷爷奶奶才艺"照片时,牛牛一下子站了起来,一边指着照片一边说:"这是我奶奶。"播放视频时,牛牛全程聚精会神。

视频结束,老师问:"你们知道牛牛奶奶打的是什么拳吗?"

牛牛响亮地说:"太极拳,她说不打拳会生病的,每天打拳才会身体好!"

"如果奶奶生病了,是不是就不能照顾你,也不能送你上幼儿园了?"牛牛沉默了一会儿后点了点头。

"奶奶平时怎么照顾你的呀?"

牛牛想了一想:"奶奶烧饭给我吃。"

"奶奶照顾我们真辛苦,牛牛可以谢谢奶奶,今天是重阳节,牛牛还可以给奶奶表演一个节目。"老师回应。

几天后,牛牛牵着奶奶的手一起走进了教室。牛牛响亮地向老师问早,老师摸摸他的头表扬他:"牛牛今天没有跑,是牵着奶奶的手进来的。"奶奶在一旁说:"是的,他以前一拿到晨检牌就跑进教室,我在后面追也追不上,今天知道要牵着我的手进教室了。这几天在家里还给我表演儿歌《九月九》,晚上还叫他妈妈去买重阳糕,说是给我吃的。"奶奶说到这里眼睛弯成了一弯月牙,脸上堆满了笑容。

牛牛在介绍奶奶会打太极拳的时候,能完整地讲述奶奶打的是什么拳,奶奶为什么要打拳,体现了"理解与表达"子领域"愿意用语言进行交流并能清楚的表达"表现行为3中的"1.2.1愿意与他人交流自己感兴趣的话题"。

在重阳节当天,牛牛把学到的儿歌表演给奶奶听,符合"理解与表达"子领域"愿意用语言进行交流并能清楚地表达"表现行为1中的"1.2.4能较清楚地念儿歌、童谣或讲述短小的故事"。

三、结论与建议

(一)结论

根据以上3个片段实录可以得知,牛牛在语言与交流领域总体发展趋势良好。特别在重阳节系列活动开展以后,牛牛的语言和交流在原有的基础上都有所提升。在"理解与表达"子领域,牛牛的行为表现多次体现"能听懂常用语言"和"愿意用语言进行交流并能清楚地表达",主要有4次典型表现行为,水平阶段分别是3、1、3、3。而在"前阅读与前书写"子领域,牛牛的表现行为也体现出"喜欢听故事,看图书"和"具有初步的阅读能力",有3次典型表现行为,水平阶段分别是1、1、3。

首先,在理解与表达子领域,同刚进小班一个多月的同龄孩子相比,牛牛的水平处于优势。只要交流的话题内容与牛牛亲身经历或和家人有关联,如讨论"和奶奶一起散步时发生的事情""奶奶的本领是什么"时,牛牛表达的积极性就较高,也能较完整地用语言来表达自己的经历和见闻。小班幼儿的思维特点是直观、具体的形象思维,只有幼儿在日常生活中接触过、见识过,并对这些事物有了一定的认知和了解后,才会以语言为媒介表达出来。牛牛的家庭教养模式比较开放,晚饭后会有相对固定的户外活动时间,节假日也会带孩子参观各种展览,开拓孩子的眼界,所以牛牛接受外界信息的能力较强,遇到感兴趣的事物会用语言向成人发问,理解与表达能力也在认知加工过程中得到潜移默化的发展。

其次,牛牛在前阅读与前书写子领域,小班阶段发展趋势良好,但和理解与表达子领域相比存在一定的差距,特别是在"喜欢听故事,看图书"方面表现不足,体现了语言与交流发展的不均衡性。在前期的问卷调查中发现,由于牛牛弱视,家长比较注重户外活动,听家长讲故事、念儿歌、读绘本的时间较少,几乎没有养成家庭亲子阅读的习惯。所以在重阳节系列活动开展之前,牛牛几乎没有主动诵读儿歌、童谣的行为。重阳节的个别化游戏时,牛牛借助语言区的表演玩具,会主动学说重阳节的儿歌,这也符合小班幼儿的具体形象思维特点,即思维过程需要通过动作辅助来实现语言表达。

(二)建议

高质量的语言表达环境有利于幼儿有话说,真实的情感体验促使幼儿有话想说,多形式的语言表达途径使幼儿有话会说,也有利于提高小班幼儿前阅读和前书写的能力。

1. 在传统节日活动中提供高质量的语言表达环境,让幼儿有话说

(1)创设互动的节日环境

小班的幼儿会对传统节日的习俗、食俗、游戏充满好奇。通过环境的创设,如春节张灯结彩,中秋节一轮明月共此时,端午节赛龙舟的热闹场景,能将幼儿带入真切的传统节日氛围中,这样他们便更愿意用语言去询问自己感兴趣和未知的节日习俗、文化和游戏等,从而感受说的快乐和与人交流的愉悦。

(2)说与幼儿经历有关的话题

语言交流总要围绕一定的话题展开,当讨论的话题与幼儿的生活、游戏相关时,幼儿便有话可说。在传统节日活动中需要寻找与幼儿有关的话题,最好是幼儿亲身经历过的事情,这样能激发幼儿参与活动的兴趣,丰富其对相关话题的经验。

2. 在传统节日中营造真实的情感体验,让幼儿愿意说

发现幼儿在传统节日活动中的情感点,建立幼儿真情实感的体验,增强幼儿的表达意愿,帮助幼儿提高语言能力。每个传统节日都有各自的文化内涵和情感,如重阳节小班幼儿的情感目标是感受爷爷奶奶对自己的关爱。幼儿会用多

种形式表达对自己爷爷奶奶的爱。教师通过故事、儿歌、绘本引导幼儿回忆日常,产生情感上的共鸣,真切地感知长辈对自己的付出和爱。有了这一步的情感体验,幼儿就会自然而然地感恩,用语言表达祝福话语等。

3. 挖掘传统节日中语言交流的形式,让幼儿学会说

(1) 诵读传统节日儿歌童谣

利用传统节日的习俗、游戏等内容创编一些节奏欢快、韵律感强的儿歌、童谣,引导小班幼儿诵读。如童谣《过新年》:"新年到,人团圆。圆什么圆?红红的脸蛋圆又圆!红什么红?门上的春联红又红!"幼儿在诵读童谣时,感知到新年的核心情感是团圆,知道新年有贴春联和拜年的习俗。幼儿的认知能力和语言表达能力在跟读童谣时都得到了增强。

(2) 形成亲子阅读习惯

传统节日绘本不仅能让幼儿体会节日中的情感,亲子阅读更能提升小班幼儿的阅读理解能力。如重阳节绘本《爷爷一定有办法》的固定句式:"爷爷一定有办法,他会×××,他真了不起。"幼儿在亲子共读中感受到爷爷的了不起,巩固了固定句式的运用,提高了语言的表达能力。同时鼓励家长与幼儿进行亲子诵读表演,通过亲子诗歌朗诵、亲子故事表演、亲子绘本讲述等活动,增进亲子情感,在一定程度上提高幼儿的语言素养。

总之,培养小班幼儿的语言与交流能力是一件非常重要的工作,教师应掌握幼儿语言的规律,和家长一起,因材施教,创设良好的语言学习环境,促进幼儿语言与交流能力更好地发展。

聚焦观察促成长　童语童画敢表达
——幼儿"语言与交流"发展行为的个案研究
上海市浦东新区高科幼儿园　周　妍

一、研究背景

(一) 研究目的

《3—6岁儿童学习与发展指南》中指出,"语言是交流和思维的工具。幼儿期是语言发展,特别是口语发展的重要时期"。语言发展贯穿于幼儿一日生活的各个角落,这一时期幼儿的语言表达能力和逻辑思维模式的构建影响着幼儿以后各方面的发展。要更加关注内向型幼儿,避免幼儿形成回避型人格。教师应关注幼儿在活动中的表现和反应,通过观察发现幼儿发展中的问题,敏感地察觉他们的需要,及时以适当的方式应答,形成合作探究式的师生互动。

(二) 个案的基本情况

冉冉,女,中班年龄段,6月出生,是中班第二学期插班生。她在进入班级的一个多月里较少主动与同伴交流、游戏,大多数时间独自活动,常常在图书角自己看书,或者到美工区画画,在教学活动中很少积极主动举手,回答问题时也只能用一些简单的短语和字词来回答。家长表示,由于工作较忙,冉冉平时大部分时间在家独自玩玩具或者阅读绘本,绘画能力较好,表达意愿不强。

(三) 观察内容

- 子领域1:理解与表达

个案中主要观察在户外游戏时幼儿能否听懂教师和同伴共同制订的游戏规则,遇到冲突时是否愿意用语言表达自己的想法和需求。

• 子领域2：前阅读与前书写

在个案中主要观察幼儿能否观察图书的连续画面，大致说出所听故事的主要情节。在一日生活中是否会用图符表达自己喜欢的事物或是听过看过的故事。

(四) 观察过程与方法

以中班幼儿冉冉为研究对象，观察一个月中幼儿在不同的活动中语言与交流方面的发展，采取多样化手段记录，包括拍照、录像、观察记录表等。深入研究幼儿性格对幼儿语言能力培养的影响，思考针对内向型幼儿，教师在一日活动中对幼儿语言与交流发展需采取的措施，进一步总结幼儿语言与交流的现状，并提出针对性建议。

二、观察结果与分析

片段一：户外集体游戏——游戏规则我知道

• 观察指标1.1：能听懂常用语言

"今天我们要进行一场有趣的游戏叫'写王字'，你们听过吗？"

"没有。"

"先推选一名写'王'字的小朋友，写的人对着墙壁，用手在墙壁上快速写个王字，其余的人在同一起点，写的人面向墙壁时其他人可以快速移动，等写的人转过身时就不能动了。"

"游戏规则你明白了吗？"

冉冉点了点头。

"如果头发动了，眼睛动了，这些小动作可以忽略不计。但位置移动了就要回到起点重新来，只要有人率先碰到写王字的人我们就要逃回起点，不要被抓，被抓到了就是下一个写王字的人。游戏规则明白了？"

第一遍游戏开始了，幼儿1作为第一个写王字的"主导者"，显得一丝不苟。冉冉小心地躲在幼儿2身后一动不动，不小心眨了下眼睛后被幼儿1捕捉到，请她回到起点时，冉冉先看向了我，停了几秒，再看向幼儿1小声说道："眨眼睛不算。"

"那好吧。"在幼儿1妥协后,冉冉又看了下我,并继续游戏,顺利地完成所有指令。

冉冉能够仔细倾听教师和同伴发出的指令,说明符合"语言与交流"子领域中能听懂常用语言;当规则较为复杂时,冉冉也能在教师复述和解释后听懂规则,体现了子领域"能听懂常用语言"中表现行为3中"1.1.1能结合情境感受和理解不同语气、语调所表达的意思"。由于性格原因,有疑问时不能主动表达疑惑,需要教师的引导,但是她有想提问的意识,看向老师是希望得到回应,也说明了内向性格的幼儿在语言与交流上处于一个被动状态。

片段二:二十四节气"春分"——一粒小种子
• 观察指标:2.2具有初步的阅读理解能力

今天大家围坐在园内的草地上,一起欣赏绘本《小种子》。首先教师会完整讲述一遍绘本,幼儿跟着教师的讲述看着图片,对绘本的主要内容有了大致的了解。

"谁愿意看着绘本和大家分享一下小种子是怎么长大的?"

大部分幼儿都举起了小手,表示想上前分享,冉冉眼睛看着但没有举起自己的手。

幼儿1:"小种子开了花,结出了果实,就变成了大柚子。"

幼儿2:"它刚开始是一粒小种子,经过风吹雨打,开了白色的花,花谢了就结出了果实,果实也从绿色变成黄色,最后长大了。"

教师表扬了两位幼儿,相较于幼儿1,幼儿2的叙述更完整,表述更清晰,在引导幼儿要像幼儿2一样表述后,冉冉看向了教师。

"冉冉,你也想说说,是吗?我们用掌声鼓励一下她吧。"

冉冉:"一开始它小小的,然后开了花。"

"开出了什么样子的花呢?"

"开出了白白的花。"

"冉冉,能把句子变得长长的,就更厉害了?"

冉冉:"小种子一开始小小的,然后开了白白的花,绿绿的果实最后长大了。"

在整个教学活动和自然探索活动中,可以看出冉冉与教师、熟悉的同伴之间还是有沟通的。在语言发展方面,面对教师的提问,她不会主动举手回答,但是教师的指向性提问下,还是能在集体面前,说出所阅读故事的主要内容,符合子领域中"具有初步的阅读理解能力"中表现行为3中的"2.2.1能大致说出所听故事的主要内容"。

从表述来看,冉冉叠词运用较好,但是没有将图书画面中小种子遇到的一些困难讲述出来,她通过图书的连续画面讲述主要情节方面的能力没有凸显出来。

片段三:沙画游戏——三只小猪

• 观察指标2.3:具有书面表达的愿望和初步技能

幼儿1、幼儿2和冉冉一起在沙水区,拿着小棍在沙子堆(沙画区)上画画。

幼儿1:"看,我画了一个房子。"

幼儿2:"我的是草房子,你的是什么房子?"

幼儿2:"上午老师讲了三只小猪的故事,冉冉你画的是这个吗?"

冉冉不说话,只是低头继续画,先是画了一头小猪和一个三角形屋顶的房子,又画了一只大一点的小猪和一团线,最后画了一个大房子,外面有一只大灰狼。

幼儿2:"她肯定在画《三只小猪》的故事。"

幼儿1:"那我们办一个故事会吧,冉冉你来画,小语你去找观众。"

教师:"冉冉画得真不错,我来当你们的第一个观众。"

我将冉冉画的内容用手机拍了下来,在活动后和幼儿分享,并鼓励冉冉在大家面前讲述《三只小猪》的故事。班级幼儿大致都比较了解《三只小猪》的故事情节。

冉冉指着屏幕中最大的小猪说道:"这只是老大,它盖的是茅草屋。"

冉冉的声音较轻,但是口齿清晰,她较完整地随自己画的图画讲着故事中的某一个情节,讲述完成后,我引导幼儿一起为冉冉"点赞",她露出了羞涩的笑容。

在此次观察活动中,可以发现,相较于语言表达,幼儿更倾向于书面表达。她并不是完全排斥,不参与其他幼儿的游戏过程,而是通过画画表达出自己所想要讲述的故事,与其他幼儿共同游戏。符合子领域中"具有书面表达的愿望和初步技能"中行为表现3中的"2.3.1能用图画和符号表现事物或故事"。

可以看出幼儿虽然不主动组织游戏,但是也有参与游戏的主动意识。我的策略是鼓励冉冉大胆地将自己读过的故事讲给大家听。虽然她有些抗拒在集体面前表达,但在老师的鼓励下也较为顺利地完成了讲述。

三、结论与建议

(一) 结论

根据上述的观察记录,冉冉在语言和交流发展方面,总体发展态势处于中下阶段,虽然幼儿能够配合教师和其他幼儿参与游戏活动,但都是被动的状态,幼儿的自主语言、表达和人际交往的交流并不活跃。三次观察实录中,在语言与交流子领域,冉冉多次体现被动的语言与交流方式,但是在语言发展水平上,最基本语言的掌握状况良好。

不难发现幼儿在语词发展水平上相较于语言交流的发展更突出。根据观察发现,冉冉能够用普通话清楚地表达,在教师针对性的提问中,语言表达良好。在幼儿同伴游戏中,总是处于被动的状态,面对自己不熟悉的幼儿的提问和交流时,往往选择回避的方式,当然,在遇到问题的时候,也会有解决问题的意识,但这样被动的交流方式,会使幼儿更不愿意主动表达,失去更多与同伴交流的机会,甚至会造成心理健康问题。在子领域,理解与表达综合表现行为水平阶段中1、3占据了主要地位,幼儿很少有表现行为5。在子领域"前书写和前阅读"方面,综合水平处于5的发展阶段,相较于语言,表达与交流发展更好。

性格内向幼儿与问题型幼儿不同,他们更喜欢自己游戏,不爱与他人交流,喜欢独来独往;在游戏活动当中不占据主导地位,常常是作为参与者,或是配合者完成游戏活动,不主动展开同伴、师幼交往与交流。这不利于幼儿更好地发展主动性,对将来成为活泼开朗、勇敢表达的人有着不利影响。这与家庭教养方式和幼儿自身的性格息息相关。幼儿园和家庭环境氛围轻松愉快、教师和家长的有效指导,是解决幼儿这类问题的关键。

(二) 建议

我们要更细致地关注和观察此类幼儿,支持幼儿语言与交流,以及社会性发展。对此,有以下建议:

1. 搭建家园合作桥梁,丰富幼儿生活经验

使内向型幼儿变得开朗有话说,家庭教育有着十分重要的引导作用。陶行

知先生曾说过:"生活即教育,一日生活皆课程。"家长可以多带幼儿参加一些社会活动,如旅游、聚会等,亲近自然还能接触到较多的人,拓展眼界。再如鼓励孩子完成力所能及的事情,如购物、劳动等,丰富的生活经验能成为幼儿语言表达的资源支持。家长在与幼儿一起出游时的轻松氛围中创造交流机会,用一些游戏性问答激发幼儿表达的欲望,特别是针对内向型幼儿可以将幼儿口语表达的培养融入幼儿的一日生活中。教师可以和家长合力,在主题活动中,在传统节日氛围中,在社区和幼儿园联动中开展内容丰富的家校活动,为幼儿丰富生活经验创设条件,达到培养中班幼儿语言交流能力的活动目标。

2. 创造多元语言环境,增加"师幼""生生"互动频率

(1) 提供活动平台,给幼儿"敢说想说"的机会

搭建一个宽松、自由和平等的交流平台,给予内向型幼儿敢说想说的"舞台",充分发挥幼儿的主动性,激发幼儿参与的兴趣,鼓励幼儿主动表达与交流,在主动环境中逐渐提高幼儿的口语表达和交流能力。

(2) 优化故事环境,营造幼儿"想说可说"的氛围

在教室区域或是户外游戏区提供使幼儿"想说爱说"的活动材料。丰富的材料和舒适的环境是幼儿与材料互动,以及与同伴交流沟通的兴趣来源和"钥匙"。幼儿在反复摆弄和操作这些感兴趣的材料的过程中自然会"有话想说""爱与同伴说"。在角色游戏、建构游戏等多种轻松的游戏活动中创设问题情境,让幼儿大胆地表达。

(3) 树立语言榜样,培养幼儿"可说会说"的能力

树立使幼儿会说的"榜样示范",比如同伴"辐射"、教师感染、优秀文学作品的音频和视频等;在集体教学活动中可以将绘本游戏融入幼儿的语言发展过程中,在小组活动和集体活动中,增加同伴交流和师幼交流的机会,通过这些多样化的活动让幼儿感受语言交流和交往的乐趣。

3. 利用马赛克方法,有效回应"幼儿声音"

针对内向型幼儿,马赛克方法的使用可以有效地帮助教师倾听幼儿、尊重幼儿。倾听是一种积极的听取过程,它不但包括要听到幼儿的声音,还要对所听到内容做出理解与肢体回应,再通过多种活动利用多种观察工具分析幼儿多个信息并给出多种方法,就如一个个"马赛克"。因此对于内向幼儿应主张在幼儿的

一日生活中观察幼儿，不应局限于某一次活动，要时刻关注此类幼儿，捕捉一日生活中的小细节，整合幼儿的细节问题，总结内向幼儿的特点，通过多样化的"手段"获知幼儿的个性特点和发展水平，并在一日生活中及时鼓励幼儿，及时给幼儿回应，鼓励幼儿去表达，例如给一个肯定的眼神、竖一个大拇指等。关注幼儿之间的交流，教师作为观察者和参与者，除了倾听幼儿间的语言交流，还要根据幼儿的交流内容及时给幼儿支持，使幼儿的交流更有意义，活动开展更有效。

"慧"阅读 "慧"表达
——幼儿"语言与交流"发展行为的个案研究
上海市浦东新区海港幼儿园　郭　佳

一、研究背景

（一）研究目的

《3—6岁儿童学习与发展指南》中提到："幼儿的语言能力是在交流和运用的过程中发展起来的。应为幼儿创设自由、宽松的语言交往环境，鼓励和支持幼儿与成人、同伴交流，让幼儿想说、敢说、喜欢说并能得到积极回应。"根据《评价指南》中关于语言与交流表现行为的描述，教师可以通过对幼儿片段式的观察和记录，及时给予支持，助推幼儿语言表达能力的发展。

（二）个案情况

萱萱是一个内向、文静、慢热的女孩，平时喜欢看书和搭建，有较好的阅读习惯。萱萱父母工作忙碌，日常由祖辈教养较多。奶奶比较注重萱萱的知识储备积累。每天会在家庭中进行一次阅读。萱萱在幼儿园内也非常喜欢翻阅不同的图书，有较丰富的字词量，对于喜欢的事物有较长的时效性，日常互动中也能表达自己的想法，但是与同伴、老师之间的互动讨论比较少。

（三）观察内容

- 子领域1：理解与表达

依据《评价指南》"语言与交流"领域之子领域1"理解与表达"，重点观察研究幼儿在阅读区游戏过程中能不能表达自己的想法，并与他人进行良好的交流互动。

• 子领域2：前阅读与前书写

依据《评价指南》"语言与交流"领域之子领域2"前阅读与前书写"，重点观察研究幼儿在游戏过程中能不能用图画或符号表达自己的愿望和想法。

(四) 观察过程与方法

本次研究以中班幼儿萱萱为研究对象，根据《评价指南》里"指引"中的"语言与交流"领域中关于幼儿表现行为的指标，通过现场观察、录像、行动研究等方法，重点突出个案的研究，观察和记录萱萱的幼儿园一日活动中在语言与交流领域的行为表现，不断完善对指南的理解和执行，增强对幼儿观察描述的可操作性。

二、观察结果与分析

(一) 片段一：我的区域我做主1

• 观察指标2.1：喜欢听故事，看图书

区域活动时间到了，孩子们选择自己喜欢的区域进行活动。萱萱、瑶瑶和兰兰看到表演区挤满了人，已经没有空间了，正在发愁玩什么的时候，就被图书区的几本颜色鲜艳、包装精美的新书吸引了。"兰兰、瑶瑶，我们一起去看书吧，我看到有不少新到的书呢！"萱萱开心地一边说，一边拉着兰兰和瑶瑶走。兰兰、瑶瑶跟着萱萱一起走到了阅读区，每人拿了一本书开始翻阅，一会儿又换了一本书，不一会儿她们就把所有书都看完了。萱萱翻了两下，一看没什么书就走了，过了一会儿，萱萱又回来了。

从萱萱的行为描述中，我们可以看到萱萱的行为符合语言与交流领域中的指标"2.1.1对于自己喜欢的图书能够反复翻阅"。在整个过程中不难看出，萱萱是喜欢看书的，她反复来到图书区域看书，自己翻阅或者找朋友一起。但是在观察的过程中，也看到了萱萱对图书是简单、快速地翻阅，对于内容并没有过多的观看和理解，没办法做到专注地阅读图书。教师要思考如何加强孩子阅读的兴趣，让孩子们能从短时间的翻阅到专注、持续的阅读。

(二)片段二：我的区域我做主2

• 观察指标2.1：喜欢听故事，看图书

萱萱重复着拿书、翻书、放书、离开、回来的过程，反复几次后，萱萱又拉着瑶瑶一起回来了。她拿了一本熟悉的《好饿的毛毛虫》开始跟瑶瑶讲故事。只看萱萱把图书给瑶瑶，她自己讲起了故事。瑶瑶几次要打断她，萱萱都只自顾自地讲故事，故事讲完，瑶瑶指着画面中的毛毛虫要讲话时，萱萱又去找了兰兰讲了《生气汤》的故事，讲完后又走了。

这个片段可以看到萱萱会选择自己比较熟悉的故事和同伴分享，符合指标"2.1.2 喜欢向别人讲述自己听过的故事或看过的图书"。但是当她跟同伴讲述自己熟悉的故事《好饿的毛毛虫》时，与同伴交流比较弱，没有进一步的互动。当瑶瑶要讨论时，萱萱没有理她，而是继续讲述自己的故事，当故事讲完瑶瑶想跟她讨论时，明显可以看到萱萱是不愿意的，她又去找兰兰讲《生气汤》的故事了，似乎没有进一步要去讨论图书或故事中内容的行为表现。针对这一现象，教师应思考如何加强孩子间的互动，使他们乐意与他人讨论故事或者画面内容。

(三)片段三：小青蛙广播

• 观察指标2.2：具有初步的阅读理解能力

小青蛙广播作为幼儿园特色课程实施的有效载体，是孩子们最喜欢的活动。我们充分利用小青蛙广播时间，为孩子们提供了表达和表现的平台。今天轮到萱萱参加小青蛙广播了，她拿着绘本《小红帽》，开始了她的表演。只见她翻开了图书，根据画面内容，把《小红帽》的故事娓娓道来。故事叙述得非常完整，主要情节也都有所呈现。故事结束后，在讲述为什么分享这个故事，故事好在什么地方的时候，萱萱就沉默了。

在整个小青蛙广播的过程中，我们看到了萱萱的敢说、会说、能说，她能够通过画面内容，完整的讲述故事，并且对于主要情节的把握十分到位，符合指标2.2.1以及2.2.2的描述，即能通过观察图书的连续画面，大致说出故事的主要情节。但她是对故事的理解和把握存在不足，没办法发表自己对故事内容的看法。针对这一情况，教师要思考如何引导孩子理解故事。

(四) 片段四：我心中的城堡

- 观察指标1.2：愿意用语言进行交流并能清楚地表达
- 观察指标2.3：具有书面表达的愿望和初步技能

自从户外2小时开始后，游戏也从室内搬到了室外，这让萱萱非常高兴。萱萱平时非常喜欢玩乐高、拼搭物品，但是受制于教室内的场地以及材料的使用，每次搭建总看不出个所以然。今天，萱萱跑过来说："老师老师，我要搭个城堡。""什么样的城堡呢？"萱萱急忙说："等会儿你看就知道了。"户外游戏开始了，萱萱搬了很多的碳化积木，开始了她的建筑工程，从小的积木到大的积木，从圆的到方的，她的城堡初具规模了，这时，在萱萱旁边站了半天的峰峰问道："萱萱，你搭了个什么呀？怎么那么奇怪啊，你看，方块积木都被你拿走了，我们都没有了。"萱萱急忙说："我今天搭了个城堡，不用那么多根本就搭不起来，好看哇，我的城堡？"峰峰一看，笑着说："城堡？这哪儿是个城堡啊，城堡才不是这样的呢，门没有，城堡是公主住的地方，这怎么连个睡觉的地方都没有。"萱萱指着一个地方，手舞足蹈地说："这不就是嘛，我说是城堡就是城堡。"峰峰一听，生气地跑掉了。

第二天，当萱萱再次去搭建时，手里拿了一张画，只见她根据画上的图又一次开始了她的城堡搭建，峰峰走过来看了萱萱的图和她讨论起来画上还可以增添的东西，最后看到成品的时候，一个劲儿地夸好好看，说自己也要去建造一个规模非常大的高速路。

通过萱萱的行为可以看到她和峰峰的互动是符合指标"1.2.3愿意用语言表达自己的需要和想法，必要时辅以简单的动作和表情"这一描述的。虽然过程中会有争吵和大声说话，但是萱萱能坚持自己的想法并且把自己的想法充分地传达给同伴，同时，在萱萱和峰峰互动的整个过程中，可以看到萱萱和峰峰对图画和符号都有理解，符合指标"2.3.1能用图画和符号表达自己的愿望和想法"的描述，虽然画面以及内容的呈现比较儿童化，但是只要他们看得懂，能画得出、说得出，就是一种成功。

三、结论与建议

(一) 结论

根据以上4个片段的观察，我们可以看到萱萱在理解与交流、前阅读与前书写领域水平中发展趋势良好以及薄弱的地方。在观察实录中,萱萱初步体现了"喜欢听故事,看图书""愿意用语言进行交流并能清楚地表达"和"具有初步的阅读理解能力"的表现行为,表现行为分别是1、1、3。通过鼓励和互动,表现行为逐步提升,能初步达到表现行为3。在前阅读与前书写领域中,萱萱的行为表现多次体现她有一定的阅读基础,能反复翻阅,但在向别人讲述自己看到或听到的故事方面较为薄弱,讲话时断断续续缺少自信,不时通过绘画等方式去表达自己的想法。

教师应以兴趣为契机,激发幼儿语言表达和交流的需要。从案例中我们发现,萱萱最开始是愿意去阅读图书的,但是在同伴多次互动没有效果离开之后,萱萱就缺少兴趣,不再翻阅图书,作为教师可以适当给予支持,作为聆听者与萱萱互动。图书阅读本是萱萱感兴趣的,提供了语言的支持之后,就激发了萱萱再次阅读的兴趣和参与度。

教师应观察幼儿表现,采用多种方式给予支持。从案例中我们发现,萱萱最开始是想表达和同伴互动的,但是因为表达不清晰,和同伴之间的互动没有支撑力。通过教师引导,以绘画的形式鼓励萱萱去表达自己的想法,激发了萱萱表达表现的意愿,她开始能用图画和符号去表现自己的想法。因此,在观察的过程中,教师要关注幼儿的行为表现,及时给予语言支持或行动支持。在教师或同伴的支持下,激发幼儿的行动体验感,使其以更加积极主动的态度融入活动,提高幼儿的表达、表现能力。

(二)建议

1. 每日一说

萱萱有较好的阅读习惯,通过每日一说,可以和老师、同伴一起阅读,一起说,也可以单独阅读后跟同伴讲述故事,这样的活动有助于激发萱萱的读书兴趣,培养幼儿看图讲述的能力,也有利于幼儿养成读书看报的习惯。

就像片段一中,兴趣是一切活动开展和继续的动力,幼儿有了兴趣才能更好地去开展活动,但是仅投放绘本似乎没能达到预期的效果,对于爱看书的萱萱而言都只能吸引她简单翻阅,没办法让她持续性地参与其中,更遑论其他没有阅读兴趣的幼儿。因此,我和萱萱以及其他小朋友开展了一场关于图书的讨论,通过小组讨论、集体讨论的形式，从儿童视角出发，让孩子作为图书材料投放的负责人，对阅读区域进行及时的调整。孩子们集思广益，不断地出谋划策，探讨出了他们的一些想法和建议：

（1）更换阅读区的图书。把图书进行汇总和再整理，由孩子们自主选择，投票选出喜欢的图书后再进行投放。

（2）投放多样的图书。除了单一的绘本外，再投入其他的内容，立体图书有可操作性，自制图书有共享性，布偶手偶等可以直接演绎……加强材料的互动性，提高孩子们讨论互动的兴趣和操作性。

（3）提供多媒体设备。对于新投入的图书，孩子们可以一面看书，一面听故事。

（4）投放工具材料。投放笔、纸、本子以及订书机、剪刀等写作工具和材料，让孩子们可以书写、剪贴字、制作书。

2. 每日一播

每天中午午睡前，有10分钟"小青蛙广播"时间。我鼓励萱萱自主报名担当主持人、新闻播报员、才艺表演者等。同时，针对片段二中呈现的效果，我在事后及时跟萱萱进行了个别的沟通，发现萱萱的词汇量是非常丰富的，平时在家里也都会做好每天的阅读工作，但是对于故事的内容也仅限于画面的理解、故事的讲述，对故事的理解明显不足。针对这一情况，我及时与萱萱家长沟通，家园携手，加强萱萱对故事的把握：

（1）非常认同在家庭教育中开展每日阅读，也把这一好方法及时与班级其他家长沟通，重点强调了坚持和持续性。

（2）与萱萱家长沟通，在新授故事时，不要急于教授故事中的字词，而是提高对画面的认识和创造想象力，同时，坚持做好阅读后的小互动，引导孩子说一说对故事、画面的理解，引导孩子发表自己的看法。

3. 为幼儿提供自由交谈的时间

学习语言是为了在生活中更好地运用。在自然、轻松的状态下的交谈是幼儿运用语言的最好时机。晨间活动、餐后、区域活动时都是幼儿自由交流的最好时间。

利用平时各种机会，增加萱萱表达的时间，激发她的想象与联想，引导萱萱将视觉的信息、听觉的信息、主观感受及愿望表达出来,以满足说的需要和提高说的能力。

4. 有意识地根据本班幼儿的情况组织语言活动

(1) 小小故事会:自行准备讲述的故事,鼓励萱萱创编、自编故事。

(2) 故事表演:对故事中的情节进行表演,在表演中帮助萱萱加强对话的表演。

5. 家庭中的教育活动

(1) 家长在家中指导幼儿阅读:萱萱每天会在家进行阅读。在家中,可以和父母和祖辈一起大声朗读,一起讨论书中的内容,这既锻炼了萱萱的阅读技能,培养了幼儿的创造想象,也能提升了她的表达能力。

(3) "演"故事(鼓励幼儿创编故事):家长提供一些基本要素,例如事件的发生时间、地点、人物、背景等,和萱萱一起创作故事,这样不仅可以增加幼儿的想象力,也可以培养萱萱的语文逻辑。

像科学家一样研究,以"探秘水管"活动为例
——幼儿"探究与认知"发展行为的个案研究
上海市浦东新区南门幼儿园　陶玉婷

一、研究背景

(一) 研究目的

《3—6岁儿童学习与发展指南》中指出:"幼儿科学学习的核心是激发探究欲望,培养探究能力。"大班幼儿正处于具体形象思维为主,抽象逻辑思维萌芽的重要时期,探究式的活动可以引发幼儿通过观察、比较、操作、实验等方法,学会发现问题、分析问题和解决问题,帮助幼儿不断积累经验,形成终身受益的学习态度和能力。可见发展幼儿的"探究与认知"能力对于大班幼儿至关重要。

我们旨在通过个案追踪的方法在一段时间内对幼儿在自然情景下进行连续观察,从而运用《评价指南》深入分析和研究幼儿在科学探究领域所处的表现行为,解读幼儿现阶段发展水平,助推幼儿的持续发展。

(二) 个案情况

小宝,男,6岁。幼儿正处于具体形象思维向抽象思维萌芽阶段,他已经有了初步的归纳和推理能力,掌握了一定的认知和动手能力,解决问题的能力也较强。小宝对于新鲜事物较感兴趣,乐于进行探索,并会尝试多种探究方法,还会带动身边同伴讨论问题,制订计划并尝试实施,各类活动中比较有自己的想法和主见。

(三) 观察内容

• 子领域1:科学探究

观察小宝在遇到问题时自主探究的能力,如是否能自己动手动脑寻找问题

的解决方法？能否通过观察比较发现事物的特性？是否能制订简单计划并和同伴合作解决问题？结合表现行为进行观察分析，对小宝的探究行为提出合理建议，促进其持续发展。

• 子领域2：数学认知

观察小宝在探究活动中对于物体的摆弄情况。是否能感知物体形状与空间关系，并进行简单比较分类？是否能根据物体结构特点来进行搭建？结合小宝表现行为，提出数学认知方面的有效建议，促进其数学认知能力的发展。

(四) 观察过程与方法

近期，幼儿对于沙池中新增的水管材料产生了浓厚的兴趣。他们常常围在堆放水管的篮筐边，讨论着各种关于水管的问题。于是我们跟随着幼儿的兴趣，持续追踪幼儿游戏情况。本次研究对照《评价指南》中"探究与认知"幼儿表现行为指标，以小宝为研究对象，记录小宝在户外游戏中的探究行为，使用观察记录法、案例分析法、访谈法以及作品分析法，经过识别、判断、调整，不断支持小宝的探究行为，推进游戏的发展。

二、观察结果与分析

(一) 片段一：打磨水管

• 观察指标1.1：喜欢探究

游戏开始时，保安爷爷因为帮忙搬运水管而不小心划破了手指。这一突发事件引起了幼儿的关注，他们随即开始仔细观察起管子的切口。管子上的"刺"是从哪里来的呢？小宝边观察边说："有的管子切割过，边上有毛毛的'刺'，没有切割的地方很光滑，'刺'是切割管子时留下的。"幼儿们开始思索能用什么办法弄掉这些"刺"。小宝先用手抠着"刺"说："小'刺'太硬弄不掉！"再用小树枝刮着"刺"说："'刺'太小刮不下来！"老师说："还能用什么工具帮忙吗？"小宝立马想道："我爷爷在修东西的时候有一种纸，能把毛糙的东西磨光滑点。"

保安无意间被管子切割不平整的毛边"刺"到了，生发了"怎么弄掉管子上的'刺'"的问题，小宝在发现管子切口上的"刺"时乐于动脑找寻解决方法，他尝试了用手指抠、用树枝刮等方法。在提出找工具帮忙时他又能马上联想到家中爷爷修理工具的砂皮纸,想到可以用磨砂纸磨切口,说明他平时也是个乐于观察的幼儿,体现"科学探究"子领域中"喜欢探究"表现行为5中的1"乐于动手动脑寻找问题答案并在探索中对自己的发现感到高兴和满足"。

• 观察指标1.2:用一定的方法探究周围感兴趣的事物与现象

两天后,不少幼儿带来了磨砂纸和手套一起去磨管子。有人不解地问:"这个砂纸一面是毛毛的,一面是光滑的,我们用哪面磨?"小宝用肯定的语气说道:"用毛毛的一面来磨!光滑的一面磨了是没用的。"听了他的建议,几个小伙伴一起把磨砂纸毛的一面放在管口上来回磨着管子边缘。大家一起磨管子,小宝又有新发现:细砂纸磨得最光滑,粗砂纸磨得粗糙。

磨完管子,小宝还和小组同伴总结了一些方法。他说道:"我发现管子有点粗,每次磨的时候管子容易倒,一点都用不上力气。所以我找了思思一起帮忙,她帮我扶着管子,这样就可以用上力气了,磨得很快。"

当在猜测磨砂纸能磨水管后,小宝及时从家里带来工具来验证自己的猜测,并在磨的时候根据效果不断调整磨砂面,在磨平刺后表现出喜悦的心情。这些行为体现了"科学探究"子领域中"用一定的方法探究周围感兴趣的事物与现象"表现行为5中的"1.2.2能用一些简单的方法来验证自己的猜测并根据结果进行调整"。在磨完水管后,小宝还能和同伴总结磨水管的好方法,体现"科学探究"子领域中"用一定的方法探究周围感兴趣的事物与现象"表现行为5中的"1.2.5能在探究中与同伴合作,并交流自己的发现、问题、观点和结果等"。

(二)片段二:出现支架

• 观察指标1.2:用一定的方法探究周围感兴趣的事物与现象

幼儿们将水管从水池边连接到沙池边,他们开始向水管里注水,发现水流到管子中间就不动了。小宝试着将水管一头抬高,水马上往低的一头流动了,他们发现了管道搭建得太平水是流不动的,于是幼儿在水池周围四处寻找可以垫高的辅助材料,最终找到了下列材料:扁轮胎、梅花桩、小布丁、圆木桩。小宝试着将扁轮胎垫在支架下希望能垫高管道让水快速地流下去,但水顺着水管反而倒流回来,小宝产生疑惑后就去检查管子的连接问题,他看了一下每个管子都连接正常没有漏水现象,他又观察到中间这个支撑水管的支架太低,他说:"中间的支架要高一点才行。"大宝问:"现在怎么办呢?"小宝带着大宝又去搜寻辅助材料,最终找来圆木桩,将它垫在支架下面。"看,水能流了。"发现水能正常往下流时小宝大声欢呼。

  游戏中,幼儿通过观察发现了问题:当水管水平放置时,水无法从水管中流过去。而小宝在游戏中已有水往低处流的经验,在发现断水回流现象时能提出自己的疑问并根据自己的猜测去主动查找原因,充分体现"科学探究"子领域中"用一定的方法探究周围感兴趣的事物与现象"表现行为5中的"1.2.1能在观察、比较与分析的基础上,发现并描述事物的特征或变化,以及事物之间的关系"。当小宝在观察后发现是支架坡度问题时,能主动协同其他幼儿继续寻找合适材料来支撑管道。整个过程中,小宝不断尝试用一些简单的方法来验证自己的猜测并根据结果不断调整,体现"科学探究"子领域中"用一定的方法探究周围感兴趣的事物与现象"表现行为5中的1.2.2。

  • 观察指标2.3:感知形状与空间关系

  在第一次搭建基础之上,幼儿们知道,要通过搭建支架,让水管有一定倾斜度,水才能从上往下流。小宝带领伙伴找了积木、木桩、PVC管、U形槽……搭建支架。支架特别容易倒,小宝就在水管两边放轮胎夹住,还利用新的轨道积木来进行加高,效果都不是很理想。

  小宝在游戏中遇到的最大困难是:搭建的支架高度应该有坡度这个关键经验。他虽然有了目测积木块高度的意识,但还不准确,所以需要通过实践反复调整,慢慢达到游戏目的。在游戏中,小宝发现支架关键是要形成坡度,因此找来的辅助材料都是适合垫高的;在稳固方面,小宝考虑到水管容易滑动的特性,尝试用轮胎来进行固定,初步体现"数学认知"子领域中"感知形状与空间关系"表现行为3中的"2.3.1能感知和发现物体的形体结构特征,并尝试用拼搭的方式来构建稳固支架"。

(三)片段三:稳固支架

  • 观察指标1.2:用一定的方法探究周围感兴趣的事物与现象

  小宝今天组织了5个同伴,他让大宝和天天帮助他一起搭建支架,让妹妹和阳阳在沙池挖渠道,让小朱负责灌水。他和大宝一起搬了一个运动区的木梯打开放在水池边,来到水管区翻动中管和细管,大宝说:"细的管子不容易倒,选细的吧。"小宝翻动了一会儿说:"还是选中等的管子吧,这个转接口比较多,细管子太少了。"他们搬了 5 根长短不一的管子和几个转接口到沙池边开始链接,他们选择的木梯共有 3 个高度,在小宝看来,这是架高坡度的最好选择。

活动中小宝首先进行了小组合作并合理分工,然后根据自己的设计图来找寻需要的材料,终于解决了管子的稳固性问题,他在游戏中不断去尝试调整,并且对自己的探索发现感到高兴和满足。体现了"科学探究"子领域中"用一定的方法探究周围感兴趣的事物与现象"表现行为 5 中的"1.2.1 能在观察和比较分析的基础上,发现并描述事物的特征或变化,以及事物之间的关系";也能体现"科学探究"子领域中"用一定的方法探究周围感兴趣的事物与现象"表现行为 5 中的"1.2.2 能用一些简单的方法来验证自己的猜测,并根据结果进行调整"。

• 观察指标 1.3:在探究中认识事物与现象

重新制作的支架虽然解决了坡度问题,但是幼儿们在运水时,总需要有人去扶着管子不让它滑下去,小宝发现木梯间的空隙太大了,水管卡不住。他又找辅助材料尝试固定水管,失败了 3 次后终于找到平衡板来卡住水管。

在将水管固定时,小宝选择了不同的材料来进行尝试,而且还能不断调整角度,体现"科学探究"子领域中"在探究中认识事物与现象"表现行为 5 中的"1.3.2 能了解常见物体的结构和功能,发现两者之间的关系"。

三、结论与建议

(一) 结论

根据 3 次片段观察可知,小宝在探究与认知领域总体发展态势为优秀。在科学探究子领域,小宝充分体现"喜欢探究""用一定的方法探究周围感兴趣的事物与现象"和"在探究中认识事物与现象"3 个方面的表现行为,主要有 5 次典型表现行为,都能达到最高水平的表现行为 5。而在数学认知子领域中,小宝也体现出"感知形状与空间关系"的表现行为,总共有一次典型表现行为,水平阶段能达到表现行为 3。

在"科学探究"子领域中,小宝的综合水平较高,都能达到表现行为 5。根据 3 个片段可以发现整个水管系列活动中,小宝从找寻去掉"刺"的方法,到探索水管支架的方法,他始终乐于去主动寻找答案。在后续活动中,小宝首先关注到了水往低处流的问题,继而产生水管引流的想法。他能在几次尝试后将自己的探究过程进行图符记录,并和同伴进行交流,也能按照前几次的游戏结果和同伴商讨分析并事先制订计划,按照简单的方法来验证计划的可实施性,并且根据实际游戏情况不断进行材料调整。究其原因,小宝本身学习能力较强,对于科学探究比较感兴趣,愿意去动手动脑中寻找答案。在班级活动中,教师多鼓励幼儿自发地去解决问题,重视探究过程,对于大班年龄的幼儿,也注重引导幼儿之间的协同合作,因此小宝一直能对感兴趣的事物保持热爱,充满探究精神,在小组合作中一直处于主导地位。

在"数学认知"子领域中,小宝在行为描述中的片段能达到表现行为3以上。搭建支架的过程其实也是小宝感知形状与空间的关系的过程,他在思考水管如何搭出适合高度的一系列过程中,不断利用物体的形体建构特征来拼搭和组合。水管的转接口的利用、辅助材料的支撑,都能看出小宝在这一子领域中的表现能达到良好水平。究其原因,小宝一直比较喜欢建构,家长也对小宝数学能力和建构能力比较重视,因此对于形状与空间的理解比较到位。

(二) 建议

1. 利用驱动性问题,引发幼儿再思考

(1) 给思路而不是给方法,引导幼儿自己发现问题解决问题

小宝是一个乐于探究并能专注持续的幼儿,教师可以通过真实的问题情境,鼓励小宝运用已有经验,启发他主动、深入地探索、体验、认识,在问题中不断构建新经验,掌握方法,提升能力。

(2) 引导幼儿持续探究,帮助幼儿识别问题

小宝的综合水平较高,都能达到表现行为5,作为教师要为他后续的探究和发现铺路搭桥,要为小宝认识的主动建构搭构阶梯。通过在各类探究活动中帮助小宝识别问题,引发小宝的持续探究兴趣,让探究行为获得延续。

2. 转变教师角色定位,支持幼儿探索创造

(1) 信任幼儿,静心观察

在幼儿的一日生活中,小宝经常表现出积极主动探究和认识周围世界的强

烈愿望。此时,作为教师应接纳、重视和鼓励小宝的探究行为,要看到小宝乐于探究的良好动机和通过探究所获得的有益经验,要寻求小宝真实的动机,信任小宝的行为,做到真诚地询问、耐心地倾听和全面地观察。

(2)在探究中追随幼儿兴趣,认同幼儿的努力与想法

通过全面细致地观察和深入解读幼儿探究行为,了解小宝的真实想法和兴趣点,对于小宝的疑问和想法给予充分肯定。不以成功为探究行为目的,旨在通过不同渠道和方式引导和支持小宝探究兴趣和经验的不断衍生。

3. 回顾探究行为,提升经验方法

通过回顾探究行为,帮助幼儿梳理解决问题的办法并自主推进游戏。

在每次的活动中,继续注重观察幼儿探究行为,及时发现"哇"时刻,有效捕捉关键事件。通过照片、视频回顾、集体讨论分享、记录式及评价式交流,适时进行分析梳理。把握契机,引发幼儿对问题的思考和挑战,支持幼儿的创新想法,重视幼儿提出的有价值的问题,为幼儿的持续兴趣推波助澜。

总之,探究活动的过程比获得的知识更为重要,教师应充当好自己的角色——观察者、支持者,让幼儿真正成为活动的主人,亲历探究和发现的过程,充分体验探究乐趣,获得科学探究的能力。

立足观察 有效支持 提升幼儿自主探究能力
——幼儿"探究与认知"发展行为的个案研究
上海市浦东新区绣川幼儿园　刘慧娟

一、研究背景

（一）研究目的

为了深入了解幼儿在探索和认知发展方面的特点和模式，发现幼儿在解决问题、获取知识和理解世界的过程中采用的策略和方法，我开展了本次个案研究。通过对个案的观察和分析，给予幼儿有效的支持，提炼在"探究与认知"领域的支持策略，从而提升幼儿的自主探究能力。

（二）个案的基本情况

曦曦，男，5岁，中班。在一日活动中，曦曦对探究活动特别感兴趣。在自由活动和个别化学习活动中，曦曦总是选择去科探区和益智区，挑选他感兴趣的玩具。他喜欢从不同角度观察、摆弄玩具，但是当曦曦遇到困难时总是第一时间来请老师帮助。家长表示，曦曦在家里也非常喜欢玩一些动脑的玩具，比如磁力片、乐高积木等，但是曦曦总是希望爸爸妈妈能陪在身边，理由是这样可以及时得到帮助。

（三）观察内容

- 子领域1：科学探究

在活动中，观察幼儿探究的兴趣，鼓励幼儿用一定的方法探究周围感兴趣事物的情况，从而发现其明显特征，认识事物与现象。

(四) 观察过程与方法

本次研究以中班幼儿曦曦为研究对象,根据《评价指南》中的幼儿表现行为指标,对此幼儿进行为期一个月的跟踪观察。在此过程中,通过现场观察法、记录对比法等方法,观察和记录曦曦在区域活动中的科学探究行为表现。运用个案研究法,对其进行系统分析评价,进一步提出一些可以提升幼儿自主探究能力的教育建议。

二、观察结果与分析

(一) 片段一：纸盒叠叠高

观察指标1.1：喜欢探究

个别化学习时间,曦曦来到建构区。他没有选择普通积木,而是用纸盒来堆高。他找来了班级里大大小小的纸盒。只见曦曦先拿了一个大纸盒放在最下面,然后叠加牙膏盒,在牙膏盒上他又放了一个更大的饼干盒。当他叠到第四个时,所有的纸盒倒塌了。他再一次用更快的速度叠高纸盒,在叠到第五个的时候,纸盒又一次倒塌了。

曦曦在进行堆高游戏时,能自主地选择感兴趣的材料,愿意探索新事物,并在两次堆叠的纸盒轰然倒下后仍不气馁,体现了"探究与认知"领域子领域"科学探究"1.1表现行为3中"经常乐于动手、动脑探索未知事物"。

观察指标1.2：用一定的方法探究周围感兴趣的事物和现象

看着倒塌的纸盒,曦曦跑来找老师："老师你快帮帮我呀,这些纸盒总是倒。"我跟着曦曦过来,但并没有马上给予帮助,而是问他："你有没有想过,为什么纸盒会倒呢？你看为什么埃菲尔铁塔那么高不会倒呢？"曦曦看着墙上的埃菲尔铁塔照片,思考了一会儿："哦,我知道啦！"

他先把纸盒按照大小先大致分类,然后才开始慢慢按照从大到小的顺序叠放纸盒,每叠高一只纸盒,他就轻轻地把手挪开,看会不会倒下。如果纸盒晃动了,就用双手捧着下面的纸盒,轻轻地拍一拍,把它拍整齐。

过一会儿纸盒很高了,有些放不上去了,他请我帮忙："老师,可以帮我放一下吗？"老师听了,说："如果让你自己放,你有什么好办法吗？""可是我不够高呀！"曦曦说道。老师继续追问："那有什么办法让你变高一点呢？"曦曦抓抓头,想到了办法:"我有办法了。"他搬来了一个小椅子,站在椅子上轻轻地将盒子放上。慢慢地,纸盒叠得越来越高了,超过了曦曦的头,曦曦笑着对老师说:"老师快看,我成功啦,我搭的纸盒这么高。"我及时表扬她:"哇,通过你自己的努力,不用老师的帮助,也能搭出比我还高的纸盒楼房呢!"

曦曦能通过自己的观察发现问题、解决问题,在老师的引导下,想到把大的纸盒放在最下面,然后按照由大到小的顺序去搭建这些纸盒,将数学知识运用到游戏中去。对于老师的提问,他也愿意积极动脑筋思考,体现了"探究与认知"领域子领域"科学探究"表现行为3中的"1.2.1能观察比较事物,发现其异同",和"1.2.2能根据观察提出疑问,并运用已有经验大胆猜测"。

(二)片段二:乒乓球叠叠高

<u>观察指标1.2</u>:用一定的方法探究周围感兴趣的事物和现象

曦曦再次来到建构区,这次他说:"上次我用纸盒叠得很高很高,这次我要换一种东西来叠高。"他在教室里转了一圈,然后选择了瓶盖。刚开始时,曦曦拿来瓶盖一个一个叠上去。玩了很久,觉得有些无趣,他又去玩旁边的乒乓球,一不小心乒乓球掉进瓶盖里了,他突然发现原来还可以这样玩,于是他把一个瓶盖一个乒乓球组合着玩。玩了一会儿,他试图在乒乓球上再加一层,但是怎么也放不上去,瓶盖总是掉下来。反复尝试几次之后,跑过来跟我说:"这个乒乓球太滑了,没办法再往上搭了。你帮帮我。"

看着曦曦反复失败,我问道:"为什么开始叠瓶盖的时候不会倒呢?"曦曦说:"因为瓶盖是平的,所以不倒。但是乒乓球不平呀!哦,我知道了,如果在乒乓球上面一个平的板子就不会倒了。"曦曦回答。接着他从百宝箱的找来一张纸板摆放在乒乓球上面,然后在纸板放上瓶盖和乒乓球,依次往上叠高。"你看,自己动动小脑筋,问题就解决啦!"对于曦曦的表现,我及时给予肯定。

在本次游戏中曦曦试着把两种材料组合使用,这是他勇于探索、大胆尝试的结果。在这个过程中,曦曦遇到了问题,再一次想寻求老师的帮助,但是老师鼓励他自己尝试思考和变通,大胆操作,想方法解决问题。通过老师小小的点拨,自己能大胆尝试最后完成了漂亮的搭建,体现了"探究与认知"领域子领域"科学探究"表现行为3中的"1.2.2能根据观察提出疑问,并运用已有经验大胆猜测"。

（三）片段三：好玩的多米诺骨牌

观察指标1.2：用一定的方法探究周围感兴趣的事物和现象

观察指标1.3：在探究中认识事物与现象

曦曦这次来到科探区选择了多米诺骨牌。他先用多米诺骨牌沿着桌子边摆出了一条直线。当一条桌边摆满了后，他将其沿着90°垂直方向摆了桌子的另外一条边，从而形成了一条拐弯的线。接着，曦曦又推动了第一条直线的起始骨牌，沿着直线骨牌一个接一个地倒下，可当到达拐弯处时，骨牌的摔倒却突然停止了。曦曦蹲下来看了看，推了推拐弯处第二条直线的骨牌，这些骨牌顺利地倒下了。这次他只是看了看我，并没有来寻求我的帮助。

接着，曦曦又摆出了两条相同的骨牌线，他再次推到第一条直线，发现第二条直线还是没有倒。他又蹲下来看了看，立起最后倒下的那块多米诺骨牌前后左右移动，突然这块多米诺骨牌倒下了，并带倒了第二条直线的骨牌。"哦，我知道了。"他笑着说。曦曦第三次摆出两条相同的骨牌线，不过这次他将第一条最后的骨牌和第二条第一个骨牌稍稍调整了角度。曦曦推动第一条直线的起始骨牌时，所有的骨牌从第一个一直倒到最后一个，一块骨牌都没有少。

曦曦成功之后跑来告诉我："刘老师，我尝试了好多次终于知道怎么摆放转弯的多米诺骨牌让它们都倒下来了。"感受到他成功的喜悦，我也鼓励他："哇，看来你是一个不怕困难的小勇士，那你愿意把成功的秘诀记录下来，一会儿跟小朋友们分享吗？""好的，我现在就去画下来。"说完，他就用纸和笔记录了自己成功的秘诀，并在活动分享环节和全部小朋友分享自己成功的经验。

在探究骨牌游戏的过程中，曦曦反复尝试不同的方法，能根据观察结果提出疑问，并运用已有经验大胆猜测。最后他将连接处的骨牌角度从原先的90°微调了一点点，直到找到一个能够让骨牌顺利倒下的角度，体现了"探究与认知"领域子领域"科学探究"表现行为3中1.2.2；这个过程中，他掌握了不同角度与倒下之间的关系，体现了"探究与认知"领域子领域"科学探究"表现行为5中"1.3.3能探索发现简单物理想象产生的条件和影响因素"；最后他用图画的方式记录自己成功的秘诀并和同伴分享，体现了"探究与认知"领域子领域"科学探究"表现行为3中"1.2.4能用图画或其他符合记录探究过程和结果"。

三、结论与建议

（一）结论

本次个案观察针对曦曦在"探究与认知"领域的子领域1"科学探究"的表现行为进行追踪记录。根据以上记录可以得知，曦曦在探究与认知领域总体发展态势良好。在3次观察实录中，在科学探究子领域，曦曦多次体现"喜欢探究"和"用一定的方法探究周围感兴趣的事物与现象"2个方面的表现行为，总共有6次典型表现行为，其中5次表现行为水平达到表现行为3，还有1次行为达到表现行为5。

综上所述可以看出，曦曦乐于进行科学探索，大胆尝试，如在叠叠高游戏中，第一次曦曦尝试了纸盒叠叠高，第二次则尝试了瓶盖，并将瓶盖和乒乓球两种材料组合使用，具有积极主动的学习态度。曦曦还是个善于观察，勤于思考的小朋友。当纸盒总是倒塌时，他第一时间寻求老师的帮助，在老师的鼓励下，他尝试思考大小不同的物体为什么有时可以叠得很高，有时候却很容易倒。在多米诺骨牌游戏中，他没有寻求老师的帮助，而是自己反复尝试不同的方法，能根据观察结果提出疑问，并运用已有经验大胆猜测。

（二）建议

《3—6岁儿童学习与发展指南》指出教师要多方面支持和鼓励幼儿的探究行为。因此，针对曦曦在科学探究活动中总是遇到困难就求助的情况，教师应立足于观察，根据幼儿兴趣和需求，给予有效支持，从而提升幼儿的自主探究能力。

1. 满足幼儿自主探究需求

（1）倾听和尊重幼儿

教师应该为幼儿提供自由、开放和鼓励尝试的环境和条件，尊重幼儿的个性和兴趣，给予幼儿学习和探究活动的选择权，如提供不同的学习主题或任务供幼儿选择，让他们根据自己的兴趣和好奇心进行选择，这样可以激发幼儿的主动性和积极性，增强他们的参与度和动机。倾听幼儿的意见和想法，尊重他们的选择和决策。教师应该给予幼儿充分的关注和认可，鼓励他们表达自己的观点和独特思维。这样可以增强幼儿的自信心和积极性，激发他们更深入地进行探究。

(2) 提供相应资源

同时为幼儿提供必要的学习资源和工具，以支持他们的自主探究。例如，提供书籍、互联网资源等，让幼儿可以根据需求获取和利用这些资源。同时，教师还可以引导幼儿学会寻找和利用资源，培养他们的信息获取和处理的能力。另外，还可以为幼儿提供充足的时间和适当的空间，让他们能够专注于自主探究。教师应该避免过多的干预和打断，给予幼儿自由探索和思考的机会。同时，要注意为幼儿创造一个安全、积极的学习环境，鼓励他们勇于尝试和接受挑战。

2. 支持幼儿的自主探究行为

在幼儿的探究活动中，教师扮演观察者、引导者和支持者的角色。为了有效观察幼儿的学习过程，教师可以借助各种工具和方法收集幼儿的表现行为。依托《评价指南》分析出其中哪些方面该由幼儿自己独立解决，哪些方面需要得到教师的帮助，从而把握介入的最佳时机和幼儿的需要、兴趣，提供个性化的引导和支持。

(1) 鼓励幼儿提出问题和思考

在幼儿的探究过程中应鼓励幼儿提出问题，并引导他们深入思考。教师可以通过提问和讨论，激发幼儿的思维，帮助他们思考问题的本质和解决方法。鼓励幼儿提出自己的问题，并尊重他们的思考过程和答案。如在探究的过程中他发现了一个新的问题："怎么样才能让骨牌倒塌时成功拐弯呢？"曦曦在游戏分享中讲述了自己成功的方法——"调整骨牌角度"。那还有没有其他让骨牌拐弯的方法？可以让孩子们尝试一下其他的方法并展示在墙面上供其他孩子学习。鼓励幼儿独立思考和解决问题，让幼儿成为自己学习的主人。这种方式可以促进幼儿自主意识和能力的发展，增强幼儿的学习动机和兴趣，提高幼儿的学习效果和质量。

(2) 适时支持和指导

在幼儿进行自主探究时，适当提供支持和指导，帮助他们克服困难和解决问题。通过提问和给予启示性问题，引导幼儿思考解决问题的方法。这些问题和提示可以帮助幼儿扩展思维，启发他们探索新的方向和策略。要保持问题的开放性，激发幼儿的思考和创造力。同时鼓励幼儿表达自己的想法和观点，并促进他们之间思维的碰撞和交流。提供安全和支持性的环境，让幼儿自由地表达自己的观点,分享他们的发现和困惑。教育和家长可以引导讨论,促进幼儿之间的合作学习和互相学习。

总之,幼儿期是培养自主探究能力的关键时期,教师立足于观察,通过提供适当的材料和环境,提出引导问题,提供适当的支持和指导等方法和策略,可以有效支持幼儿的自主探究,提升他们的自主学习能力。教师应该重视幼儿的自主探究能力的培养,为他们提供良好的学习环境和支持,帮助他们学会自主思考、解决问题,从而促进他们全面发展。

女孩聪明难沟通　家园合力共观探
——幼儿"探究与认知"发展行为的个案研究
上海市浦东新区百熙幼儿园　王苏丹

一、研究背景

（一）研究目的

《3—6岁儿童学习与发展指南》提道："幼儿在对自然事物的探究过程中逐步发展逻辑思维能力，为其他领域的深入学习奠定基础；而成人要善于发现和保护幼儿的好奇心，帮助幼儿不断积累经验，形成受益终身的学习态度和能力。"由此，以个案研究为抓手，以《评价指南》中"指引"提供的"科学研究"领域表现行为描述为观察依据，通过观察、分析个案幼儿在家校生活中的科学探究表现行为，获得个案幼儿的家庭开展科学活动的现状，评价其在该领域的发展状态，积累家园联动下评析幼儿的探究行为的实践经验，探索评析幼儿科学领域发展的方式，得出助推幼儿科学领域发展的教育策略。

（二）个案情况

班级中不乏乖巧又文静的女孩，依依便是一名爱动脑筋又不主动外显的女孩。她在幼儿园中的幼幼交往和师幼交往中总是相对被动，常常是在教师引导下才能表现才能、表达认知。此外，依依的父母积极参与家园联动教育，在家庭教育中重视引导幼儿在科学领域的学习与探索，他们也乐意将家教中的观察、心得或疑虑主动与教师分享。

（三）观察内容

• 子领域1：科学探究

根据对个案幼儿的科探行为的实际观察，结合"科学探究"领域中的"喜欢探究""用一定的方法探究周围感兴趣的事物与现象""用一定的方法探究周围感兴趣的事物与现象""在探究中认识事物与现象"这4个方面的表现行为描述,进一步展开分析与评价。

(四)观察过程与方法

此次个案研究以观察法为主、谈话法为辅。研究中以小班幼儿依依为例,对其在"探究与认知"领域相关的表现行为展开3个月左右的随机观察和定向观察,结合对幼儿本人及其家庭成员、同伴、教师的谈话经历,对依依的表现行为进行分析,继而评价幼儿目前在该领域的发展状态,并进一步思考、小结促进该幼儿科探能力发展的教育策略。

二、观察结果与分析

(一)片段一:奇遇小蝌蚪

- 观察指标1.1:喜欢探究
- 观察指标1.2:用一定的方法探究周围感兴趣的事物与现象
- 观察指标1.3:在探究中认识事物与现象

1. 行为描述

植物角多了一池子小蝌蚪。这是爸爸妈妈带依依在家附近踏春时意外发现的,她提议要带去幼儿园和同伴分享。"他们肯定和我一样都不懂为什么小蝌蚪长大了会变得不一样。"于是,爸爸回家拿来捞鱼工具把小蝌蚪捞了起来,第二天把小蝌蚪送到了幼儿园。

这天,依依在摆放小蝌蚪的池子边一直蹲着。教师走近时,依依抬头并腼腆地笑着说:"老师,我刚喂了口水给小蝌蚪,妈妈说小蝌蚪喜欢脏脏的。"她还从植物角的土堆里攥了一把土,用手捏起一小块微微碾碎后洒落在小蝌蚪的池子里。"依依,你在干什么呀?"教师好奇地问。"我在给它喂垃圾。"她说着又把手里的一坨土投进了水里。"老师,有的小蝌蚪后面好像长腿了,有的才一个小尾巴。"教师提议是否可以做一个关于"小蝌蚪生长环境"的对比观察,依依非常感兴趣,在教室里外搜罗了3个容器,结合她目前的推测,教师帮助她在容器里放了自来水、有泥土的水、有米粒的水,为了让实验更客观,教师提议:"我们选样子差不多的蝌蚪吧。"于是,依依拿着工具捞起了目前都只长了一条尾巴的小蝌蚪。依依时常会来自然角的试验区摆弄、观察这3只小蝌蚪的变化。

2. 行为分析

访谈依依妈妈时老师了解到,依依对偶然发现的"黑黑的东西"充满好奇,与家人共同探究的兴致极高,从这一表现行为可以体现"科学探究"子领域中"喜欢探究"表现行为5"乐于在动手、动脑中寻找问题的答案,对探索中的发现感到高兴和满足"。

依依在家中主动询问了动物的名称、生长环境、饮食习惯,在家也总反复做幼儿园的实践,常向家人提出"为什么",体现了"科学探究"子领域中"用一定方法探究周围感兴趣的事物与现象"表现行为3中的"1.2.3能通过简单的调查,收集自己需要的相关信息"。

结合对小蝌蚪生长环境的了解,她尝试喂蝌蚪口水、米粒和泥土的行为,体现了"科学探究"子领域中"用一定方法探究周围感兴趣的事物与现象"表现行为3中的"1.2.2能根据观察结果提出疑问,并运用已有经验大胆猜测"。

能根据外形特征区分小蝌蚪,体现了"科学探究"子领域中"在探究中认识事物与现象"表现行为1中的"1.3.1认识常见动植物,能发现和了解周围动植物的主要特征和多样性"。

能表述小蝌蚪的生长状态,并结合个人的理论为蝌蚪制造相关环境,体现了"科学探究"子领域中"用一定方法探究周围感兴趣的事物与现象"表现行为1中的"1.2.1能观察、比较事物,发现其异同,并进行简单描述";以及"在探究中认识事物与现象"表现行为3中的"1.3.1能感知和发现生活中常见动植物生长变化的过程及所需的基本条件"。

(二) 片段二:和风游戏——会飞的报纸

• 观察指标1.2:用一定的方法探究周围感兴趣的事物与现象

1. 行为描述

辰辰拿着一张废旧报纸,嘴里咕哝着:"怎么让报纸飞起来啊?"边说边用右手抬起那张报纸停在半空中。不远处传来依依的喊声:"放开!手放开!"辰辰听到后就松开了手,报纸随即落在了地上。他说:"掉下来了呀!""要快一点。"依依一边手扬起来一边迅速地转了一圈示范,报纸也还是不升反降。"哎呀,报纸怎么这么快掉地上了?"辰辰又提出了自己的疑惑。"因为它太重了吧。"依依一边说着一边又捡起了那张报纸,照自己说的样子又"试飞"了一次。"什么会轻一点?"听完一旁辰辰的话,依依环顾了一下四周,又走向材料多的地方来回看了几眼,但没有找到下一个实验物品。

2. 行为分析

依依妈妈反馈,孩子在家中也对物体在风中的变化及其规律感兴趣,还能就观察内容提出疑问。她猜测人的动作、报纸的重量可能对报纸在风中飘动产生影响,并进行尝试。上述行为体现了"科学探究"子领域中"在探究中认识事物与现象"表现行为3中的"1.2.2能根据观察结果提出疑问,并运用已有经验大胆猜测",以及表现行为3中的"1.2.3能通过简单的调查,收集自己需要的相关信息"。

依依见同伴存在困惑,主动、大胆表达自己的发现和观点,并做出介入、示范、帮助的行为,体现了"科学探究"子领域中"用一定方法探究周围感兴趣的事物与现象"表现行为5的"1.2.5能在探究中与同伴合作,并交流自己的发现、问题、观点和结果等"。

(三) 片段三:和风游戏——风吹门帘

• 观察指标1.2:用一定的方法探究周围感兴趣的事物与现象
• 观察指标1.3:在探究中认识事物与现象

1. 行为描述

在户外活动时发现依依正一手拿着一块布一手抓住攀岩绳想要爬上网格花架,她想把那块布挂上去,但是失败了。"老师,我想把它挂上去,这是我家的窗帘。"教师说:"依依,你去箱子里找找,有没有工具可以帮忙。"她慢慢下到地面,去箱子里"捣鼓"。过了一会儿,依依手里拿着两个小夹子,正打算把布的一角夹在网格绳上,但是夹子小、绳子粗、没有夹成功,教师见状上前帮忙。

布挂上去之后,依依在布的左边坐了下来,布微微飘动起来,"我家的门帘被吹起来了!""怎么它有时动有时不动呢?"教师问完,依依伸出双手握成拳头状,向布出拳试图让布向上移动,来回出拳十几次,布没怎么飘起来,于是收手又坐下了。这时来了一阵大风,风把布吹得很高,持续飘在依依的眼前,她马上挪动屁股坐到了布的背面,兴奋地说:"哇! 好高啊!"还没讲完,又一阵风吹来,飘动的布在她脸上掠过时,她会闭上眼睛显得紧张又享受:"哇,风来了! 风好大啊!"依依目不转睛地看着飘动的布:"大风快来啊!"

2. 行为分析

依依尝试用夹子将布高高挂起,她想让布保持向上扬起的状态;通过视觉、触觉感知、发现了风的存在,体现了"科学探究"子领域中"用一定方法探究周围感兴趣的事物与现象"表现行为 1 中的"1.3.1 能用多种感官或动作探索事物,对结果感兴趣"。

依依发现风能使布飘起,且知道了风越大会使布扬起得越高的规律,体现了"科学探究"子领域中"在探究中认识事物与现象"表现行为 3 中的"1.3.3 能感知和发现光、影、磁、摩擦等简单物理现象"。

三、结论与建议

(一) 结论

通过近阶段依依在"探究与认知"领域方面的重点观察,结合《评价指南》中"指引"对此领域的具体描述,对依依表现行为进行了 3 次行为观察、分析、评价,小结依依在"探究与认知"的子领域"科学探究"中的发展现状:在"喜欢探究"方面,主要记录了有 1 次典型表现行为,水平阶段是 5。在"用一定方法探究周围感兴趣的事物与现象"方面,主要记录了有 5 次典型表现行为,水平阶段分别是 3、3、1、5、1。在"在探究中认识事物与现象"方面,主要记录了有 5 次典型表现行为,水平阶段分别是 1、3、3、3、3。

首先,在"喜欢探究"方面,依依的发展状态相对较优。她对事物的观察比较持久,对未知事物的探索较主动且相对其他幼儿更高频。她在日常家庭生活中,经常问"为什么""怎么办";而在幼儿园时,更倾向于自己动手、动脑去寻找问题的答案或者验证自己的猜测。

其次,在"用一定的方法探究周围感兴趣的事物与现象"方面,依依的典型表现行为频率相对高,但水平浮动较大,没有体现相对优势;依依探究事物的频率高,但是运用的探究方法较少,主要有自主观察、动作探索、感官体验、提出疑问,以及在父母的协助下收集所需信息。

同时,将依依的几次探究行为和最终探究成果结合来看,她更多的只在探索中观察事物的变化,较少上升到对科学原理的理解。对于这一现状的成因,小结如下:一方面,基于幼儿年龄特点,通过现象看本质的要求对小班幼儿来说存在难度;另一方面,探究方法的运用与开拓在一定程度上需要成人的介入和引导。

(二)建议

1. 尊重幼儿的主观推测,让个性化试验有始有终

依依对开展户外探究活动存在自发、自主的行为,能够依照个人意愿取用探究材料,并能根据自己的猜测进行尝试,如怎么样让报纸飞起来、吹棉花能否让棉花飘起来。但因材料的局限、户外活动时间有限、教师的跟进不及时等原因,幼儿对所开展的探究活动没有得到完整的体验和更多认知积累。对此,教师需要把握幼儿自主生成的探究行为,通过丰富实验材料、引导幼儿积累探究方法,帮助幼儿在探究活动中有新的认识或收获。

2. 避免忽视聪明但不擅表达的幼儿,开展评价时化被动为主动

依依是一个愿意主动思考的孩子,乐意"实践出真知",在日常集体活动中很少"刷存在感"。这往往需要教师化幼儿的被动为成人的主动,从而建立起持续、准确、综合的评价和指导。要主动、有意地观察依依的活动情况,方可更多地洞察到她的探究行为;还要针对依依某些不易被理解的探究行为,如"提议要把小蝌蚪带到幼儿园里""往蝌蚪池水里吐口水"等,主动联动家长解析幼儿行为背后的动机或原因。而家长也在与教师的谈话中,深入了解了孩子在园与在家时表现的异同,逐渐理解孩子的学习方式,发现孩子近阶段的探究兴趣,感知家庭教育对幼儿科学探究能力的积极影响。

3. 把握幼儿的学习方式,让观察与评价适应幼儿成长的角度

幼儿的学习方法有很多,每个幼儿都有自己成长的角度。依依在集体活动中并不以与同伴、教师进行"对话"作为主要学习的方式,她会通过"提问""协助""跟随""观察"等相对安静的行为进行思考和学习,教师要明确有的幼儿默不作声并不代表没在学习。因此,在对其进行分析与评价时,教师不仅要结合幼儿的学习方式,还应多方位了解、分析幼儿行为的动机,如结合实际观察之外还可访

谈幼儿、同伴、家长，特别是家庭教育中行为背后的故事。从而能更透彻地理解幼儿的行为，更客观地评价幼儿的发展水平。

4. 分享幼儿的探究行为，强化幼儿及同伴的科探意识

依依开展的科探活动往往只有1—2人参与。小班幼儿容易被新鲜的事物吸引，同时同伴之间的模仿趋向很明显。依依自主进行的一些科学小实验有趣、有益，比如"棉花能吹起来吗？""小蝌蚪爱吃什么？"教师应善于捕捉安静的孩子身上的科探行为，并且号召、鼓励同伴共同观察、参与，也应积极分享与此相关的家庭故事，激励依依继续在家中开展科探。

5. 家园联动双合力，科学衔接促发展

家园联动使对依依的评价趋向客观、全面，家园合力也是促进她发展的重要手段。以"奇遇小蝌蚪"为例，可引导她尝试运用图画或其他符号记录探究过程和结果，让不同生物的生长变化有更显著的呈现；另外，还可协助依依制定简单且必要的调查内容，比如蝌蚪的专用名、蝌蚪的食物、蝌蚪生活环境的图片或视频等；此外，在观察中学会比较，并尝试描述事物的异同或发展变化，除了让依依观察当前小蝌蚪的样貌之外，还可引导她回忆和对比蝌蚪的前后样貌，这样就能在锻炼依依观察能力的同时，提升记忆、辨析、思维、表达等综合能力。相信家园联动会成就依依更好的发展。

聚焦兴趣 关注成长 促进表现
——幼儿"美感与表现"发展行为的个案研究

上海市浦东新区海星幼儿园 王慧丽

一、研究背景

（一）研究目的

《3—6岁儿童学习与发展指南》将幼儿艺术学习与发展划分为感受与欣赏、表现与创造两个子领域，具体地以幼儿对艺术的积极态度即艺术兴趣，和幼儿艺术能力即感受能力与表现和创造能力两个方面的发展为目标。其中，积极的艺术学习态度是开展艺术活动的内在动力，是艺术感受能力与表现能力的前提，而艺术感受能力和艺术表现与创造能力的提高又进一步加强了幼儿对艺术的兴趣，为幼儿的发展奠定基础。我们应尊重幼儿自身的兴趣点和内心的真实想法，遵循幼儿成长规律和特点，关注幼儿成长过程中对于艺术的多元创造，为幼儿搭建通往艺术的桥梁，促进幼儿创作表现的发展。

本个案研究基于《评价指南》"指引"中"美感与表现"领域，解读幼儿的行为表现，促进幼儿美感与表现的发展。

（二）个案情况

小满是一个大眼睛的可爱女孩，受家庭环境的影响，对美术活动比较感兴趣，喜欢涂涂画画，对色彩的认知和美感的表现等有着独到的想法。她从小班到中班参与了园内、园外的多项艺术活动。在园内，她多次参与幼儿园主题画展活动，运用多种不同的表现形式呈现作品，她的艺术作品频繁展示于幼儿园大厅中，获得了同伴与老师的认可。在园外，妈妈会在节假日带着小满一起去艺术馆，体验不一样的艺术活动，感受艺术氛围，小满也甚是喜欢，此类活动不仅拓宽了幼儿的视野,而且提升了幼儿的审美素养。

(三) 观察内容

- 子领域 1：感受与欣赏

运用《评价指南》"美感与表现"领域之子领域 1"感受与欣赏",对小班和中班时期的小满多次参与不同艺术活动进行了追踪式的观察。重点研究小班幼儿在个别化学习活动中"感受自然界与生活中美的事物",在观赏大自然和生活环境中美的事物时,能关注其色彩、形态等特征的表现水平。中班幼儿在园外艺术欣赏活动中"感受多种多样的艺术形式和作品",喜欢参加艺术欣赏活动,能专心观看自己喜欢的艺术作品,并能通过表情、动作、语言等表达自己对作品的理解的表现水平。

- 子领域 2：表现与创造

本案例中表现与创造的内容主要包含"具有艺术表现的兴趣"和"具有初步的艺术表现与创造能力",即小班幼儿在个别化学习活动中是否喜欢涂涂画画、粘粘贴贴,并能运用简单的线条和色彩大致画出自己喜欢的人或事物。中班幼儿在园外艺术欣赏活动中能否运用较丰富的色彩、线条、形状以及材质等表现自己观察到的或想象的事物及感受。

(四) 观察过程与方法

1. 观察法

在本次个案观察中,通过不同的形式(个别化学习活动和园外欣赏活动)对小满从小班到中班的行为等进行持续性地观察,从多维度视角进行分析、思考与支持,挖掘幼儿在美术创作活动中存在的问题,便于教师了解幼儿的发展状况以及采取有效的方法助推幼儿"美感与表现"的发展。

2. 访谈法

对于小满参与的园外欣赏活动,我与小满的妈妈通过个别家长见面会的形式进行了约谈,更有效和更真实地了解幼儿在活动中的行为、表现等,以便更有针对性地对幼儿的表现与创造提供有力的支持。

二、观察结果与分析

(一) 片段一：多彩的相框(个别化学习活动)

• 观察指标 1.1：感受自然界与生活中美的事物

阳光正好，午饭后我和孩子们像往常一样去操场散步，路过草地，草地上满是各式各样的落叶，小满看着落叶，蹲下身，捡了一片递给我："老师，你看，这个树叶好漂亮！"她和同伴不停在地上拾捡落叶。突然，她兴奋地大喊道："老师，我发现了一片不一样的叶子。"我问道："哪里不一样呢？""颜色不一样，这是红色的，刚才的树叶是黄色的。"她拿着红色的树叶对我说。我蹲下身捡起刚才那片掉落的树叶，笑着问道："你看看除了颜色不一样，还有什么新发现吗？"她看了看我手里的叶子，又看了看手中的叶子，说道："它们的样子也有点不一样。你看这片叶子有一点尖，那片叶子有点圆。"

活动生成于孩子们去散步时的所见所闻，看得出来，小满对地上的落叶非常感兴趣。通过教师的引导以及幼儿对落叶的细致观察，小满发现了树叶的颜色和形态是有所不同的。符合"感受与欣赏"子领域下"感受自然界与生活中美的事物"表现行为3中的"1.1.1 在观赏大自然和生活环境中美的事物时，能关注其色彩、形态等特征"。

• 观察指标 2.1：具有艺术表现的兴趣
• 观察指标 2.2：具有初步的艺术表现与创造能力

介绍操作材料时，小满提问说："咦，这是什么？我好像没见过。""它有一个好听的名字——小喷壶！""这是怎么玩的？"我边介绍边演示使用的方法，这时，小满举手说道："这个喷壶和我们家里的喷壶不一样！""今天，我们就用小喷壶来装饰相框，让相框变得更漂亮！"小满选择了两片相似的树叶摆放在相框的左上角和右上角，又选择了两片较大的树叶摆放在相框的两侧，一手拿起小喷壶，在相框上喷了起来。在喷的过程中，小满用小手不停地挤压着喷嘴，紫色的颜料喷洒在相框上、树叶上，喷完了紫色颜料，小满又拿起了粉色的喷壶在相框上不停地喷洒。可是由于手抬得较低，在喷洒颜料的时候，小满发现相框上的颜料比较多，相框有些湿了。在引导下，小满的小手抬得高了些，她发现当手抬高的时候，喷洒出来的颜料会有一点不一样，她笑着说："抬得高像下小雨，抬得低像下大雨。"最后,她将亮片贴纸仔细地摆放在相框上进行了装饰。在装饰相框时,小满将亮片贴纸贴在了没有叶子印子的地方,她说:"因为这里没有树叶,所以要贴小花。"一边装饰,她一边说:"我最喜欢漂亮的小花了!相框变得真漂亮呀!""是呀!漂亮的相框还可以装上你们全家福的照片呢!放在家里也一定很漂亮!"小满开心地笑了!

从活动初认识相关使用工具,到活动中挑选树叶摆放,并在不经意间形成了相对称的画面效果,接着用喷壶上色,再到活动后用亮闪闪的贴纸装饰,小满从头至尾的表现充分体现了对于活动参与的积极性和兴趣。符合"表现与创造"子领域下"具有艺术表现的兴趣"表现行为1中的"2.1.2喜欢涂涂画画、粘粘贴贴等活动"。

小满选择了粉色和紫色的颜料来喷洒装饰相框,这两种颜色是她最喜欢的颜色,没想到融合在一起却相辅相成,别有一番风味。在玩色的过程中,她绘制出极具幼儿个性特色的艺术作品。符合"表现与创造"子领域下"具有初步的艺术表现与创造能力"表现行为1中的"2.2.4能运用简单的线条和色彩大致画出自己喜欢的人或事物"。

(二) 片段二:走进凡·高的《星月夜》(园外艺术馆欣赏活动)

• 观察指标1.2:感受多种多样的艺术形式和作品

小满两步并作一步走,当她来到展馆门口,看到用霓虹灯创设的艺术场景时,转头对妈妈说道:"哇!妈妈,你看,五颜六色的灯光好漂亮啊!""咦!妈妈,这个场景我很熟悉的,我记得老师给我们看过的。""是哪位大师的作品,你还记得吗?"妈妈问道。"是凡·高的作品,叫《星月夜》。""你肯定很喜欢这个大师的作品吧!""哇!这些场景太漂亮了吧!妈妈,你看!这头鹿的身上都是《星月夜》的灯光,一点一点的,闪闪亮亮的。还有这个《星月夜》它变成了一层连接着一层的,像海浪一样!""妈妈,你快过来看呀!《星月夜》出现在了地面上。"

小满怀着激动、好奇的心情走进了艺术展馆,在欣赏艺术作品时,她看到了熟悉的艺术作品《星月夜》,用手比画着陈列的作品,发现艺术馆里的作品仿佛变成了放大版,和现实生活中欣赏的作品不一样,这让她更加感兴趣了。符合"感受与欣赏"子领域"感受多种多样的艺术形式和作品"表现行为3中的"1.2.1能专心观看自己喜欢的艺术表演或作品,并有模仿和参与的愿望"。

这时,妈妈问道:"你看看《星月夜》的作品里都有哪些颜色?我好像有些看不清了?""妈妈,你看它有很多不同的蓝色,有深深的蓝色、浅浅的蓝色,看起来都不一样。""还有呢?""一个个圆圆的黄色像太阳一样,这个星星很特别的,它像龙卷风一样。还有黑色的高山。"小满仰着头说道。"是呀!小满说得真好,你懂得真多,其实,我们现在站着的这块地方是用光绘艺术表现的影像,很特别吧!"妈妈指着屏幕说道。小满开心地点点头,吃惊地张大了嘴巴,对妈妈说:"我好像来到了时空隧道!"她便继续在影像上走动并蹲下身子进行观察,试图看清作品中的元素。

艺术馆将《星月夜》的作品进行了不同的场景搭建,有立体的,有光影的,小满来到了立体场景的区域,看着黄色旋涡状的星星,对妈妈说:"妈妈,你快看,这个星星很特别的,它像龙卷风一样。"说着,用手在空中不停地画圈。不一会儿,她又来到了光影展示区,她俯身蹲下,看着光影不断地变化,吃惊地张大了嘴巴,对妈妈说:"妈妈,我好像来到了时空隧道!"小满定睛观看、用手触摸感受到了从未有过的艺术体验。符合"感受与欣赏"子领域"感受多种多样的艺术形式和作品"表现行为5中"1.2.1 喜欢参加艺术欣赏活动,能通过表情、动作、语言等表达自己对作品的理解"。

- 观察指标2.2:具有初步的艺术表现与创造能力

回家后,小满一直和妈妈回忆着艺术馆中的艺术作品,还主动要求妈妈,下次还要带她去。晚餐时间就要到了,妈妈去厨房准备晚饭,听着客厅中的小满没有发出声音,出来一看,小满找了一张画纸,拿出了自己的画笔,绘制了一幅属于自己的《星月夜》。

小满的作品《星月夜》,色彩较丰富,她用两种颜色诠释了作品主体大柏树,在与孩子沟通后得知,她觉得大柏树长得像一团高高大大的火焰,所以加入了红色元素。天空中繁星点点,她用了粉色、紫色、蓝色、绿色等,并用点画的形式进行表现。月亮若隐若现,空中的星星有大有小,她说像龙卷风一样,因此用不同颜色的线条进行了简单的勾勒,凸显和原创中一样的形态。草丛里的小村庄一幢连着一幢,表现了夜晚中的宁静,粉色和紫色是她最喜欢的颜色,因此,在房屋的颜色上有所表现。从作品中既能感受到大师的艺术精髓又能感受到孩子的个性创作。符合"表现与创造"子领域"具有初步的艺术表现与创造能力"表现行为5中"2.2.4能运用较丰富的色彩、线条、形状以及材质等表现自己观察到的或想象的事物及感受"。

三、结论与建议

(一) 结论

在小班阶段，小满在"感受与欣赏"子领域中，她的行为表现体现"感受自然界与生活中美的事物"这一方面，主要有一次典型的表现行为，水平阶段是3，综合观察的平均表现行为阶段为3。而在"表现与创造"子领域，小满的表现行为也体现出"具有艺术表现的兴趣"和"具有初步的艺术表现与创造能力"2个方面，两次的典型表现行为，水平阶段分别是1、1。

在中班阶段，小满在"感受与欣赏"子领域中，她的行为表现体现"感受多种多样的艺术形式和作品"这一方面，主要有2次典型的表现行为，水平阶段是3、5，综合观察的平均表现行为阶段为4。而在"表现与创造"子领域，小满的表现行为同样体现出"具有艺术表现的兴趣"和"具有初步的艺术表现与创造能力"2个方面，三次的典型表现行为，水平阶段分别是3、3、5。

在小满的"星"路历程中，我们可以从不同的活动中，感受到幼儿在艺术道路上的成长与变化。在小班阶段，小满在"感受与欣赏"子领域中，表现良好。在亲近自然的过程中，乐于观察和感受树叶的不同形态和颜色等。小满对于大自然中的事物同样充满了好奇心。在"表现与创造"子领域中，表现良好。由于小班幼儿的年龄特点，教师提供了喷壶，让幼儿进行喷画活动。小满通过树叶的选择和摆放、颜料的选择等在相框上大胆地表现与创作，创作出了令自己满意的艺术作品。在中班阶段，小满在"感受与欣赏"子领域中，处于优势发展。她能在看展时，运用丰富的语言以及肢体动作等，表达自己对于艺术作品的喜爱，这也离不开平日里妈妈对于幼儿的艺术培养。在"表现与创造"子领域中，表现良好。小满在观看完艺术展回家后，迫不及待地用绘画的形式表现了凡·高的《星月夜》，通过自己的所思所想对艺术作品进行了富有个性化的诠释和呈现。在以上不同阶段的艺术活动中，我们从幼儿行为分析等方面进行了思考和支持。

(二)建议

1. 通过园内园外艺术活动,促进幼儿多元的创作体验

在小满的案例中,我们可以从不同的活动当中,感受到幼儿在艺术道路上的成长与变化。因此,我们可以鼓励幼儿参与形式多样的活动,让幼儿汲取更多有价值的美的事物与感受。随着幼儿年龄的变化,她的创作想法和方式也会相应地发生变化和进步,从而获得更多元化的创作体验。

2. 依托兴趣支点关注成长,提升幼儿良好的审美意识

俗话说:"兴趣是最好的老师"。幼儿对于艺术活动的兴趣无疑是幼儿成长的催化剂,激励着幼儿稳步踏实地走向艺术的殿堂。每个孩子都具有自己的兴趣,这需要我们用心地去发掘,扩展视野对孩子的兴趣发现很重要。我们可以带着幼儿亲近自然、游览名胜古迹,带领幼儿感知生活中别样的美好事物,品味和感受其与众不同之处,接受美的熏陶,这样不仅能提升幼儿的审美情趣,而且还能鼓励幼儿创造出属于自己独特的审美格调。"生活中并不缺少美,而是缺少发现美的眼睛",我们应当从小对孩子开启美的教育,让幼儿感受自然美,提升幼儿的美学素养。

3. 巧用大自然的多样材料,激发幼儿主动参与的热情

在美丽的校园里种植着很多不同的树木和植物,孩子们都喜欢去看一看、摸一摸,在感受大自然的馈赠时,会发现很多植物不同的秘密,如花朵的颜色、树叶的形态等。幼儿园应充分利用自然环境和社区的教育资源,扩大幼儿学习和生活的空间。幼儿好奇爱玩的天性,让他们对花草枝叶具有一种天然的亲近感。自然物的使用在幼儿园美术活动中是不可或缺的,它的应用能够直接影响到幼儿对于画面、色彩、形状等的感知和理解,因此,我们可以把自然资源引入美术活动,给予幼儿不同的创作体验,提升幼儿参与活动的积极性。

4. 搭建家园共育沟通桥梁,助推幼儿表现创造的能力

家园沟通在幼儿的成长中具有重要的作用,家长与教师的教育直接关系着幼儿的发展,幼儿的教育是教师及家长共同的责任,家庭与学校对幼儿的成长阶段最为关键。因此,作为教师我们应搭建不同的交流平台,通过多样的沟通形式与家长进行联系,给予家长培养幼儿表现创造能力的好方法。幼儿的认知、经验都还很不成熟,语言的发展有限。因此,他们更多的是通过绘画来表达自己对世界的认知。教师和家长应提供更多的绘画平台、环境和机会,让幼儿想画就画,想怎么画就怎么画。这正是创造力的初步萌发阶段,世界上万物都可成为培养创造力的契机。我们要时常捕捉幼儿的闪光点,激发他们的创造力,培养他们大胆表现创造的能力。

总而言之,必须遵循幼儿的兴趣焦点,把握幼儿的个性需求,关注幼儿的成长过程,注重幼儿的情感体验,重视幼儿的感受欣赏,促进幼儿的表现创造,使他们能在平凡的生活中感受艺术魅力,拥有别样童年。

立德树人　美育启智
——幼儿"美感与表现"发展行为的个案研究
上海市浦东新区中市街幼儿园　唐洁芹

一、研究背景

(一)研究目的

艺术是人类感受美、表现美和创造美的重要形式,也是表达自己对世界的认识和情绪态度的独特方式。每个幼儿心里都有一颗美的种子,幼儿在艺术方面的发展是连续的,既有共性,又有个性。《评价指南》领域6"美感与表现"的子领域中,将感受与欣赏、表现与创造作为子领域的观察内容。其中,感受与欣赏包含了感受自然界与生活中美的事物,感受多种多样的艺术形式和作品。表现与创造包含了具有艺术表现的兴趣,具有初步的艺术表现与创造。可见,充分创造条件和机会,引导幼儿学会用心灵去感受和发现美,用自己的方式去表现和创造美是多么重要。

(二)个案情况

北北上课自由散漫,注意力不集中,上课从不举手参与讨论,可一旦有美术活动,他总是安静得最快,并全神贯注地听。他的妈妈在他两岁多时就给他报名了"七个苹果"绘本馆,学习绘本美术和创意美术,虽然在机构跟老师学画画才一年,但北北在里面接触到了不同的艺术创作,听绘本、学画画,让北北得到了前所未有的成就感。因此,北北对艺术活动有非常大的兴趣,在幼儿园时,对各种艺术活动表现出了非常积极的态度。

(三) 观察内容

• 子领域1：感受与欣赏

运用《评价指南》"美感与表现"领域之子领域1"感受与欣赏"，重点观察小班幼儿北北在户外教学活动中"感受自然界与生活中美的事物"表现，表达幼儿喜欢观赏花草树木、日月星空等大自然中美的事物的表现，和表达幼儿在观赏大自然和生活环境中美的事物时，能关注到柳树的色彩、形态等特征的表现。

• 子领域2：表现与创造

在案例中幼儿北北表现出"具有艺术表现的兴趣"，他喜欢运用绘画的方式表现观察到的事物和自己的想象，并乐于运用多种工具、材料或不同的表现手法来表达观察到的事物和自己的感受与想象。北北在小菜园中表现出"具有初步的艺术表现与创造力"，能运用简单的线条和色彩大致画出自己喜欢的人或事物。

(四) 观察过程与方法

本个案以小班幼儿北北在小班第二学期的3次活动实录为参考，教师有目的地利用拍照、录像等手段记录观察对象的美感与表现行为，并运用《评价指南》的观察评价工具进行分析，以现场观察法和谈话法，对其进行系统分析评价，了解北北在此阶段的美感与表现领域的表现行为发展情况，并给出具体的支持建议。

二、观察结果与分析

(一) 片段一：找春天（教学活动拓展）

• 观察指标1.1：感受自然界与生活中美的事物

在"找春天"的活动中，老师让孩子自由地在校园的小花园里找春天，带领孩子们感受春天小草的变化，鼓励孩子们在草地上玩，通过与草地的亲密接触，孩子们看到草地变绿了，树长出了嫩芽，更直观地感受到春天来了。平时对什么都不感兴趣的北北，也高兴地在小花园里寻找着"春天"，这边看看，那边摸摸，对大自然充满了新奇。这时我提出了开放式的问题："你找到的春天在哪里？"孩子们抑制不住激动的心情,丰富的答案比比皆是。我发现就连一贯保持沉默的北北也积极举起了小手。于是,我抓住机会请他来回答,北北说:"我看到柳树上长出了绿色的小芽芽。"虽然他的回答与前一位小朋友类似,但我还是及时表扬了他。当他沉浸在刚才的喜悦中,我追问北北:"你还在哪儿也找到了春天?"北北低头想了一会儿,我本以为他会继续沉默,但他说:"我还看到了柳树上有白色的'蛋'。"虽然他的回答和春天没有关系,但是说明他在找春天时特别认真,对树上一颗颗小小的虫卵壳都充满好奇。

在开展找春天的系列活动时,北北对后操场的柳树有着浓厚的兴趣,第一个冲在前面不停地观察着柳树,嘴里不停地问着老师,这棵柳树的枝条怎么那么短呀,树上的一个个白色的蛋蛋是干什么呀?是小鸟的蛋吗?真可爱!这树皮好粗糙哦!和平时在教室里默不作声的北北判若两人,北北对自然界的任何事物都充满好奇。这一系列的感受都是孩子自主进行的,表达的也是他的有感而发。体现了领域6"美感与表现"中子领域1感受与欣赏中"感受自然界与生活中美的事物"表现行为"1.1.1喜欢观赏花草树木、日月星空等大自然中美的事物",和表现行为3中的"1.1.1在观赏大自然和生活环境中美的事物时,能关注其色彩、形态等特征"。

(二)片段二:柳树姑娘(教学活动)

• 观察指标2.1:具有艺术表现的兴趣

前几天我们看了发芽的柳树,还请小朋友们说说自己观察到的柳树是什么样子的。其他幼儿说:"柳树是绿绿的!""树是粗粗的!"到了小朋友画柳树时,北北画的柳树,是用咖啡色的蜡笔画出细长的枝条,树干是土黄色的,但在画叶子时,北北用了不同颜色的蜡笔画叶子,画出了彩色的柳叶。我问:"北北,花园里的柳树的叶子,你看到的是什么颜色呀?""绿色的呀""那你怎么画成了彩色的叶子"。北北说:"我喜欢彩色的叶子,因为春天就是彩色的。""嗯,你画的彩色的柳树也很漂亮,跟其他小朋友的都不一样呢!而且看了你的柳树让我感受到了五彩缤纷的春天。"

虽然北北知道现实中的柳树叶子是绿色的,但是他就是喜欢把叶子画成彩色的,他所绘画出来的柳树是与众不同的,但又在情理之中,因为孩子的眼中春天就是五彩缤纷的,北北通过自己的想象运用不同的颜色绘画出了春天的气息。北北的行为符合领域6"美感与表现"中子领域2"表现与创造"中表现行为3中的"2.1.2喜欢运用绘画、捏泥、折纸等方式表现观察到的事物和自己的想象"。甚至我觉得北北的表现已经达到表现行为5中的"2.1.2乐于运用多种工具、材料或不同的表现手法来表达观察到的事物和自己的感受与想象"。

(三) 片段三:小菜园涂鸦墙(户外自主游戏)

• 观察指标2.2:具有初步的艺术表现与创造能力

今天户外自主游戏,我们来到了小菜园,北北和睿睿等迅速地穿好罩衣,拿上颜料及刷子准备在薄膜墙上画画,之前由于哥哥姐姐们在薄膜墙上画了很多东西,孩子们每次去都无从下手,而今天的薄膜是新换的,上面什么也没有,孩子们看到了尤为兴奋。这时北北说:"我要在上面画天空!"睿睿说:"我也要画天空!"北北说:"我还要画小草。"说完两个人便开始行动了。北北说着拿起蓝色的丙烯颜料,开始小心翼翼地在薄膜上绘画,而睿睿看到北北的蓝色颜料也要去涂色,却一不小心弄了一大坨颜料出来,把地上的假草坪上滴得到处都是蓝色颜料。这时北北低头想将睿睿的颜料擦掉点,以防滴的地上更多。却一不小心将头发沾到了薄膜上的蓝色颜料,地上的颜料也被他刷得更大了,北北想拿刷子补救,没有想到越刷越大片。我看着北北新染的蓝色头发又好气又好笑地说:"你们怎么把颜料弄得地上到处都是,这个丙烯颜料滴在地上可是洗不掉的。"北北眼睛转了转:"有了,我们可以给地上也涂上好看的颜色!可以在这里画上一条蓝色的河呀!"说完孩子们像发现了新大陆一样,纷纷加入了涂地板画河的行列。

这个案例中北北对涂鸦墙充满活动兴趣,在涂鸦的过程中其他小朋友一不小心涂到了地板上,但是北北能将"失误"的行为看作一种美的表现,并大胆操作,将掉落地板上的蓝色颜料赋予了新的意义。用蓝色颜料简单地画出天空,掉落地上的蓝色颜料改画成一条蓝色的河。这是幼儿的想法能够得到体现的一个过程。可以看出北北的行为符合领域6"美感与表现"中子领域2"表现与创造"2"具有初步的艺术表现与创造力"中的表现行为1中的"2.2.4能运用简单的线条和色彩大致画出自己喜欢的人或事物"。

三、结论与建议

（一）结论

本案例是在一名小班幼儿北北的成长过程，教师利用观察法和个案研究法，以及《评价指南》进行有效解读，从多维度视角进行分析、思考与支持，从而促进幼儿美感与表现的发展。这个过程让我对在活动中如何利用《评价指南》解读幼儿行为，又多了一份认知与理解，通过指南能更清晰地剖析幼儿的具体行为与表现，促进幼儿的自身发展。今后我也将继续依托《评价指南》解读幼儿行为。

根据以上行为观察与分析可以看出，北北在美感与表现领域总体发展态势良好。在3次观察实录中，在"感受与欣赏"领域，北北体现"感受自然界与生活中的美好事物"方面的表现行为，水平阶段分别是表现行为3中的"1.1.1在观赏大自然和生活环境中美的事物时，能关注其色彩、形态等特征"。而在子领域2"表现与创造"，北北也体现出"具有艺术表现的兴趣"和"具有初步的艺术表现与创造力"的表现行为，水平阶段分别为表现行为3中的"2.1.2喜欢运用绘画、捏泥、折纸等方式表现观察到的事物和自己的想象"，以及表现行为1中的"2.2.4能运用简单的线条和色彩大致画出自己喜欢的人或事物"。

首先，北北在子领域1"感受与欣赏"的综合水平相较其他两个领域较弱，处于中等偏上。根据实录中的行为表现可以得知，北北在美感与表现方面总是占据主导的地位。在几次回答问题过程中，往往在美感方面会优先于其他幼儿，在孩子中处于领先和主导地位。

其次，在子领域2"表现与创造"方面，北北的综合水平在表现行为3和5，发展水平处于优势，他的美感与表现更是高于其他孩子，观察能力和创造性也要高于其他幼儿，表现出示范性的水平，其他幼儿争先模仿。

最后，通过分析北北的表现，可以得知其成长环境。北北父母的育儿重点主要在其学业上，所以为北北报名了很多兴趣班，优势在于绘本馆的教学方式是通过解读绘本指导幼儿欣赏和创作的，所以北北在美感与表现方面有表现出高于同龄幼儿的表现。北北的绘画兴趣并不是与生俱来的，而是受他所在的生活环境熏陶、父母与老师的引导。孩子在某一方面有了成功感，必定有了自信，兴趣也自然产生了。从此，我不再硬性规定让幼儿画和老师一样的，而是引导幼儿，让他们在绘画中获得成功,从而体验绘画带来的乐趣。渐渐地,孩子便会在绘画方面获得不同层次的发展。

(二)建议

北北正处于儿童审美敏感期,审美的敏感期是螺旋式发展的,一开始是关注外在的事物,接下来是关注自身。美感萌发于儿童的无意识中,儿童对美的感受能力和创造力甚至要远远超过成人,综合以上分析结果,结合北北自身的个人特点和兴趣需要,从感受与欣赏、表现与创造两大子领域着手,对其美感与表现行为发展提出如下建议:

1. 结合生动有趣的教学方式,激发幼儿对美感的兴趣

(1)充分运用多种表现手段,促使幼儿主动参与,激发他们对美好事物的表现欲望和创作冲动,鼓励幼儿大胆运用不同的表现方式来表现美、展示美、创造美,体现个性化。如室内外写生、棉签画、吹画、水粉画、刮蜡画、点画、砂纸画、印染、喷刷、泥塑、折剪等。

(2)通过生动形象的故事讲述、儿歌、游戏等形式,经常和幼儿一起唱歌、表演、绘画、制作,共同分享艺术活动的乐趣。

2. 为幼儿创造感知美的环境,给予幼儿体验和感知美的机会

(1)适当的"示范"和"范例":提供丰富的便于幼儿取放的材料、工具或物品,和一些可用实物、艺术家的作品、儿童作品,以及一些能够激发美感适合引导幼儿想象的作品墙,鼓励幼儿用自己的作品或艺术品来布置环境。支持幼儿进行自主绘画、手工、歌唱、表演等艺术活动。

(2)经常带幼儿参观园林、名胜古迹等人文景观,讲讲有关历史的故事、传说,与幼儿一起讨论和交流对美的感受、欣赏。

(3)营造一个轻松直观的现场,和幼儿一起感受、发现和欣赏自然环境和人文景观中美的事物,让幼儿多接触大自然,感受和欣赏美丽的景色和好听的声音。如教师可以把教室"搬"到室外,让孩子身临其境,感受大自然的美好事物;鼓励幼儿在生活中细心观察、体验,为艺术活动积累经验与素材,如观察不同树种的形态、色彩等。

(4)在幼儿自主表达创作过程中,不做过多干预,在幼儿需要时再给予具体

的帮助。了解并倾听幼儿的美感与表现的想法或感受,领会并尊重幼儿的创作意图,不简单地用"像不像""好不好"等成人标准来评价,充分尊重幼儿的创意和想象。改变单一的评价方式,多倾听幼儿的想法,尊重每个幼儿的点滴创造,鼓励别出心裁的想象和独特的表现形式,增强幼儿的自信心和表现力;不以成人的眼光评价,注重幼儿间的互评和自我评价,引导幼儿互相交流,提高幼儿感受美和表现美的能力。

3. 尊重幼儿自发的表现和创造,并给予适当的指导

(1) 提供丰富的材料,如图书、照片、绘画或音乐作品等,让幼儿自主选择,用幼儿喜欢的方式去模仿或创作,成人不做过多要求。

(2) 根据幼儿的生活经验,与幼儿共同确定艺术表达表现的主题,引导幼儿围绕主题展开想象,进行艺术表现。

(3) 幼儿绘画时,不宜提供范画,特别不应要求幼儿完全按照范画来画。如北北要画五彩的柳叶时,我们要肯定幼儿作品的优点,用表达自己感受的方式引导其提高。如:"你的柳树叶子画成了彩色的,这样让人一眼就感受到了春天的气息""你们在草地上画了一条的小河,要是再加点鱼啊什么的,是不是更生动呢"等。

4. 创造条件让幼儿接触多种艺术形式和作品

(1) 经常让幼儿接触适宜的、各种形式的音乐作品,丰富幼儿对音乐的感受和体验。

(2) 教师要欣赏和回应幼儿的哼哼唱唱、模仿表演等自发的艺术活动,赞赏他们独特的表现方式。

(3) 和幼儿一起用图画、手工制品等装饰和美化环境。

(4) 带幼儿观看或共同参与传统民间艺术和地方民俗文化活动,如皮影戏、剪纸和捏面人等。

(5) 有条件的情况下,带幼儿去剧院、美术馆、博物馆等欣赏文艺表演和艺术作品。

5. 尊重幼儿的兴趣和独特感受,理解他们欣赏时的行为

(1) 理解和尊重幼儿在欣赏艺术作品时的手舞足蹈、即兴模仿等行为。

(2) 当幼儿主动介绍自己喜爱的舞蹈、戏曲、绘画或工艺品时,要耐心倾听并给予积极回应。

图书在版编目(CIP)数据

教育集团联动机制下 3—6 岁儿童发展行为评价的实践研究 / 龚卫玲主编. -- 上海 : 上海社会科学院出版社, 2024. -- ISBN 978-7-5520-4486-7

Ⅰ. G613

中国国家版本馆 CIP 数据核字第 2024LE8871 号

教育集团联动机制下 3—6 岁儿童发展行为评价的实践研究

主　　编：龚卫玲
责任编辑：周　萌
封面设计：黄婧昉
出版发行：上海社会科学院出版社
　　　　　上海顺昌路 622 号　邮编 200025
　　　　　电话总机 021-63315947　销售热线 021-53063735
　　　　　https://cbs.sass.org.cn　E-mail:sassp@sassp.cn
照　　排：南京展望文化发展有限公司
印　　刷：上海新文印刷厂有限公司
开　　本：720 毫米×1000 毫米　1/16
印　　张：26
插　　页：1
字　　数：425 千
版　　次：2024 年 9 月第 1 版　2024 年 9 月第 1 次印刷

ISBN 978-7-5520-4486-7/G·1349　　　　定价：98.00 元

版权所有　翻印必究